严格依据

人力资源和社会保障部

新版考试大纲编写

全国职称计算机考试
标准教材与专用题库

U0650813

中文
Windows XP
操作系统

■ 全国专业技术人员计算机应用能力考试命题研究中心 编著

人民邮电出版社
北京

图书在版编目（CIP）数据

中文Windows XP操作系统 / 全国专业技术人员计算机应用能力考试命题研究中心编著. -- 北京 ：人民邮电出版社，2016.1 (2017.8重印)
（全国职称计算机考试标准教材与专用题库）
ISBN 978-7-115-40808-2

Ⅰ. ①中… Ⅱ. ①全… Ⅲ. ①Windows操作系统—职称—资格考试—习题集 Ⅳ. ①TP316.7-44

中国版本图书馆CIP数据核字(2015)第250011号

内 容 提 要

本书是以国家人力资源和社会保障部人事考试中心颁布的新版《全国专业技术人员计算机应用能力考试大纲》为依据，在多年研究该考试命题特点及解题规律的基础上编写而成的。

本书共 9 章。第 0 章是在深入研究考试大纲和考试环境的基础上，总结、提炼出考试内容的重点及命题方式，为考生提供全面的复习、应试策略。第 1 章~第 8 章严格按照"中文 Windows XP 操作系统"科目的考试大纲编排考点逐一讲解，各考点按照"考点分析+考点破解+真题演练"的结构进行讲解，每章最后都提供"过关精练"题目，供考生上机自测练习或模拟测试。

本书配套光盘不仅提供上机考试仿真环境及 12 套同源真题（共 480 道题），还提供应试指南、考点串讲、同步练习、试题精解、仿真题库、疑难题库和实例素材等内容。

本书适合报考全国专业技术人员计算机应用能力考试（又称"全国职称计算机考试"）"中文 Windows XP 操作系统"科目的考生用于全面复习备考，也可作为大中专院校相关专业的教学辅导书或各类相关培训班的教材。

◆ 编　　著　全国专业技术人员计算机应用能力考试命题研究中心
　　责任编辑　李　莎
　　责任印制　杨林杰

◆ 人民邮电出版社出版发行　　北京市丰台区成寿寺路 11 号
　　邮编　100164　电子邮件　315@ptpress.com.cn
　　网址　http://www.ptpress.com.cn
　　北京九州迅驰传媒文化有限公司印刷

◆ 开本：800×1000　1/16
　　印张：20　　　　　　　　　　2016 年 1 月第 1 版
　　字数：416 千字　　　　　　　2017 年 8 月北京第 6 次印刷

定价：49.80 元（附光盘）

读者服务热线：(010)81055410　印装质量热线：(010)81055316
反盗版热线：(010)81055315
广告经营许可证：京东工商广登字 20170147 号

∷ 前　言 ∷

▶ 编写初衷 ◀

全国专业技术人员计算机应用能力考试（又称"全国职称计算机考试"或者"全国计算机职称考试"）是由国家人力资源和社会保障部人事考试中心组织的针对非计算机专业人员的考试，是各企事业单位在评聘相应专业技术职务时指定要求通过的考试。

本书面向"中文 Windows XP 操作系统"科目，是为基础比较差，对考试内容缺乏了解，而且对考试形式及考试环境完全陌生，需要全面学习应考的考生量身定制的。书中不但对"中文 Windows XP 操作系统"科目考试大纲要求的考点进行逐一详尽讲解，也对与该考点对应的近年真题和模拟题进行精心剖析，而且在节末和章末更对考点进行归纳、总结，为考生安排精选试题进行练习，使考生一书在手，即可进行全方位的学习与练习。

▶ 本书能给考生带来的帮助 ◀

1. 紧扣考试大纲，明确复习要点，减少复习时间

本书以最新考试大纲为依据，全面覆盖考试大纲的知识点，而且在各章的"本章考点"栏目中对各考点按照考试大纲的"掌握""熟悉"和"了解"的不同要求进行了归纳、整理，帮助考生明确复习要点，判断出各考点的重要程度，提高复习效率。

2. 讲解浅显易懂、易于操作，让初学者一学就会

本书结合新手学习计算机的特点，尽量做到语言描述清楚、浅显，使考生一看就懂。操作步骤明确、一步一图，并通过在图中配有操作提示的方式，使考生通过读图就能掌握操作方法。此外，书中还提供了"考场点拨""多学一招"和"误区提醒"3 个小栏目，帮助刚刚接触计算机的考生轻松上手。

3. 考点精讲，让考生学得更快

由于考生大多是非计算机专业人员，即使已对计算机的操作有一定了解，掌握得也并不全面，尤其是有些操作有多种方法，而在考试中可能会指定考查其中一种方法。因此，本书在对考点进行讲解时通过方法 1、方法 2……的方式总结出各种操作方法，对一些重点和难点还会结合历年真题或模拟题举例介绍，使考生既能较快地掌握具体的知识点，又能较好地把握整个知识体系。

4. 丰富的试题，详尽的解析，考生可反复练习

编者在深入研究近几年考试真题的基础上，深入剖析考题，同时在每个考点后面提供了大量的真题或仿真试题进行演练。这些试题不仅覆盖了所讲的考点，还着重体现了同一考点的不同考查方式以及多种答题方法，并给出详细的解题步骤。考生可结合书中的操作步骤反复进行上机练习。另外，每章最后还提供了大量的过关练习题，考生可通过练习巩固所学知识点，并

进一步掌握考试重点，举一反三地解答其他类似考题。

5. 专业的命题与答题分析，为考生指点迷津

每个考点中的"考点分析"板块介绍了命题规律、命题方式和答题要点，同时在某些试题讲解中还从考生的答题角度介绍了在考试时少走弯路的方法以及答题技巧等，使考生不但能熟悉考题形式，还能掌握正确的答题方法。

6. 配套仿真考试光盘，帮助考生熟悉考试环境，做到心中有数

本书的配套光盘中提供仿真考试系统，帮助考生提前熟悉上机考试环境及方式，并提供12套共480道同源真题及其试题精解演示，可供考生模拟演练、获知答题思路及其具体操作方法，进一步突破复习难点，取得事半功倍的学习效果。

▶ 如何使用本书 ◀

◈ 充分了解考试要求，明确复习思路。建议考生先仔细阅读第0章的"考纲分析与应试策略"，充分了解哪些知识点要考，弄清考试重点，掌握复习方法，了解考试过程中应注意的问题及一些通用的解题技巧。

◈ 抓住考试重点，有的放矢。书中的试题都是精心设计的，但需注意考试是随机抽题，而考题的要求也是千变万化的，只是考查的重点与方式基本不变。因而，考生应注意对各考点与考查方式进行归纳、总结，抓住考查重点，掌握其操作要领，以不变应万变。建议将考点与各软件的主菜单对应起来学习，以便在考试时快速找准操作命令。

◈ 善用配套光盘，勤于练习。考生除了练习书中的试题外，还应通过配套光盘所提供的仿真考试系统进行反复练习。这样不仅能熟悉考试环境，还能检测考点的掌握情况，及时查漏补缺。

▶ 联系我们 ◀

尽管在编写与出版过程中，编者一直精益求精，但由于水平有限，书中难免有疏漏和不足之处，恳请广大读者批评指正。本书责任编辑的联系邮箱为：lisha@ptpress.com.cn。

编 者

▓▓ 光盘使用说明 ▓▓

将光盘放入光驱中，光盘会自动开始运行，并进入演示主界面。若不能自动运行，可在"我的电脑"窗口中双击光盘盘符，或者在光盘的根目录下双击"autorun.exe"文件图标均可运行光盘。

在光盘演示主界面上方有"考试简介""应试指南""考点串讲""同步练习""试题精解""疑难题库""仿真考试""实例素材"以及"退出光盘"9个选项卡和一个"超值赠送"图标。

单击"超值赠送"图标，将打开"上机操作要点记忆锦囊"窗口，在其中可以查看各个考点的上机操作要点，如图1所示。

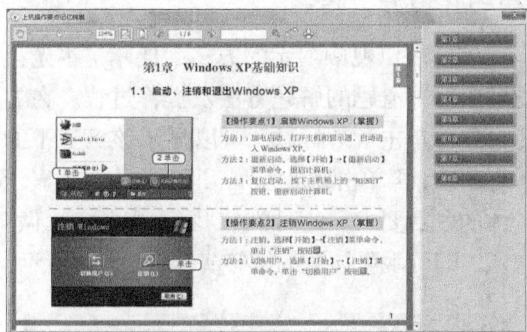

图1 "上机操作要点记忆锦囊"窗口

单击某个选项卡，即可进入对应模块。下面分别介绍各个模块的功能。

1."考试简介"模块

该模块主要是介绍全国职称计算机考试的考试形式、考试时间和考试科目等内容，单击右侧窗格中的按钮，即可查看相应内容，如图2所示。

图2 "考试简介"模块

2."应试指南"模块

该模块主要是介绍如何使用本光盘中的全国职称计算机考试的考试系统。单击其右侧窗格中的按钮，即可查看相应的内容，如图3所示。

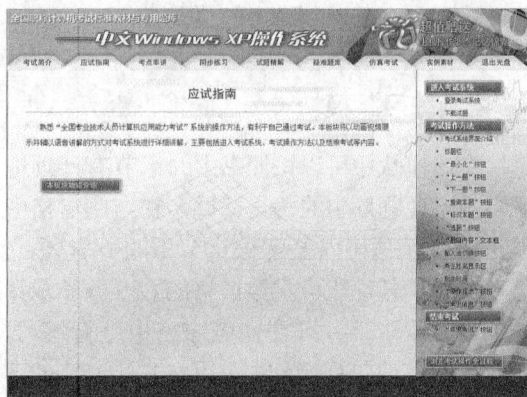

图3 "应试指南"模块

3. "考点串讲" 模块

在考点串讲这个模块中结合全国职称计算机考试的大纲，对所有考点分章节进行了系统化讲解。考生通过本模块的学习，可以掌握所有考点的基本操作。

进入该模块后的界面如图4所示，单击窗口右侧某章节的考点，将在窗口左侧播放所选考点的详解视频。窗口下方的按钮分别为"上一考点"按钮、"上一操作"按钮、"暂停／播放"按钮、"下一操作"按钮、"下一考点"按钮和"更改模式"按钮。单击"更改模式"按钮，可以在"手把手教学模式"和"考点精讲模式"之间进行切换。在"手把手教学模式"中可以边听讲解边操作，快速掌握考点。

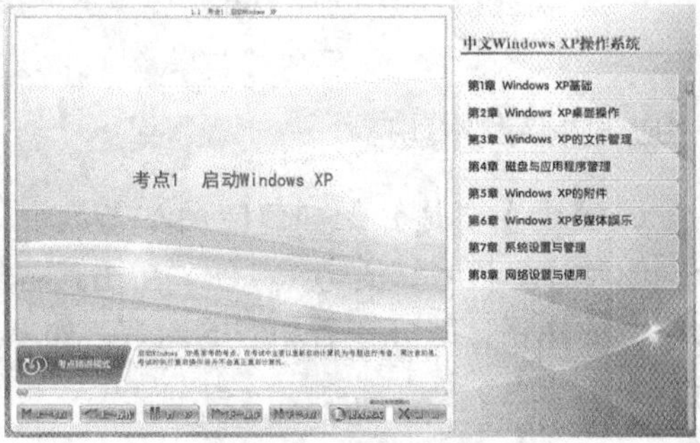

图4 "考点串讲" 模块

4. "同步练习" 模块

在该模块中可以按照书中的章节有计划地练习本光盘题库中的每一道题。在右侧窗格中单击章节标题可以显示该章节下的所有题目，再单击题目名称即可在该窗格的右下方显示具体的题目要求，并可在左侧窗格中进行练习。如果不知道该怎样操作，可以在右侧窗格的下方单击"怎么继续做这道题"按钮查看提示信息，也可以单击"看看本题完整解答"按钮观看本题的完整操作演示。如果遇到疑难题，想

要反复练习，可以单击"添加到疑难题库"按钮，将该题添加到疑难题库中。若要返回"同步练习"的主界面，可以单击右侧窗格底部的"返回本板块主界面"按钮，如图5所示。

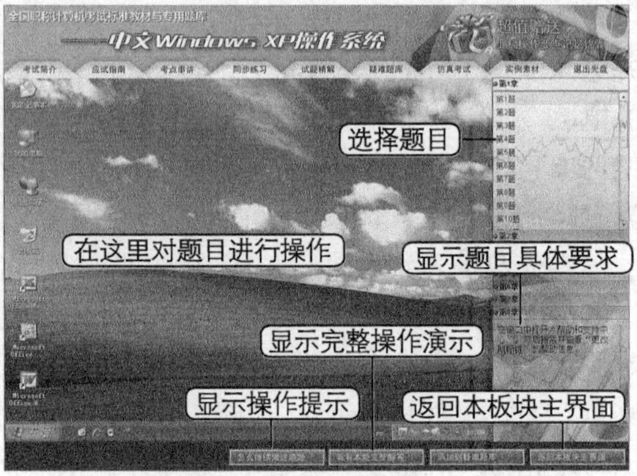

图5 "同步练习" 模块

5. "试题精解" 模块

该模块以视频演示的方式，展示了本光盘题库中每一道题的解题方法及操作过程。在右侧窗格中单击章节标题，可以显示该章节下的所有题目；再单击题目名称，即可在右下方显示具体的题目要求。此时单击"看看本题怎么做"按钮，即可观看该题的解答演示，如图6所示。

图6 "试题精解" 模块

6. "疑难题库" 模块

在 "同步练习" "试题精解" 和 "仿真考试" 这 3 个模块中, 可将其中较为难解或做错了的题目添加到 "疑难题库" 模块中, 在该模块中反复练习, 如图 7 所示。单击 "清空疑难题库" 按钮, 可以清除疑难题库中的所有题目, 单击 "移除该题" 按钮, 可以将当前题目从疑难题库中移除。

图 7 "疑难题库" 模块

7. "仿真考试" 模块

该模块提供了 12 套共 480 道试题供读者进行模拟考试, 其主界面如图 8 所示。在右侧窗格中, 可以通过 "第 1 套题" ~ "第 12 套题" 按钮选择相应的试题, 也可以通过 "随机生成一套试题" 按钮随机抽题。

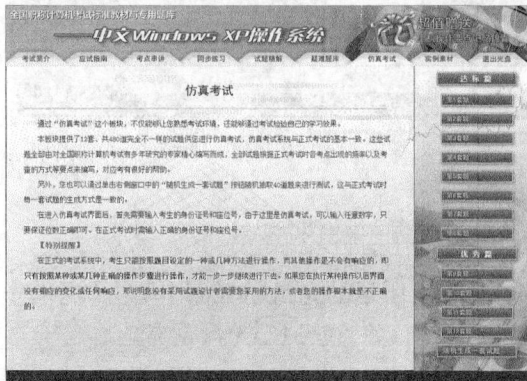

图 8 "仿真考试" 模块

（1）在单击图 8 所示的右侧窗格的任一按钮选题后即可进入登录界面, 在此输入考生的座位号（2 位数字）和身份证号（模拟考试时可以输入 15 位数字或者 18 位数字）, 如图 9 所示。

图 9 仿真考试的登录界面

（2）单击 "登录" 按钮进入操作提示界面, 此时应仔细阅读其中的 "操作提示" 信息, 并等待进入考试界面, 如图 10 所示。

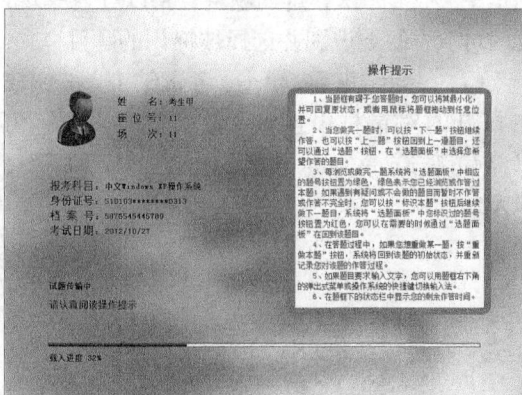

图 10 操作提示界面

（3）进入考试界面后, 可以看到右下角有一个对话框, 如图 11 所示。该对话框的中间窗格显示的是该题的 "操作要求", 单击 "上一题" 和 "下一题" 按钮, 可以跳转题目。单击 "重做本题" 按钮, 可以重做该题。单击 "标识本题"

按钮,可以对当前题目进行标识。单击"选题"按钮,可以在弹出的对话框中任意选择要做的题目。如果要选择输入法,可以单击右下角的 CH 按钮,在弹出的下拉菜单中选择所需的输入法即可。

图11　考试界面

说明:单击"选题"按钮后,在打开的对话框中,被"标识"过的题目号将以红色呈现,此时可以方便地识别并选择被标识的题目。

(4)答题结束后,单击"考试结束"按钮,在打开的对话框中连续单击"交卷"按钮可以结束考试,并显示本次考试的得分,如图12所示。

图12　考试结束界面

其中以绿色显示做对了的题目,以红色显示做错了的题目,单击相应的题号,可以直接观看该题目的操作演示。单击"返回重做"按钮,可以返回考试界面重新解答做错的题目。单击"查看错题演示"按钮,将打开"错题演示"模块,在其中可以观看做错的题目的完整解答演示。单击"添加错题到疑难题库"按钮,可以将所有做错的题目全部添加到疑难题库中。单击"返回主界面"按钮,可以直接返回光盘主界面。

8."实例素材"模块

单击光盘主界面中的"实例素材"选项卡,将进入"实例素材"模块,如图13所示。单击其中的"本书实例素材"按钮,可以打开光盘的根目录,其中提供了"素材"文件夹,读者可从中找到本书中所有使用过的素材文件。建议将该文件夹复制到计算机硬盘中,以便在学习过程中随时调用。

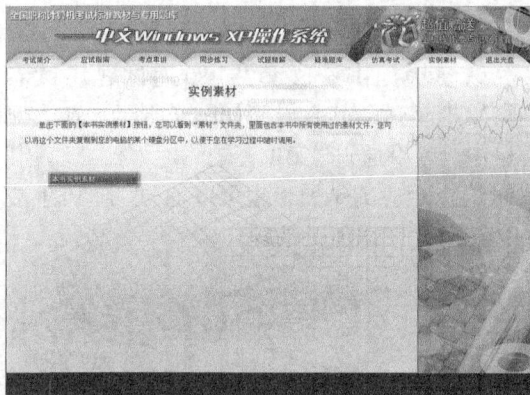

图13　"实例素材"模块

9."退出光盘"模块

在图2所示的光盘主界面中单击"退出光盘"选项卡,将直接退出光盘系统。

▟▟ 目　录 ▟▟

第 0 章 ▸考纲分析与应试策略◂

0.1 考试介绍

  "全国专业技术人员计算机应用能力考试"（又称"全国职称计算机考试"或"全国计算机职称考试"）是由国家人力资源和社会保障部人事考试中心组织的针对非计算机专业人员的考试，主要考核考生在计算机和网络方面的实际应用能力，考试重点不是计算机构造、原理、理论等方面的知识，而是注重应试人员在从事某一方面应用时所应具备的能力。考试合格，可获得国家人力资源和社会保障部统一印制的"全国专业技术人员计算机应用能力考试合格证"，此证书作为评聘相应专业技术职务时对计算机应用能力要求的凭证，在全国范围内有效。

0.1.1 考试形式

  考试科目采取模块化设计，每一科目单独考试。考试全部采用实际操作的考核形式，由40道上机操作题构成，每科考试时间为50分钟。

  在考试过程中，考试系统会截取某一操作过程让应试人员进行操作，通过对应试人员实际操作过程的评价，判断其是否达到操作要求、是否符合操作规范，进而测评出应试人员的实际应用能力。

0.1.2 考试时间

  全国职称计算机考试不设定全国统一的考试时间，各省市的考试时间由相应的人事部门确定，一般一年有多次考试的机会，报考前可以查阅当地人事部门的相关通知。考生在某一考试中如果未能通过，可以多次重复报考该科目，多次参加考试，直到通过考试。

0.1.3 考试科目

  自 2014 年 9 月 1 日起，该考试新增了"中文 Windows 7 操作系统"和"Internet 应用（Windows 7 版）"两个考试科目（模块），停考 4 个考试科目（模块），并将"Internet 应用"更名为"Internet 应用（Windows XP 版）"。调整后，可以报考的科目由原 26 个调整为 24 个，其详细情况可参考随书光盘的"考试简介"板块。

  报考时选择自己最为常用、最为熟悉或者与平常应用有一定相关性的科目有利于顺利通过考试，尽量避免选择那些平时不用甚至都没有听说过的模块。如 Windows XP（或 Windows 7）和 Word 是我们平常工作和生活中接触较多的软件。而 PowerPoint 又与 Word 有一定相关性，很多基本操作方法都相同或相似。事实上，

Word 2003/2007、 PowerPoint 2003/2007、 Internet、 Windows XP/7、 Excel 2003 /2007

这些科目报考人数最多， 也是最容易通过的科目。

0.2 考试内容

"中文 Windows XP 操作系统"科目（新大纲）的考试要求如下。

1. Windows XP基础

（1）考试要求掌握的内容
◈ Windows XP 的启动、注销和退出；
◈ Windows XP 帮助系统的使用。
（2）考试要求熟悉的内容
◈ 各种输入法的切换方式以及动态键盘的使用。
（3）考试要求了解的内容
◈ Windows XP 桌面图标的基本操作；
◈ 键盘的使用；
◈ 中、英文标点符号，以及全角、半角字符的输入。

2. Windows XP的基本操作

（1）考试要求掌握的内容
◈ 窗口的组成；
◈ 窗口显示界面的调整，窗口标题栏、滚动条等的基本操作；
◈ 菜单和快捷菜单的操作；
◈ 工具栏的使用；
◈ 对话框的操作，包括选项卡、命令按钮、文本框、列表框、下拉式列表框、复选框、单选按钮等的操作；
◈ 任务栏及程序图标区的操作；
◈ "开始"菜单的基本操作。
（2）考试要求熟悉的内容
◈ 工具栏的设置；

◈ 任务栏属性的设置。
（3）考试要求了解的内容
◈ 窗口信息区的使用；
◈ 状态栏的显示／隐藏。

3. Windows XP的资源管理

（1）考试要求掌握的内容
◈ 用"资源管理器"和"我的电脑"对文件及文件夹进行新建、复制、移动、重命名和删除等基本操作；
◈ "搜索"功能的使用；
◈ 回收站的使用；
◈ 应用程序的运行方式。
（2）考试要求熟悉的内容
◈ "资源管理器"和"我的电脑"的外观调整；
◈ 文件夹的工作方式和内容显示方式的设置；
◈ 磁盘管理与维护的基本操作。
（3）考试要求了解的内容
◈ 系统的备份与恢复；
◈ "任务管理器"的使用。

4. 系统设置与管理

（1）考试要求掌握的内容
◈ 显示属性的设置，包括设置桌面主题、更改桌面背景和颜色、定制桌面、设置屏幕保护等；
◈ 鼠标的设置；
◈ 打印机的添加和设置方法，以及打印

机管理器的使用；

◈ 语言及输入法的添加和删除，以及日期格式、时间格式、数字格式、货币格式的设置；

◈ 系统日期／时间设置；

◈ 本机常用安全策略的设置与管理；

◈ 添加新账户、修改已有账户信息等基本操作。

（2）考试要求熟悉的内容

◈ 区域的设置，熟悉设置显示器的分辨率和颜色质量；

◈ 添加、更改和删除应用程序操作。

（3）考试要求了解的内容

◈ 字体的安装和删除；

◈ Windows 组件的添加和删除操作；

◈ 添加新程序和新硬件的方法。

5. 网络设置与使用

（1）考试要求掌握的内容

◈ Windows XP 中网络连接的配置方法及 Internet 属性设置。

（2）考试要求熟悉的内容

◈ Windows XP 配置家庭或小型办公网络的方法；

◈ 网上邻居的使用；

◈ 文件夹、磁盘的共享操作；

◈ Windows XP 的自动更新操作；

◈ Windows 防火墙的使用。

（3）考试要求了解的内容

◈ 局域网的设置。

6. Windows XP实用程序

（1）考试要求掌握的内容

◈ 记事本、画图、写字板、通讯簿实用程序的使用。

（2）考试要求熟悉的内容

◈ 计算器实用程序的使用。

（3）考试要求了解的内容

◈ 硬拷贝操作；

◈ 剪贴簿查看器的使用；

◈ Windows 辅助工具放大镜和屏幕键盘的使用。

7. 多媒体娱乐

（1）考试要求掌握的内容

◈ 多媒体播放器 Windows Media Player 的使用；

◈ 录音机的使用。

（2）考试要求熟悉的内容

◈ 影像处理软件 Windows Movie Maker 的使用。

（3）考试要求了解的内容

◈ 了解多媒体播放设备的设置。

0.3 复习方法

掌握一些合理的复习方法可以使自己在考试时能够得心应手、游刃有余。

0.3.1 熟悉考试形式

全国职称计算机考试是无纸化考试，考试全部在计算机上操作，侧重考查考生的实际操作能力。因此，在复习时除了要选购一本合适的教材外，还应有一张包含仿真试题系统的光盘来时常做模拟练习或仿真考试，这样可以提前熟悉考试系统，感受考试气氛，对考试的形式做到心中有数。在实际考试中，有些没使用过仿真考试软件的考生由于不熟悉考试规则和操作方法而不知所措，最终不能通过考试，十分可惜。

仿真试题系统中的题目在出题方式和考查的知识点方面类似于题库中的考题，并且能够基本涵盖考试大纲所要求的知识点。多做这些练习，在考试时就会发现自己做的大部分题都似曾相识，从而轻松地通过考试。

0.3.2　全面细致复习，注重上机操作

全国职称计算机考试的复习以教材为主，教材中一般都包含了考试大纲，考试的所有知识点都在考试大纲内。考试时侧重基本操作，考查的知识点多而全，很可能会考一些自己平时根本没用过的操作，因此复习时应依照考试大纲对相关知识点进行全面细致的复习。

由于考试采取机试的方式，所以在复习过程中，应根据教材的讲解，尽量边学习边上机操作，将考试大纲要求的每一个知识点均在计算机上操作通过，重要知识点甚至可以多次反复练习。在掌握所有知识点基本操作的基础上，可以有针对性地使用仿真试题系统进行测试巩固，找出自己的薄弱点，重点加以复习。

有的考生喜欢购买大量的仿真题来做，认为只有这样才可以保证顺利通过考试。其实复习时没有必要过多地购买各种各样的仿真试题来做，这些试题都是根据考试大纲的知识点来设计的，只要复习时多研究考试大纲，多上机操作，就可以轻松应对考试。很多仿真试题考查的知识点是相同的，复习时关键在于掌握解题的方法，而不在于能记忆多少道试题的具体

操作步骤。

在熟悉考试大纲要求的各知识点基本操作的基础上，建议使用本书附带光盘中的"同步练习"和"仿真考试"功能进行练习和模拟考试，该系统中包含12套共480道完整试题，并有详尽的解题演示供反复巩固，这对掌握绝大部分知识点的基本操作和熟悉考试环境是足够的。

对于另外购买或收集的模拟试题，我们可以着重了解题目的内容，注重操作方法的多样性，最好在解题的过程中注意分析各部分知识点的分值分布，以便对考试中知识点的考核有一个全面的了解。

0.3.3　归纳整理，适当记忆

复习时进行一定的归纳整理，可以使复习渐渐变得轻松。例如，在计算机中，要实现某一操作有很多种方法，总结起来往往都是以下几种：选择某项菜单命令、单击某工具栏按钮、选择某右键菜单命令、按某快捷键。考试时如果题目中没有明确的要求或暗示使用某种方法，而自己使用常用的方法又无法解题，则应考虑使用其他几种方法。

对于一些常用或重要的快捷键，以及Windows XP中的一些概念、工具名称等，应适当加以记忆，否则如果考试时遇到该知识点，则会不知所措。

0.3.4　战略上藐视，战术上重视

职称计算机考试面对的对象大部分是社会上不从事计算机专业的人员，所以它的考试难度较低，可把握性较强，因此没有必要觉得这个考试非常困难。只要拿出一定的精力，掌握一定的复习方法，要顺利通过考试不是什么难事，毕竟该项考试只需做对24道题、得到60分即可通过。

当然，在战略上藐视的同时，也应重视考试前的复习。特别是一些平时自以为对计算机或应考科目很熟悉的考生，往往因一时疏忽，没有根据教材仔细复习，不注意考试规定要考查的知识点，结果没有通过考试。职称计算机考试考查的软件虽然都是一些常见软件，但其考查的知识点较广，和平时的操作有很多不同，有可能是平时根本就没有接触到的，比如 Windows XP 考试时要求保存剪贴板中的内容，考查磁盘管理时要求复制磁盘等。

因此，即使认为自己在平时应用中操作比较熟练，也应多看看教材，尤其是大纲中列出的知识点，对自己不知道的知识点一定要弄明白。

0.4　应试经验与技巧

全国职称计算机考试主要是为了落实国家加快信息化建设的要求，提高专业技术人员在计算机与网络方面的基本应用能力。掌握一些从考试实践中总结出来的经验和技巧，可使考生在考试时充分发挥出自己的实际水平，从而取得理想的成绩。

0.4.1　考试细节先知晓

全国职称计算机考试采取网络报名、上机考试的方式，因此应注意考试前、考试中的一些细节。

（1）不要弄错考试的具体时间和地点。异地考生尤其不要迟到，考试前应清楚考点的具体地址，最好能提前熟悉从居住地到考点的路线、交通方式以及路上大致花费的时间，以免错过考试时间。

（2）仔细阅读准考证上的考试须知。计算机考试有别于其他考试，千万不要犯经验错误。入场时间一般在考前 30 分钟，具体见准考证。千万不要忘了带准考证和身份证，以免无法进入考场。

（3）考试采取网上报名，现场照相的方式。该照片不仅用于识别应试人员身份，如果应试人员考试合格，还要将此照片打印到应试人员的考试证书上，这样能够有效地预防替考现象发生，保证考试的公平与公正。照相后应按照考场中的计算机编号对号入座。双击"考试工具"按钮，输入准考证上的身份证号和座位号，单击"登录"按钮，进入待考界面。如果准考证上的身份证号有误，考后应联系监考老师更正。

（4）考试系统只允许登录一次，一旦退出系统便认为是交卷，不能再次登录。这一点与平时在模拟系统中有所不同，真正考试时不能像模拟试题系统那样即时查看成绩，单击"结束考试"按钮并确认交卷后就不能再进行答题，这应特别注意。考生答完题即使不单击"结束考试"按钮，50 分钟时间到后，计算机也会自动替你交卷。

（5）考试过程中如果出现死机、突然断电等情况，不必紧张，请告知监考老师处理。考试中如果出现鼠标单击任何地方都没有反应，如单击"上一题"、"下一题"按钮时没有出现题目的变化的情况，就可判断为死机。无论什么情况，你之前做过的题都保存在系统中，不会因为故障而丢失。等监考老师排除故障后可以接着进行考试，时间也会续算，不会因此而减少。

（6）考试前考试服务器会自动分配场次、考试时间，然后打印出准考证，考生的考试信息一旦生成即不能改动。因此在考试时一定要填好表或涂准卡，注意各模块的代码，以防带来不必要的麻烦。

（7）每个考生的试卷都是在考前临时随机生成的，无规律可言。不同考生所生成的试卷都不同，这样能够有效地预防考生之间的抄袭行为，保证考试的公平与公正。

（8）每场考试开考前都要经过国家人事部考试中心的验证，通过后方能开考。等一个批次考完后，考试服务器自动阅卷，没有人为干预的因素，其公正性不必怀疑。

0.4.2　做题方法技巧多

全国职称计算机考试采用上机考试的方式，为了考查考生各方面知识点的应用能力，其试题系统有一些特别的地方，因此在做题时也有一些特殊的技巧。

1. 掌握"先易后难"的做题总原则

我们参加考试的基本要求是合格，也就是说只需要答对 24 道题目就能通过考试。如果要在 50 分钟内做 40 道操作题，这就要求我们应快速地做题。当阅读一道题的时候，如果不能第一时间看出本题的做法，或者即使能看出本题的做法，但是已经知道这题在做的时候非常麻烦，需要的步骤多、时间长，可先不做本题，用鼠标单击"标识本题"按钮，继续做下一题。第一轮做完，一般都能做对大部分题目，这时就有了底气和信心，更容易做出经过标识的难题。

用这种方法做完所有题之后，再来做标识的题目，以增加通过考试的概率，甚至获取高分：单击"选题"按钮，那些标识为红色的题目就是自己标识的未做的题，用鼠标单击题号切换到相应的题目，继续做该题。如果经过稍长时间考虑仍然不能解决该题，继续标识本题，再去做其他未做的题目。用这种方法，可以保证自己在规定时间内能做完易做的题目，不致因为时间分配不当而丧失得到自己会做的

题目分值的机会。

在使用这种方法时，应注意要将没做完或没想出解决方法的题目都做标识，如果第二轮、第三轮仍没有做出经过标识的考题时，更应该再一次地标识本题，否则以后就不知道自己还有哪些题目没有做出了。

2. 注意理解、领会题目的考查意图

在平时的使用中，完成一个操作可能有多种方法，但是由于考试的试题是被设计在特定的试题环境下，有的题目设计时只想考查考生使用某一种方法的能力。因此，我们必须注意判断出题者的考查意图，分析出题目要求用哪种具体的操作才能正确地做对题目，而不能只用自己习惯的方式去操作。

比如，有一个题目为：在 Windows XP 桌面上创建名称为"画图"的应用程序的快捷方式，该应用程序的标识名为 C:\windows\system32\mspaint.exe（使用创建快捷方式向导，要求直接填写命令行）。一般来说，最为大家所熟悉的创建桌面快捷方式的方法为：进入 C:\windows\system32\ 文件夹，找到 mspaint.exe 程序文件，然后用鼠标右键单击该文件，在弹出的快捷菜单中选择【发送到】→【桌面快捷方式】命令。但是，解答本题你就只能按照试题的要求，使用创建快捷方式向导来完成。

这种限制考生只能用一种方法解题的题目在考试时经常出现，比如，当使用菜单命令或者单击工具栏中的常用工具按钮都不能完成试题时，应考虑单击鼠标右键试试能否调出快捷菜单，很多试题就是专门设计考查考生使用鼠标右键调用快捷菜单功能的。因此，这就要求我们平时应多练习一题多解，就是在练习的时候要多注意这一道题有哪几种做法，尝试着去试一试，当然在考试时用其中的一种做法就可以了。

3. 善于利用考试系统的仿真环境

职称计算机考试采用仿真环境来进行考试，也就是说如果你参加 Windows XP 模块的考试，考试时使用的并不是真正的 Windows XP 系统，而只是一个仿真的平台。在这种平台上，你在答题的时候只有采用了正确的操作方式，界面才会有变化，才能继续下一步操作，否则考试程序没有响应。一般来说，试题解答完毕，对试题界面执行任何操作都不会再有响应，也就是说最后的结果是一张静止的图片（一般软件的菜单栏可以在任何时候单击弹出，但选择命令时不会再有响应）。

如果这一道试题的界面依然可以操作，说明这道题目做得还不完整，或者根本没有做对，这也提醒你需要重做本题。

4. 大胆解题，细心观察

由于考试环境是一个仿真环境，与当前题目无关的菜单、工具按钮等都被屏蔽了，只有你选对了菜单命令，或单击了正确的工具按钮，才会打开相应的对话框继续下面的操作，界面才会有相应的变化。所以当你大致确定使用哪一种方式解题时，便可大胆地去尝试，同时须进行仔细地观察，如果方法不正确是不会有响应的，这样可以提高自己的做题速度。

另外，如果自己要找的选项有很多的时候，不需要逐项去找，也不需要去认真思考，只要拖动滚动条到相应的位置，如果正确的选项在这一区域，系统就会停止于这一区域，再拖动滚动条就拖不动了，在这一区域中再任意单击各选项，能够选中的选项就是题目所要求的选项。

因此，考试时应大胆地执行相应的命令，细心地观察操作的效果，直到操作的结果是一张静止的图片为止。

5. 掌握解答要求复杂的题目的技巧

2010 年 7 月题库升级以后，总体上来说试题题目难度有所增加，考查的知识点综合性、连贯性更强，因此在考试中很可能会碰到一些题目的题干文字比较多、比较复杂的情况。对于这类长难题目，可以不用一次性将题目要求读完再去考虑题目的解答方法，而是可以边读题目要求边按已想到的方法去解题。如果前面的操作能顺利执行下去，说明已经找到了正确的解题方法，可以继续读下面的题目要求并解答。如果操作不能执行，则可再多读一些题目要求。这样可以大大提高做题的速度。

6. 使用软件自带的帮助系统帮助解题

使用标识难题、逐轮解决的方法一个个解答试题，如果最后剩下几个难以解决的题目，实在毫无头绪，这时可以考虑调用软件自带的帮助系统帮助解题。

职称计算机考试系统界面的默认方式看上去好像是将当前计算机锁定了，除了试题，任务栏、开始菜单等都没有了。其实考试系统也是一个应用程序，只是在进入系统后即对考试界面进行了全屏处理。如果已经对试题毫无办法，可同时按下键盘上的【Alt+Tab】组合键，试试是否可以回到真实的 Windows 系统环境。如果可以回到 Windows 系统，则再试着找找当前计算机中是否有自己当前应考科目的软件，如果能够找到，那就尝试用启动软件的几种方式启动相应的软件吧。进入真实的软件后，其所有的功能都可用，如果有哪一个题目不会，可以按【F1】键调出"帮助"系统，输入相关的关键字，得到相关的解题方法提示。了解解题方法后，单击 Windows 任务栏中的考试系统图标，可以回到考试系统中继续解题。

当然，考试时间有限，如果每个题目都采用这样的方法，无论如何是不能按时解答完成所有题目的，也很难在这么短的时间内消化这么多知识点，找到相应的解题方法。要顺利通过考试，关键还要平时积累，遇到实在不会的题目时再用这种办法。

7. 终极解题法

在使用各种方法都不能正确解答题目时，也不应轻易放弃，最好能利用所剩不多的时间，做最后的努力，即根据题目要求，大致确定执行命令的区域，用鼠标在该区域密集点击，只要点中正确的地方，即会有界面的变化或弹出相应的对话框，之后说不定问题便可迎刃而解。这种方法也是充分利用考试系统的仿真环境的特殊方法，虽然由于考试时间有限的原因不能供考生投机取巧，但可作为考生解题的一种终极方法。

0.4.3 操作注意事项

参加职称计算机考试时，应注意操作效果和方法上的问题，以免出现误解或失误。

（1）在考试系统中操作时的效果可能与在真实的软件环境中有些差别，比如，格式化磁盘时，进度条不能像真正的格式化那样逐渐进行到最后，但只要操作正确和完整，最后得到一张静止的图片，便能够得分了。

（2）记住软件的常用快捷键。考试中有的题目限定考生只能使用快捷键的功能。比如，在 Windows XP 模块试题中有一个题目为：在记事本中通过快捷键移动光标插入点到第一行的第一个字。如果考生使用鼠标拖动，将无法操作，显然这是考查使用键盘上的【Ctrl+Home】组合键定位到首页首行行首的功能。

（3）注意切换英文字母的大小写以及中文字符的半角、全角状态。在 Windows 操作系统中，有时需要区分字母的大小写。比如，有一个题目为：利用"我的电脑"对 D 盘进行共享设置，访问类型设置为"只读"，密码为 RSBKS。解答这个题目时如果不注意将密码的几个字母大写，则会发现无论怎么设置，题目都还处在编辑状态，不能继续下去。如果在输入汉字时，发现输入的是大写英文字母，则是【Caps Lock】键处于启用状态的原因，需要再次按下该键取消其启用状态，才可正常使用输入法输入汉字。

另外，适时切换中文输入法状态下字符的半角、全角状态，可解答不同的题目。

（4）在试题界面中，"复制"、"粘贴"的快捷键【Ctrl + C】和【Ctrl + V】组合键一般是无效的。

（5）当试题中要求输入文字时，需要用输入法手动输入。但考试中最好使用鼠标单击试题界面右下角的输入法图标 CH 切换输入法，不要使用键盘切换（包括考试的任何时候），因为只要使用键盘，则可能会造成要求答下一题时其题目要求面板丢失，在屏幕上找不到的情况。

如果一旦发生这种情况，可以要求监考老师对考试系统进行重置。重置后可以继续答题，不需要再重新解答前面的题目，但由于需要再重新输入座位号和身份证号，会浪费时间。

（6）每道题做完后，都在空白处单击几下鼠标，因为有的题目需要单击空白处才能让系统确认答题完成，否则可能不予计分。

第 **1** 章 ▸ **Windows XP基础** ◂

Windows XP 是美国 Microsoft（微软）公司推出的一款操作系统，它具有强大的功能、简易的操作以及友好的界面。本章主要考查 Windows XP 的基础知识，共 12 个考点，涉及的主要知识点有启动、注销与退出 Windows XP，鼠标和键盘的操作方法，各种输入法的使用，以及使用 Windows XP 帮助系统等。本章考点的具体复习要求如下。

<table>
<tr><td rowspan="2">本章考点</td><td>☑ 要求掌握的考点
考点级别：★ ★ ★
　▣ 启动 Windows XP
　▣ 注销 Windows XP
　▣ 退出 Windows XP
　▣ 切换输入法
　▣ 在对话框中获取帮助信息
　▣ 在 "帮助和支持中心" 窗口获
　　取帮助信息</td><td>☑ 要求熟悉的考点
考点级别：★ ★
　▣ 鼠标的操作方法
　▣ 中文输入法状态条的使用
　▣ 动态键盘的使用
　▣ 最小化与还原语言栏
　▣ 拼音输入法
☑ 要求了解的考点
考点级别：★
　▣ 键盘的操作方法</td></tr>
</table>

1.1 启动、注销和退出 Windows XP

考点1 启动Windows XP

🔍 考点分析

启动 Windows XP 是容易抽到考题的考点。在考试中主要以重新启动计算机为考题进

行考查。需注意的是，考试时执行重启操作后并不会真正重启计算机。

🎞 考点破解

启动 Windows XP 包括加电启动、重新启动和复位启动 3 种情况。

1. 加电启动

加电启动通常是在没有开启电源的情况下进行的，具体操作如下。

1️⃣ 打开电源插座开关，按下显示器的开关按钮，显示器电源指示灯亮表示已打开显示器。

2️⃣ 按下主机正前面的电源开关，计算机屏幕中出现一些提示信息，表示系统开始自检，如图 1-1 所示。

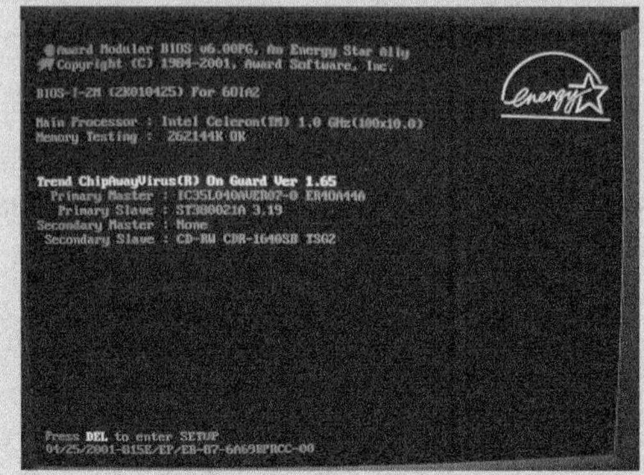

图 1-1　系统自检信息

3️⃣ 计算机开始自动运行，并显示启动画面，直接进入 Windows XP 的默认桌面，启动成功，如图 1-2 所示。

图 1-2　Windows XP 的默认桌面

2. 重新启动

重新启动是在已经启动 Windows XP 的情况下进行的，具体操作如下。

1️⃣ 单击 Windows XP 桌面左下角的 [开始] 按钮，在打开的菜单中单击"关闭计算机"按钮。

2️⃣ 打开"关闭计算机"对话框，单击"重新启动"按钮❋，Windows XP 开始保存设置并关闭计算机，稍后将重新启动计算机。操作过程如图 1-3 所示。

图 1-3　重新启动 Windows XP

3. 复位启动

复位启动是指已进入操作系统界面，由于系统运行中出现异常且按前面介绍的方法重新启动失效时所采用的一种重新启动计算机的方法。其具体操作是按下主机箱上的"RESET"按钮，重新启动计算机。

☀ 多学一招

在启动计算机时按【F8】键，可进入系统启动菜单，然后使用键盘上的上、下键在菜单中选择"安全模式"命令即可进入Windows XP的安全模式。Windows XP的安全模式即只装入鼠标、键盘和标准VGA的驱动程序，并以最基本的方式启动计算机。

📝 真题演练

【题目 1】重新启动 Windows XP。

本题的操作方法很简单，只需在考试环

境中依次执行单击 开始 按钮→"关闭计算机"按钮→"重新启动"按钮※操作便可。答题结束后并不会真正重启 Windows XP。

考点2 注销Windows XP

考点分析

注销 Windows XP 也是经常抽到考题的考点，考题通常会明确要求用户注销 Windows XP 或切换到某个账户登录 Windows XP。

考点破解

注销 Windows XP 的目的是让其他用户使用计算机，可通过注销和切换用户两种方法实现。

方法 1：注销。

选择【开始】→【注销】菜单命令，打开"注销 Windows"对话框。单击"注销"按钮🔑，Windows XP 将关闭正在运行的程序，返回到选择登录用户的界面，如图 1-4 所示。单击要登录的账户图标，即可以该账户登录 Windows XP。

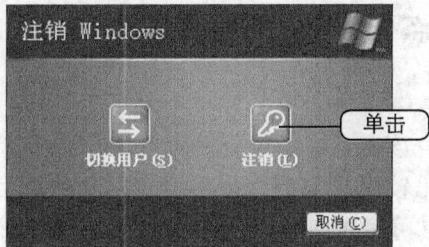

图 1-4 注销 Windows XP

方法 2：切换用户。

选择【开始】→【注销】菜单命令，打开"注销 Windows"对话框。单击"切换用户"按钮🔁，则 Windows XP 不关闭当前用户运行的程序，返回到选择登录用户的界面，单击账户图标，即可使该账户登录 Windows XP，如图 1-5 所示。

图 1-5 切换用户

📝 真题演练

【题目 2】注销 Windows XP。

1️⃣ 选择【开始】→【注销】菜单命令，打开"注销 Windows"对话框。

2️⃣ 单击"注销"按钮🔑，返回到选择登录用户的界面。

【题目 3】切换到"xiongchun"账户登录。

1️⃣ 选择【开始】→【注销】菜单命令，打开"注销 Windows"对话框。

2️⃣ 单击"切换用户"按钮🔁，返回到选择登录用户的界面，在其中单击"xiongchun"账户，如图 1-6 所示。

图 1-6 切换到"xiongchun"账户

考点3 退出Windows XP

考点分析

启动、注销与退出 Windows XP 这 3 个考点如果在考试中出现，最多只考查1个。

考点破解

退出 Windows XP 即正常关闭计算机的操作过程，有以下两种方法。

方法1：通过"开始"菜单。

选择【开始】→【关闭计算机】菜单命令，在打开的"关闭计算机"对话框中单击"关闭"按钮◎，Windows XP 开始保存设置并关闭计算机，如图1-7所示。

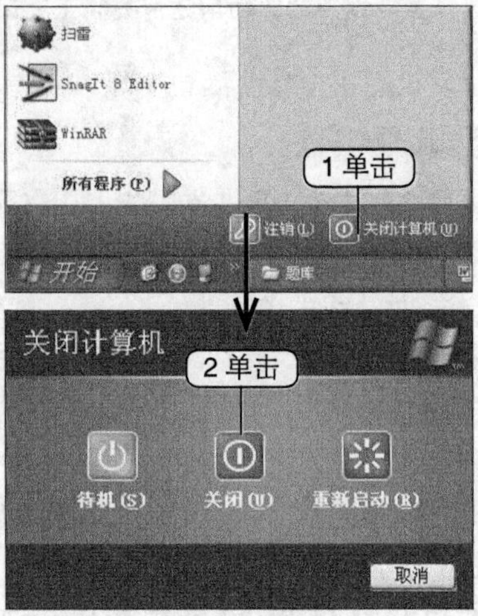

图 1-7　退出 Windows XP

方法2：通过快捷键。

关闭所有打开的程序后按【Alt+F4】组合键，打开"关闭计算机"对话框，单击"关闭"按钮◎关闭计算机。

真题演练

【题目4】退出 Windows XP。

本题也可能会以"关机计算机"为题，方法与退出 Windows XP 一样，具体操作如下。

1 选择【开始】→【关闭计算机】菜单命令，打开"关闭计算机"对话框。

2 在其中单击"关闭"按钮◎，Windows XP 开始保存设置并关闭计算机。

本节考点回顾与总结一览表

本节考点	操作方式总结
考点1：启动 Windows XP	加电启动：打开主机和显示器，自动进入 Windows XP
	重新启动：选择【开始】→【重新启动】菜单命令，重启计算机
	复位启动：按下主机箱上的"RESET"按钮，重新启动计算机
考点2：注销 Windows XP	注销：选择【开始】→【注销】菜单命令，单击"注销"按钮◎
	切换用户：选择【开始】→【注销】菜单命令，单击"切换用户"按钮◎
考点3：退出 Windows XP	方法1：选择【开始】→【关闭计算机】菜单命令，单击"关闭"按钮◎
	方法2：关闭所有打开的程序后按【Alt+F4】组合键，单击"关闭"按钮◎

1.2　鼠标与键盘的操作方法

考点4　鼠标的操作方法

考点分析

该考点的考查概率为100%，但鼠标的操作比较容易掌握，也不会有单独的题目来考查，可能与本书后面的考点相结合进行命题。

考点破解

鼠标的操作方法包括移动、单击、双击、右击和拖动5种。

方法1：移动。

移动鼠标的方法是握住鼠标，然后在计算机桌桌面或鼠标垫上随意移动，鼠标指针会随之在屏幕中同步移动。将鼠标指针指向屏幕中的某个对象称为定位操作，鼠标指针下方一般会出现有关对象的提示信息，如图1-8所示。

图 1-8　移动鼠标

方法2：单击。

先移动鼠标，让鼠标指针指向某个对象，然后用食指按下鼠标左键后快速松开按键，鼠标左键将自动弹起。单击操作常用于选择对象，被选择的对象呈高亮显示，如图1-9所示。

图 1-9　单击鼠标

方法3：双击。

双击是指用食指快速、连续地按鼠标左键两次。

方法4：右击。

右击是指单击鼠标右键，松开按键后鼠标右键将自动弹起。在某个对象上右击时，通常会弹出一个相应的快捷菜单（又称右键菜单），在其中可快速地选择有关命令，如图1-10所示。

图 1-10　右击"我的文档"图标

方法5：拖动。

先移动鼠标，让鼠标指针指向某个对象，然后用食指按下鼠标左键不放，将鼠标指针移动到其他位置后释放，这个过程也称为"拖曳"，如图1-11所示。

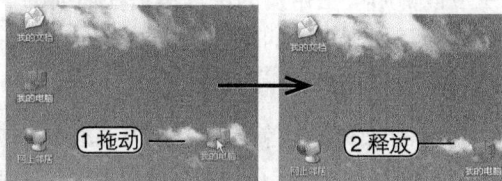

图 1-11　拖动"我的电脑"图标

真题演练

【题目5】在 Windows XP 桌面上拖动"我的电脑"图标。

1 移动鼠标，让鼠标指针指向"我的电脑"图标。

2 用食指按下鼠标左键不放，然后将鼠标指针移动到其他位置后释放。

【题目6】在"回收站"图标上单击鼠标右键，在弹出的快捷菜单中选择"属性"命令。

1 移动鼠标，让鼠标指针指向"回收站"图标。单击鼠标右键，在弹出的快捷菜单中将指针移动到"属性"命令上并单击。

2 打开"回收站 属性"对话框，如图1-12所示。

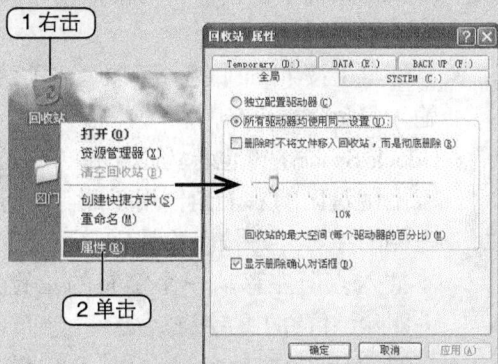

图 1-12　鼠标的右击、移动和单击操作

考点5　键盘的操作方法

考点分析

该考点一般不作为单独的考题出现，但考生应该了解一些常用的快捷键，在后面的学习中将会运用到下述的某些快捷键。

考点破解

键盘的操作方法就是按键，Windows XP中定义了许多快捷键，通过这些快捷键可以完成一些菜单的选择和窗口的切换等操作。下面列出了键盘上常用的快捷键及其作用。

◈ 在键盘上同时按【Ctrl】键和【C】键，可将需要的内容复制到剪贴板。

◈ 在键盘上同时按【Ctrl】键和【V】键，可将复制的内容粘贴到所需的位置。

◈ 在键盘上同时按【Ctrl】键和【X】键，可将需要的内容剪切到剪贴板。

◈ 在键盘上同时按【Ctrl】键和【Shift】键，可在各种输入法之间进行切换。

◈ 在键盘上按【PrintScreen】键，可将当前屏幕内容以图片形式保存到剪贴板中，通过按【Ctrl+V】组合键可把该图片粘贴到文档编辑软件中。

◈ 在键盘上同时按【Alt】键和【PrintScreen】键，可将当前活动窗口画面复制到剪贴板中。

◈ 在键盘上按【Esc】键，可取消当前的输入和命令执行等。

◈【Back Space】键也称为退格键，它位于主键盘区的右上角，用于删除光标左侧的字符，每按一次该键，可使文本插入点向左移动一个字符的位置，并删除该位置上的字符。

◈ 在键盘上同时按【Shift】键和【Tab】键，可在对话框中切换到上一选项。

◈ 在键盘上按【Tab】键，可在对话框中切换到下一选项。

◈ 在键盘上同时按【Alt】键和【F4】键，可关闭当前窗口。

◈ 在键盘上按【Delete】键，可删除选择的对象。

◈ 在键盘上同时按【Ctrl】键和【Esc】键，可打开"开始"菜单。

◈ 在键盘上同时按【Ctrl】键、【Alt】键和【Del】键，可打开任务管理器窗口。

◈ 在键盘上同时按【Ctrl】键和【.】键，可切换中/英文标点。

◈ 在键盘上同时按【Alt】键和菜单项字母键，可打开窗口菜单。

◈ 在键盘上同时按【Win】键和【D】键，可快速显示桌面，相当于单击快速启动栏中的"显示桌面"按钮 。

◈ 在键盘上同时按【Win】键和【R】键，可快速打开"运行"对话框，相当于选择【开始】→【运行】菜单命令。

◈ 在键盘上同时按【Win】键和【M】键，可最小化所有窗口。

◈ 在键盘上同时按【Win】键和【E】键，可打开"我的电脑"窗口。

真题演练

【题目7】通过快捷键关闭当前窗口。

本题只需按【Alt+F4】组合键即可关闭当前打开的窗口。

本节考点回顾与总结一览表

本节考点	操作方式总结
考点4：鼠标的操作方法	鼠标的移动、单击、双击、右击和拖动5种操作

续表

本节考点	操作方式总结
考点 5： 键盘的操作方法	了解 Windows XP 中的快捷键

1.3 中文输入法的使用

考点6 切换输入法

考点分析

该考点抽到考题的概率较高，题目通常会要求考生通过"选择输入法"图标 切换到某种输入法。

考点破解

Windows XP 提供了多种中文输入法，在系统安装成功后，中文输入法便会自动显示在输入法列表中。通过下面两种方法可实现切换输入法操作。

方法 1：通过"选择输入法"图标 切换输入法。

单击"选择输入法"图标 ，在打开的菜单中选择需要的中文输入法，如图 1-13 所示。

图 1-13 选择输入法

方法 2：通过快捷键切换输入法。

按【Ctrl+Shift】组合键可在各种输入法之间切换。

真题演练

【题目 8】通过"选择输入法"图标切换到"智能 ABC 输入法"。

1 单击"选择输入法"图标 。

2 在打开的菜单中选择"智能 ABC 输入法 5.0 版"命令，如图 1-14 所示。

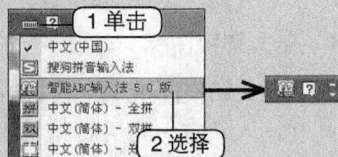

图 1-14 切换到"智能 ABC 输入法"

【题目 9】当前输入法为"中文（简体）－郑码"输入法，请切换为"中文（简体）－全拼"输入法。本题的操作思路与题目 8 相同，具体操作如下。

方法 1：单击"选择输入法"图标 ，在打开的菜单中选择"中文（简体）－全拼"命令。

方法 2：按【Ctrl+Shift】组合键。

考点7 中文输入法状态条的使用

考点分析

该考点单独考查的可能性并不大，常与记事本或写字板的操作等考点结合起来考查，如要求在记事本中输入文字"考试结束！"，将其字体设置为"常规、四号、隶书"，并以名称"考试"保存在默认位置。如果出现单独考题，一般会涉及动态键盘的操作。

考点破解

当切换为中文输入法后，屏幕上会显示对应的中文输入法状态条。

说明：对于以下考点，均以智能 ABC 输入法为例讲解中文输入法状态条的使用，其状态条如图 1-15 所示。

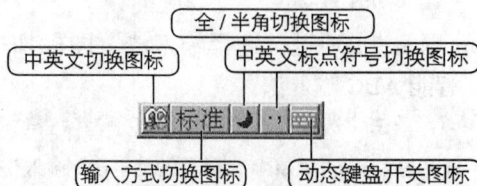

图 1-15　智能 ABC 输入法状态条

1.　中 / 英文切换图标

单击中 / 英文切换图标 ![图标]，可以在中文输入状态和英文输入状态之间进行切换。当该图标显示为 ![图标] 时，表示处于中文输入状态；当该图标显示为 ![图标] 时，表示处于英文输入状态。

2.　输入方式切换图标

输入方式切换图标 标准 用于切换汉字的输入方式，智能 ABC 输入法包括"标准"和"双打"两种输入方式。

3.　全 / 半角切换图标

单击全 / 半角切换图标 ![图标]，可切换输入法的全 / 半角状态。其中，在全角 ![图标] 输入方式下输入的字母、字符和数字均占一个汉字的宽度（即两个字节），在半角 ![图标] 输入方式下输入的字母、字符和数字只占半个汉字的宽度。

4.　中 / 英文标点符号切换图标

中 / 英文标点符号切换图标 ![图标] 用于在中文标点符号和英文标点符号之间切换。当该图标显示为 ![图标] 时，可输入中文标点符号，即全角符号；当该图标显示为 ![图标] 时，可输入英文标点符号，即半角符号。

5.　动态键盘开关图标

单击动态键盘开关图标 ![图标] 可开启动态键盘。

真题演练

【题目 10】在"记事本"程序中输入"考试 text"。

1 选择【开始】→【所有程序】→【附件】→【记事本】菜单命令，打开"记事本"程序，如图 1-16 所示。

图 1-16　打开"记事本"

2 单击"选择输入法"图标 ![图标]，在打开的菜单中选择"智能 ABC 输入法 5.0 版"命令，如图 1-17 所示。

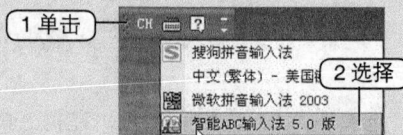

图 1-17　选择输入法

3 输入"考试"，然后单击"中 / 英文切换"图标 ![图标]，使其变成英文输入状态 ![图标]，如图 1-18 所示。

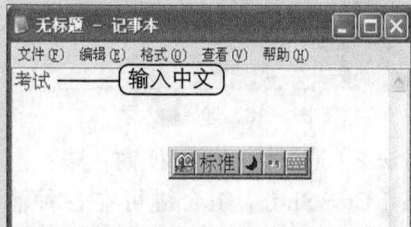

图 1-18　输入文本"考试"

④ 输入"text",如图 1-19 所示。

图 1-19 输入英文"text"

【题目 11】将当前的智能 ABC 输入法改为全角、英文标点符号方式。

① 单击"选择输入法"图标▨,在打开的菜单中选择"智能 ABC 输入法 5.0 版"命令。

② 依次单击输入法状态条上的▨和▨按钮。

考点8 动态键盘的使用

考点分析

该考点涉及的题目主要考查利用动态键盘输入各种特殊符号和希腊字母等。

考点破解

开启动态键盘主要有以下两种方法。

方法 1:用鼠标左键开启。

直接单击动态键盘开关图标▨,即可开启动态键盘,通过它可输入一些特殊符号,再次单击该图标便可关闭动态键盘。

方法 2:用鼠标右键开启。

打开文本输入程序,在动态键盘开关图标上单击鼠标右键,在弹出的快捷菜单中选择一种符号类型,此时将打开对应的动态键盘,在其中单击对应的按钮即可输入特殊符号。再次单击动态键盘开关图标▨,可关闭或再次打开该动态键盘。

真题演练

【题目 12】在"记事本"程序中输入希腊字母"γ δ"和特殊符号"◆□"。

① 选择【开始】→【所有程序】→【附件】→【记事本】菜单命令,打开"记事本"程序。

② 单击"选择输入法"图标▨,在打开的菜单中选择"智能 ABC 输入法 5.0 版"命令。

③ 在动态键盘开关图标上单击鼠标右键,在弹出的快捷菜单中选择"希腊字母"命令,单击动态键盘中对应的按钮,分别输入"γ"和"δ",如图 1-20 所示。

图 1-20 输入希腊字母

④ 在动态键盘开关图标上单击鼠标右键,在弹出的快捷菜单中选择"特殊符号"命令,单击动态键盘中对应的按钮,分别输入"◆"和"□",如图 1-21 所示。

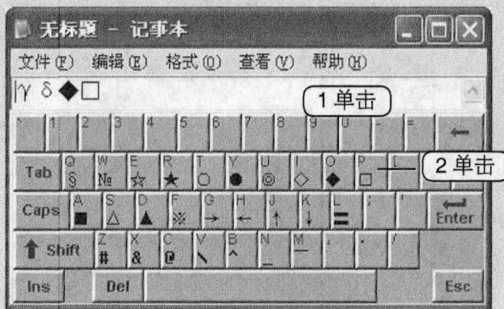

图 1-21 输入特殊符号

【题目 13】桌面上有打开的写字板窗口，在窗口中利用动态键盘输入数学符号"∴≌"，完成后关闭动态键盘。

本题要求使用动态键盘输入数学符号，具体操作如下。

1 单击"选择输入法"图标，在打开的菜单中选择"智能 ABC 输入法 5.0 版"命令，如图 1-22 所示。

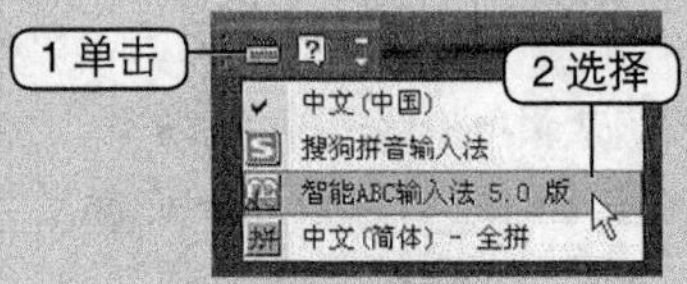

图 1-22　选择输入法

2 在动态键盘开关图标上单击鼠标右键，在弹出的快捷菜单中选择"数学符号"命令，如图 1-23 所示。

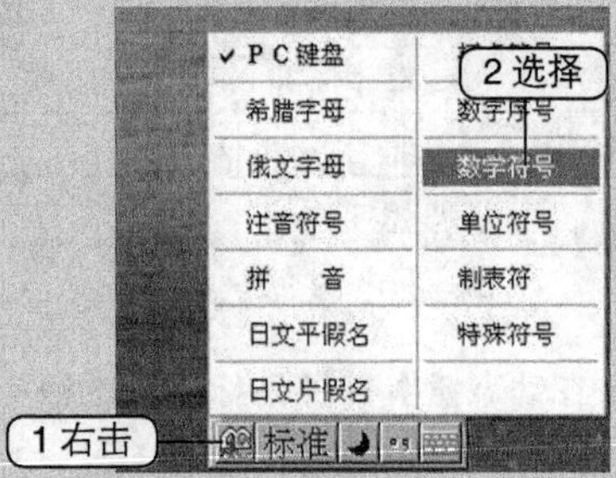

图 1-23　选择命令

3 单击其中对应的按钮，在写字板中输入"∴≌"，如图 1-24 所示。

图 1-24　输入数学符号

4 单击中文输入法状态条上的动态键盘开关图标关闭动态键盘。

考点9　最小化与还原语言栏

考点分析

最小化与还原语言栏考点的命题形式比较简单，且大多数是考查最小化操作，此类题目的答题正确率也较高。

考点破解

语言栏默认悬浮在桌面的右下角，有时为了操作方便，可将其最小化到任务栏中，还可将其从任务栏还原到桌面。最小化与还原语言栏的方法如下。

最小化语言栏：单击语言栏右上角的"最小化"按钮 ，可将语言栏最小化到任务栏中，如图 1-25 所示。

图 1-25　将语言栏最小化到任务栏中

还原语言栏：单击语言栏右上角的"还原"按钮 ，可将语言栏还原到桌面上，如图 1-26 所示。

图 1-26　还原语言栏

真题演练

【题目 14】将语言栏最小化到任务栏中。

本题只需单击语言栏右上角的"最小化"按钮🔲，将语言栏最小化到任务栏中便可。

考点10　拼音输入法

考点分析

拼音输入法的使用在考试中很少单独出题，一般都是和其他考点结合起来考查，如要求在记事本中输入文字"考试结束！"。该考点命题的重点是输入汉字，所以只需熟练掌握一种汉字输入法即可，一般考试时均提供多种输入法供选用。

考点破解

目前比较常用的拼音输入法有很多，如智能 ABC 输入法、微软拼音输入法、搜狗拼音输入法等，其使用方法都大同小异。这里以智能 ABC 输入法为例讲解如何通过拼音输入法来输入汉字。利用智能 ABC 输入法输入汉字的方法主要有以下几种。

方法 1：全拼输入。

全拼输入的输入规则与全拼输入法类似，即利用汉字的拼音作为输入代码，其方法为打开文本输入程序，输入文字的拼音，然后依次按空格键出现所需的汉字，确认是所需的汉字后按空格键输入，如图 1-27 所示。

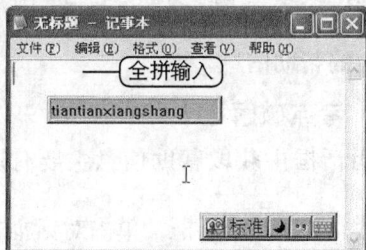

图 1-27　全拼输入"天天向上"

方法 2：简拼输入。

简拼输入指将词语各个音节的第一个字母组合起来输入汉字，其方法为打开文本输入程序，输入每个文本拼音的第一个字母，按空格键出现文字候选框，再按数字键输入正确的文本，如图 1-28 所示。

图 1-28　简拼输入"小事情"

方法 3：混拼输入。

混拼输入的编码规则是对于两个音节以上的词语，使用全拼与简拼相结合的方法进行输入。这样可减少击键次数和重码率，以便提高输入速度。其方法为打开文本输入程序，输入第一个文本拼音的第一个字母和其后一个文本的声母，按空格键出现文字候选框，再按数字键输入正确的文本，如图 1-29 所示。

图 1-29　混拼输入"混拼"

真题演练

【题目 15】输入"计算机考试"。

1 选择【开始】→【所有程序】→【附件】→【记事本】菜单命令，打开"记事本"程序（考试环境中有时已打开了文字处理软件）。

2 单击"选择输入法"图标📱，在打开的菜单中选择"智能 ABC 输入法 5.0 版"命令，如图 1-30 所示。

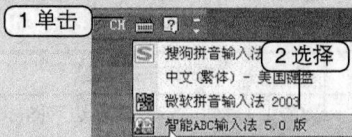

图 1-30　选择输入法

3️⃣ 输入"计算机"的拼音"jisuanji"，然后按空格键，出现"计算机"文本，继续按空格键输入该文本，如图1-31所示。

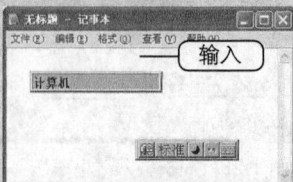

图 1-31 输入"计算机"

4️⃣ 输入"考试"的拼音"kaoshi"，然后按空格键，出现"考试"文本，继续按空格键输入该文本，如图1-32所示。

图 1-32 输入"考试"

【题目16】在打开的写字板文档中使用拼音输入法输入"全国计算机能力考试"。

本题的操作思路与题目15相同，具体操作如下。

1️⃣ 在写字板中单击定位插入点，然后单击"选择输入法"图标，在打开的菜单中选择"智能 ABC 输入法 5.0 版"命令。

2️⃣ 输入"全国"的拼音"quanguo"，按空格键，出现"全国"文本，继续按空格键输入该文本。

3️⃣ 使用相同的方法输入其他文本。

本节考点回顾与总结一览表

本节考点	操作方式总结
考点6： 切换输入法	方法1：通过"选择输入法"图标切换输入法
	方法2：按【Ctrl+Shift】组合键可在各种输入法之间切换

续表

本节考点	操作方式总结
考点7： 中文输入法状态条的使用	掌握中/英文切换图标、输入方式切换图标、全/半角切换图标、中/英文标点符号切换图标和动态键盘开关图标的使用方法
考点8： 动态键盘的使用	方法1：用鼠标左键开启，单击对应按钮输入符号
	方法2：用鼠标右键开启，单击对应按钮输入符号
考点9： 最小化与还原语言栏	最小化：单击语言栏右上角的"最小化"按钮
	还原：单击语言栏右上角的"还原"按钮
考点10： 拼音输入法	方法1：全拼输入
	方法2：简拼输入
	方法3：混拼输入

1.4 使用Windows XP帮助系统

考点11 在对话框中获取帮助信息

🔍 考点分析

在对话框中获取帮助信息是一个经常出现考题的考点，该考点在命题时会指出要求打开的对话框或选项卡的名称，若考试环境中未打开相应的对话框，则必须先打开对话框，再获取相应的帮助信息。

🎨 考点破解

在对话框中获取帮助信息主要有以下两种方法。

方法1：打开对话框，单击对话框右上角的"帮助"按钮，此时鼠标指针变为形状，单击需要获得帮助的项目，就会出现有关的帮助信息。

方法2：在对话框中直接在需要提供帮助的项目上单击鼠标右键，在弹出的快捷菜单中选择"这是什么?"命令,同样会显示对应的帮助信息。

📝 真题演练

【题目17】在"任务栏和「开始」菜单属性"对话框中获取"显示时钟"帮助信息。

方法1:❶在任务栏空白区域单击鼠标右键,在弹出的快捷菜单中选择"属性"命令,打开"任务栏和「开始」菜单属性"对话框的"任务栏"选项卡,如图1-33所示。

图1-33 打开"任务栏和「开始」菜单属性"对话框

❷单击对话框右上角的"帮助"按钮 ❓,此时鼠标指针变为 ▷❓ 形状,选中"显示时钟"复选框,出现有关的帮助信息,如图1-34所示。

图1-34 获取帮助信息

方法2:在任务栏空白区域单击鼠标右键,在弹出的快捷菜单中选择"属性"命令,打开"任务栏和「开始」菜单属性"对话框的"任务栏"选项卡。在"显示时钟"复选框上单击鼠标右键,

在弹出的快捷菜单中选择"这是什么?"命令,出现有关的帮助信息,如图1-35所示。

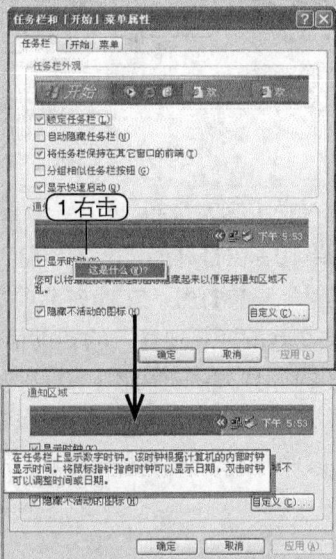

图1-35 获取帮助信息

【题目18】打开"显示 属性"对话框,使用按钮获取关于"颜色质量"的帮助信息。

本题首先需要打开"显示 属性"对话框,然后再查找帮助信息,具体操作如下。

❶在桌面的空白区域单击鼠标右键,在弹出的快捷菜单中选择"属性"命令,如图1-36所示,打开"显示 属性"对话框的"设置"选项卡。

图1-36 选择命令

❷单击对话框右上角的"帮助"按钮 ❓,此时鼠标指针变为 ▷❓ 形状,单击"颜色质量"栏,出现有关的帮助信息,如图1-37所示。

图 1-37 获取"颜色质量"的帮助信息

【题目 19】在打开的"我的电脑"窗口中,利用"工具"菜单打开"文件夹选项"对话框,获取"通过单击打开项目"的帮助信息。

本题的操作方法有两种,具体操作如下。

方法 1:❶ 在"我的电脑"窗口中选择【工具】→【文件夹选项】菜单命令,如图 1-38 所示。

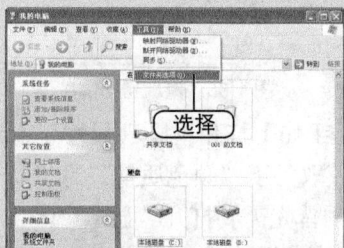

图 1-38 选择菜单命令

❷ 打开"文件夹选项"对话框的"常规"选项卡,单击对话框右上角的"帮助"按钮 [?],此时鼠标指针变为 ⊾? 形状,选中"通过单击打开项目(指向时选定)"单选项,出现有关的帮助信息,如图 1-39所示。

图 1-39 通过按钮获取帮助信息

方法 2:在"我的电脑"窗口中选择【工具】→【文件夹选项】菜单命令,打开"文件夹选项"对话框的"常规"选项卡,在"通过单击打开项目(指向时选定)"单选项上单击鼠标右键,在弹出的快捷菜单中选择"这是什么?"命令,出现帮助信息,如图 1-40 所示。

图 1-40 通过快捷菜单获取帮助信息

考点12 在"帮助和支持中心"窗口获取帮助信息

考点分析

该考点出现考题的概率较低,答题的关键是掌握"帮助和支持中心"窗口的打开方法。

考点破解

获取帮助信息需要打开"帮助和支持中心"窗口,打开该窗口的方法有以下两种。

方法1：通过窗口菜单打开。

当在窗口中需要帮助时，可选择【帮助】
→【帮助和支持中心】菜单命令，如图1-41
所示。

图1-41 通过窗口菜单打开帮助

方法2：通过"开始"菜单打开。

在Windows XP桌面上选择【开始】→【帮
助和支持】菜单命令。

打开"帮助和支持中心"窗口后，可通
过以下3种方法获取帮助信息。

方法1：利用"目录"获得帮助信息。

通过用鼠标单击相应的主题，可打开帮
助内容窗口，单击其中的超链接，还可逐步打
开相应的帮助窗口，如图1-42所示。

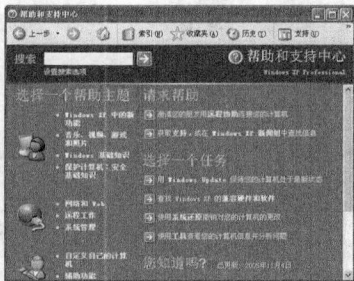

图1-42 利用"目录"获得帮助信息

方法2：利用"索引"获得帮助信息。

单击"帮助和支持中心"窗口工具栏中
的"索引"按钮，在"键入要查找的关
键字"文本框中输入关键字，在下面的列表框
中即可出现与关键字相关的帮助主题。选择其
中一项，单击 显示(D) 按钮，打开"已找到主

题"对话框，在该对话框中双击要显示的主题，
此时右侧窗格就会出现相关的帮助信息，如图
1-43所示。

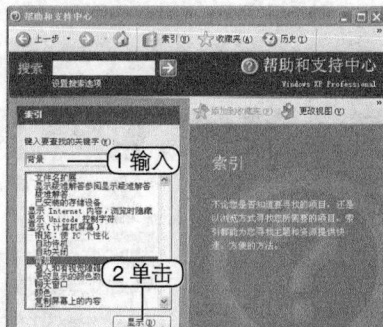

图1-43 利用"索引"获得帮助信息

方法3：利用"搜索"获得帮助信息。

在"帮助和支持中心"窗口上方的"搜索"
文本框中输入要获取帮助信息的关键字，然
后单击 按钮，系统将搜索与关键字相关的
所有主题，并在左侧窗格的列表框中全部列
出，单击所需的超链接，即可在右侧窗格中
显示具体的信息。

真题演练

【题目20】利用"帮助和支持中心"窗口
查找鼠标的相关信息。

1 选择【开始】→【帮助和支持】菜单命令，
打开"帮助和支持中心"窗口。

2 在其上方的"搜索"文本框中输入"鼠
标"，然后单击 按钮，如图1-44所示。

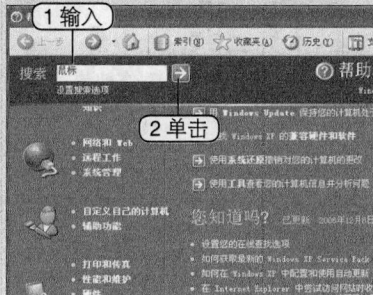

图1-44 输入搜索关键字

③ 系统搜索与关键字相关的所有主题，并在左侧窗格的列表框中全部列出，单击所需的超链接，即可在右侧窗格中显示具体的信息，如图 1-45 所示。

图 1-45　利用帮助查找鼠标的相关信息

【题目 21】使用"开始"菜单直接进入"帮助和支持中心"窗口，利用"选择一个帮助主题"的方法取得关于"联机安全"方面的帮助。

本题需要首先打开"帮助和支持中心"窗口，然后在"选择一个帮助主题"栏中进行操作，具体操作如下。

❶ 选择【开始】→【帮助和支持】菜单命令，打开"帮助和支持中心"窗口，在窗口左侧的"选择一个帮助主题"栏中单击"网络和 Web"超链接，打开对应的窗口，如图 1-46 所示。

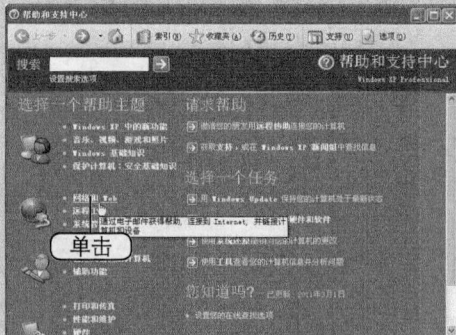

图 1-46　单击超链接

❷ 在窗口中单击"电子邮件和 Web"超链

接或单击左侧的"展开"按钮田将其展开，然后选择"联机安全"选项，查看相关帮助信息，如图 1-47 所示。

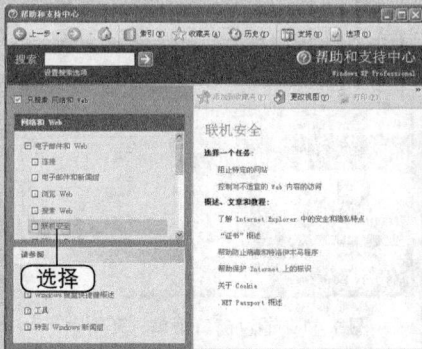

图 1-47　查看帮助信息

【题目 22】在当前打开的"帮助和支持中心"窗口中，利用搜索的方法获取关于"更改密码"方面的帮助信息。

本题的操作思路与题目 20 相同，具体操作如下。

❶ 在"帮助与支持中心"窗口上方的"搜索"文本框中输入"更改密码"，然后单击➡按钮或按【Enter】键，如图 1-48 所示。

图 1-48　输入关键字

❷ 系统搜索与关键字相关的所有主题，并在窗口左侧的列表框中全部列出，单击所需的超链接，在窗口右侧显示具体的信息，如图 1-49所示。

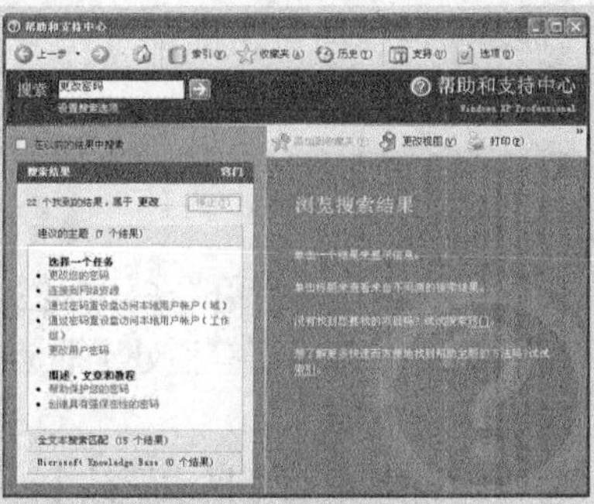

图1-49　查看搜索结果

【题目23】在打开的"帮助和支持中心"窗口中，利用"索引"的方法获取"文件和文件夹中的隐藏属性"方面的帮助信息。本题要求使用"帮助和支持中心"窗口中的"索引"方法获取帮助信息，具体操作如下。

1 在"帮助和支持中心"窗口的工具栏中单击"索引"按钮 索引，如图1-50所示。

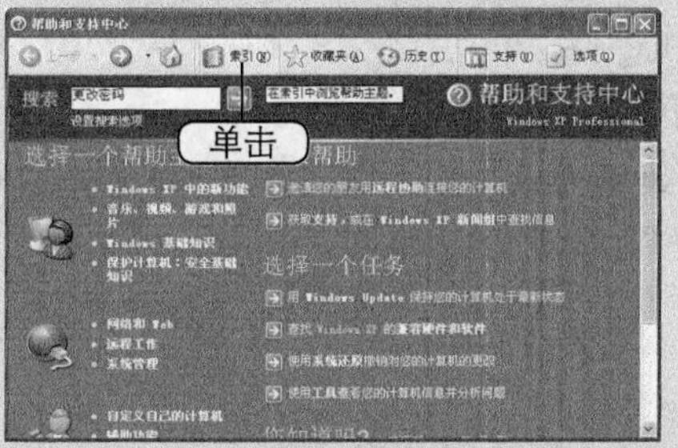

图1-50　使用索引

2 在"键入要查找的关键字"文本框中输入"文件和文件夹中的隐藏属性"，单击 显示 按钮，在其窗口右侧将显示查找到的帮助信息，操作过程如图1-51所示。

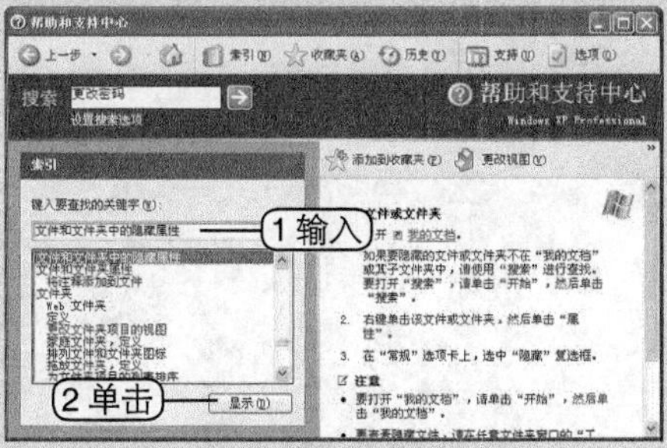

图1-51　查看帮助信息

本节考点回顾与总结一览表

本节考点	操作方式总结
考点11： 在对话框中获取帮助信息	方法1：单击对话框右上角的"帮助"按钮 ，此时鼠标指针变为 形状，单击需要获得帮助的项目
	方法2：直接在需要提供帮助的项目上单击鼠标右键，在弹出的快捷菜单中选择"这是什么？"菜单命令
考点12： 在"帮助和支持中心"窗口获取帮助信息	方法1：当在窗口中需要帮助时，可选择【帮助】→【帮助和支持中心】菜单命令
	方法2：选择【开始】→【帮助和支持】菜单命令

1.5　过关精练

以下试题在光盘中的对应位置：

各题练习环境为光盘：\ 同步练习 \ 第1章 \
各题解答演示见光盘：\ 试题精解 \ 第1章 \

第1题 在窗口中打开"帮助和支持中心"，然后搜索并查看"更改鼠标键"的帮助信息。

第2题 进入"帮助和支持中心"，利用"选择一个帮助主题"的方法取得关于"使用传真"方面的帮助。

第3题 切换到全拼输入法，并打开"单位符号"软键盘。

第4题 打开写字板窗口，并输入特殊符号"§ ☆ ●→＝"，然后以文本文档的形式保存到C盘根目录中，其名称为"特殊符号"。

第5题 打开记事本窗口，输入数字序号"①②"。

第6题 打开记事本窗口，输入数学符号"×÷"。

第7题 通过"开始"菜单打开"帮助和支持中心"，利用"索引"的方法获得"更改时间设置"

方面的帮助信息。

第8题 在不重新启动计算机的情况下切换用户。

第9题 重新启动计算机，进入Windows安全模式，最后再用"开始"菜单打开"控制面板"。

第10题 请"注销"当前用户，然后使"学生01"用户登录。

第11题 通过"开始"菜单打开"Windows XP帮助"窗口。

第12题 打开记事本窗口，选择智能ABC中文输入法，并设置为全角输入方式。

第13题 在输入法工具栏中选择全拼输入法，并打开软键盘。

第14题 通过控制面板添加"全拼输入法"。

第15题 将计算机转入待机状态。

第16题 对当前用户进行注销。

第17题 搜索关于"通讯簿"的帮助信息，并打开"导出通讯簿"的帮助信息。

第18题 启动软键盘中的"单位符号"小键盘，然后关闭软键盘。

第19题 通过当前对话框设置在桌面上显示语言栏。

第20题 设置智能ABC输入法拥有词频调整和固定格式风格。

第21题 通过当前对话框在任务栏上显示其他语言栏图标，并且当语言栏处于非活动状态时，语言栏显示为透明。

第22题 通过当前对话框设置按【Shift】键时关闭Caps Lock。

第23题 通过语言栏删除微软拼音输入法2003，然后查看删除后的输入法列表。

第24题 通过控制面板删除全拼输入法。

第25题 请利用"显示属性"对话框清理桌面，将"Microsoft Office Word 2003"快捷方式图标清理到"未使用的桌面快捷方式"文件夹中。

第26题 请使系统处于"待机"状态，将计算机保持在低功耗状态，以便快捷恢复，退出等待状态。

第27题 请将当前计算机的用户切换为"ccb"用户。

第 **2** 章 ►Windows XP桌面操作◄

Windows XP 中的桌面操作离不开桌面图标、任务栏、"开始"菜单、对话框和菜单这几部分，本章详细讲解这几部分相关的操作，共 18 个考点，涉及的主要知识点有使用与设置"开始"菜单、设置任务栏、窗口的基本操作、菜单和快捷菜单的基本操作、对话框的基本操作、桌面图标的操作等。本章考点的具体复习要求如下。

<table>
<tr><td rowspan="2">本章考点</td><td>☑ 要求掌握的考点
考点级别：★★★
　■ 使用"开始"菜单打开程序
　■ 设置"开始"菜单
　■ 在"开始"菜单中增加与删除
　　快捷方式
　■ 设置任务栏属性
　■ 窗口的组成
　■ 窗口的基本操作
　■ 设置窗口界面
　■ 菜单和快捷菜单的基本操作
　■ 对话框的基本操作</td><td>☑ 要求熟悉的考点
考点级别：★★
　■ 创建系统图标
　■ 显示与隐藏桌面图标
　■ 切换"开始"菜单模式
　■ 锁定与解锁任务栏
　■ 改变任务栏的高度和位置
　■ 设置任务栏的工具栏
☑ 要求了解的知识
考点级别：★
　■ 移动和排列桌面图标
　■ 重命名与更改桌面图标
　■ 删除与清理桌面图标</td></tr>
</table>

2.1 桌面图标的操作

考点1 创建系统图标

🔍 考点分析

创建系统图标考点抽到考题的概率较大，但考试通过率也较高，题目一般是要求考生在桌面上创建"我的电脑"、"我的文档"和"网

上邻居"这 3 个系统图标中的一个。

🪄 考点破解

刚安装完 Windows XP 操作系统后，桌面上通常只有一个"回收站"图标，将其他系统图标显示出来的具体操作如下。

❶ 使用以下任意一种方法打开"显示 属性"对话框。

方法 1：在桌面的空白区域单击鼠标右键，

在弹出的快捷菜单中选择"属性"命令，如图 2-1 所示。

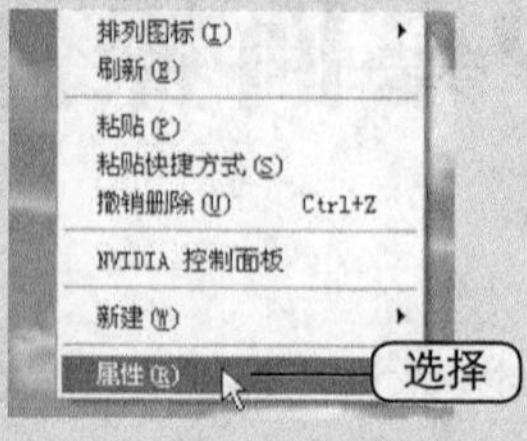

图 2-1　选择"属性"命令

方法 2：选择【开始】→【控制面板】菜单命令，打开"控制面板"窗口，在其中单击"外观和主题"超链接，在打开的窗口中单击"更改桌面背景"超链接，如图 2-2 所示。

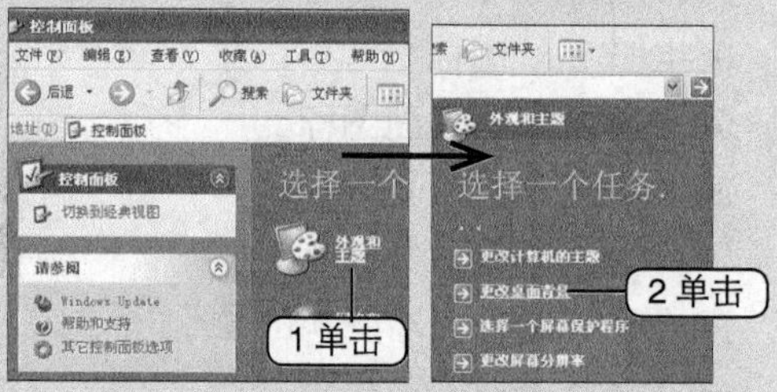

图 2-2　单击"更改桌面背景"超链接

2 单击"桌面"选项卡，再单击 [自定义桌面(D)...] 按钮，如图 2-3 所示。

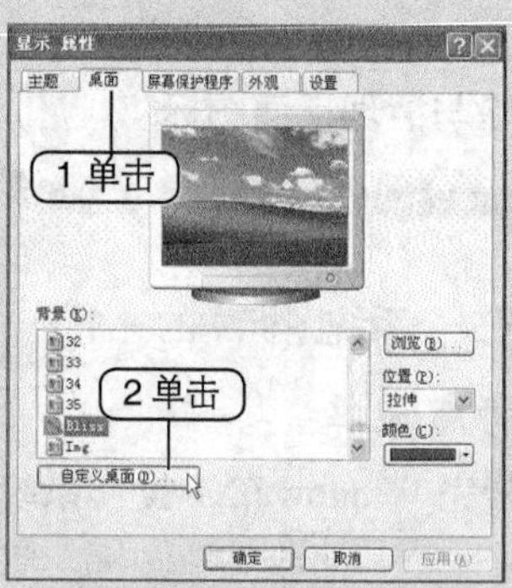

图 2-3　选择"属性"命令

3 打开"桌面项目"对话框，在"常规"选项卡中的"桌面图标"选项组中选中相应的复选框，单击 [确定] 按钮，桌面上将出现该系

统图标，如图 2-4 所示。

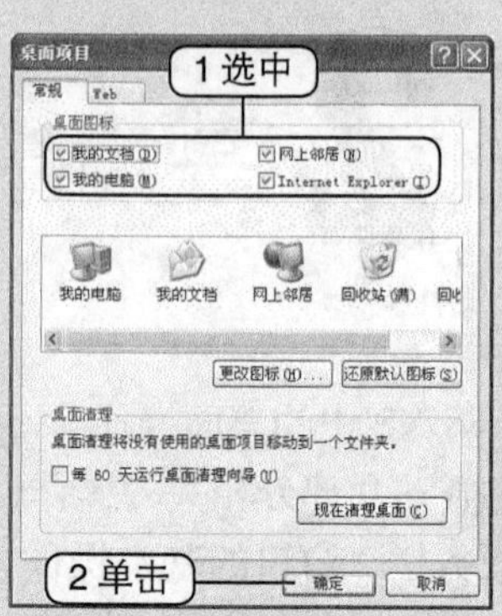

图 2-4　选择相应的复选框

真题演练

【题目 1】创建"我的文档"系统图标。

1 在桌面的空白区域单击鼠标右键，在弹出的快捷菜单中选择"属性"命令，打开"显示属性"对话框。

2 单击"桌面"选项卡，在其中单击 [自定义桌面(D)...] 按钮，打开"桌面项目"对话框。

3 在"桌面图标"选项组中选中"我的文档"复选框，单击 [确定] 按钮，如图 2-5 所示。桌面上将出现该系统图标。

图 2-5　创建"我的文档"系统图标

考点2　移动和排列桌面图标

考点分析

该考点出现考题的概率较小，移动桌面

图标的操作其实就是鼠标的拖动操作，排列桌面图标则是将桌面上的所有图标按照名称、大小、类型、修改时间等依次排列。

考点破解

移动和排列桌面图标的目的是提高工作的效率。

1. 移动桌面图标

若用户需要移动桌面图标，可先将鼠标指针移动到需要移动的桌面图标上，按住鼠标左键拖动图标到需要的位置，然后释放鼠标左键即可。

2. 排列桌面图标

若要排列桌面图标，可在桌面的空白处单击鼠标右键，在弹出的快捷菜单中选择"排列图标"菜单命令，弹出其子菜单，该子菜单专门用来管理桌面图标，包括"名称"、"大小"、"类型"、"修改时间"、"自动排列"和"对齐到网格"等，如图2-6所示。

图2-6 "排列图标"子菜单

真题演练

【题目2】将桌面上的图标按"修改时间"排列。

❶ 在桌面的空白处单击鼠标右键，在弹出的快捷菜单中选择"排列图标"菜单命令。

❷ 在弹出的子菜单中选择"修改时间"命令，如图2-7所示。

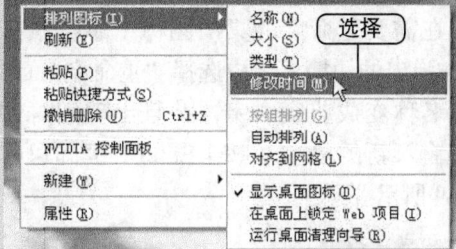

图2-7 将图标按"修改时间"进行排列

【题目3】将"网上邻居"桌面图标移动到桌面的右上角。

❶ 将鼠标指针移动到"网上邻居"的图标上并单击选中该图标。

❷ 按住鼠标左键拖动该图标到桌面的右上角，然后释放鼠标左键即可，如图2-8所示。

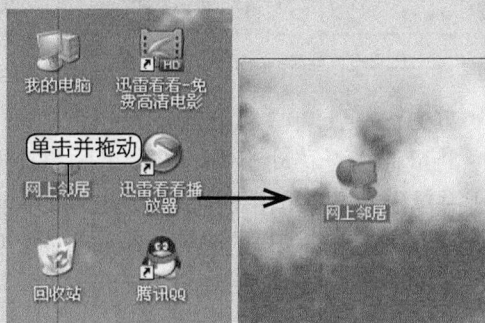

图2-8 拖动"网上邻居"图标

考点3 重命名与更改桌面图标

考点分析

该考点抽到考题的概率较小，操作相对比较简单，可操作性也比较强，因此不太容易出现丢分的情况。

考点破解

重命名与更改桌面图标的目的是使计算机桌面更能体现用户的个性特点。

1. 重命名桌面图标

重命名桌面图标有以下两种方法。

方法1：通过右键快捷菜单。

在需要重命名的桌面图标上单击鼠标右键，在弹出的快捷菜单中选择"重命名"命令，图标名称变成蓝底白字，并且出现闪烁的光标，输入新的名称后按【Enter】键即可，如图2-9所示。

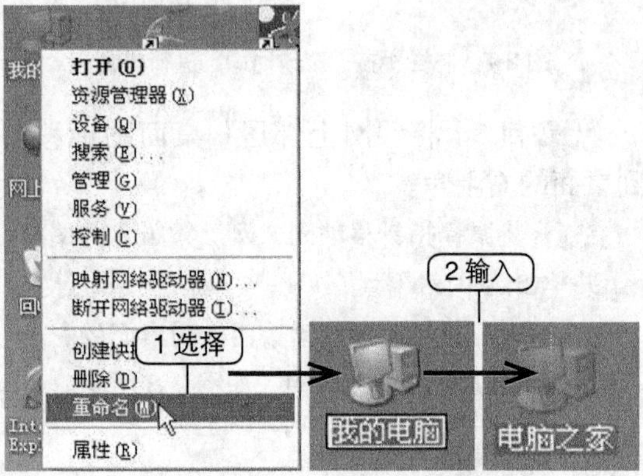

图2-9　重命名"我的电脑"图标

方法2：通过单击鼠标修改。

将鼠标指针移动至需要重命名的桌面图标上并单击，再次单击图标名称，名称变为蓝底白字，并且出现闪烁的光标，输入新的名称后按【Enter】键即可，如图2-10所示。

图2-10　通过鼠标重命名"我的电脑"图标

2．更改桌面图标

更改桌面图标的具体操作如下。

1️⃣ 在桌面的空白处单击鼠标右键，在弹出的快捷菜单中选择"属性"命令，打开"显示属性"对话框。

2️⃣ 单击"桌面"选项卡，再单击 `自定义桌面(D)...` 按钮，如图2-11所示，打开"桌面项目"对话框。

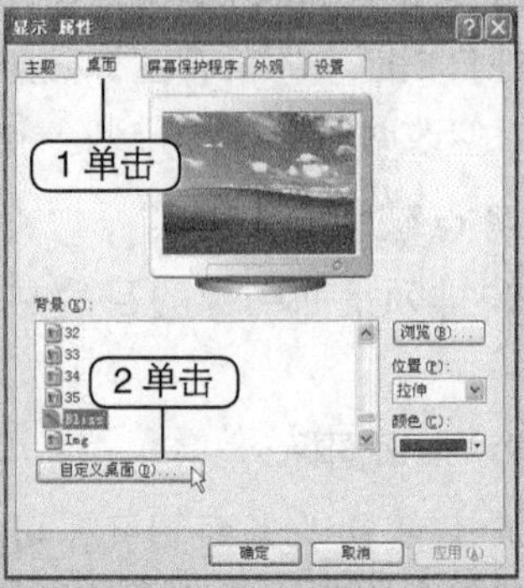

图2-11　"显示 属性"对话框

3️⃣ 在对话框中间的列表框中选择要更改的桌面图标，然后单击 `更改图标(H)...` 按钮，打开"更改图标"对话框。

4️⃣ 在"从以下列表选择一个图标"列表框中选择需要的图标样式，然后单击 `确定` 按钮，如图2-12所示。

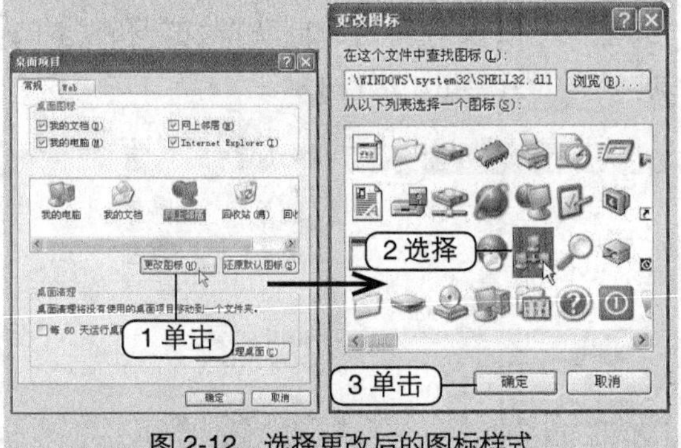

图2-12　选择更改后的图标样式

📝 **真题演练**

【题目4】将桌面上的"网上邻居"图标重命名为"网络邻居"。

方法1：在"网上邻居"图标上单击鼠标右键，在弹出的快捷菜单中选择"重命名"菜单命令，然后输入"网络邻居"，按【Enter】键即可。

方法2：将鼠标指针移动至"网上邻居"图标上并单击，再次单击图标名称，输入"网络邻居"，按【Enter】键即可。

【题目5】将"网上邻居"图标更改为 样式。

1 在桌面的空白区域单击鼠标右键，在弹出的快捷菜单中选择"属性"命令，打开"显示 属性"对话框。

2 切换到"桌面"选项卡，单击 自定义桌面(D)... 按钮，打开"桌面项目"对话框。

3 在对话框中间的列表框中选择要更改的"网上邻居"桌面图标，单击 更改图标(H)... 按钮，打开"更改图标"对话框。

4 在"从以下列表选择一个图标"列表框中选择 图标，单击 确定 按钮，如图2-13所示。

图2-13 更改"网上邻居"图标

考点4 删除与清理桌面图标

考点分析

该考点属于了解内容，抽中考题的概率较小。一般来说，在考点2、考点3和考点4的命题中通常只会出现一道考题。

考点破解

删除与清理桌面图标的作用虽然差别不大，但操作却有很大的不同。

1. 删除桌面图标

删除桌面图标有以下两种方法。

方法1：通过按键盘上的【Delete】键。

在桌面上选择需要删除的图标，然后直接按【Delete】键，在打开的"确认文件删除"对话框中单击 是(Y) 按钮，即可删除该图标，如图2-14所示。

图2-14 "确认文件删除"对话框

方法2：通过右键快捷菜单。

在桌面需要删除的图标上单击鼠标右键，在弹出的快捷菜单中选择"删除"命令，如图2-15所示。在打开的"确认文件删除"对话框中单击 是(Y) 按钮，即可删除该图标。

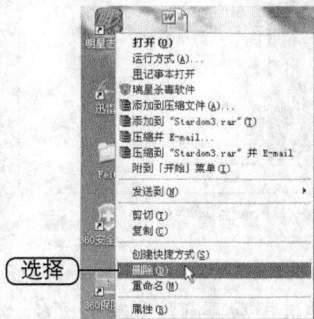

图2-15 右键快捷菜单

2. 清理桌面图标

清理桌面图标主要是通过清理桌面向导进行的，具体操作如下。

1 在桌面的空白区域单击鼠标右键，在弹出的快捷菜单中选择"属性"命令，打开"显示属性"对话框。

2 切 换 到" 桌 面 " 选 项 卡，单 击 自定义桌面(D)... 按钮，打开"桌面项目"对话框，单击 现在清理桌面(C) 按钮，如图2-16所示。

图 2-16 "桌面项目"对话框

③ 打开"清理桌面向导"对话框，单击
下一步(N) 按钮，如图 2-17 所示。

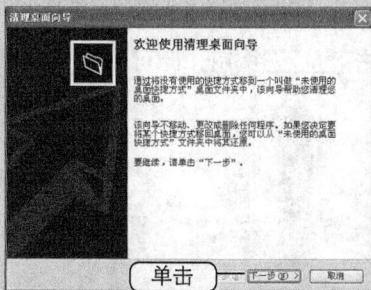

图 2-17 "清理桌面向导"对话框

④ 打开"快捷方式"对话框，在"快捷方
式"列表框中选择需要删除的桌面图标，单击
下一步(N) 按钮，如图 2-18 所示。

图 2-18 选择需要清理的图标

⑤ 打开"正在完成清理桌面向导"对话框，
单击 完成 按钮完成清理，如图 2-19 所示。

图 2-19 完成清理

📝 真题演练

【题目6】通过右键菜单删除桌面上的"压
缩文件 .rar"图标。

① 选择桌面上的"压缩文件 .rar"图标，
单击鼠标右键，在弹出的快捷菜单中选择"删除"
命令，如图 2-20 所示。

图 2-20 删除桌面上的"压缩文件 .rar"图标

② 打开"确认文件删除"对话框，单击
是(Y) 按钮即可删除该图标，如图 2-21 所示。

图 2-21 确认删除

【题目7】清理桌面上的"Internet Explorer"图标。

1 在桌面的空白区域单击鼠标右键，在弹出的快捷菜单中选择"属性"菜单命令，打开"显示 属性"对话框。

2 切换到"桌面"选项卡，单击 自定义桌面(D)... 按钮，打开"桌面项目"对话框。

3 单击 现在清理桌面(C) 按钮，打开"清理桌面向导"对话框，如图2-22所示。单击 下一步(N) > 按钮，打开"快捷方式"对话框。

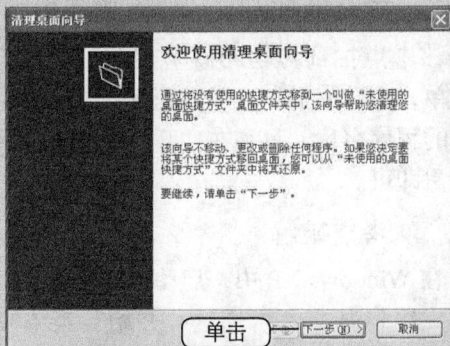

图2-22　打开清理桌面向导

4 在"快捷方式"列表框中选中"Internet Explorer"复选框，单击 下一步(N) > 按钮，如图2-23所示。

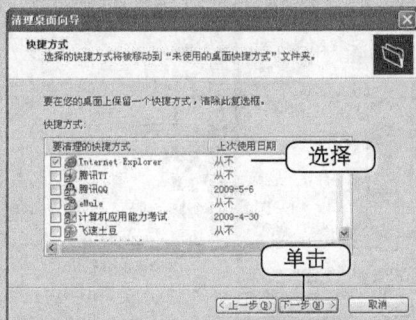

图2-23　打开清理桌面向导

5 打开"正在完成清理桌面向导"对话框，

单击 完成 按钮完成清理，如图2-24所示。

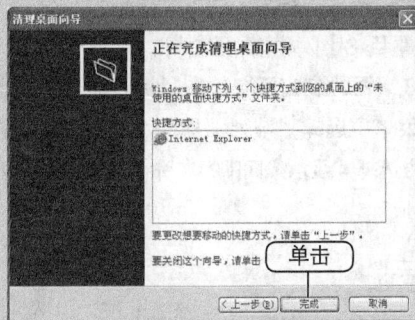

图2-24　清理桌面图标

考点5　显示与隐藏桌面图标

考点分析

本考点的操作虽然简单，但出现考题的概率较高，通过率也较高。

考点破解

本考点中的显示与隐藏桌面图标和前面一些考点中提到的显示与隐藏桌面图标不同，这里的显示与隐藏操作针对的是整个桌面的所有图标。显示桌面图标的方法为在Windows XP桌面空白处单击鼠标右键，在弹出的快捷菜单中选择"排列图标"命令，在弹出的子菜单中选择"显示桌面图标"命令，使其命令前出现"√"标记，即可显示桌面图标，如图2-25所示。

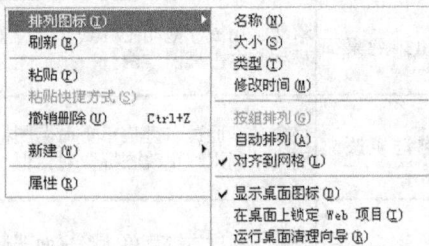

图2-25　"排列图标"子菜单

若需要隐藏桌面图标，则用相同的方法

取消"√"标记即可。

真题演练

【题目8】隐藏桌面图标。

在桌面的空白区域单击鼠标右键,在弹出的快捷菜单中选择"排列图标"命令,在弹出的子菜单中选择"显示桌面图标"命令。操作过程如图2-26所示。

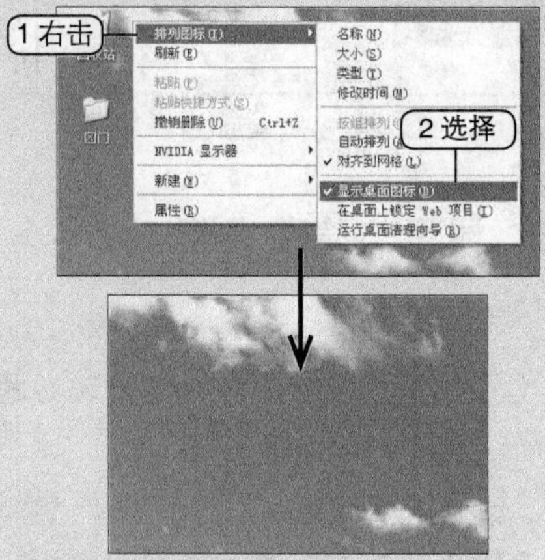

图2-26　隐藏桌面图标

本节考点回顾与总结一览表

本节考点	操作方式总结
考点1: 创建系统图标	方法1:在桌面的空白处单击鼠标右键,在弹出的快捷菜单中选择【属性】菜单命令 方法2:选择【开始】→【控制面板】→【外观和主题】→【更改桌面背景】超链接
考点2: 移动和排列桌面图标	移动:用鼠标拖动图标到目标位置 排列:右击桌面空白处→排列图标
考点3: 重命名与更改桌面图标	重命名:通过右键菜单重命名图标 更改:利用"更改图标"对话框
考点4: 删除与清理桌面图标	删除:通过右键菜单删除桌面图标 清理:通过桌面清理向导清理桌面

续表

本节考点	操作方式总结
考点5: 显示与隐藏桌面图标	显示:通过右键菜单显示桌面图标 隐藏:通过右键菜单隐藏桌面图标

2.2 "开始"菜单的操作

考点6　使用"开始"菜单打开程序

考点分析

该考点抽到考题的概率较大,但由于操作简单,通过率很高,通常题目会指定考生要打开的程序名称,只需在"开始"菜单中找到并单击即可。

考点破解

在Windows XP中,启动应用程序和打开文件夹窗口基本都可通过"开始"菜单来实现。其方法是单击Windows XP桌面左下角的 开始 按钮,在打开的菜单中选择"所有程序"菜单项,再在弹出的子菜单中选择一个程序项即可,如图2-27所示。

图2-27　"所有程序"子菜单

真题演练

【题目9】在"开始"菜单中打开"空当接龙"应用程序。

1 单击 *开始* 按钮，打开"开始"菜单，选择【所有程序】→【游戏】→【空当接龙】菜单命令，如图2-28所示。

图2-28 选择菜单命令

2 打开"空当接龙"应用程序，如图2-29所示。

图2-29 打开"空当接龙"程序

【题目10】利用"开始"菜单打开"画图"程序，然后使用标题栏关闭。

本题要先打开"画图"程序，然后将其关闭，具体操作如下。

1 单击 *开始* 按钮，打开"开始"菜单。

2 选择【所有程序】→【附件】→【画图】菜单命令，打开"画图"程序，如图2-30所示。

图2-30 打开"画图"程序

3 单击"画图"程序窗口标题栏右侧的"关闭"按钮 关闭程序，如图2-31所示。

图2-31 关闭"画图"程序

考点7 切换"开始"菜单的模式

考点分析

切换"开始"菜单的模式属于出现考题概率较大的考点，通常题目要求考生将"开始"菜单切换到某一种模式。由于题目较简单，一般不易丢分。

考点破解

Windows XP的"开始"菜单有「开始」

菜单"模式和"经典「开始」菜单"模式两种。切换这两种模式的方法是在任务栏空白处单击鼠标右键，在弹出的快捷菜单中选择"属性"命令，打开"任务栏和「开始」菜单属性"对话框，切换到「开始」菜单"选项卡，在其中选中"「开始」菜单"或"经典「开始」菜单"单选项，单击 确定 按钮，如图 2-32 所示。

图 2-32 切换到"经典「开始」菜单"模式

多学一招

在"开始"按钮上单击鼠标右键，在弹出的快捷菜单中选择"属性"命令，可直接打开"任务栏和「开始」菜单属性"对话框的"「开始」菜单"选项卡。

真题演练

【题目11】将"开始"菜单切换到"经典「开始」菜单"模式。

1 在任务栏的空白处单击鼠标右键，在弹出的快捷菜单中选择"属性"命令，打开"任务栏和「开始」菜单属性"对话框。

2 切换到"「开始」菜单"选项卡，选中"经典「开始」菜单"单选项，单击 确定 按钮。

3 再次打开"开始"菜单即可发现其已变为经典模式。

考点8 设置"开始"菜单

考点分析

设置"开始"菜单属于出现题目概率较大的考点。考试时大多数已打开了"任务栏和「开始」菜单属性"对话框，并指出是设置"「开始」菜单"还是"经典「开始」菜单"，若没有指出，可根据题目中的设置内容进行判断或逐一尝试。

考点破解

由于"开始"菜单有两种模式，因此设置也分为两种情况。

1. 设置【开始】菜单

在"任务栏和「开始」菜单属性"对话框中切换到"「开始」菜单"选项卡，在其中选中"「开始」菜单"单选项，单击右侧的 自定义(C)... 按钮，打开"自定义「开始」菜单"对话框，主要包括以下几种设置方法。

方法1：为程序选择图标的大小。

在"常规"选项卡中的"为程序选择一个图标大小"选项组中选中"小图标"或"大图标"单选项，可设置"开始"菜单中各种图标的大小，如图 2-34 所示。

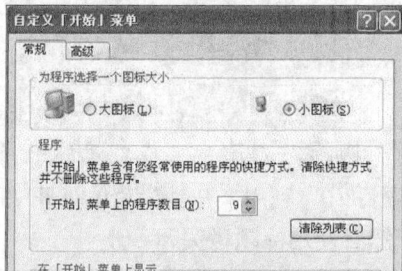

图 2-33 为程序选择图标大小

方法2：设置程序数目。

在"常规"选项卡中的"程序"选项组的"「开始」菜单上的程序数目"数值框中可

以输入显示的程序数目，如图 2-34 所示。

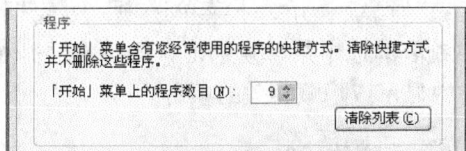

图 2-34　设置程序数目

方法 3：设置在【开始】菜单上显示的程序。

在"常规"选项卡中的"在「开始」菜单上显示"选项组中选中或取消选中某一复选框，即可显示或隐藏相应的程序，如图 2-35 所示。

图 2-35　设置「开始」菜单上显示的程序

方法 4：设置子菜单的打开。

在"高级"选项卡中的"「开始」菜单设置"选项组中选中"当鼠标停止在它们上面时打开子菜单"复选框后，只要把鼠标指针停止在"开始"菜单中的上级菜单上，就能打开其子菜单，而不用再次单击鼠标，如图 2-36 所示。

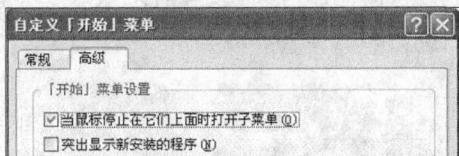

图 2-36　设置子菜单的打开

方法 5：设置突出显示新安装的程序。

在"高级"选项卡中的"「开始」菜单设置"选项组中选中"突出显示新安装的程序"复选框，如图 2-37 所示，则当安装了新程序后，打开"开始"菜单时会显示提示信息"新安装了程序"，将鼠标指针移至"所有程序"菜单命令处，在显示的程序命令中，新安装的程序命令项会以黄色背景显示。

图 2-37　设置突出显示新安装的程序

方法 6：设置"开始"菜单中显示的内容。

在"高级"选项卡的"「开始」菜单项目"列表框中可以指定当前"开始"菜单中显示的内容，如在"控制面板"选项组中选中"不显示此项目"单选项，则在"开始"菜单中将不显示"控制面板"，如图 2-38 所示。

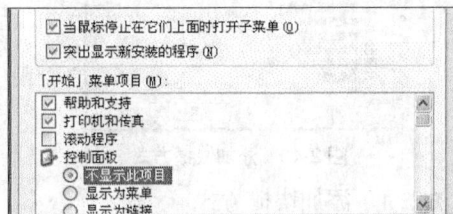

图 2-38　设置"开始"菜单中显示的内容

方法 7：设置最近使用的文档。

在"高级"选项卡中的"最近使用的文档"选项组中选中"列出我最近打开的文档"复选框，如图 2-39 所示，在"开始"菜单中的"我最近的文档"菜单中将列出最近使用的文档。若取消选中该复选框，在"开始"菜单中将不显示"我最近的文档"菜单命令；若单击 清除列表(C) 按钮，将清除"我最近的文档"菜单命令中列出的最近使用的文档。

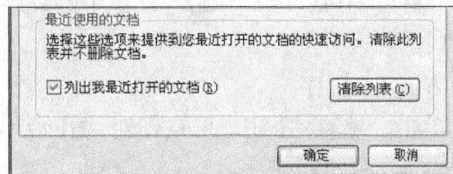

图 2-39　设置最近使用的文档

2. 设置经典"开始"菜单

在"任务栏和「开始」菜单属性"对话

框中切换到"「开始」菜单"选项卡，在其中选中"经典「开始」菜单"单选项，再单击右侧的 自定义(C) 按钮，打开"自定义经典「开始」菜单"对话框，如图 2-40 所示，该对话框中主要包括以下几种设置方法。

图 2-40　添加快捷方式

方法 1：添加快捷方式。

单击 添加(D)... 按钮，在打开的"创建快捷方式"对话框中按照提示，可在"开始"菜单中创建各种快捷方式。

方法 2：删除快捷方式。

单击 删除(R)... 按钮，在打开的"删除快捷方式/文件夹"对话框中选择相应的快捷方式或文件夹，然后单击 删除(R)... 按钮，则"开始"菜单中对应的快捷方式或文件夹将被删除。

方法 3：设置各种操作。

单击 高级(V) 按钮，在打开的"「开始」菜单"窗口中可管理"开始"菜单中的程序快捷方式。

方法 4：排序。

单击 排序(S) 按钮，可重新对"开始"菜单中的各项目进行排序。

方法 5：清除各种记录。

单击 清除(C) 按钮，系统将自动清除"开始"菜单中的最近访问过的文档、程序和网站的记录。

方法 6：隐藏或显示项目。

在"高级「开始」菜单选项"列表框中选中或取消选中某一复选框，即可在"开始"菜单中显示或隐藏相关的项目。

真题演练

【题目 12】在"开始"菜单中添加本地磁盘 D 的快捷方式。

1 在已打开的"任务栏和「开始」菜单属性"对话框的"「开始」菜单"选项卡中，单击"经典「开始」菜单"单选项右侧的 自定义(C)... 按钮，打开"自定义经典「开始」菜单"对话框，单击 添加(D)... 按钮，如图 2-41 所示。

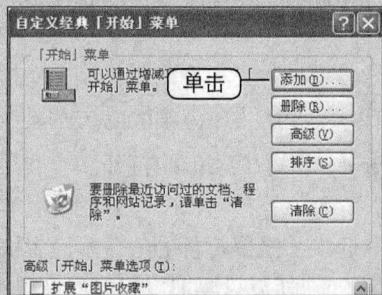

图 2-41　单击"添加"按钮

2 打开"创建快捷方式"对话框，在"请键入项目的位置"文本框中输入"D:\"，单击 下一步(N) > 按钮，如图 2-42 所示。

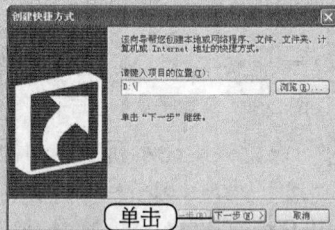

图 2-42　创建快捷方式

3 打开"选择程序文件夹"对话框，在"请选择存放该快捷方式的文件夹"列表框中选择"「开始」菜单"选项，单击 下一步(N) > 按钮，如图 2-43 所示。

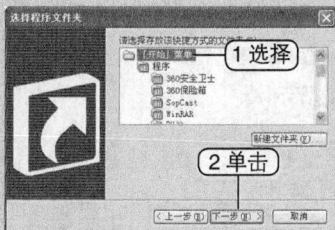

图 2-43 选择创建位置

[4] 打开"选择程序标题"对话框,在"键入该快捷方式的名称"文本框中输入"本地磁盘D",单击 完成 按钮,如图 2-44 所示。

图 2-44 完成创建

【题目 13】将"开始"菜单中的所有程序的图标改为小图标,将程序数目设置为 12 个,并取消"Internet"和"电子邮件"的显示。

[1] 在已打开的"任务栏和「开始」菜单属性"对话框的"「开始」菜单"选项卡中,单击"「开始」菜单"单选项右侧的 自定义(C)... 按钮,如图 2-45 所示。

图 2-45 单击"自定义"按钮

[2] 打开"自定义「开始」菜单"对话框,切换到"常规"选项卡,在"为程序选择一个图标大小"选项组中选中"小图标"单选项,如图 2-46 所示。

图 2-46 设置图标大小

[3] 在"程序"选项组的"「开始」菜单上的程序数目"数值框中输入"12",如图 2-47 所示。

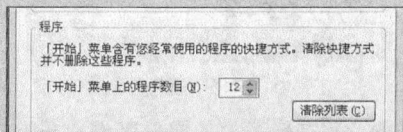

图 2-47 设置程序数目

[4] 在"在「开始」菜单上显示"选项组中取消选中"Internet"和"电子邮件"复选框,单击 确定 按钮完成设置,如图 2-48 所示。

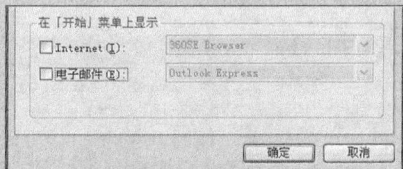

图 2-48 设置"开始"菜单

【题目 14】清除"开始"菜单中的最近常用程序列表。

[1] 在已打开的"任务栏和「开始」菜单属性"对话框的"「开始」菜单"选项卡中,单击"「开始」菜单"单选项右侧的 自定义(C)... 按钮,打开"自定义「开始」菜单"对话框。

[2] 切换到"常规"选项卡,在"程序"选项组中单击 清除列表(C) 按钮,此时"开始"菜单中的最近常用程序列表被清除。

【题目15】将"开始"菜单设置成经典模式，设置时选中"滚动程序"复选框。

本题首先需将"开始"菜单设置为经典模式，然后进行后面的操作，具体操作如下。

❶ 执行以下任意一种方法打开"任务栏和「开始」菜单属性"对话框。

方法1：单击 开始 按钮，打开"开始"菜单，在空白区域单击鼠标右键，在弹出的快捷菜单中选择"属性"命令，如图2-49所示。

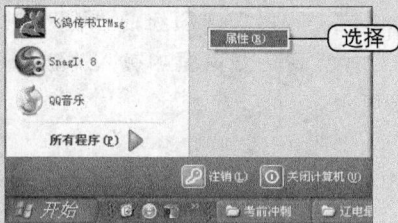

图2-49 选择"属性"命令

方法2：在任务栏的空白区域单击鼠标右键，在弹出的快捷菜单中选择"属性"命令。

❷ 在"任务栏和「开始」菜单属性"对话框的"「开始」菜单"选项卡中选中"经典「开始」菜单"单选项，单击 自定义(C)... 按钮，如图2-50所示。

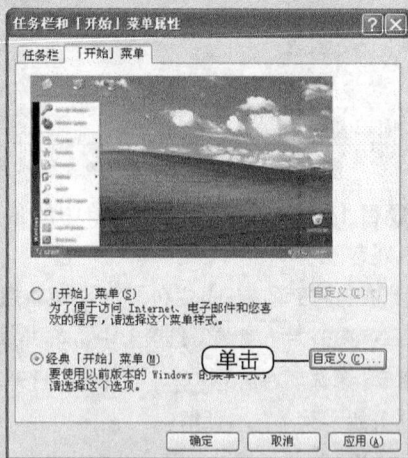

图2-50 选中"经典「开始」菜单"单选项

❸ 打开"自定义经典「开始」菜单"对话框，

在其中的"高级「开始」菜单选项"列表框中选中"滚动程序"复选框，依次单击 确定 按钮，如图2-51所示。

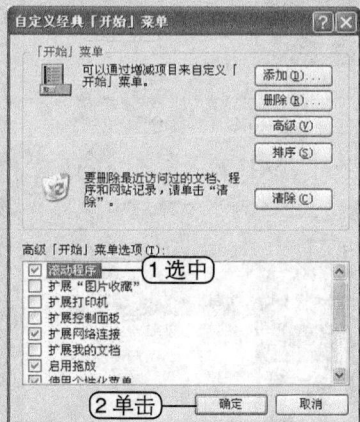

图2-51 切换成经典「开始」菜单

考点9　在"开始"菜单中增加与删除快捷方式

🔍 考点分析

在"开始"菜单中增加与删除快捷方式都可以通过"经典「开始」菜单"来进行，这与设置"开始"菜单的相关知识点重复，因此出现考题的概率较高，且有的题目会直接考查这两个考点的应用。

🎯 考点破解

在"开始"菜单中可增加与删除快捷方式。

1. 在"开始"菜单中增加快捷方式

在"开始"菜单中增加快捷方式的方法有以下两种。

方法1：在Windows XP模式下直接增加。

在 开始 按钮上单击鼠标右键，在弹出的快捷菜单中选择"打开所有用户"菜单命令或"浏览所有用户"菜单命令，如图2-52所示。打开"「开始」菜单"窗口，然后复制快捷方式到"「开始」菜单"窗口中。此时打开【开始】菜单的【所有程序】菜单，即可看到添加的快捷方式。

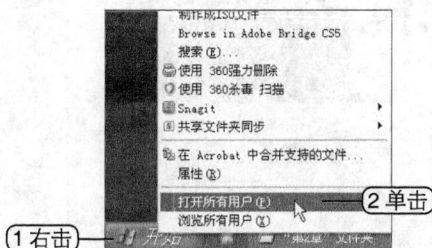

图 2-52　在 Windows XP 下直接增加

方法 2：通过"经典「开始」菜单"的方式增加。

具体操作可参见考点 8 中"设置经典【开始】菜单"部分方法 1 中的讲解，这里不再赘述。

2. 在"开始"菜单中删除快捷方式

在"开始"菜单中删除快捷方式的方法有以下两种。

方法 1：在 Windows XP 模式下直接删除。

在"「开始」菜单"窗口中选择要删除的快捷方式，然后按【Delete】键删除即可，如图 2-53 所示。

图 2-53　直接删除快捷方式

方法 2：通过"经典「开始」菜单"的方式删除。

具体操作可参见考点 8 中"设置经典【开始】菜单"部分方法 2 中的讲解，这里不再赘述。

真题演练

【题目 16】通过"经典「开始」菜单"删除"flashget.exe"的快捷方式。

1 在已打开的"任务栏和「开始」菜单属性"对话框的"「开始」菜单"选项卡中，单击"经典「开始」菜单"单选项右侧的 自定义(C)... 按钮，打开"自定义经典「开始」菜单"对话框。

2 在"自定义经典「开始」菜单"对话框中单击 删除(R)... 按钮，打开"删除快捷方式 / 文件夹"对话框，在其中选择"flashget.exe"快捷方式的名称，如图 2-54 所示。

3 单击 删除(R)... 按钮，打开"确认快捷方式删除"对话框。

图 2-54　选择要删除的快捷方式

4 单击 删除快捷方式(D) 按钮确认删除，如图 2-55 所示。返回"删除快捷方式 / 文件夹"对话框，可以看到"flashget.exe"快捷方式已被删除，单击 关闭 按钮。

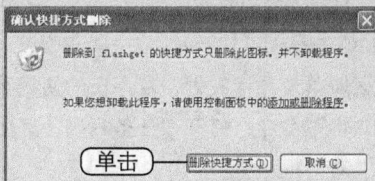

图 2-55　确认删除

【题目 17】在"开始"菜单中增加"扫雷"程序的快捷方式。

1 在 开始 按钮上单击鼠标右键，在弹出的快捷菜单中选择"打开所有用户"命令，打开"「开始」菜单"窗口，复制"扫雷"程序的快捷方式到"「开始」菜单"窗口，如图 2-56 所示。

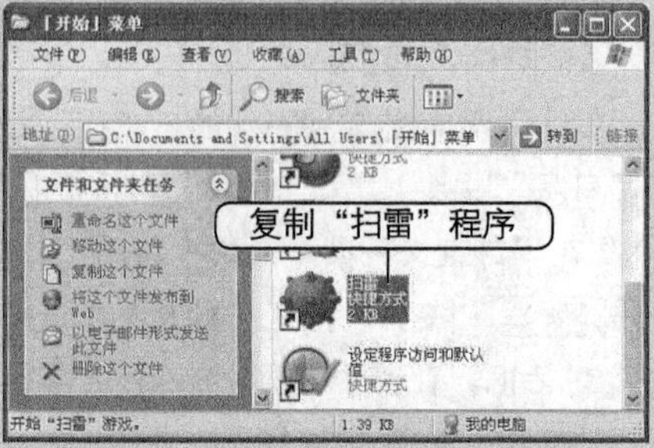

图 2-56 打开"「开始」菜单"窗口

2 打开【开始】→【所有程序】菜单命令的子菜单，即可看到添加的"扫雷"程序的快捷方式，如图 2-57 所示。

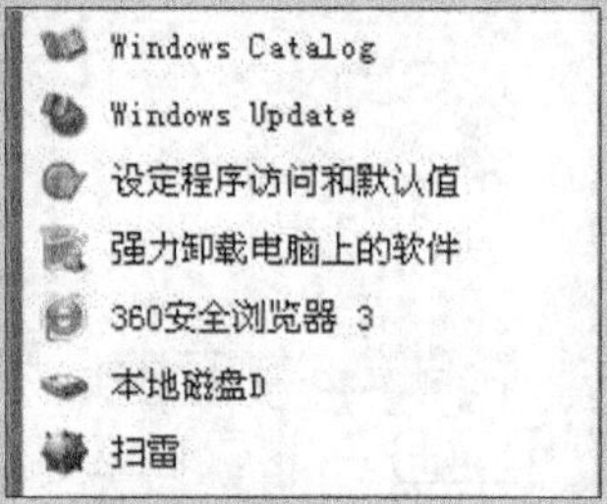

图 2-57 增加"扫雷"程序的快捷方式

【题目18】将桌面上的"Word"快捷方式附加到经典"开始"菜单中，并查看"开始"菜单（利用"开始"菜单上的右键菜单）。

本题考查的是添加快捷方式到"开始"菜单中，具体操作如下。

1 单击 开始 按钮，打开"开始"菜单，在空白区域单击鼠标右键，在弹出的快捷菜单中选择"属性"命令，打开"任务栏和「开始」菜单属性"对话框。

2 在"「开始」菜单"选项卡中选中"经典「开始」菜单"单选项，单击右侧的 自定义(C)... 按钮，如图 2-58 所示。

图 2-58 单击 自定义(C) 按钮

3 打开"自定义经典「开始」菜单"对话框，单击 添加(D)... 按钮，打开"创建快捷方式"对话框，单击 浏览(R)... 按钮，如图 2-59 所示。

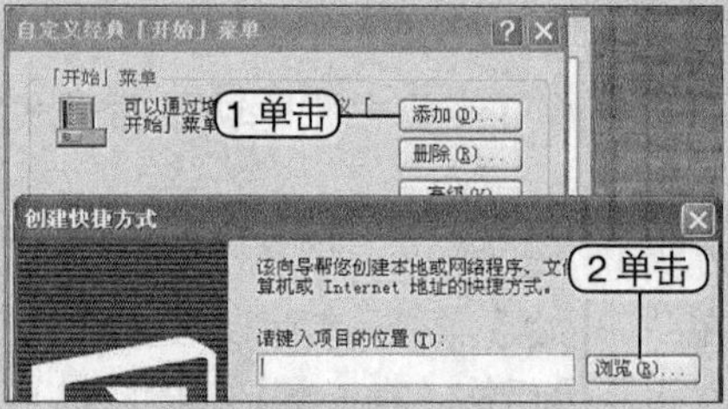

图 2-59 浏览文件夹

4 打开"浏览文件夹"对话框，在"从下面选择快捷方式的目标"列表框中选择"Microsoft Office Word 2003"选项，单击 确定 按钮，如图 2-60 所示。

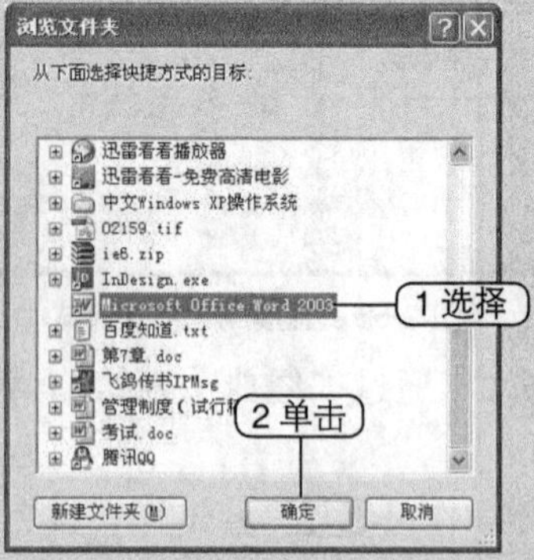

图 2-60 选择要添加的快捷方式

⑤ 依次单击 下一步(N)> 按钮，到"选择程序标题"对话框时，在"键入该快捷方式的名称"文本框中输入"word"，单击 完成 按钮，如图2-61所示。

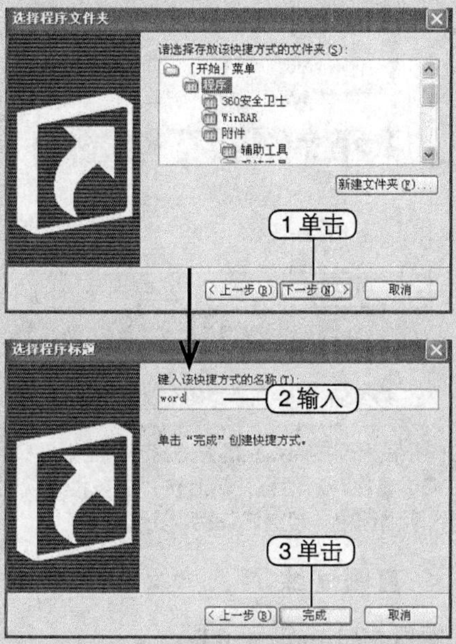

图 2-61 选择要添加的快捷方式

⑥ 选择【开始】→【程序】菜单命令，即可在其中查看到添加的"word"快捷方式，如图2-62所示。

图 2-62 查看添加的快捷方式

本节考点回顾与总结一览表

本节考点	操作方式总结
考点6：使用"开始"菜单打开程序	选择【开始】→【所有程序】菜单命令，选择要打开的程序
考点7：切换"开始"菜单的模式	在"任务栏和「开始」菜单属性"对话框的"「开始」菜单"选项卡中选择"开始"菜单模式
考点8：设置"开始"菜单	方法1：为程序选择图标大小 方法2：设置程序数目 方法3：设置在"开始"菜单上显示的程序 方法4：设置子菜单的打开 方法5：设置突出显示新安装的程序 方法6：设置"开始"菜单中显示的内容 方法7：设置最近使用的文档 方法8：在经典"开始"菜单中添加快捷方式 方法9：在经典"开始"菜单中设置各种操作 方法10：在经典"开始"菜单中排序 方法11：在经典"开始"菜单中清除各种记录 方法12：在经典"开始"菜单中隐藏或显示项目
考点9：在"开始"菜单中增加与删除快捷方式	方法1：在Windows XP模式下直接增加和删除快捷方式 方法2：通过"经典【开始】菜单"的方式增加和删除快捷方式

2.3 任务栏的操作

考点10 锁定与解锁任务栏

考点分析

锁定与解锁任务栏属于抽到考题概率较大的考点，但由于操作比较简单，因此考试通过率较高。打开"任务栏和「开始」菜单属性"对话框的方法有多种，但考试中通常要求使用右键菜单打开的方法。

考点破解

锁定任务栏的目的是不允许对任务栏的大小、位置等进行调整，具体操作如下。

1 使用以下任意一种方法打开"任务栏和「开始」菜单属性"对话框。

方法 1：选择【开始】→【控制面板】菜单命令，打开"控制面板"窗口，在经典视图中双击"任务栏和「开始」菜单"图标。

方法 2：在任务栏的空白区域单击鼠标右键，在弹出的快捷菜单中选择"属性"命令，如图 2-63 所示。

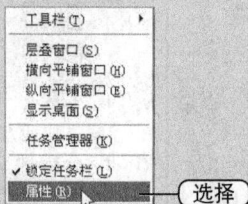

图 2-63 选择菜单命令

方法 3：选择【开始】→【控制面板】菜单命令，打开"控制面板"窗口，在分类视图中单击"外观和主题"超链接，如图 2-64 所示，然后在打开的窗口中单击"任务栏和【开始】菜单"超链接。

图 2-64 单击"外观和主题"超链接

2 打开"任务栏和「开始」菜单属性"对话框，在"任务栏外观"选项组中选中"锁定任务栏"

复选框，单击 确定 按钮，如图 2-65 所示。

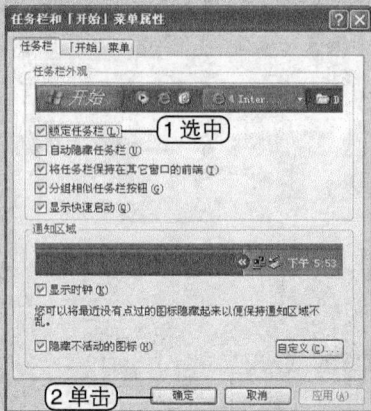

图 2-65 锁定任务栏

多学一招

解锁任务栏只需按照锁定的方法打开"任务栏和「开始」菜单属性"对话框，然后在"任务栏外观"选项组中取消选中"锁定任务栏"复选框即可。

真题演练

【题目 19】解锁任务栏。

1 在任务栏的空白区域单击鼠标右键，在弹出的快捷菜单中选择"属性"命令，打开"任务栏和「开始」菜单属性"对话框。

2 在"任务栏外观"选项组中取消选中"锁定任务栏"复选框，单击 确定 按钮，如图 2-66 所示。

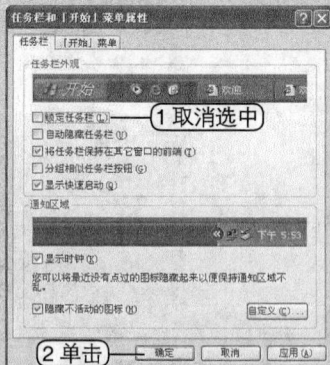

图 2-66 解锁任务栏

考点11　改变任务栏的高度和位置

🔍 考点分析

本知识点抽中题目的概率也较大，由于操作简单，考试通过率较高。通常在考试中考查的是改变任务栏的位置，改变任务栏的高度一般很少考查。

🎯 考点破解

在任务栏未锁定时，任务栏的高度和位置是可调整的。

1. 改变任务栏的高度

改变任务栏的高度即调整任务栏的大小，其方法是将鼠标指针移到任务栏上侧的边缘处，当鼠标指针变成↕形状时，按住鼠标左键不放并向上拖动，将任务栏调整到需要的大小后释放鼠标即可。

2. 改变任务栏的位置

任务栏的位置并不是固定在桌面的下方的，用户可根据实际操作的需要将其移动到桌面的左侧、右侧或上方，其方法是将鼠标指针移至任务栏的空白区域（此时鼠标指针的形状不会发生改变），然后按住鼠标左键不放并拖动，将任务栏拖动到所需位置后释放鼠标即可，如图2-67所示。

图2-67　改变任务栏的位置

📝 真题演练

【题目20】改变任务栏的位置，将其移动到桌面上方。

> ❶ 将鼠标指针移至任务栏的空白区域，然后按住鼠标左键不放并拖动。
>
> ❷ 将任务栏拖到桌面上方后释放鼠标即可。

【题目21】解锁当前任务栏，并将任务栏高度拉伸至原来的两倍。

本题主要考查的是解锁任务栏和调整其高度，具体操作如下。

> ❶ 在任务栏的空白区域单击鼠标右键，在弹出的快捷菜单中选择"锁定任务栏"命令，解锁任务栏。
>
> ❷ 将鼠标指针移到任务栏上侧的边缘处，当鼠标指针变成↕形状时，按住鼠标左键不放并向上拖动，拖动到原来的两倍后释放鼠标，如图2-68所示。

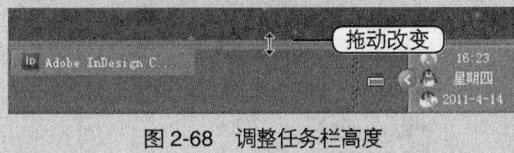

图2-68　调整任务栏高度

考点12　设置任务栏属性

🔍 考点分析

该考点出现考题的概率较高，由于全部的设置操作都在"任务栏和「开始」菜单属性"对话框的"任务栏"选项卡中进行，因此本知识点关键是要掌握打开该对话框的方法。

🎯 考点破解

设置任务栏属性的操作主要有以下3种。

1. 将任务栏置于其他窗口前端

在任务栏的空白区域单击鼠标右键，在弹出的快捷菜单中选择"属性"命令，打开"任务栏和「开始」菜单属性"对话框。切换到"任务栏"选项卡，在"任务栏外观"选项组中选中"将任务栏保持在其他窗口的前端"复选框，单击 确定 按钮，如图2-69所示。

2. 显示与隐藏任务栏

隐藏任务栏的方法为在任务栏的空白区域单击鼠标右键，在弹出的快捷菜单中选择

"属性"命令，打开"任务栏和「开始」菜单属性"对话框。切换到"任务栏"选项卡，在"任务栏外观"选项组中选中"自动隐藏任务栏"复选框，单击 确定 按钮，如图2-69所示。当鼠标指针不在任务栏上时，任务栏将自动在桌面上隐藏，将鼠标指针移至桌面下方的蓝色直线上，即可使任务栏重新显示。反之，取消选中"自动隐藏任务栏"复选框即可。

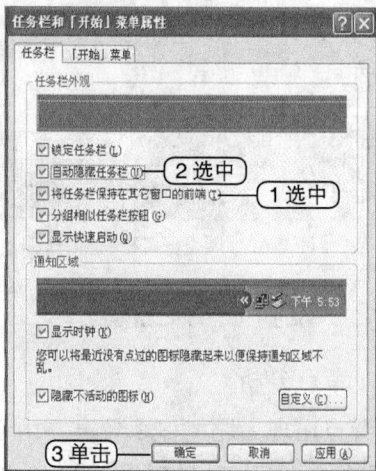

图2-69　显示与隐藏任务栏

3. 任务栏的其他属性设置

在"任务栏和「开始」菜单属性"对话框的"任务栏"选项卡中还可对任务栏的其他属性进行设置，主要包括以下3方面。

在"任务栏外观"选项组中选中"显示快速启动"复选框，将在任务栏上显示快速启动栏。

在"通知区域"选项组中选中"显示时钟"复选框，将在任务栏的通知区域显示时钟。

在"通知区域"选项组中选中"隐藏不活动的图标"复选框，可将不使用的图标隐藏起来。

📝 真题演练

【题目22】将任务栏位于其他窗口前端。

1 在任务栏的空白区域单击鼠标右键，在弹出的快捷菜单中选择"属性"命令，打开"任务栏和「开始」菜单属性"对话框的"任务栏"选项卡。

2 在"任务栏外观"选项组中选中"将任务栏保持在其他窗口的前端"复选框，单击 确定 按钮。

【题目23】隐藏任务栏。

1 在任务栏的空白区域单击鼠标右键，在弹出的快捷菜单中选择"属性"命令，打开"任务栏和「开始」菜单属性"对话框的"任务栏"选项卡。

2 在"任务栏外观"选项组中选中"自动隐藏任务栏"复选框，单击 确定 按钮，如图2-70所示。

图2-70　隐藏任务栏

【题目24】在任务栏的通知区域隐藏时钟。

1 在任务栏的空白区域单击鼠标右键，在弹出的快捷菜单中选择"属性"命令，打开"任务栏和「开始」菜单属性"对话框的"任务栏"选项卡。

2 在"通知区域"选项组中取消选中"显示时钟"复选框，如图2-71所示。单击 确定 按钮，则通知区域中将不显示时钟。

图2-71　隐藏时钟

【题目25】在任务栏属性中，将任务栏设置为保持在其他窗口的前端，并设置为自动隐藏。

本题需要打开"任务栏和「开始」菜单属性"对话框进行操作，具体操作如下。

1 在任务栏的空白区域单击鼠标右键，在弹出的快捷菜单中选择"属性"命令，打开"任务栏和「开始」菜单属性"对话框的"任务栏"选项卡，如图2-72所示。

图2-72　选择菜单命令

2 在"任务栏外观"选项组中选中"将任务栏保持在其他窗口的前端"和"自动隐藏任务栏"复选框，单击 确定 按钮，如图2-73所示。

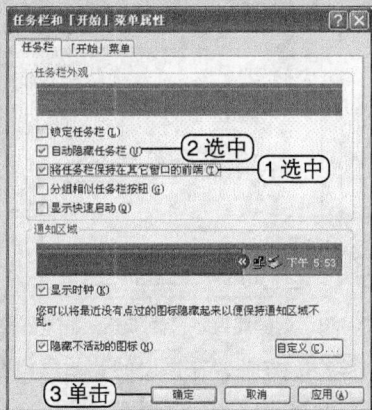

图2-73　将任务栏设置为最前端并隐藏

考点13　设置任务栏的工具栏

考点分析

该考点抽中考题的概率较高，但命题一般比较简单。命题的类型大多为添加工具栏或添加自定义工具栏，删除工具栏的考查概率相对较低。

考点破解

在任务栏的空白处单击鼠标右键，在弹出的快捷菜单中选择"工具栏"命令，然后在弹出的子菜单中选择相应的命令，即可设置任务栏的工具栏，如图2-74所示。

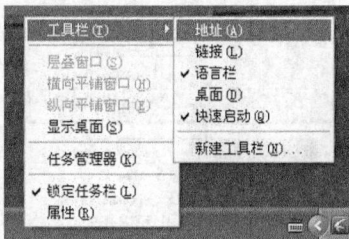

图2-74　选择"地址"工具栏

1. 添加或删除自带的工具栏

添加自带的工具栏的方法是在"工具栏"命令的子菜单中选择所需的工具栏，使其命令前显示"√"标记即可。

若要删除某个工具栏，只需用相同的方法使其对应的菜单命令前的"√"标记取消。

2. 添加或删除自定义的工具栏

用户可将某个常用的文件夹自定义为工具栏添加到任务栏中，其方法为在任务栏的空白处单击鼠标右键，在弹出的快捷菜单中选择"工具栏"→"新建工具栏"命令，打开"新建工具栏"对话框。在其列表框中展开树形目录，选择要自定义为工具栏的文件夹，然后单击 确定 按钮，自定义的工具栏将显示在任务栏中。单击 ≫ 按钮，在弹出的菜单中将显示该文件夹中的所有内容，如图 2-75 所示。

图 2-75　自定义的工具栏

删除任务栏中自定义的工具栏时，可在任务栏的空白处单击鼠标右键，在弹出的快捷菜单中选择"工具栏"命令，在弹出的子菜单中取消菜单命令前的"√"标记即可，如图 2-76 所示。

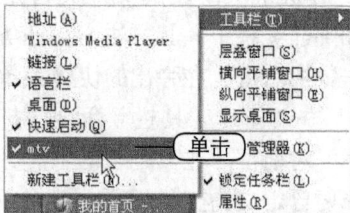

图 2-76　删除自定义的工具栏

真题演练

【题目 26】在任务栏中添加地址栏。

1 在任务栏的空白区域单击鼠标右键，在弹出的快捷菜单中选择"工具栏"命令。

2 在弹出的子菜单中选择"地址"命令，即可添加并显示地址栏。操作过程如图 2-77 所示。

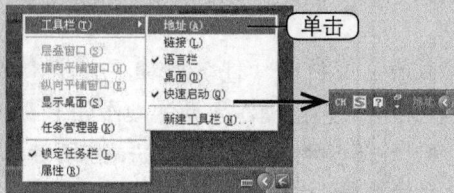

图 2-77　在任务栏中添加地址栏

【题目 27】将 C 盘中的"Program Files"文件夹自定义为工具栏添加到任务栏中。

1 在任务栏的空白处单击鼠标右键，在弹出的快捷菜单中选择"工具栏"→"新建工具栏"命令，打开"新建工具栏"对话框。

2 在列表框中单击"我的电脑"选项前的 ⊞ 按钮，展开其子目录。

3 单击 C 盘前的 ⊞ 按钮，展开其子目录。

4 选择"Program Files"文件夹，单击 确定 按钮，如图 2-78 所示。

图 2-78　选择要自定义为工具栏的文件夹

5 单击 >> 按钮，在弹出的菜单中将显示该文件夹中的所有内容，如图 2-79 所示。

图 2-79 将自定义工具栏添加到任务栏中

误区提醒

考试中出现的添加自定义工具栏的考题通常会指明自定义工具栏的具体路径，考生只需在"新建工具栏"对话框的列表框中找到指定的文件夹即可完成考题。

本节考点回顾与总结一览表

本节考点	操作方式总结
考点 10：锁定和解锁任务栏	打开"任务栏和「开始」菜单属性"对话框，选中或取消选中"锁定任务栏"复选框
考点 11：改变任务栏的高度和位置	在任务栏解锁状态下，通过拖动改变任务栏的高度和位置
考点 12：设置任务栏属性	操作 1：将任务栏位于其他窗口前端 操作 2：显示与隐藏任务栏 操作 3：任务栏其他属性设置
考点 13：设置任务栏的工具栏	方法 1：添加或删除自带的工具栏 方法 2：添加或删除自定义的工具栏

2.4 窗口的操作

考点14 窗口的组成

考点分析

该考点不会在考题中直接出现，但是考生需要熟悉窗口的组成，才能更好地掌握其他关于窗口的考点。

考点破解

在 Windows XP 中，启动应用程序或双击图标等操作都会打开一个窗口，打开的窗口中包含多个对象，一般以图标形式显示。在 Windows XP 中所有的窗口结构都相同，这里以"我的电脑"窗口为例具体介绍窗口的组成，包括标题栏、菜单栏、工具栏、地址栏、工作区、状态栏和信息区，如图 2-80 所示。

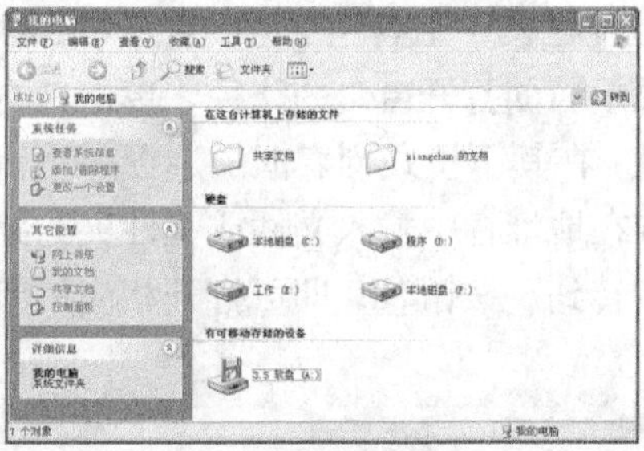

图 2-80 "我的电脑"窗口

用户可同时打开多个窗口，显示在最上面的窗口为当前活动窗口。

1. 标题栏

标题栏位于窗口的顶部，用于显示窗口的名称和对该窗口进行关闭、移动、最大化或最小化等操作，如图 2-81 所示。

图 2-81 标题栏

2. 菜单栏

菜单栏位于标题栏的下方，由多个菜单组成，每一个菜单都包含一组子菜单命令，执行这些菜单命令可完成不同的操作，如图 2-82 所示。

图 2-82 菜单栏

3. 工具栏

在工具栏中以小图标按钮的形式列出一

些常用的命令，如"后退"按钮 ⬅、"前进"按钮 ➡、"向上"按钮 📁、"搜索"按钮 🔍 等，单击某个按钮将执行相应的功能或命令，如图 2-83 所示。

图 2-83　工具栏

4. 地址栏

地址栏位于工具栏下方，如图 2-84 所示，用于显示当前打开窗口的路径，单击其右侧的 ⌄ 按钮，在其下拉式列表框中选择一个地址对象，或在地址栏中输入文件或文件夹的路径后单击"转到"按钮 ➡，即可打开相应的窗口。

图 2-84　地址栏

5. 工作区

窗口中最大的区域就是窗口的工作区，用于显示操作的对象及操作结果。需要注意的是，在打开某些窗口时，工作区的左右两侧将出现垂直滚动条，单击滚动条两端的 ⌃ 或 ⌄ 按钮，可使窗口中的内容做垂直方向的滚动，如图 2-85 所示。

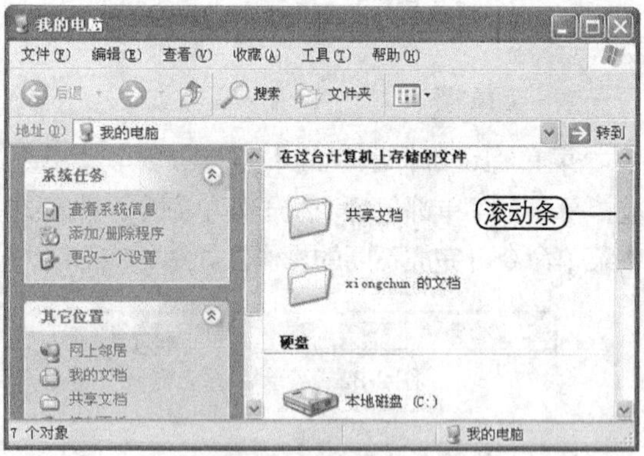

图 2-85　窗口工作区

6. 状态栏

状态栏位于窗口的最下方，其作用是显示当前工作状态和提示信息，如图 2-86 所示。在窗口中可通过选择【查看】→【状态栏】命令来控制状态栏的显示和隐藏。

图 2-86　状态栏

7. 信息区

信息区是 Windows XP 用户界面中的一大特色。它位于窗口的左侧，可以为用户提供信息及常用命令，如图 2-87 所示。窗格中的信息或命令分成若干组，单击命令组中的一个命令，系统将执行相应的命令或打开一个窗口，这样可以提高工作效率。

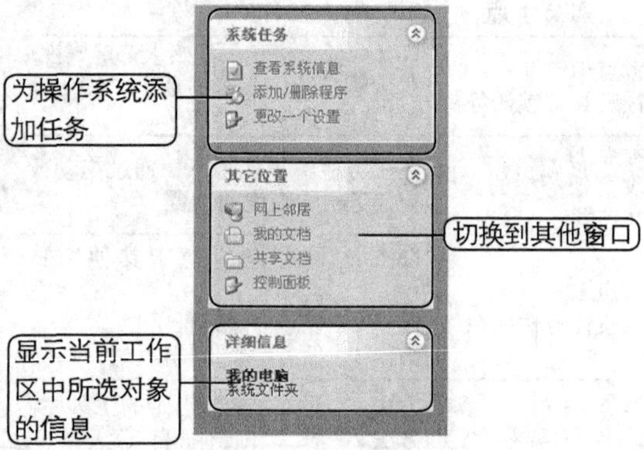

图 2-87　信息区

考点15　窗口的基本操作

🔍 考点分析

该考点出现考题的概率比较高，命题主要集中在窗口的打开、移动、排列和关闭等方面。因为知识点比较零碎，所以考题中会将一些知识点集中考查，如要求打开窗口后再关闭窗口等。

考点破解

在使用计算机的过程中会对各式各样的窗口进行操作，下面具体讲解。

1. 打开窗口

需要打开某个窗口时，可直接双击其图标或选择某个命令。例如，要打开"我的电脑"窗口，可双击桌面上的"我的电脑"图标，或选择【开始】→【我的电脑】菜单命令。

2. 移动窗口

移动窗口的具体操作如下。

1️⃣ 将鼠标指针移动到窗口的标题栏中。

2️⃣ 按住鼠标左键不放，将其拖动到适当的位置。

多学一招

窗口处于最大化状态时不能进行移动操作。

3. 切换窗口

在 Windows XP 中可同时打开多个窗口，但当前活动窗口只能有一个。若要对非活动窗口进行操作，就必须切换窗口。切换窗口的方法有如下 3 种。

方法 1：单击标题栏进行切换。

通过标题栏切换窗口时，只需将鼠标指针移动到需要切换到的窗口的标题栏上并单击，即可将该窗口切换为当前活动窗口。

方法 2：通过任务栏切换。

每打开一个窗口，都将在任务栏的程序图标区显示该窗口对应的按钮，所以单击对应窗口的按钮，即可将该窗口切换为当前活动窗口。

方法 3：利用【Alt+Tab】组合键切换。

按住【Alt】键不放，再按【Tab】键，屏幕中将出现任务切换栏，系统当前打开的程序都以图标的形式排列其中，如图 2-88 所示。在此任务切换栏中按一下【Tab】键将切换到下一个程序，直到切换到需要的窗口图标上再释放所有按键，即可完成切换窗口的操作。

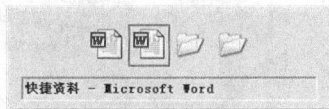

图 2-88　切换窗口

4. 改变窗口的大小

改变窗口的大小有以下两种方法。

方法 1：当窗口处于还原状态时，将鼠标指针移至窗口边缘，当其变为↘、↗、↕或↔形状时，按住鼠标左键不放并进行拖动，在适当位置释放鼠标即可调整窗口的大小。

方法 2：在窗口标题栏的空白处单击鼠标右键，在弹出的快捷菜单中选择"大小"命令，此时鼠标指针变成✛形状，然后按住鼠标左键不放并进行拖动，得到所需的大小后释放鼠标左键即可。

5. 最大化、还原与最小化窗口

最大化是指为了便于查看和编辑，将窗口满屏显示。单击窗口标题栏右侧的▢按钮，可将窗口最大化显示。在窗口最大化显示时，单击▣按钮可还原窗口的大小。最小化是指将窗口以标题按钮的形式缩放到任务栏的程序图标区，不在桌面中显示。单击窗口标题栏右侧的▬按钮，即可最小化窗口。

6. 排列窗口

Windows XP 操作系统提供了层叠窗口、横向平铺窗口和纵向平铺窗口 3 种排列方式，如图 2-89 ～图 2-91 所示，以方便用户管理打开的多个窗口。排列窗口的方法是在任务栏的空白区域单击鼠标右键，在弹出的快捷菜单中选择相应的排列窗口命令即可。

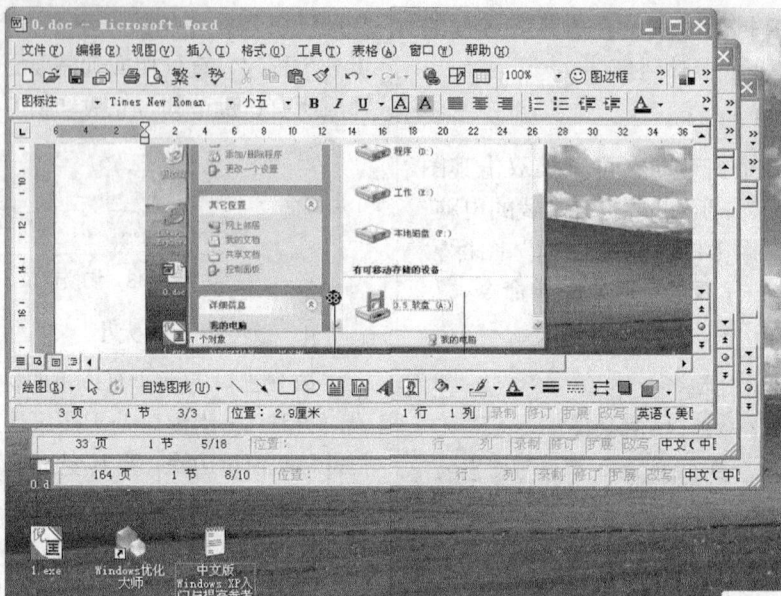

图 2-89　层叠窗口

图 2-90　横向平铺窗口

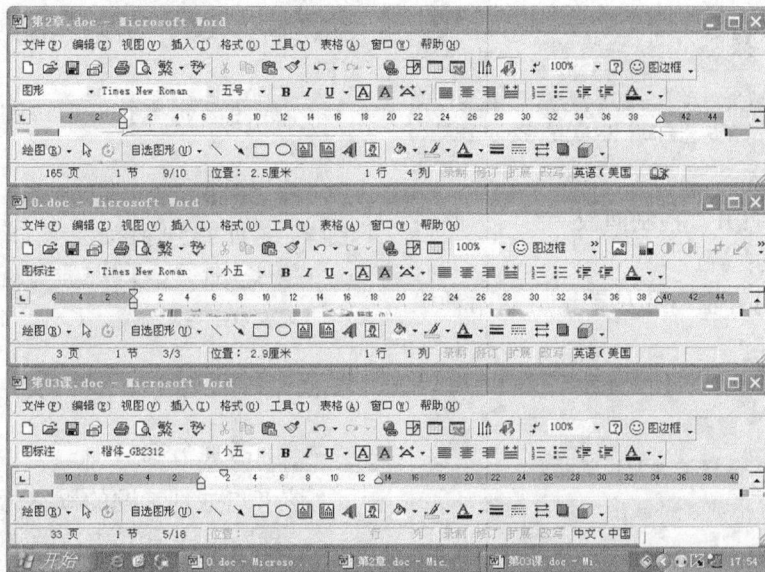

图 2-91　纵向平铺窗口

7．关闭窗口

关闭窗口常用的方法有如下几种。

方法 1：在需关闭的窗口中选择【文件】→【关闭】或【文件】→【退出】菜单命令。

方法 2：单击窗口标题栏右侧的"关闭"按钮☒。

方法 3：按【Alt+F4】组合键。

方法 4：在任务栏相应的窗口按钮上单击鼠标右键，在弹出的快捷菜单中选择"关闭"命令。

方法 5：单击窗口标题栏左侧的窗口控制图标，在弹出的下拉菜单中选择"关闭"命令或直接双击该图标。

✎ 真题演练

【题目 28】打开"我的电脑"窗口。

本题有两种操作方法，具体操作如下。

方法 1：双击桌面上的"我的电脑"图标💻。

方法 2：选择【开始】→【我的电脑】菜单

命令，操作过程如图 2-92 所示。

图 2-92　打开"我的电脑"窗口

📖 **考场点拨**

考试中如果使用以上两种方法都不能打开"我的电脑"窗口,可以试试在快速启动栏中单击"我的电脑"图标📇。

【题目29】打开"控制面板"窗口,并将其移动到桌面最右侧。

本题考查打开窗口和移动窗口这两种操作,具体操作如下。

1 选择【开始】→【控制面板】菜单命令,打开"控制面板"窗口。

2 将鼠标指标移动到窗口的标题栏中,然后按住鼠标左键不放,将其拖动到桌面的最右侧。

【题目30】打开"我的电脑"和"控制面板"窗口,将其纵向平铺,然后关闭。

本题主要考查的是排列和关闭窗口的操作,具体操作如下。

1 选择【开始】→【我的电脑】菜单命令,打开"我的电脑"窗口,然后选择【开始】→【控制面板】菜单命令,打开"控制面板"窗口。

2 在任务栏的空白区域单击鼠标右键,在弹出的快捷菜单中选择"纵向平铺窗口"命令,分别单击这两个窗口标题栏右侧的 ⊠ 按钮,将其关闭,如图 2-93 所示。

图 2-93　纵向平铺窗口

【题目31】在桌面上通过双击打开"我的

电脑"窗口,通过"开始"菜单打开"记事本"窗口。

本题主要考查打开窗口的操作,具体操作如下。

1 在桌面上使用鼠标左键双击"我的电脑"图标📇,打开"我的电脑"窗口。

2 选择【开始】→【所有程序】→【附件】→【记事本】菜单命令,打开"记事本"窗口。

考点16　设置窗口界面

🔍 **考点分析**

该考点抽到考题的概率比较高,一般考查某一种操作,如锁定窗口的工具栏、添加"历史"按钮、隐藏状态栏等。

🎡 **考点破解**

Windows XP 窗口的工具栏中包括了许多命令按钮,单击某个按钮就可直接执行相应的命令。用户可根据需要设置工具栏,下面详细讲解。

1. 显示与隐藏工具栏

选择【查看】→【工具栏】菜单命令,弹出子菜单,当需要显示/隐藏某个工具栏时,只需在该子菜单中选择相应的命令,使其前方的"√"标记显示或隐藏即可,如图 2-94 所示。

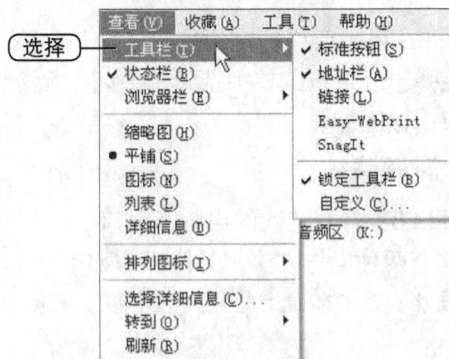

图 2-94　"工具栏"子菜单

2. 锁定工具栏

选择【查看】→【工具栏】→【锁定工具栏】菜单命令，使其前方的"√"标记显示，此时菜单栏、工具栏和地址栏都被锁定。反之，拖动菜单栏、工具栏和地址栏前面的虚线即可改变它们的位置。

3. 定制工具栏

定制工具栏主要有添加按钮和删除按钮两种方法。

方法 1：添加按钮。

添加按钮的具体操作如下。

1 选择【查看】→【工具栏】→【自定义】菜单命令，打开"自定义工具栏"对话框，如图2-95 所示。

图 2-95　"自定义工具栏"对话框

2 在"可用工具栏按钮"列表框中选择要添加的按钮，单击 添加(A) -> 按钮，即可将该按钮添加到"当前工具栏按钮"列表框中，如图2-96 所示。

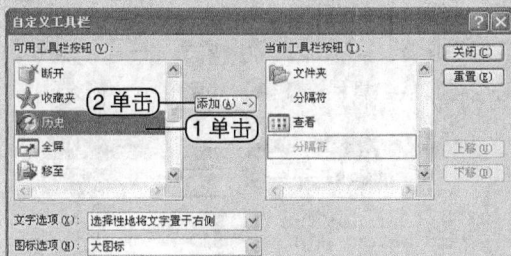

图 2-96　添加"历史"按钮

3 单击 关闭(C) 按钮关闭对话框，完成设置，如图 2-97 所示。

图 2-97　最终效果

方法 2：删除按钮。

在打开的"自定义工具栏"对话框的"当前工具栏按钮"列表框中选择要删除的按钮，然后单击 <- 删除(R) 按钮，将其删除到"可用工具栏按钮"列表框中，单击 关闭(C) 按钮即可完成删除操作。

4. 显示与隐藏状态栏

选择【查看】→【状态栏】菜单命令，显示与取消"状态栏"菜单命令前的"√"标记，即可显示与隐藏状态栏。

真题演练

【题目 32】在"我的电脑"窗口中隐藏地址栏并锁定工具栏。

本题主要通过【查看】→【工具栏】菜单命令进行操作，具体操作如下。

1 双击桌面上的"我的电脑"图标，打开"我的电脑"窗口，选择【查看】→【工具栏】→【地址栏】菜单命令，取消其前面的"√"标记，如图2-98 所示。

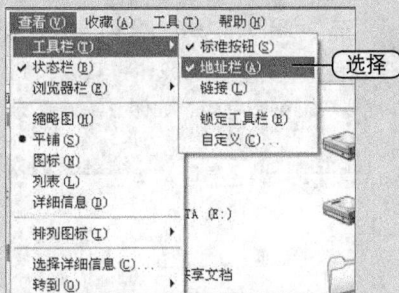

图 2-98　隐藏地址栏

2 选择【查看】→【工具栏】→【锁定工具栏】菜单命令，使其前方的"√"标记显示。操作过程如图 2-99 所示。

图 2-99　锁定工具栏

【题目 33】在"我的电脑"窗口中隐藏状态栏。

本题主要通过选择【查看】→【状态栏】菜单命令进行操作，具体操作如下。

① 双击桌面上的"我的电脑"图标，打开"我的电脑"窗口。

② 选择【查看】→【状态栏】菜单命令，取消其前面的"√"标记。

【题目 34】将"收藏夹"按钮添加到"我的电脑"窗口的工具栏中。

本题需要打开"自定义工具栏"对话框进行操作，具体操作如下。

① 双击桌面上的"我的电脑"图标，打开"我的电脑"窗口，选择【查看】→【工具栏】→【自定义】菜单命令，打开"自定义工具栏"对话框。

② 在"可用工具栏按钮"列表框中选择"收藏夹"，单击 添加(A) -> 按钮，将其添加到"当前工具栏按钮"列表框中，如图 2-100 所示。

图 2-100　添加按钮

③ 单击 关闭(C) 按钮关闭对话框，完成设置。最终效果如图 2-101 所示。

图 2-101　最终效果

【题目 35】删除"我的电脑"窗口工具栏中的"刷新"按钮。

本题的操作主要有两种方法，具体操作如下。

方法 1：在"我的电脑"窗口中选择【查看】→【工具栏】→【自定义】菜单命令，打开"自定义工具栏"对话框，在"当前工具栏按钮"列表框中双击"刷新"选项，即可将其从工具栏上删除，如图 2-102 所示。

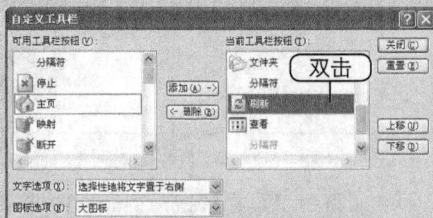

图 2-102　方法 1 删除工具栏中的按钮

方法 2：在"我的电脑"窗口中选择【查看】→【工具栏】→【自定义】菜单命令，打开"自定义工具栏"对话框，在"当前工具栏按钮"列表框中选择"刷新"选项，单击 删除(R)... 按钮，即可将其从工具栏上删除，如图 2-103 所示。

图 2-103　方法 2 删除工具栏中的按钮

☀ 多学一招

如果要将工具栏恢复到最初的状态,只需选择【查看】
→【工具栏】→【自定义】菜单命令,在打开的"自
定义工具栏"对话框中单击 重置(E) 按钮即可。

本节考点回顾与总结一览表

本节考点	操作方式总结
考点14: 窗口的组成	熟悉窗口各组成部分
考点15: 窗口的基本操作	操作1:打开窗口 操作2:移动窗口 操作3:切换窗口 操作4:改变窗口大小 操作5:最大化、还原与最小化窗口 操作6:排列窗口 操作7:关闭窗口
考点16: 设置窗口界面	操作1:显示与隐藏工具栏 操作2:锁定工具栏 操作3:定制工具栏 操作4:显示与隐藏状态栏

2.5　菜单与对话框的操作

考点17　菜单和快捷菜单的基本操作

🔍 考点分析

该考点出现考题的概率较高,命题时通
常和窗口的操作综合在一起考查,如要求打开
窗口后再打开指定的菜单等。

🎨 考点破解

菜单的基本操作包括菜单的打开和关闭
以及快捷菜单的使用。

1. 打开窗口菜单

在Windows XP中选择菜单命令的常用
方法有两种,即键盘选择和鼠标选择。

方法1:通过键盘选择菜单命令。

通过键盘选择菜单命令不是指使用快捷
键选择,而是利用【Alt】键、方向键和【Enter】
键完成操作,具体如下。

🔲 在窗口中按【Alt】键激活菜单栏中的第
一个菜单项。

🔲 按【→】键切换到要选择的菜单项。

🔲 按【↓】键展开该菜单项,然后利用【↑】
键和【↓】键选择需要的菜单命令。

🔲 按【Enter】键即可执行选择的命令。

方法2:通过鼠标选择菜单命令。

在窗口中用鼠标单击菜单栏中的"编辑"
菜单项,在弹出的下拉菜单中用鼠标单击某个
菜单命令,即可完成选择菜单命令的操作,如
图2-104所示。

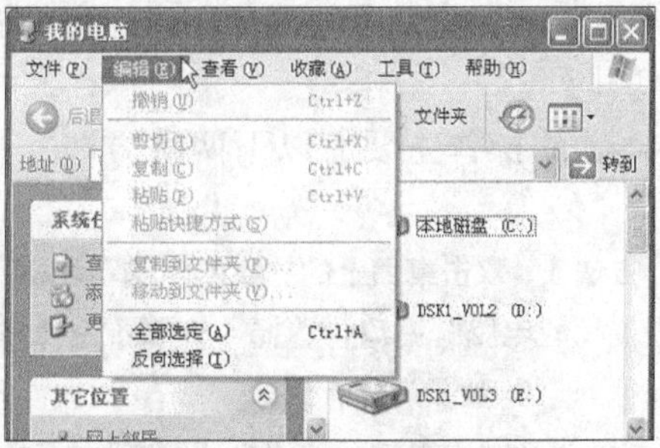

图2-104　选择"编辑"菜单项

2. 关闭窗口菜单

关闭窗口菜单的方法为单击菜单以外的
空白处或按【Esc】键。

3. 使用快捷菜单

在Windows XP操作系统中,针对不同的
对象,系统提供的快捷菜单内容也不尽相同。
其使用方法为将鼠标指针移至适当的位置,然
后单击鼠标右键,即可弹出其快捷菜单。

✍ 真题演练

【题目36】在"我的电脑"窗口中选择所

有的选项。

本题主要通过【编辑】→【全部选定】菜单命令进行操作，具体如下。

1️⃣ 双击桌面上的"我的电脑"图标💻，打开"我的电脑"窗口。

2️⃣ 选择【编辑】→【全部选定】菜单命令，选择所有的选项，如图 2-105 所示。

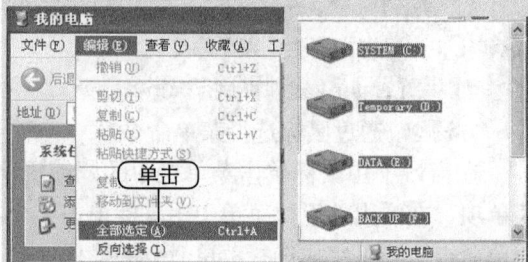

图 2-105　在"我的电脑"窗口中选择所有的选项

【题目37】将"我的电脑"窗口中的图标按类型排列。

本题的操作主要有以下两种方法，具体如下。

> 方法1：双击桌面上的"我的电脑"图标💻，打开"我的电脑"窗口，选择【查看】→【排列图标】→【类型】菜单命令。
>
> 方法2：双击桌面上的"我的电脑"图标💻，打开"我的电脑"窗口，将鼠标指针移至空白位置，然后单击鼠标右键，在弹出的快捷菜单中选择【排列图标】→【类型】菜单命令。

考点18　对话框的基本操作

🔍 考点分析

该考点的考查概率很高，但在考试中主要是在其他考点的考题中得以体现，一般不会直接命题来考查。

🎨 考点破解

在 Windows XP 中，虽然每个对话框针对的任务不同，但其结构大同小异，都是由一个或多个对话框元素组成的，如图 2-106 所示。

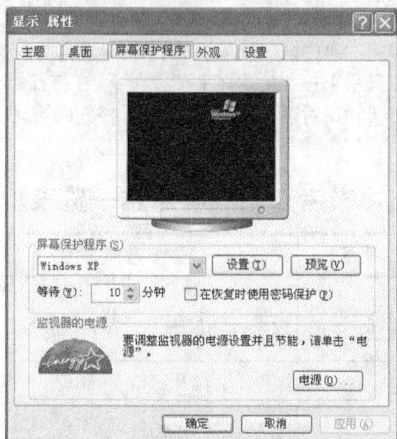

图 2-106　"显示 属性"对话框

对话框一般包括标题栏、选项卡、预览框、下拉列表框、复选框、命令按钮、数值框、单选项和文本框等，各部分元素的用法如下。

◆ 标题栏：标题栏的左侧是对话框的名称，右侧为"帮助"按钮❓和"关闭"按钮❌。

◆ 选项卡：系统将功能相近的命令按钮、复选框等组成一个选项卡。一个对话框中可有多个选项卡，打开其中的一个选项卡，将会显示相应的功能选项。

◆ 预览框：在对话框中进行设置后，在该框中可看到应用后的效果。

◆ 下拉列表框：单击右侧的⌄按钮，将弹出一个下拉列表，可从中选择所需的选项。

◆ 复选框：表示是否选择该选项。选中后其前面的方框呈☑状态，取消选中则方框呈☐状态。

◆ 命令按钮：单击某一个命令按钮，将执行相应的操作。

◆ 数值框：使用数值框时既可直接在其中输入所需数值，也可单击▲按钮或按钮按固定步长增加或减小数值。

◆ 单选项：单选项在对话框中表示为一个
小圆圈，当选中单选项时，在小圆圈内
将出现一个实心点◉；当没有选中单选
项时，小圆圈为空○。

◆ 文本框：文本框是对话框中的一个空
白方框，用于输入文字，如图 2-107
所示。有时文本框中已有默认的文字，
若想保留它，则不用改动；若想修改它，
可将其选中后再输入新字符。

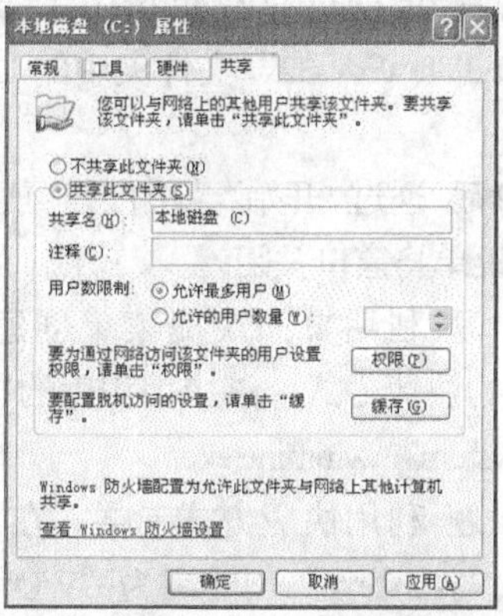

图 2-107　"本地磁盘（C：）属性"对话框

◆ 列表框：列表框中有很多可供选择的
项目，如图 2-108 所示。

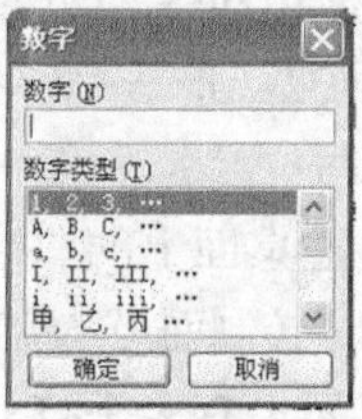

图 2-108　对话框中的列表框

◆ 滑块：用鼠标左键拖动滑块，可改变
滑块在标尺上的位置，如图 2-109 所示。

图 2-109　滑块

本节考点回顾与总结一览表

本节考点	操作方式总结
考点 17： 菜单和快捷菜单的 基本操作	操作 1：打开窗口菜单 操作 2：关闭窗口菜单 操作 3：使用快捷菜单
考点 18： 对话框的基本操作	熟悉对话框中各组成部分

2.6　过关精练

以下试题在题库光盘中的对应位置：

各题练习环境为光盘:\同步练习\第 2 章\
各题解答演示见光盘:\试题精解\第 2 章\

第 1 题 在 Windows XP 桌面上将图标按"修
改时间"排列。

第 2 题 将任务栏设置为自动隐藏。

第 3 题 利用任务栏的"快速启动"区启动
"Windows Media Player"。

第 4 题 打开"显示 属性"对话框，在"桌面"
选项卡中查看"位置"下拉列表框的帮助信息。

第 5 题 利用"开始"菜单中的"所有程序"
启动"扫雷"应用程序。

第 6 题 让所有 Windows XP 用户都能通过
"开始"菜单找到"Word 2003"程序的快捷启动
图标。

第 7 题 自定义"开始"菜单，在"开始"
菜单中不显示"运行"菜单项。

第 8 题 将桌面上的"Word"快捷方式附加
到"开始"菜单的"固定项目列表"中，然后查
看"开始"菜单中有无添加该项目。

第 9 题 请设置任务栏，使其始终显示在其
他窗口的前端。

第 10 题 设置"开始"菜单，使其新安装

程序后，在"开始"菜单中突出显示。

第11题 通过"开始"菜单中的"所有程序"选项运行应用程序"Microsoft Office Word 2003"。

第12题 在桌面显示"Internet Explorer"图标（不是快捷方式）。

第13题 通过快捷菜单调出语言栏，然后利用"开始"菜单打开控制面板，设置在任务栏中显示快速启动区。

第14题 将"我的电脑"作为工具栏建立在任务栏上，然后关闭链接栏。

第15题 打开"我的电脑"窗口，将G盘中的"公司文件"文件夹添加到任务栏的快速启动区。

第16题 删除显示在"开始"菜单上的最频繁使用的程序列表中的快捷方式，并将"电子邮件"和"Internet"不显示在"开始"菜单上。

第17题 将附件中的"写字板"程序的名称重命名为"打字区"。

第18题 在"开始"菜单中打开最近使用过的文件"课件"。

第19题 利用"开始"菜单，搜索D盘中的所有.exe文件。

第20题 将桌面上的Word应用程序通过"打开所有用户"窗口在"开始"菜单中创建快捷方式，然后查看创建快捷方式后的菜单。

第21题 将桌面上的Word快捷方式附加到"开始"菜单的"固定项目列表"中，并查看设置后的效果。

第22题 在控制面板中利用"显示 属性"对话框，将"我的文档"图标设置为第二种，然后查看设置效果。

第23题 通过快捷菜单打开"显示 属性"对话框，取消桌面上显示的"网上邻居"图标。

第24题 设置每60天运行桌面清理向导，并清理桌面中的PowerPoint快捷方式和QQ快捷方式。

第25题 刚刚安装好的Windows XP系统的桌面中只有一个"回收站"图标，请显示"我的文档"、"我的电脑"和"网上邻居"图标。（按题目顺序进行操作）

第26题 请将桌面上的"Microsoft Office Excel 2003"快捷方式附加到"开始"菜单的"固定项目列表"中，并查看设置后的"开始"菜单。

第27题 请将"开始"菜单中的"控制面板"命令设置为"显示为菜单"，并在开始菜单中验证设置后的效果。

第28题 请通过开始菜单中的"运行"选项运行"E:\UltraEdit-32"文件夹中的Uedit32.exe程序。

第29题 通过"开始"菜单打开"画图"窗口，然后通过菜单将窗口关闭。

第30题 利用桌面快捷菜单创建"扫雷"应用程序的快捷方式，该应用程序的位置为C:\windows\system32\winmine.exe。

第31题 利用快捷方式向导，在桌面上为应用程序"Word.exe"创建名为"WORD"的快捷方式，该应用程序的位置为C:\Program Files\Microsoft Office\OFFICE11\WINWORD.EXE。

第32题 利用"开始"菜单的"运行"选项，启动"写字板"应用程序，该应用程序的位置为C:\Windows\system32\write.exe（在"打开"下拉列表框中直接填写位置）。

第33题 通过桌面上的"控制面板"快捷方式图标，打开"控制面板"窗口。

第34题 桌面上有多个打开的窗口，通过对窗口可见部分的操作，将当前窗口切换为"记事本"窗口。

第35题 通过"附件"菜单打开"录音机"程序。

第36题 设置当鼠标指针悬停在菜单上时自动弹出其子菜单，然后列出最近打开的文档。

第 **3** 章 ▸ **Windows XP的文件管理** ◂

本章主要考查 Windows XP 资源管理的相关操作，共 25 个考点，具体如下。

▌**3.1 认识"我的电脑"窗口**

考点1 打开"我的电脑"窗口

考点分析

该考点的考查概率很大，但一般不会单独出现在题目中，通常和其他考点结合考查，如要求将 "我的电脑" 窗口中的图标按类型排列，这就涉及打开 "我的电脑" 窗口、图标的排列和菜单的操作 3 个考点。

考点破解

打开 "我的电脑" 窗口主要有以下 3 种

方法。

方法1：双击桌面上的"我的电脑"图标

方法2：选择【开始】→【我的电脑】命令。

方法3：在桌面上的快速启动栏中单击"我的电脑"图标。

"我的电脑"窗口如图3-1所示。

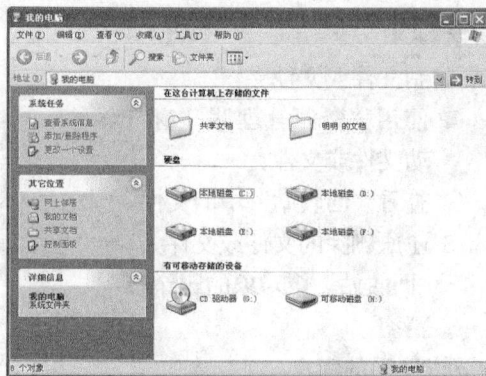

图3-1 "我的电脑"窗口

真题演练

【题目1】打开"我的电脑"窗口。

本题有3种操作方法，具体如下。

方法1：双击桌面上的"我的电脑"图标

方法2：选择【开始】→【我的电脑】命令。

方法3：在桌面上的快速启动栏中单击"我的电脑"图标。

考点2 图标的排列与查看方式

考点分析

本考点抽到题目的概率较小，命题方式也比较简单，如要求将D盘中的文件按类型排列或以缩略图的方式查看"我的电脑"窗口中的图标等。

考点破解

为了方便查找和编辑文件，用户必须先了解文件图标的排列和查看方法。

1. 图标的排列

图标的排列主要有以下两种方法。

方法1：通过命令。

在"我的电脑"窗口中选择【查看】→【排列图标】命令，在弹出的子菜单中选择相应的命令，即可应用相应的图标排列方式，如图3-2所示。

图3-2 "排列图标"子菜单

方法2：通过右键菜单。

在"我的电脑"窗口中的空白处单击鼠标右键，在弹出的快捷菜单中选择"排列图标"命令，在弹出的子菜单中选择相应的命令，即可应用相应的图标排列方式，如图3-3所示。

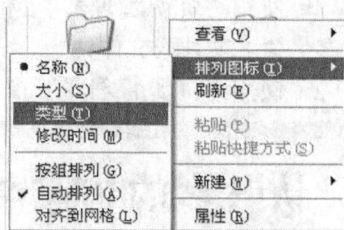

图3-3 "排列图标"右键菜单

2. 图标的查看方式

图标的查看也有以下两种方法。

方法1：通过命令。

在"我的电脑"窗口中单击"查看"菜单，在弹出的子菜单中选择一种命令，即可选择对应的查看方式。

方法2：通过"查看"按钮。

在"我的电脑"窗口的工具栏中单击"查看"按钮，在弹出的下拉菜单中选择一种命令，即可选择对应的查看方式，如图3-4所示。

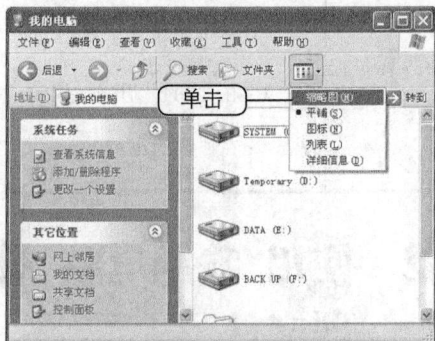

图3-4　通过按钮查看

真题演练

【题目2】将D盘中的文件按类型排列。

本题有两种操作方法，具体如下。

方法1：双击桌面上的"我的电脑"图标，打开"我的电脑"窗口，在其中双击D盘图标，打开D盘所在的窗口，选择【查看】→【排列图标】→【类型】命令，如图3-5所示。

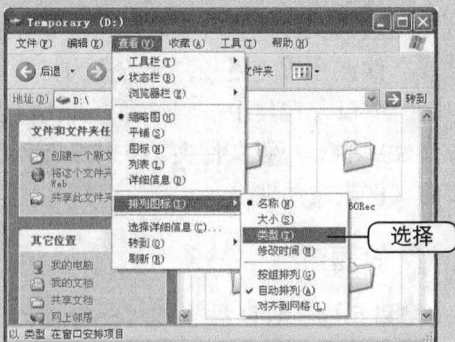

图3-5　"排列图标"命令

方法2：双击桌面上的"我的电脑"图标，打开"我的电脑"窗口，在其中双击D盘图标，打开D盘所在的窗口，在空白处单击鼠标右键，在弹出的快捷菜单中选择【排列图标】→【类型】命令，如图3-6所示。

图3-6　将D盘中的文件按类型排列

【题目3】以缩略图的方式查看"我的电脑"窗口中的图标。

本题有两种操作方法，具体如下。

方法1：双击桌面上的"我的电脑"图标，打开"我的电脑"窗口，选择【查看】→【缩略图】命令。

方法2：双击桌面上的"我的电脑"图标，打开"我的电脑"窗口，在工具栏中单击按钮，在弹出的下拉菜单中选择"缩略图"命令，如图3-7所示。

图3-7　利用方法2查看"我的电脑"窗口中的图标

【题目4】在当前打开的"我的电脑"窗口中，以"详细信息"的方式显示图标，然后再以文件大小的方式进行排列。

本题考查的是图标的显示和排列，在考试中若未打开"我的电脑"窗口，则需要考生自行打开，具体操作如下。

1 执行以下任一种方法将图标以"详细信息"的方式进行显示。

方法1：在"我的电脑"窗口的工具栏中单击▦▾按钮，在打开的下拉菜单中选择"缩略图"命令。

方法2：选择【查看】→【详细信息】命令。

方法3：在窗口中的空白区域单击鼠标右键，在弹出的快捷菜单中选择【查看】→【排列图标】命令。

2 执行以下任一种方法将图标以"大小"的方式进行排列，如图3-8所示。

方法1：选择【查看】→【排列图标】→【大小】命令。

方法2：在窗口中的空白区域单击鼠标右键，在弹出的快捷菜单中选择"排列图标"命令。

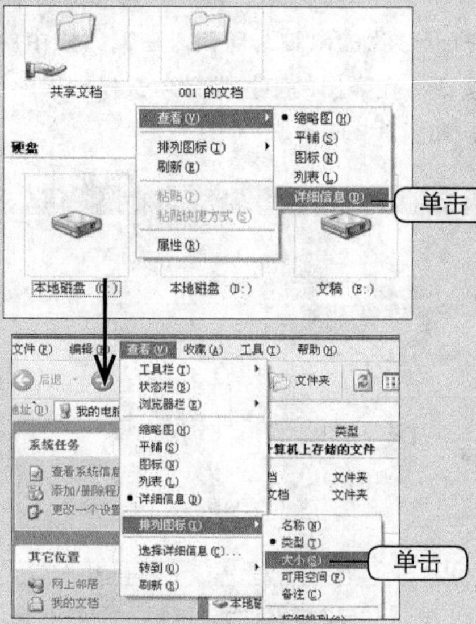

图3-8 查看并排列图标

本节考点回顾与总结一览表

本节考点	操作方式总结	
考点1： 打开"我的电脑"窗口	方法1：双击桌面上的"我的电脑"图标▦	
	方法2：选择【开始】→【我的电脑】命令	
	方法3：在桌面上的快速启动栏中单击"我的电脑"图标▦	
考点2： 图标的排列与查看方式	方法1：选择【查看】→【排列图标】命令	
	方法2：在空白处单击鼠标右键，在弹出的快捷菜单中选择"排列图标"命令	
	方法3：在"我的电脑"窗口中单击"查看"菜单	
	方法4：在"我的电脑"窗口的工具栏中单击"查看"按钮▦▾	

3.2 使用"我的电脑"管理文件

考点3 浏览文件或文件夹

🔍 **考点分析**

该考点出现题目的概率较大，但通常不会单独在考题中出现，一般和其他考点同时考查，如要求在D盘"开始"文件夹中复制"PK.exe"文件，其中就会涉及打开并浏览文件或文件夹的操作。

🎬 **考点破解**

浏览所需文件或文件夹之前，应先知道该文件或文件夹存放的路径，其方法为打开"我的电脑"窗口，在其中按照路径打开需浏览文件或文件夹的上一级文件夹，在其中即可浏览所需的文件或文件夹。

📝 **真题演练**

【题目5】浏览D盘下的"Program Files"文件夹中的文件或文件夹。

本题需要打开D盘下的"Program Files"

文件夹，具体操作如下。

1 打开"我的电脑"窗口，在其中双击 🖴 本地磁盘 (D:) 图标，打开"**本地磁盘（D：）**"窗口，在打开的窗口中双击 📁 Program Files 图标，如图 3-9 所示。

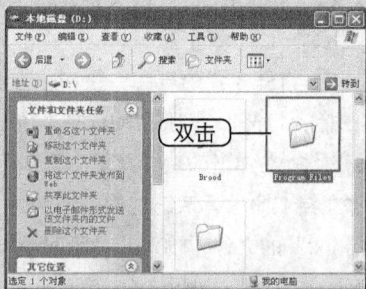

图 3-9　本地磁盘（D：）窗口

2 打开"Program Files"窗口，在其中即可浏览所需的文件或文件夹，如图 3-10 所示。

图 3-10　浏览文件和文件夹

考点4　新建文件和文件夹

🔍 考点分析

该考点抽到考题的概率也较高，由于操作方法类似，因此通常考试中可能只考查其中一个操作，但也不排除两种操作一起考查的情况，如要求在 D 盘创建一个"测试"文件夹，并在其中创建一个"考题回顾"文本文件。

🎯 考点破解

新建文件和新建文件夹的方法比较相似。

1. 新建文件夹

新建文件夹主要有以下两种方法。

方法 1：通过命令。

在"我的电脑"窗口中双击任意选项，打开其窗口，选择【文件】→【新建】→【文件夹】命令，系统创建一个名为"新建文件夹"的文件夹，此时文件夹名称呈蓝底白字的可编辑状态，直接输入名称，按【Enter】键即可，如图 3-11 所示。

图 3-11　通过命令新建文件夹

方法 2：通过右键菜单。

在"我的电脑"窗口中双击任意选项，打开其窗口，在空白处单击鼠标右键，在弹出的快捷菜单中选择【新建】→【文件夹】命令，系统创建一个名为"新建文件夹"的文件夹，此时文件夹名称呈蓝底白字的可编辑状态，直接输入名称，按【Enter】键即可，如图 3-12 所示。

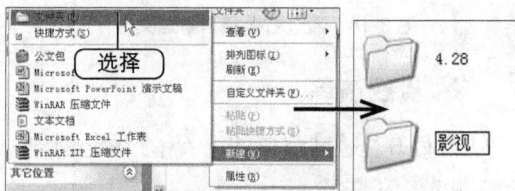

图 3-12　通过右键菜单新建文件夹

2. 新建文件

新建文件有以下两种方法。

方法 1：通过命令。

在"我的电脑"窗口中双击任意选项，打开其窗口，选择【文件】→【新建】命令，在弹出的子菜单中选择一种文件类型对应的命令，系统创建一个名为"新建"的文件，此时文件名称呈蓝底白字的可编辑状态，直接输入名称，按【Enter】键即可，如图3-13所示。

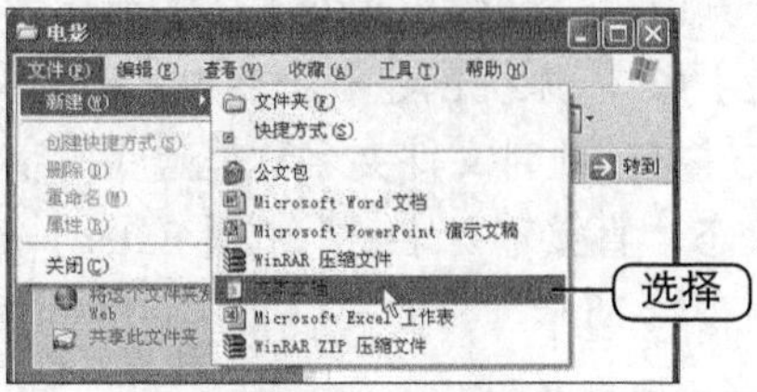

图3-13　通过命令新建文件

方法2：通过右键菜单。

在"我的电脑"窗口中双击任意选项，打开其窗口，在空白处单击鼠标右键，在弹出的快捷菜单中选择"新建"命令，在弹出的子菜单中选择一种文件类型对应的命令，系统创建一个名为"新建文本文档.txt"的文件，此时文件名称呈蓝底白字的可编辑状态，直接输入名称，按【Enter】键即可，如图3-14所示。

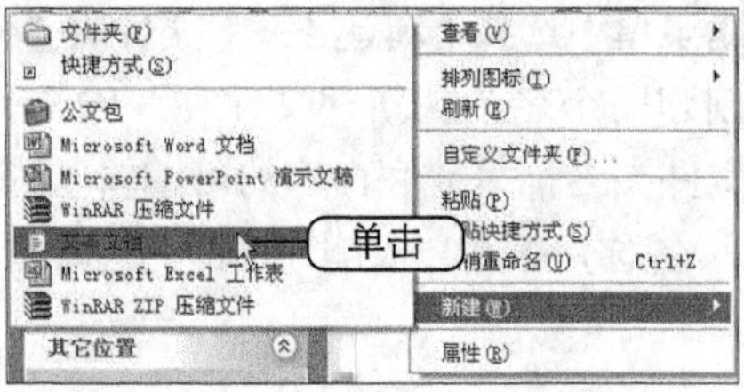

图3-14　通过右键菜单新建文件

真题演练

【题目6】通过窗口的命令在D盘创建一个"测试"文件夹。

本题需要选择【文件】→【新建】→【文件夹】命令进行创建，具体操作如下。

1 打开"我的电脑"窗口，在其中双击D盘图标，打开D盘所在的窗口。

2 选择【文件】→【新建】→【文件夹】命令，在"新建文件夹"的名称框中输入"测试"，然后按【Enter】键即可。

【题目7】通过命令在D盘创建一个"考题回顾"文本文件。

本题有两种操作方法，具体如下。

方法1：打开"我的电脑"窗口，在其中双击D盘图标，打开D盘所在的窗口。选择【文件】→【新建】→【文本文档】命令，系统创建一个名为"新建 文本文档.txt"的文件，输入"考题回顾"，然后按【Enter】键确认。

方法2：打开"我的电脑"窗口，在其中双击D盘图标，打开D盘所在的窗口。在空白处单击鼠标右键，在弹出的快捷菜单中选择【新建】→【文本文档】命令，系统创建一个名为"新建文本文档.txt"的文件，输入"考题回顾"，然后按【Enter】键即可，如图3-15所示。

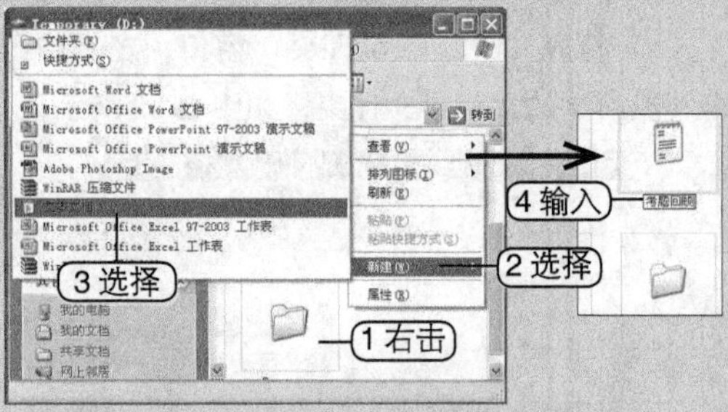

图3-15　利用方法2创建文本文件

【题目8】在当前打开的"我的电脑"窗口中，双击打开D盘，然后在其中新建一个名为"暑期计划"的文件夹，通过快捷菜单新建一个名为"出游.txt"的文件。

本题首先需要创建文件夹，然后在文件夹下新建文件，具体操作如下。

1 在"我的电脑"窗口中双击"本地磁盘（D）"图标，打开"本地磁盘（D）"窗口。

2 执行以下任一种操作新建"暑期计划"文件夹。

方法1：选择【文件】→【新建】→【文件夹】命令，在"新建文件夹"的文件夹名称框中输入"暑期计划"，按【Enter】键确定输入，如图3-16所示。

图 3-16　新建"暑期计划"文件夹

方法 2：在"**本地磁盘（D）**"窗口中的空白区域单击鼠标右键，在弹出的快捷菜单中选择【新建】→【文件夹】命令，在"新建文件夹"的文件夹名称框中输入"暑期计划"，按【Enter】键确定输入。

③ 选择新建的"暑期计划"文件夹，然后执行以下任一种操作打开。

方法 1：选择【文件】→【打开】命令。

方法 2：在其上单击鼠标右键，在弹出的快捷菜单中选择"打开"命令。

方法 3：在"暑期计划"文件夹上连续双击鼠标。

④ 在打开的文件夹中单击鼠标右键，在弹出的快捷菜单中选择【新建】→【文本文档】命令，系统新建一个名为"新建 文本文档 .txt"的文件，输入"出游"，按【Enter】键确认，如图 3-17 所示。

图 3-17　新建文本文档

考点5　选择文件或文件夹

考点分析

该考点出现考题的概率较大，但通常和其他考点结合起来考查，如要求将 D 盘中的所有文件和文件夹复制到 C 盘，其中就涉及选择文件和文件夹的操作。本考点的真题演练中将暂不涉及与其他考点合并考查的考题，在后面相关考点中再一同讲解。

考点破解

在 Windows XP 中选择文件或文件夹包括选择单个文件或文件夹、框选文件或文件夹、选择相邻的文件或文件夹、选择不相邻的文件或文件夹，以及选择窗口中所有的文件或文件夹等多种操作，具体方法如下。

方法 1：在要选择的文件或文件夹上单击，即可选择该文件或文件夹。在其以外的任意位置单击，又可恢复到未选择的状态。

方法 2：在要选择的文件或文件夹之外的位置按住鼠标左键不放，然后拖动鼠标指针到需要选择的文件或文件夹的位置，此时就会出现一个矩形框，释放鼠标后即可选择多个文件或文件夹，如图 3-18 所示。

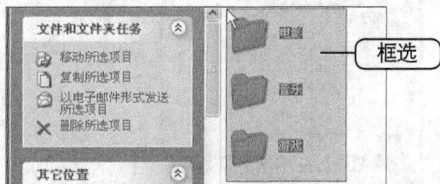

图 3-18　框选文件或文件夹

方法 3：按住【Shift】键不放，在要选择的第一个文件或文件夹以及最后一个文件或文件夹上单击，完成后释放【Shift】键，即可选择该范围内的所有文件和文件夹，如图 3-19 所示。

图 3-19　选择连续的文件或文件夹

方法4：按住【Ctrl】键不放，依次单击要选择的文件或文件夹，完成后释放【Ctrl】键，即可选择不连续的文件或文件夹，如图3-20所示。

图3-20　选择不连续的文件或文件夹

方法5：选择【编辑】→【全部选定】命令或按【Ctrl+A】组合键，可选择当前窗口中的所有文件和文件夹，如图3-21所示。

图3-21　选择所有文件或文件夹

方法6：选择【编辑】→【反向选择】命令，可选择当前窗口中没有选择的文件或文件夹，并取消已经选择的文件或文件夹。

真题演练

【题目9】在当前打开的"本地磁盘（F:）"窗口中选择所有文件夹。

本题有多种操作方法，具体如下。

方法1：在"本地磁盘（F：）"窗口中选择【编辑】→【全部选定】命令，选择磁盘中的全部文件夹，如图3-22所示。

方法2：按【Ctrl+A】组合键选择全部文件夹。

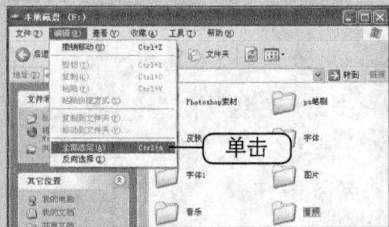

图3-22　选择所有文件或文件夹

【题目10】在当前打开的"本地磁盘（F）"窗口中选择第1、第3、第6个文件夹，然后进行反向选择。

本题需要首先选择指定的文件夹，然后反向选择窗口中的其他文件夹，具体操作如下。

1 按住【Ctrl】键不放的同时单击窗口中的第1、第3、第6个文件夹，如图3-23所示。

2 选择【编辑】→【反向选择】命令，选择窗口中的其他文件夹，如图3-23所示。

图3-23　通过反向选择窗口中的其他文件夹

考点6　重命名文件或文件夹

考点分析

该考点抽到考题的概率也较大，但操作简单，通过率较高，命题方式也比较简单，如要将D盘中的"测试"文件夹重命名为"考试"。

考点破解

当需要修改文件或文件夹的名称时，就要进行重命名操作，具体如下。

1 执行以下任意一种操作，可使文件或文件夹名称进入可编辑状态。

方法1：在要重命名的文件或文件夹上单击鼠标右键，在弹出的快捷菜单中选择"重命名"命令。

方法2：选择需要重命名的文件或文件夹，按【F2】键。

方法3：选择需要重命名的文件或文件夹，选择【文件】→【重命名】命令，如图3-24所示。

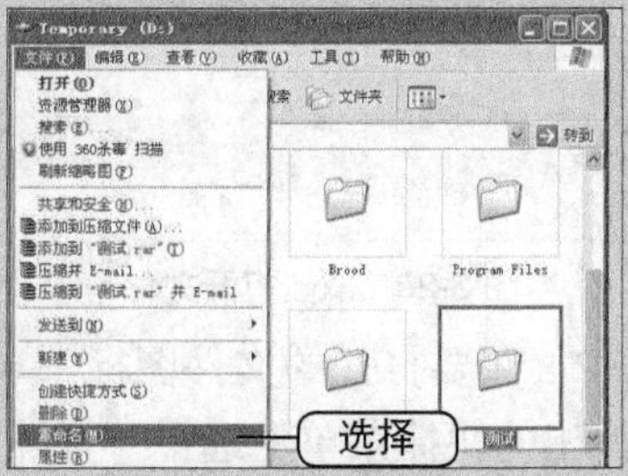

图3-24　重命名文件或文件夹

方法4：选择需要重命名的文件或文件夹，在"文件和文件夹任务"任务窗格中单击"重命名这个文件"或"重命名这个文件夹"超链接。

2 此时要重命名的文件或文件夹名称将呈蓝底白字显示，输入新的名称，输入完成后按【Enter】键或在窗口的空白处单击即可，如图3-25所示。

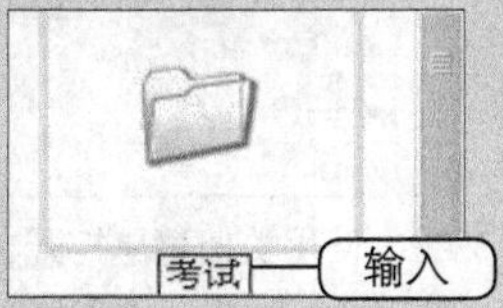

图3-25　重命名文件夹

真题演练

【题目11】将D盘中的"测试"文件夹重命名为"考试"。

本题并没有指定操作方式，可直接通过命令进行操作，具体如下。

1 打开"我的电脑"窗口，在其中双击D盘图标，打开D盘所在的窗口。

2 选择"测试"文件夹，选择【文件】→【重命名】命令，输入"考试"，然后按【Enter】键即可，如图3-6所示。

误区提醒

解答考点6时，在选择文件或文件夹后，在名称处单击也可进入编辑状态，但这种操作很少在考试中出现。

【题目12】通过快捷键将D盘中的"测试"文件夹重命名为"考试"。

本题指定了操作方式，具体操作如下。

1 打开"我的电脑"窗口，在其中双击D盘图标，打开D盘所在的窗口。

2 选择"测试"文件夹，按【F2】键进入编辑状态，输入"考试"，然后按【Enter】键即可。

【题目13】将当前打开的"本地磁盘（D）"窗口中的"网页文件.html"文件重命名为"Internet网页文件.html"，将"图像文件.psd"文件重命名为"Photoshop图形图像.psd"（按题目中的顺序操作）。

本题未指定具体使用何种方法重命名文件，因此，可使用任意方法进行操作，但操作中需要按题目要求的顺序进行，具体如下。

1 选择"网页文件.html"文件，执行以下任意一种操作，使其进入可编辑状态。

方法1：在其上单击鼠标右键，在弹出的快捷菜单中选择"重命名"命令。

方法2：按【F2】键。

方法3：选择【文件】→【重命名】命令。

方法4：在"文件和文件夹任务"任务窗格中单击"重命名这个文件"超链接。

2 输入新的名称"Internet 网页文件 .html"，完成后按【Enter】键或在窗口空白处单击即可，如图 3-26 所示。

图 3-26　重命名 .html 文件

3 使用相同的方法重命名"图像文件 .psd"文件为"photoshop 图形图像 .psd"文件，如图 3-27 所示。

图 3-27　重命名 .psd 文件

考点7　打开文件

考点分析

该考点出现考题的概率相对较小，如果出现考题，考查直接打开文件的可能性不大，选择打开方式却更容易出题，如要求使用 Word 程序打开 D 盘中的"测试 .txt"文件等。

考点破解

编辑文件前需要先打开文件，打开文件有以下两种方法。

1. 直接打开文件

直接打开文件的方法有以下 4 种。

方法 1：直接双击文件图标，即可启动该文件对应的应用程序并打开该文件，如图 3-28 所示。

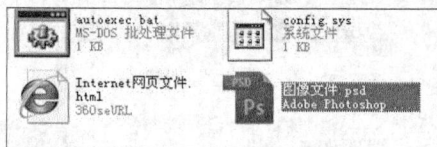

图 3-28　双击打开文件

方法 2：在要打开的文件图标上单击鼠标右键，在弹出的快捷菜单中选择"打开"命令，如图 3-29 所示。

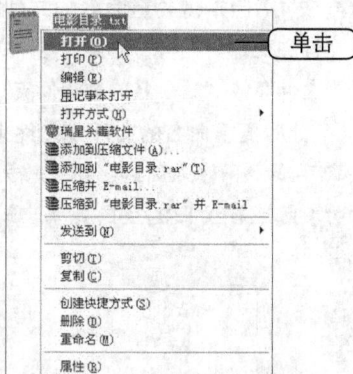

图 3-29　使用快捷菜单打开文件

方法 3：选择要打开的文件，然后按【Enter】键。

方法 4：选择要打开的文件，然后在菜单栏中选择【文件】→【打开】命令，如图 3-30 所示。

图 3-30　通过命令打开文件

2. 选择打开方式

　　当需要以除系统默认的程序之外的方式打开文件时，可选择其他的打开方式，其方法为在要打开的文件上单击鼠标右键，在弹出的快捷菜单中选择【打开方式】→【选择程序】命令，然后在打开的"打开方式"对话框中选择一种程序，单击 确定 按钮，即可在选择的程序中打开该文件，如图 3-31 所示。

图 3-31　"打开方式"对话框

真题演练

　　【题目 14】打开 D 盘中的"测试 .txt"文件。本题有 4 种操作方法，具体如下。

　　方法 1：打开"我的电脑"窗口，在其中双击 D 盘图标，打开 D 盘所在的窗口，直接双击"测试 .txt"文件。

　　方法 2：打开 D 盘所在的窗口，在要打开的"测试 .txt"文件上单击鼠标右键，在弹出的快捷菜单中选择"打开"命令。

　　方法 3：打开 D 盘所在的窗口，选择"测试 .txt"文件，然后按【Enter】键。

　　方法 4：打开 D 盘所在的窗口，选择"测试 .txt"文件，然后在菜单栏中选择【文件】→【打开】命令。

　　【题目 15】使用 Word 程序打开 D 盘中的"测试 .txt"文件。

　　本题需要打开"打开方式"对话框，然后在其中选择 Word 程序，具体操作如下。

　　❶ 打开"我的电脑"窗口，在其中双击 D 盘图标，打开 D 盘所在的窗口。

　　❷ 选择"测试 .txt"文件，然后单击鼠标右键，在弹出的快捷菜单中选择【打开方式】→【选择程序】命令，如图 3-32 所示。

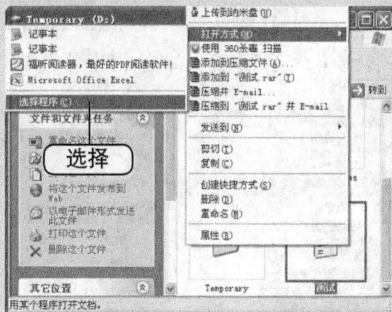

图 3-32　选择命令

　　❸ 打开"打开方式"对话框，在"程序"列表框中选择"Microsoft Office Word"选项，单击 确定 按钮，如图 3-33 所示。

图 3-33　使用 Word 程序打开"测试 .txt"文件

考点8　复制文件或文件夹

考点分析

该考点出现考题的概率较大,虽然方法比较多,但考试中通常只考查其中一种。该考点命题方式很简单,如要求将某个文件复制到某个文件夹中,或者将某个文件夹复制到某个位置。考试中应尽量使用较简单的方法进行操作。

考点破解

复制文件是指制作一个文件的副本,复制文件夹是指制作此文件夹本身和其中所有文件的副本,主要有以下 5 种方法。

方法 1：选择要复制的文件或文件夹,选择【编辑】→【复制】命令,然后在目标位置选择【编辑】→【粘贴】命令,如图 3-34 所示。

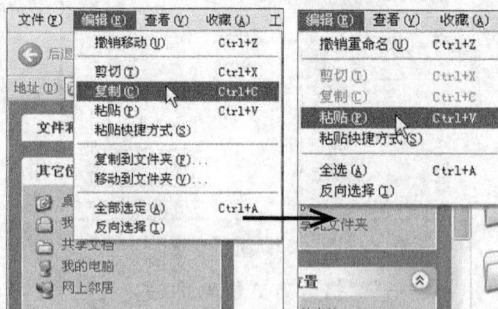

图 3-34　复制与粘贴命令

方法 2：选择要复制的文件或文件夹,选

择【编辑】→【复制到文件夹】命令,打开"复制项目"对话框,然后在其中的列表框中选择目标位置,单击 复制 按钮。

方法 3：选择要复制的文件或文件夹,单击鼠标右键,在弹出的快捷菜单中选择"复制"命令,然后在目标位置的空白处单击鼠标右键,在弹出的快捷菜单中选择"粘贴"命令,如图 3-35 所示。

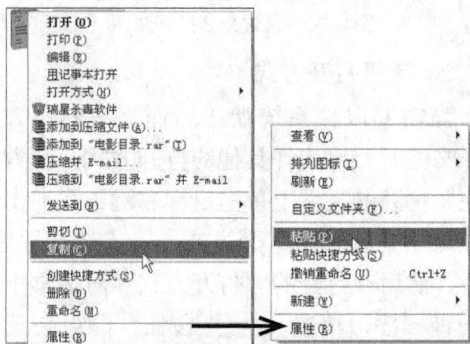

图 3-35　利用快捷菜单复制与粘贴文件或文件夹

方法 4：选择要复制的文件或文件夹,按【Ctrl+C】组合键进行复制操作,然后在目标位置按【Ctrl+V】组合键可完成粘贴操作。

方法 5：选择要复制的文件或文件夹,在窗口左侧的"文件和文件夹任务"任务窗格中单击"复制这个文件"或"复制这个文件夹"超链接,打开"复制项目"对话框,在其中的列表框中选择目标位置,单击 复制 按钮。

真题演练

【题目 16】将 D 盘中的"测试 .txt"文件复制到"我的文档"中。

本题直接使用选择【编辑】→【复制到文件夹】命令的方法,具体操作如下。

❶ 打开"我的电脑"窗口,在其中双击 D 盘图标,打开 D 盘所在的窗口。

❷ 选择"测试 .txt"文件,再选择【编辑】

→【复制到文件夹】命令，打开"复制项目"对话框。

❸ 在其中的列表框中选择"我的文档"选项，单击 复制 按钮，如图3-36所示。

图3-36　复制文件

【题目17】使用快捷键将D盘中的"测试"文件夹复制到桌面上。

本题使用【Ctrl+C】和【Ctrl+V】组合键实现，具体操作如下。

❶ 打开"我的电脑"窗口，在其中双击D盘图标，打开D盘所在的窗口。

❷ 选择"测试"文件夹，按【Ctrl+C】组合键进行复制操作。

❸ 返回桌面，按【Ctrl+V】组合键完成粘贴操作。

【题目18】在桌面上有打开的C盘窗口，将其中的"考试模拟试题"文件夹复制到F盘目录下。

本题未指定复制的具体方法，可使用任意方法进行复制，具体操作如下。

方法1：在C盘窗口中选择"考试模拟试题"文件夹，选择【编辑】→【复制】命令，然后双击桌面上"我的电脑"图标，在打开的窗口中双击"本地磁盘（F：）"图标将其打开，然后选择【编辑】→【粘贴】命令。

方法2：在C盘窗口中选择"考试模拟试题"文件夹，选择【编辑】→【复制到文件夹】命令，打开"复制项目"对话框，在其列表框中选择"本地磁盘（F：）"选项，单击 复制 按钮，如图3-37所示。

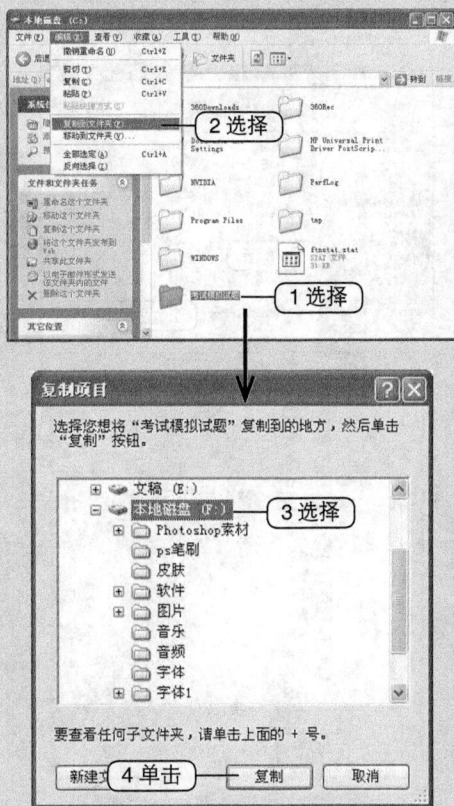

图3-37　方法2复制文件夹

方法3：在C盘窗口中选择"考试模拟试题"文件夹，单击鼠标右键，在弹出的快捷菜单中选择"复制"命令，然后在"本地磁盘（F：）"窗口中的空白处单击鼠标右键，在弹出的快捷菜单中选择"粘贴"命令。

　　方法4：在C盘窗口中选择"考试模拟试题"文件夹，按【Ctrl+C】组合键进行复制操作，然后在"本地磁盘（F：）"窗口中按【Ctrl+V】组合键完成粘贴操作。

　　方法5：在C盘窗口中选择"考试模拟试题"文件夹，在窗口左侧的"文件和文件夹任务"任务窗格中单击"复制这个文件夹"超链接，打开"复制项目"对话框，在其列表框中选择"本地磁盘（F：）"选项，单击 复制 按钮，如图3-38所示。

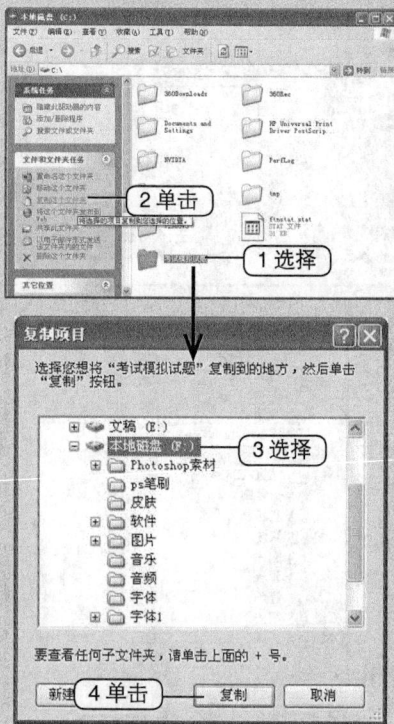

图3-38　方法5复制文件夹

📖 考场点拨

复制文件或文件夹的操作和后面的考点10中的移动文件或文件夹的操作相似，考试中一定要注意区分。

考点9　发送文件或文件夹

🔍 考点分析

　　该考点出现考题的概率不大。但由于现在计算机外部存储设备的广泛使用，发送文件或文件夹到外部设备的操作实用性较强，因此在考试中可能会考查这方面的内容。

🎨 考点破解

　　用户可利用发送文件或文件夹的方法将其复制到需要的地方，其方法为在需要复制的文件或文件夹上单击鼠标右键，在弹出的快捷菜单中选择"发送到"命令，将会弹出子菜单，其中有4个常用的命令，其作用分别如下。

◆ 压缩（zipped）文件夹：将文件或文件夹复制成压缩文件。
◆ 桌面快捷方式：将文件或文件夹的快捷方式发送到桌面上。
◆ 邮件接收者：通过电子邮件发送该文件或文件夹到指定的电子邮箱中。
◆ 我的文档：将文件或文件夹发送到"我的文档"文件夹中。

　　若计算机上安装了可移动存储器或软驱，还会有以下两个命令，其作用分别如下。

◆ 3.5软盘（A：）：将文件或文件夹复制到软盘中。
◆ 可移动存储器所在盘符：将文件或文件夹复制到可移动存储器中。

📝 真题演练

　　【题目19】将D盘中的"测试.txt"文件发送到可移动磁盘。

　　本题需要在右键菜单中选择可移动存储器所在盘符，具体操作如下。

　　❶ 打开"我的电脑"窗口，在其中双击D盘图标，打开D盘所在的窗口。

2 在"测试.txt"文件上单击鼠标右键，在弹出的快捷菜单中选择【发送到】→【可移动磁盘】命令，则该文件被发送到 U 盘中，如图 3-39 所示。

图 3-39 将文件发送到可移动磁盘

【题目 20】将 D 盘中的"测试.txt"文件复制成压缩文件。

1 打开"我的电脑"窗口，在其中双击 D 盘图标，打开 D 盘所在的窗口。

2 在"测试.txt"文件上单击鼠标右键，在弹出的快捷菜单中选择【发送到】→【压缩（zipped）文件夹】命令，如图 3-40 所示。

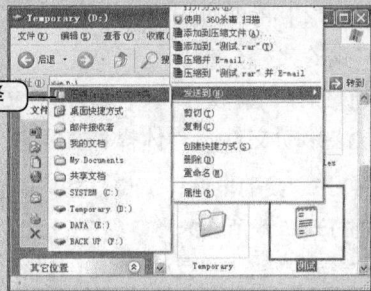

图 3-40 选择命令

3 打开"压缩（zipped）文件夹"对话框，单击 是(E) 按钮，如图 3-41 所示。

图 3-41 将文件复制成压缩文件

☀ **多学一招**

单击 是(E) 按钮，系统会将文件压缩为专业压缩文件模式；单击 否(O) 按钮，系统会将文件压缩为 Windows XP 操作系统默认的压缩文件模式。

【题目 21】将 C 盘根文件夹下的"风景"文件夹中的文件"风景.jpg"、"风景 2.jpg"和"风景 3.jpg"发送到"我的文档"文件夹，将"风景 4.jpg"和"风景 6.jpg"发送到可移动磁盘（M:）（利用快捷菜单操作）。

本题主要考查的是文件的发送，具体操作如下。

1 按住【Shift】或【Ctrl】键不放，选择"风景.jpg"、"风景 2.jpg"和"风景 3.jpg"文件。

2 单击鼠标右键，在弹出的快捷菜单中选择【发送到】→【我的文档】命令，选择的图片文件即被发送到"我的文档"文件夹中，如图 3-42 所示。

图 3-42 选择命令

3 按住【Ctrl】键不放，选择"风景 4.jpg"和"风景 6.jpg"文件，单击鼠标右键，在弹出的快捷菜单中选择【发送到】→【可移动磁盘（M:）】命令，选择的图片文件即被发送到"可移动磁盘（M:）"中。

考点10　移动文件或文件夹

考点分析

该考点抽到考题的概率较大，虽然方法比较多，但考试中通常只考查其中一种。该考点命题方式很简单，如要求将某个文件移动到某个文件夹中或将某个文件夹移动到某个位置。考试中应尽量使用比较简单的方法进行操作。

考点破解

移动文件或文件夹的目的是把文件或文件夹从计算机中的一个位置移动到另一个位置，在计算机中移动文件或文件夹的操作通常称为剪切，主要有以下 5 种方法。

方法 1：选择要移动的文件或文件夹，选择【编辑】→【剪切】命令，然后在移动到的目标位置选择【编辑】→【粘贴】命令，如图 3-43 所示。

图 3-43　方法 1

方法 2：选择要移动的文件或文件夹，选择【编辑】→【移动到文件夹】命令，打开"移动项目"对话框，然后在其列表框中选择移动到的目标位置，单击 移动 按钮，如图

3-44 所示。

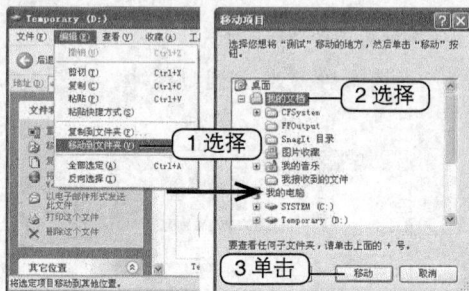

图 3-44　方法 2

方法 3：选择要移动的文件或文件夹，单击鼠标右键，在弹出的快捷菜单中选择"剪切"命令，然后在移动到的目标位置的空白处单击鼠标右键，在弹出的快捷菜单中选择"粘贴"命令。

方法 4：选择要移动的文件或文件夹，按【Ctrl+X】组合键进行剪切操作，然后在移动到的目标位置按【Ctrl+V】组合键完成粘贴操作。

方法 5：选择要移动的文件或文件夹，在窗口左侧的"文件和文件夹任务"任务窗格中单击"移动这个文件"或"移动这个文件夹"超链接，打开"移动项目"对话框，然后在其列表框中选择移动到的目标位置，单击 移动 按钮。

真题演练

【题目 22】将 D 盘中的"测试 .txt"文件移动到"我的文档"中。

本题使用【编辑】→【移动到文件夹】命令的方法移动文件，具体操作如下。

1 打开"我的电脑"窗口，在其中双击 D 盘图标，打开 D 盘所在的窗口。

2 选择"测试 .txt"文件，选择【编辑】→【移动到文件夹】命令，打开"移动项目"对话框。

3 在其列表框中选择"我的文档"选项，

单击 移动 按钮，如图 3-45 所示。

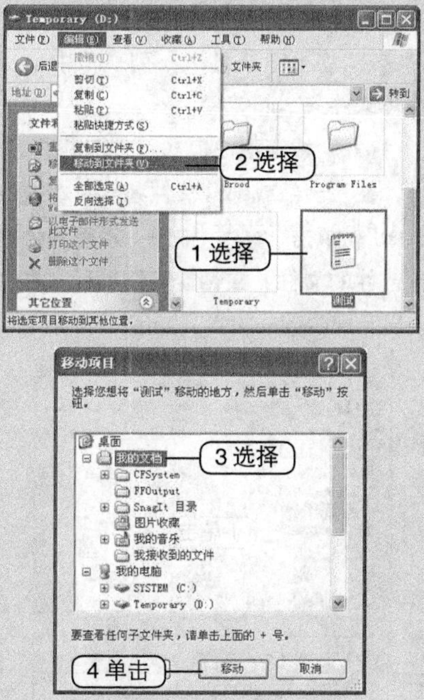

图 3-45 移动文件

【题目 23】使用快捷键将 D 盘中的"测试"文件夹移动到桌面上。

本题使用【Ctrl+X】和【Ctrl+V】组合键实现，具体操作如下。

1 打开"我的电脑"窗口，在其中双击 D 盘图标，打开 D 盘所在的窗口。

2 选择"测试"文件夹，按【Ctrl+X】组合键进行剪切操作。

3 返回桌面，按【Ctrl+V】组合键完成粘贴操作。

考点11 搜索文件或文件夹

考点分析

该考点出现考题的概率较大，由于方法和操作较多，因此命题的方式也比较多，如要求搜索计算机中的"测试 .txt"文件，或者搜索计算机中所有名称最后一个字为"章"的文件和文件夹等。

考点破解

计算机中的文件或文件夹较多，要查找一些不常用的文件或文件夹时既费时又费力，用户可通过 Windows XP 自带的搜索功能来查找所需的文件或文件夹。

1. 认识文件通配符

Windows XP 的搜索功能支持通配符的使用，所谓通配符是指可代表某一类字符的通用代表符号。常用的通配符有星号（*）和问号（?），一个星号可代表一个或多个字符，一个问号只能代表一个字符。如"*.*"表示所有的文件和文件夹，"*.doc"表示所有扩展名为 .doc 的文件，"?a??.*"表示文件名为 4 个字符且第 2 个字符为"a"的所有文件。

2. 搜索文件或文件夹的方法

搜索文件或文件夹的具体操作如下。

1 使用以下任意一种方法打开"搜索助理"任务窗格。

方法 1：选择【开始】→【搜索】命令。

方法 2：在"我的电脑"窗口中单击工具栏中的 🔍搜索 按钮。

2 在"您要查找什么"列表框中单击"所有文件和文件夹"超链接，如图 3-46 所示。

图 3-46 准备搜索文件

3 打开"按下面任何或所有标准进行搜索"列表框，在"全部或部分文件名"文本框中输入需要搜索的文件或文件夹的名称，在"在这里寻找"下拉列表框中选择查找的位置，如图3-47所示。

图 3-47　设置搜索条件

4　单击 搜索(R) 按钮，系统开始搜索所有符合条件的文件。文件搜索结束后，右侧窗格中便会显示搜索到的文件，如图3-48所示。

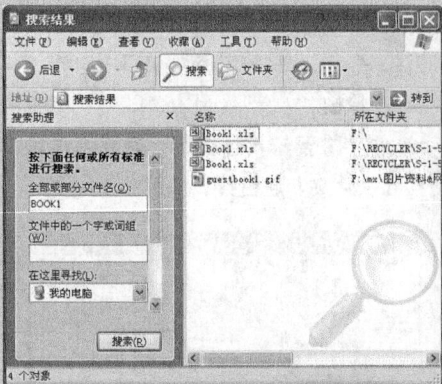

图 3-48　搜索结果

真题演练

【题目24】搜索计算机中的"测试 .txt"文件。

本题提供了文件的全名，直接搜索即可，具体操作如下。

1　打开"我的电脑"窗口，单击工具栏中的 搜索 按钮，打开"搜索助理"任务窗格。

2　在"您要查找什么"列表框中单击"所有文件和文件夹"超链接。

3　打开"按下面任何或所有标准进行搜索"列表框，在"全部或部分文件名"文本框中输入"测试 .txt"，单击 搜索(R) 按钮，系统开始搜索所有符合条件的文件。文件搜索结束后，右侧窗格中便会显示搜索到的文件，如图3-49所示。

图 3-49　搜索文件

【题目25】搜索 D 盘中的"测试"文件夹。

本题提供了文件夹的名称和具体位置，需要在"在这里寻找"下拉列表框中选择文件搜索的位置，具体操作如下。

1　使用以下任意一种方法，打开"搜索助理"任务窗格。

方法1：选择【开始】→【搜索】命令。

方法2：在"我的电脑"窗口中单击工具栏中的 搜索 按钮。

2　在"您要查找什么"列表框中单击"所有文件和文件夹"超链接。

③ 打开"按下面任何或所有标准进行搜索"列表框，在"全部或部分文件名"文本框中输入"测试"，在"在这里寻找"下拉列表框中选择 D 盘，单击 搜索(R) 按钮。

④ 系统开始搜索所有符合条件的文件，文件搜索结束后，右侧窗格中便会显示搜索到的文件，选择其中的"测试"文件夹，操作过程如图 3-50 所示。

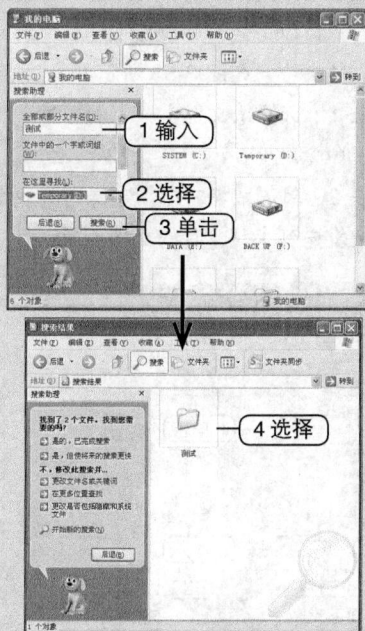

图 3-50　搜索文件夹

【题目 26】搜索计算机中所有名称最后一个字为"章"的文件和文件夹。

本题需要使用文件通配符进行搜索，具体操作如下。

① 打开"我的电脑"窗口，单击工具栏中的 搜索 按钮，打开"搜索助理"任务窗格。

② 在"您要查找什么"列表框中单击"所有文件和文件夹"超链接。

③ 打开"按下面任何或所有标准进行搜索"列表框，在"全部或部分文件名"文本框中输入"*

章"，单击 搜索(R) 按钮，系统开始搜索所有符合条件的文件。文件搜索结束后，右侧窗格中便会显示搜索到的文件，如图 3-51 所示。

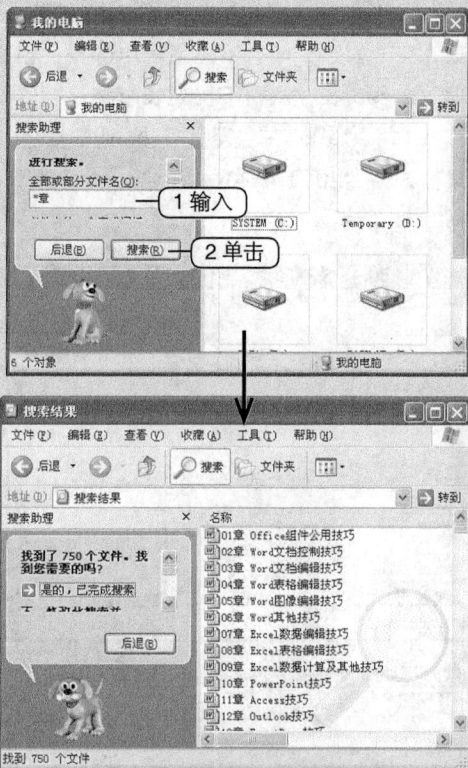

图 3-51　用通配符搜索文件

【题目 27】在"我的电脑"窗口中，利用菜单在 F 盘中搜索文件名以"Word"开头，文件中包括文字"计算机"，且于 2011-4-19 ~ 2011-4-20 之间创建的文件。

本题考查的是搜索文件，具体操作如下。

① 在"我的电脑"窗口中选择"本地磁盘（F:）"图标，执行以下任一种方法打开"搜索结果"对话框。

方法 1：选择【文件】→【搜索】命令。

方法 2：单击鼠标右键，在弹出的快捷菜单中选择"搜索"命令。

2 在"全部或部分文件名"文本框中输入"Word",在"文件中的一个字或词组"文本框中输入"计算机",单击"什么时候修改的?"右侧的 按钮,并选中"指定日期"单选项,在"修改日期"下拉列表中选择"创建日期"选项,在"从"下拉列表中将日期修改为"2011-4-19",在"至"下拉列表框中将日期修改为"2011-4-20",单击 搜索(R) 按钮,如图3-52所示。

图3-52 搜索文件

【题目28】将C盘上"大小"至少为60000KB的文件发送到"我的文档"文件夹中(使用工具栏搜索)。

本题主要考查了搜索文件和发送文件,具体操作如下。

1 单击工具栏中的"搜索"按钮 搜索,在左侧打开的"搜索助理"任务窗格中的"在这里寻找"下拉列表框中选择"本地磁盘(C:)"选项,单击"大小是?"右侧的 按钮将其展开,选中"指定大小(以KB计算)"单选项,在左侧的下拉列表框中选择"至少"选项,然后在右侧的数值框中输入"60000",单击 搜索(R) 按钮开始搜索。

2 在搜索结果界面中同时选中搜索出的所有文件,执行以下任一种操作发送文件到"我的文档"文件夹中,如图3-53所示。

方法1:选择【文件】→【发送到】→【我的文档】命令。

方法2:单击鼠标右键,在弹出的快捷菜单中选择【发送到】→【我的文档】命令。

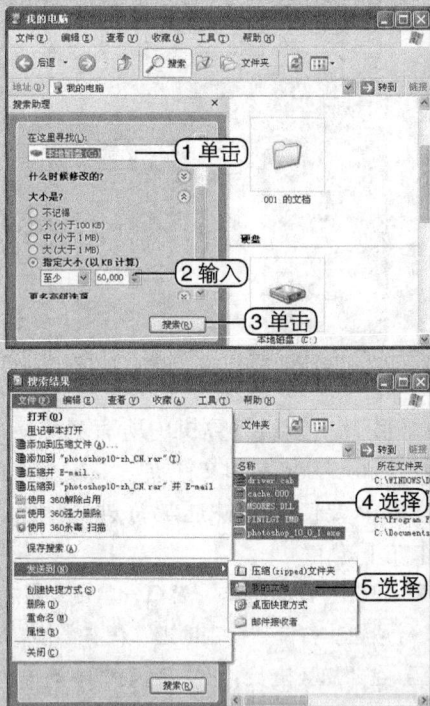

图3-53 搜索文件并发送

【题目29】将计算机中的"图片"文件夹重命名为"素材图片"。

本题未指出文件夹的路径位置，这时，便需要在计算机中进行搜索操作。具体操作如下。

1 打开"我的电脑"窗口，单击工具栏中的 🔍搜索 按钮，打开"搜索助理"任务窗格。

2 在"全部或部分文件名"文本框中输入"图片"，单击 搜索(R) 按钮开始搜索。

3 在右侧的搜索结果中找到"图片"文件夹，单击鼠标右键，在弹出的快捷菜单中选择"重命名"命令，输入"素材图片"，然后按【Enter】键，如图 3-54 所示。

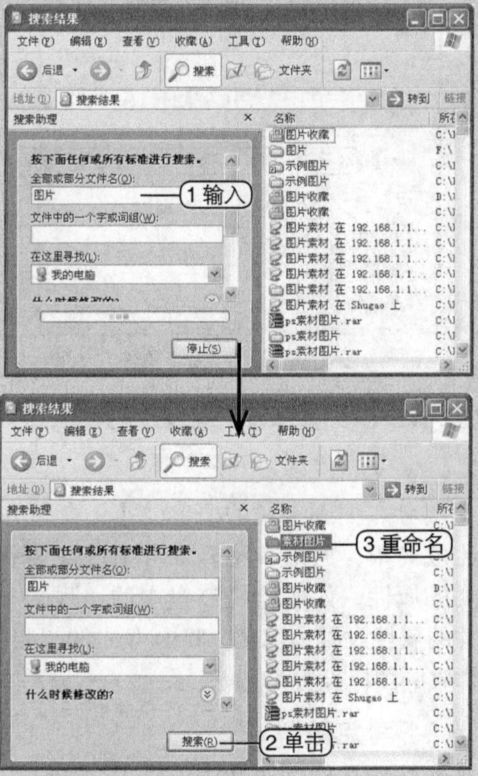

图 3-54 搜索并重命名文件夹

考点12 删除文件或文件夹

📖 **考点分析**

该考点出现考题的概率较大，虽然方法比较多，但考试中通常只考查其中一种。该考点命题方式较简单，如要求删除 D 盘中的"测试 .txt"文件等。

🎯 **考点破解**

用户可将不需要的文件或文件夹删除，以释放更多的磁盘空间供其他文件使用。

删除文件或文件夹到回收站主要有以下 5 种方法。

方法 1：在要删除的文件或文件夹上单击鼠标右键，在弹出的快捷菜单中选择"删除"命令。

方法 2：选择文件或文件夹，然后将其拖动到桌面上的"回收站"图标中。

方法 3：选择文件或文件夹，然后按【Delete】键。

方法 4：选择要删除的文件或文件夹，然后选择【文件】→【删除】命令。

方法 5：选择要删除的文件或文件夹，单击窗口左侧的"文件和文件夹任务"任务窗格中的"删除这个文件"或"删除这个文件夹"超链接。

用上述方法删除文件或文件夹时，系统会打开是否确认删除该文件或文件夹的对话框，单击 是(Y) 按钮确定删除，单击 否(N) 按钮则放弃删除操作，如图 3-55 所示。

图 3-55 "确认文件删除"对话框

☀️ **多学一招**

选择文件或文件夹后，按【Shift+Delete】组合键可直接将文件或文件夹彻底删除。

真题演练

【题目30】删除 D 盘中的"测试 .txt"文件。

本题没有指定操作方式，可直接使用命令删除，具体操作如下。

1 打开"我的电脑"窗口，在其中双击 D 盘图标，打开 D 盘所在的窗口。

2 选择"测试 .txt"文件，选择【文件】→【删除】命令，如图 3-56 所示。

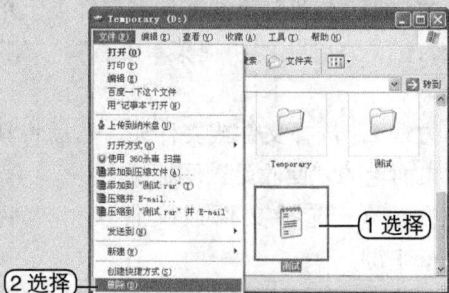

图 3-56　删除文件

3 打开"确认文件删除"对话框，单击 是(Y) 按钮，如图 3-57 所示。

图 3-57　确认删除文件

【题目31】彻底删除 F 盘上以"Word"开头的所有文件（使用右键菜单搜索，不经过回收站删除）。

本题需要先搜索出以"Word"开头的所有文件，然后再进行删除操作，具体操作如下。

1 在"本地磁盘 (F：)"图标上单击鼠标右键，在弹出的快捷菜单中选择"搜索"命令，进入搜索界面。

2 在"全部或部分文件名"文本框中输入"Word"，单击 搜索(R) 按钮开始搜索。

3 在搜索结果界面中选择搜索出的全部文件，按下【Shift+Delete】组合键，并在"确认文件删除"对话框中单击 是(Y) 按钮完成彻底删除操作，如图 3-58 所示。

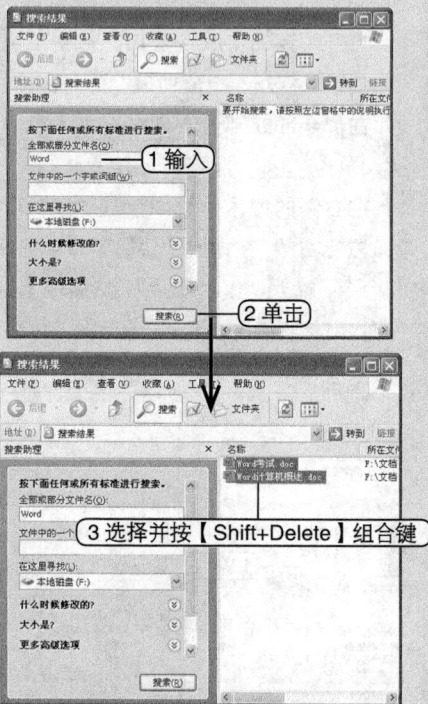

图 3-58　搜索并删除文件

考点13　设置文件或文件夹属性

考点分析

该考点抽到考题的概率较小，命题方式也比较简单，通常直接要求考生设置某个文件夹的属性，如要求将 D 盘中的"测试 .txt"文件的属性设置为隐藏，将 D 盘中的"测试"文件夹的图标设置为〇等。

考点破解

文件和文件夹属性的设置方法相同，但设置其属性的相关对话框不同，打开其属性对话框的方法主要有以下两种。

方法 1：通过命令。

选择需要设置属性的文件或文件夹，选择【文件】→【属性】命令。

方法 2：通过右键菜单。

在需要设置属性的文件或文件夹上单击鼠标右键，在弹出的快捷菜单中选择"属性"命令。

1．设置文件属性

文件的类型不同，属性对话框中的选项卡也不相同，一般有"常规"、"摘要"、"版本"、"安全"和"自定义"等选项卡，常用的有以下两个选项卡。

◆ "常规"选项卡：在其中显示了文件类型、打开方式、位置、大小、占用空间、创建时间、修改时间、访问时间和属性等，如图 3-59 左图所示。

◆ "摘要"选项卡：在其中可设置标题、主题、作者、类别、关键字和备注等信息。将鼠标指针指向文件图标时，系统将显示包含以上主要内容的摘要信息，如图 3-59 的右图所示。

图 3-59 "常规"选项卡和"摘要"选项卡

2．设置文件夹属性

文件夹的属性对话框中有以下 4 个选项卡。

◆ "共享"选项卡：在其中可设置是否共享该文件夹和网络用户访问该文件夹的权限等，如图 3-60 所示。

图 3-60 "共享"选项卡

◆ "安全"选项卡：在其中可设置文件属于的组或用户以及修改该文件的权限，如图 3-61 所示。

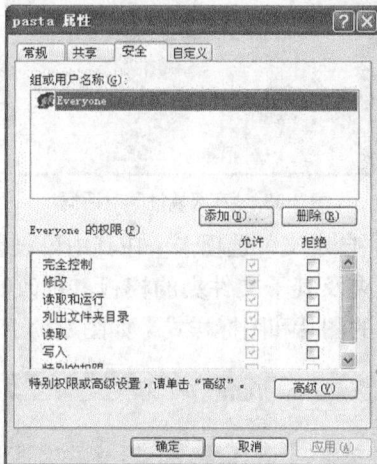

图 3-61 "安全"选项卡

◆ "常规"选项卡：在其中显示了文件夹的类型、位置、大小、占用空间、包含的文件及子文件夹数、创建时间和属性，如图 3-62 所示。单击 高级(D)... 按钮，可打开"高级属性"对话框，在其中可设置文件夹的"存档和编制索引属性"和"压缩或加密属性"，如图 3-63 所示。

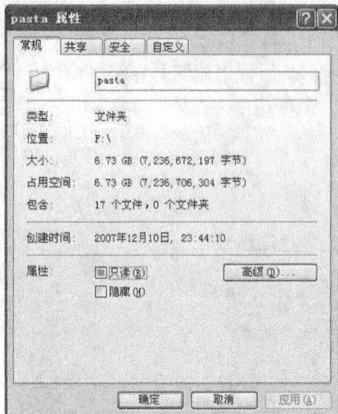

图 3-62 "常规"选项卡

图 3-63 "高级属性"对话框

◆ "自定义"选项卡：在其中可设置文件夹及其子文件夹的模板，更改文件夹的图片和图标样式，如图 3-64 所示。

图 3-64 "自定义"选项卡

多学一招

对文件夹进行属性设置时，该文件夹中的所有文件的属性也相应地发生改变，而对文件进行属性设置时，只能将设置应用于所选文件。

真题演练

【题目 32】将 D 盘中的"测试"文件夹的图标设置为 ◎。

本题使用右键命令设置文件夹属性，具体操作如下。

1 打开"我的电脑"窗口，在其中双击 D 盘图标，打开 D 盘所在的窗口。

2 选择"测试"文件夹，单击鼠标右键，在弹出的快捷菜单中选择"属性"命令。

3 打开"测试 属性"对话框，切换到"自定义"选项卡，在"文件夹图标"选项组中单击 更改图标(I)... 按钮。

4 打开"为文件夹类型 测试 更改图标"对话框，然后在"从以下列表选择一个图标"列表框中选择 ◎ 图标，单击 确定 按钮，如图 3-65 所示。

图 3-65 设置文件夹属性

【题目 33】将 D 盘中的"测试 .txt"文件的属性设置为隐藏。

本题使用命令设置文件属性，具体操作如下。

① 打开"我的电脑"窗口，在其中双击 D 盘图标，打开 D 盘所在的窗口。

② 选择"测试 .txt"文件，选择【文件】→【属性】命令。

③ 打开"测试 属性"对话框，然后在"属性"选项组中选中"隐藏"复选框，单击 确定 按钮，如图 3-66 所示。

图 3-66　设置文件属性

考点14　设置文件夹选项

考点分析

该考点抽中考题的概率较小，考生只需了解打开其选项设置对话框的方法即可。

考点破解

在文件窗口中选择【工具】→【文件夹选项】命令，打开"文件夹选项"对话框，在其中切换到不同的选项卡，可设置文件夹的不同选项。

1."常规"选项卡

"常规"选项卡中主要有以下 3 个设置选项，如图 3-67 所示。

◆ "任务"选项组：在其中可设置文件夹的显示风格，若选中"使用 Windows 传统风格的文件夹"单选项，可使文件夹以 Windows 传统的风格显示。

◆ "浏览文件夹"选项组：在其中可设置文件夹的浏览方式，若选中"在不同窗口中打开不同的文件夹"单选项，可在浏览文件夹时以多个窗口的形式浏览不同的文件夹。

◆ "打开项目的方式"选项组：在其中可设置文件夹的打开方式，若选中"通过双击打开项目（单击时选定）"单选项，则双击文件或文件夹才能将其打开，这是 Windows XP 默认的打开文件夹的方式。

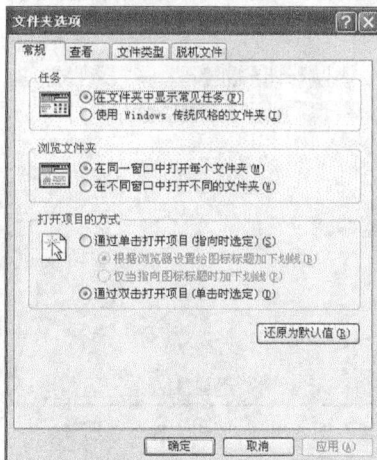

图 3-67　"常规"选项卡

2."文件类型"选项卡

在"文件类型"选项卡中可浏览已在计算机中注册的文件类型，单击 新建 按钮，可在打开的对话框中输入自定义的文件扩展名，从而创建文件类型，如图 3-68 所示。

图 3-68 "文件类型"选项卡

3."脱机文件"选项卡

"脱机文件"选项卡中显示了有关脱机文件的信息，如图 3-69 所示。

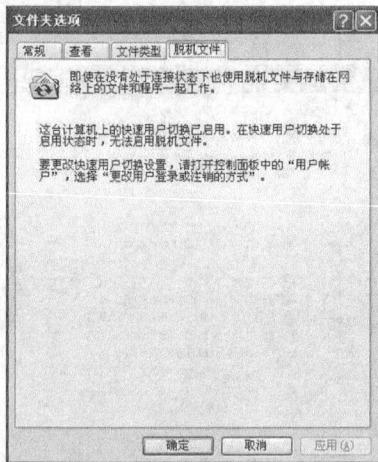

图 3-69 "脱机文件"选项卡

4."查看"选项卡

"查看"选项卡中主要有以下 2 个设置选项，如图 3-70 所示。

◈ "文件夹视图"选项组：在其中可

以设置文件夹的视图方式，单击 应用到所有文件夹(L) 按钮，可将当前文件夹的显示方式应用到所有的文件夹。

◈ "高级设置"列表框：在其中可对文件与文件夹进行具体的设置，若选中"显示系统文件夹的内容"复选框，表示将鼠标指针停留在某个文件夹上时，将显示出该文件夹的内容信息；若选中"不显示隐藏的文件和文件夹"单选项，表示将不显示计算机中属性为"隐藏"的文件和文件夹等。

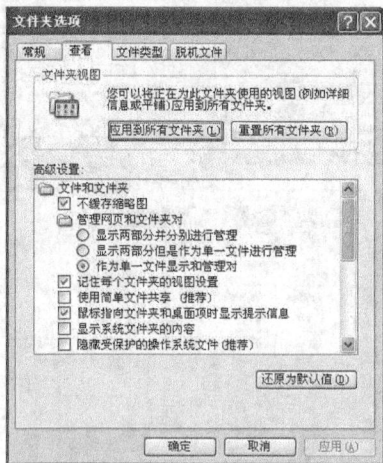

图 3-70 "查看"选项卡

📝 真题演练

【题目 34】在计算机中设置单击打开所有项目。

本题在"文件夹选项"对话框的"常规"选项卡中进行设置，具体操作如下。

1 打开"我的电脑"窗口，选择【工具】→【文件夹选项】命令，打开"文件夹选项"对话框的"常规"选项卡。

2 在"打开项目的方式"选项组中选中"通过单击打开项目（指向时选定）"单选项，单击 确定 按钮，如图 3-71 所示。

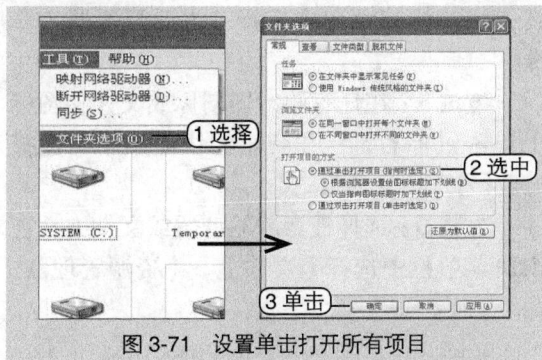

图 3-71 设置单击打开所有项目

【题目35】对"文件夹选项"对话框进行相应设置，以显示隐藏的文件和文件夹。

本题只需打开"文件夹选项"对话框进行设置即可，具体操作如下。

① 打开"我的电脑"窗口，选择【工具】→【文件夹选项】命令，打开"文件夹选项"对话框。

② 单击"查看"选项卡，在"高级设置"列表框中的"隐藏文件或文件夹"下选中"显示所有文件和文件夹"单选项，单击 确定 按钮，如图 3-72 所示。

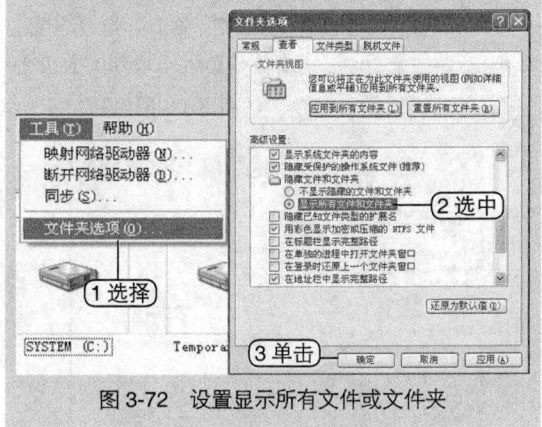

图 3-72 设置显示所有文件或文件夹

本节考点回顾与总结一览表

本节考点	操作方式总结
考点 3： 浏览文件或文件夹	通过"我的电脑"窗口浏览

续表

本节考点	操作方式总结
考点 4： 新建文件和文件夹	方法 1：选择【文件】→【新建】命令 方法 2：通过右键菜单
考点 5： 选择文件或文件夹	方法 1：单击 方法 2：拖动框选 方法 3：按住【Shift】键，选择第一和最后一个文件或文件夹 方法 4：按住【Ctrl】键，依次单击 方法 5：选择【编辑】→【全部选定】命令或按【Ctrl+A】组合键 方法 6：选择【编辑】→【全部选定】命令
考点 6： 重命名文件或文件夹	方法 1：单击→重命名 方法 2：在右键菜单中选择"重命名"命令
考点 7： 打开文件	方法 1：双击打开 方法 2：在右键菜单中选择"打开"命令 方法 3：选择文件后按【Enter】键 方法 4：选择【文件】→【打开】命令 方法 5：在右键菜单中选择【打开方式】命令→选择程序
考点 8： 复制文件或文件夹	方法 1：选择【编辑】→【复制】命令，再选择【编辑】→【粘贴】命令 方法 2：使用【Ctrl+C】和【Ctrl+V】组合键 方法 3：通过右键菜单
考点 9： 发送文件或文件夹	在文件或文件夹上单击鼠标右键，在弹出的快捷菜单中选择"发送到"命令，在子菜单中进行选择
考点 10： 移动文件或文件夹	方法 1：选择【编辑】→【剪切】命令，再选择【编辑】→【粘贴】命令 方法 2：使用【Ctrl+X】和【Ctrl+V】组合键 方法 3：通过右键菜单
考点 11： 搜索文件或文件夹	方法 1：选择【开始】→【搜索】命令 方法 2：在"我的电脑"窗口中单击工具栏中的🔍搜索按钮
考点 12： 删除文件或文件夹	方法 1：通过右键菜单 方法 2：拖动至桌面"回收站"图标上 方法 3：按【Delete】键 方法 4：选择【文件】→【删除】命令
考点 13： 设置文件或文件夹属性	在文件或文件夹上单击鼠标右键，选择"属性"命令，打开对话框进行设置
考点 14： 设置文件夹选项	在"我的电脑"窗口中选择【工具】→【文件夹选项】命令，打开对话框进行设置

3.3 认识"资源管理器"窗口

考点15 打开"资源管理器"窗口

考点分析

该考点抽到考题的概率较小，一般不直接考查，而与其他考点结合起来考查，如要求在"资源管理器"窗口中复制D盘的"测试"文件夹到桌面上，在"资源管理器"窗口中重命名"我的电脑"等。

考点破解

"资源管理器"窗口同"我的电脑"窗口一样，都是管理文件或文件夹的场所，使用"资源管理器"窗口可进一步提高工作效率，如图3-73所示。

图3-73 "资源管理器"窗口

打开"资源管理器"窗口有以下6种方法。

方法1：在"我的电脑"图标上单击鼠标右键，在弹出的快捷菜单中选择"资源管理器"命令。

方法2：在Windows XP的窗口中单击工具栏中的 文件夹 按钮。

方法3：选择【开始】→【所有程序】→【附件】→【Windows资源管理器】命令。

方法4：在 开始 按钮上单击鼠标右键，在弹出的快捷菜单中选择"资源管理器"命令。

方法5：在任意驱动器图标或文件夹图标上单击鼠标右键，在弹出的快捷菜单中选择"资源管理器"命令。

方法6：选择任意的驱动器或文件夹，在窗口菜单栏中选择【文件】→【资源管理器】命令。

真题演练

【题目36】在"我的电脑"窗口中打开"资源管理器"窗口。

本题使用了3种操作方法，具体如下。

方法1：打开"我的电脑"窗口，单击工具栏中的 文件夹 按钮，如图3-74所示。

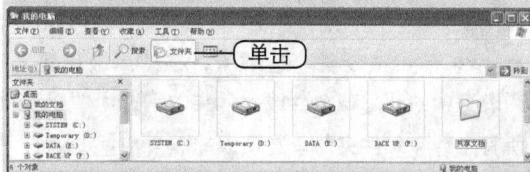

图3-74 通过工具栏打开"资源管理器"窗口

方法2：打开"我的电脑"窗口，选择任意的驱动器或文件夹，在窗口菜单栏中选择【文件】→【资源管理器】命令，如图3-75所示。

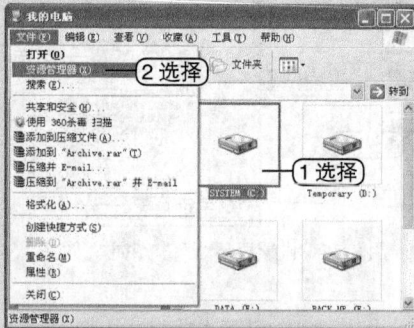

图3-75 通过菜单命令打开"资源管理器"窗口

方法3：打开"我的电脑"窗口，在任意驱动器图标或文件夹图标上单击鼠标右键，在弹出的快捷菜单中选择"资源管理器"命令。

【题目37】通过 开始 按钮打开"资源管理器"窗口。

具体操作如下。

1 在 开始 按钮上单击鼠标右键,在弹出的快捷菜单中选择"资源管理器"命令。

2 打开"「开始」菜单"资源管理器窗口,如图3-76所示。

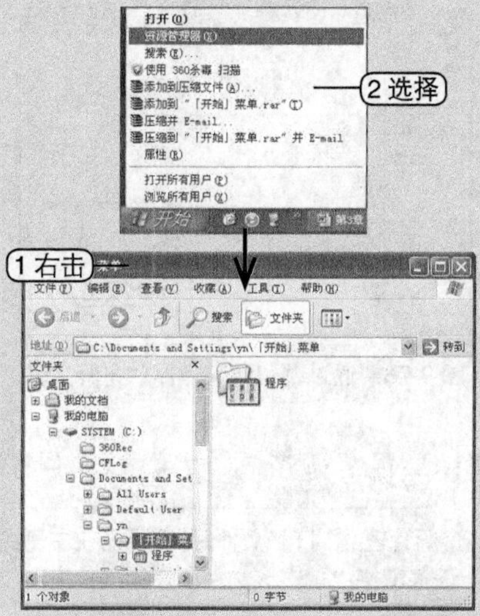

图3-76 通过"开始"按钮打开"资源管理器"窗口

考点16 设置"资源管理器"窗口

考点分析

该考点属于需要了解的考点,其中大部分设置与"我的电脑"窗口的设置基本相同,抽到考题的概率很低。

考点破解

"资源管理器"窗口的大部分设置与"我的电脑"窗口的设置基本相同,唯一的区别在于"资源管理器"将工作区分成了两个窗格,用户可根据需要更改两个窗格的大小。方法是将鼠标指针移动到"文件夹"任务窗格的边缘,当鼠标指针变为 ↔ 形状后拖动鼠标即可。

真题演练

【题目38】隐藏"资源管理器"窗口的状态栏(利用"开始"菜单打开)。

具体操作如下。

1 在 开始 按钮上单击鼠标右键,在弹出的快捷菜单中选择"资源管理器"命令,打开资源管理器窗口。

2 选择【查看】→【状态栏】命令,即可隐藏状态栏,如图3-77所示。

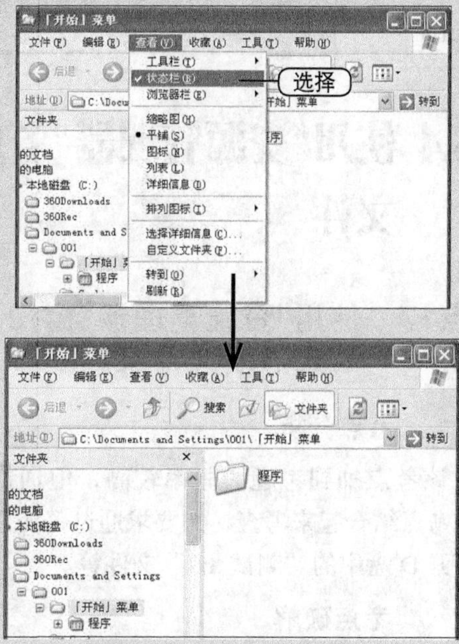

图3-77 隐藏状态栏

本节考点回顾与总结一览表

本节考点	操作方式总结
考点15: 打开"资源管理器"窗口	方法1:在"我的电脑"图标上单击鼠标右键,在弹出的快捷菜单中选择【资源管理器】命令。 方法2:在Windows XP的窗口工具栏中单击 文件夹 按钮。 方法3:选择【开始】→【所有程序】→【附件】→【Windows资源管理器】命令

续表

本节考点	操作方式总结
考点15： 打开"资源管理器"窗口	方法4：在 开始 按钮上单击鼠标右键，在弹出的快捷菜单中选择"资源管理器"命令。 方法5：在任意驱动器图标或文件夹图标上单击鼠标右键，在弹出的快捷菜单中选择"资源管理器"命令。 方法6：选择任意的驱动器或文件夹，在窗口菜单栏中选择【文件】→【资源管理器】命令
考点16： 设置"资源管理器"窗口	将鼠标指针移动到"文件夹"任务窗格的边缘，当鼠标指针变为 ↔ 形状后拖动鼠标即可

3.4 使用"资源管理器"管理文件

考点17 使用"资源管理器"窗口查看文件或文件夹

考点分析

该考点抽到考题的概率较高，但通常和其他考点结合起来考查，如要求通过资源管理器打开 D 盘中的"测试 .txt"文件等。

考点破解

"资源管理器"中第一级目录是根目录"桌面"，根目录下默认有"我的文档"、"我的电脑"、"网上邻居"和"回收站"4 个子目录，子目录下还可设置子目录，依次为一级子目录、二级子目录、三级子目录……单击 田 按钮的目录，可展开并显示下一级目录，并且该按钮将变为 □ 按钮，同时右侧窗格中显示当前文件夹下的所有内容。

真题演练

【题目39】通过资源管理器打开 D 盘中的

"测试 .txt"文件。

具体操作如下。

1 打开"我的电脑"窗口，单击工具栏中的 文件夹 按钮，打开"资源管理器"窗口。

2 在左侧的"文件夹"任务窗格中单击"我的电脑"目录前的 田 按钮，在展开的子目录中单击 D 盘目录，然后在右侧窗格中双击"测试 .txt"文件，如图 3-78 所示。

图 3-78 通过"资源管理器"打开文件

考场点拨

通过"资源管理器"打开文件时，需要先在左侧的"文件夹"任务窗格中单击该文件所在的文件夹。

【题目40】通过资源管理器将 F 盘中的文件依照修改时间按组排列。

具体操作如下。

1 打开"我的电脑"窗口，单击工具栏中的 文件夹 按钮，打开"资源管理器"窗口，如图 3-79 所示。

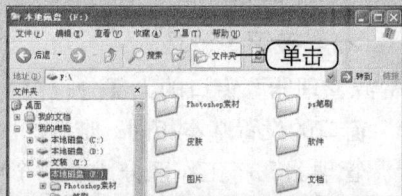

图 3-79 打开"资源管理器"

2 在左侧的"文件夹"任务窗格中单击选择"本地磁盘（F：）"选项，执行以下任一种方法查看文件。

方法1：选择【查看】→【排列图标】→【修改时间】命令，再选择【查看】→【排列图标】→【按组排列】命令。

方法2：在窗口的空白处单击鼠标右键，在弹出的快捷菜单中选择【排列图标】→【修改时间】命令，再次单击鼠标右键，在弹出的快捷菜单中选择【排列图标】→【按组排列】命令，如图3-80所示。

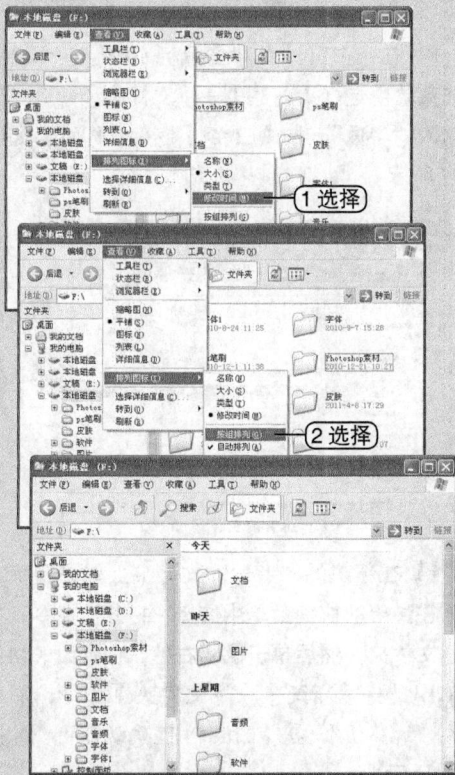

图3-80　排列文件

考点18　使用"资源管理器"窗口新建文件或文件夹

考点分析

该考点出现考题的概率较大，但由于其操作方法与在"我的电脑"窗口中新建文件或文件夹

的操作方法相似，因此考试中只会考查两种新建文件或文件夹方法中的一种。

考点破解

在"资源管理器"窗口中新建文件或文件夹的操作与在"我的电脑"窗口中新建文件或文件夹的操作几乎相同，只是打开目标位置的方法不同而已，这里不再赘述。

真题演练

【题目41】在"资源管理器"窗口中通过命令在D盘创建一个"测试"文件夹。

本题需要选择【文件】→【新建】→【文件夹】命令，具体操作如下。

❶ 选择【开始】→【所有程序】→【附件】→【Windows资源管理器】命令，打开"资源管理器"窗口。

❷ 在左侧的"文件夹"任务窗格中单击"我的电脑"目录前的 ⊞ 按钮，在展开的子目录中单击D盘目录。

❸ 选择【文件】→【新建】→【文件夹】命令，在"新建文件夹"的文件夹名称框中输入"测试"，然后按【Enter】键确认输入，如图3-81所示。

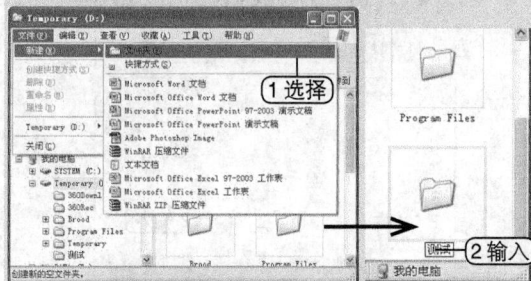

图3-81　通过资源管理器创建文件夹

【题目42】通过资源管理器在D盘中新建"测试.txt"文件。

本题中新建文件可使用两种方法，具体操作如下。

方法1：打开"我的电脑"窗口，在D盘驱

动器图标上单击鼠标右键，在弹出的快捷菜单中选择"资源管理器"命令，打开 D 盘的"资源管理器"窗口。选择【文件】→【新建】→【文本文档】命令，系统新建一个名为"新建文本文档"的文件，然后输入"测试"，按【Enter】键确认即可。

方法 2：打开"我的电脑"窗口，在 D 盘驱动器图标上单击鼠标右键，在弹出的快捷菜单中选择"资源管理器"命令，打开 D 盘的"资源管理器"窗口。在右侧窗格的空白处单击鼠标右键，在弹出的快捷菜单中选择【新建】→【文本文档】命令，系统新建一个名为"新建文本文档"的文件，然后输入"测试"，按【Enter】键确认即可，如图 3-82 所示。

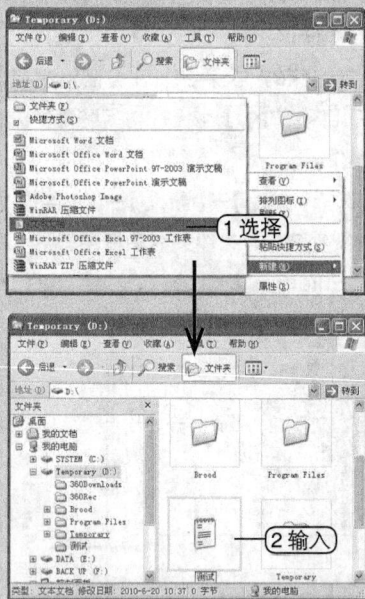

图 3-82　利用方法 2 创建文件

【题目 43】利用资源管理器先在 D 盘根目录下创建文件夹"考试"，再在这个文件夹下创建子文件夹"计算机"（使用右键菜单）。

本题已指定使用右键菜单并在资源管理器中新建文件夹的方法创建文件夹，具体操作如下。

1 打开"我的电脑"窗口，在 D 盘驱动器图标上单击鼠标右键，在弹出的快捷菜单中选择"资源管理器"命令，打开 D 盘的"资源管理器"窗口，如图 3-83 所示。

图 3-83　打开"资源管理器"窗口

2 在空白区域处单击鼠标右键，在弹出的快捷菜单中选择【新建】→【文件夹】命令，然后输入"考试"，按【Enter】键确认即可，如图 3-84 所示。

图 3-84　新建文件夹

3 在新建的"考试"文件夹上单击鼠标右键，在弹出的快捷菜单中选择"打开"命令，打开该文件夹，然后单击鼠标右键，在弹出的快捷菜单中选择【新建】→【文件夹】命令，然后输入"计算机"，按【Enter】键确认即可，如图 3-85 所示。

图 3-85　通过右键菜单新建文件夹

考点19 使用"资源管理器"窗口重命名文件或文件夹

考点分析

该考点抽到考题的概率较大，但由于操作简单，通过率较高。该考点的命题方式也比较简单，由于其操作方法与在"我的电脑"窗口中重命名文件或文件夹的操作方法相似，因此考试中通常只会考查两种重命名文件或文件夹方法中的一种。

考点破解

在"资源管理器"窗口中重命名文件或文件夹的方法与在"我的电脑"窗口中重命名文件或文件夹的方法基本相同。在"资源管理器"中对于文件夹的重命名，还有另外一种方法。在"文件夹"任务窗格中展开需要重命名的文件夹所在的目录，在该文件夹上单击鼠标右键，在弹出的快捷菜单中选择"重命名"命令，该文件夹的名称呈蓝底白字显示，此时输入正确的文件名即可重命名该文件夹，如图3-86所示。

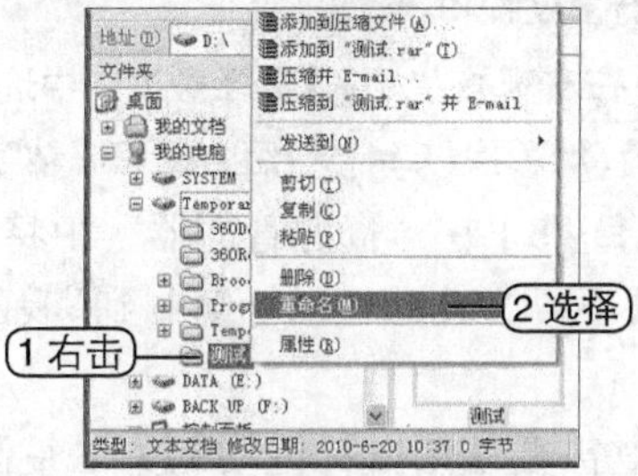

图3-86 重命名文件夹

真题演练

【题目44】在"资源管理器"中通过快捷键将D盘中的"测试"文件夹重命名为"考试"。

本题指定了操作方式，具体操作如下。

1 打开"我的电脑"窗口，在D盘驱动器图标上单击鼠标右键，在弹出的快捷菜单中选择"资源管理器"命令，打开D盘的"资源管理器"窗口。

2 在右侧窗格中选择"测试"文件夹，然后按【F2】键，进入可编辑状态，输入"考试"，按【Enter】键确认输入。

【题目45】通过"资源管理器"将D盘中的"测试"文件夹重命名为"考试"。

本题通过"文件夹"任务窗格进行操作，具体如下。

1 打开"我的电脑"窗口，在D盘驱动器图标上单击鼠标右键，在弹出的快捷菜单中选择"资源管理器"命令，打开D盘的"资源管理器"窗口。

2 在左侧的"文件夹"任务窗格中选择"测试"文件夹，然后单击鼠标右键，在弹出的快捷菜单中选择"重命名"命令，输入"考试"，按【Enter】键确认输入，如图3-87所示。

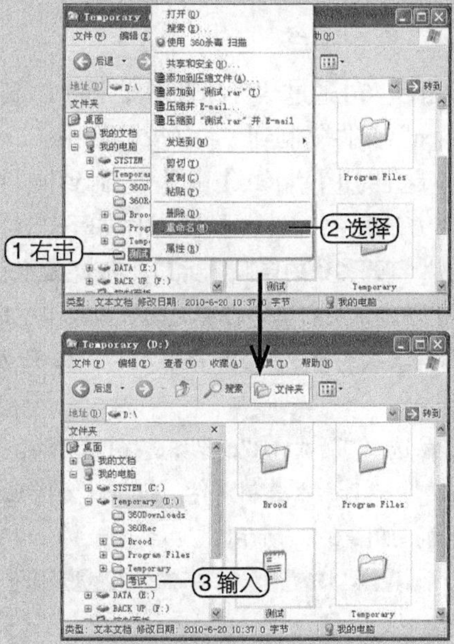

图3-87 重命名文件夹

考点20 使用"资源管理器"窗口复制文件或文件夹

考点分析

该考点抽到考题的概率也较大，由于操

作简单，通过率较高。该考点的命题方式也比较简单，但由于其操作方法与在"我的电脑"窗口中复制文件或文件夹的操作方法相似，因此考试中通常只会考查两种复制文件或文件夹方法中的一种。

考点破解

在"资源管理器"窗口中复制文件或文件夹的方法与在"我的电脑"窗口中复制文件或文件夹的方法基本相同，除了使用左侧"文件和文件夹任务"任务窗格中的"复制这个文件"或"复制这个文件夹"超链接外，还有另外一种复制方法。在"文件夹"任务窗格中展开需要复制的文件或文件夹所在的目录，按住【Ctrl】键不放拖动文件或文件夹到目标位置，然后释放鼠标即可。

真题演练

【题目46】通过"资源管理器"将D盘中的"测试.txt"文件复制到"我的文档"中。

本题使用【编辑】→【复制到文件夹】命令的方法复制文件，具体操作如下。

1 打开"我的电脑"窗口，在D盘驱动器图标上单击鼠标右键，在弹出的快捷菜单中选择"资源管理器"命令，打开D盘的"资源管理器"窗口。

2 选择"测试.txt"文件，选择【编辑】→【复制到文件夹】命令复制文件，打开"复制项目"对话框，如图3-88所示。

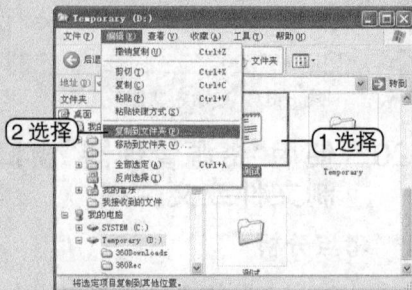

图3-88　通过"资源管理器"复制文件

3 在列表框中选择"我的文档"选项，单击 复制 按钮。操作过程如图3-89所示。

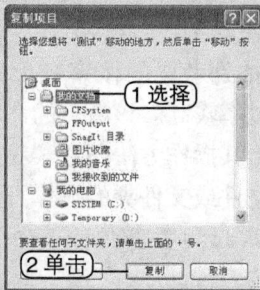

图3-89　选择目标位置

【题目47】在"资源管理器"中使用快捷键将D盘中的"测试"文件夹复制到桌面上。

本题使用【Ctrl+C】和【Ctrl+V】组合键的方法复制文件夹，具体操作如下。

1 打开"我的电脑"窗口，在D盘驱动器图标上单击鼠标右键，在弹出的快捷菜单中选择"资源管理器"命令，打开D盘的"资源管理器"窗口。

2 选择"测试"文件夹，按【Ctrl+C】组合键进行复制操作。

3 在左侧的"文件夹"任务窗格中选择"桌面"目录，然后按【Ctrl+V】组合键完成粘贴操作。

【题目48】在"资源管理器"中将D盘中的"测试.txt"文件通过鼠标复制到"我的文档"中。

本题需要使用鼠标拖动的方法复制文件，具体操作如下。

1 打开"我的电脑"窗口，在D盘驱动器图标上单击鼠标右键，在弹出的快捷菜单中选择"资源管理器"命令，打开D盘的"资源管理器"窗口。

2 按住【Ctrl】键不放的同时拖动"测试.txt"文件到左侧"文件夹"任务窗格中的"我的文档"目录处，释放鼠标，即可完成复制操作，如图3-90所示。

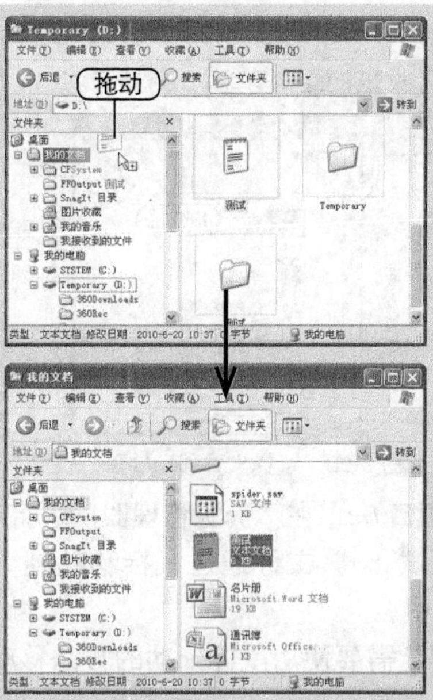

图 3-90　在"资源管理器"中拖动复制文件

📖 **考场点拨**

考试时要注意题目要求使用何种方法进行复制，否则会得不偿失。

【题目49】利用资源管理器将 F 盘根目录下的文件"计算机考试 .doc"复制到 D 盘的根目录下（使用右键菜单复制）。

本题只考查使用资源管理器复制文件的方法，且指定使用右键菜单复制，具体操作如下。

❶ 打开"我的电脑"窗口，在 F 盘图标上单击鼠标右键，在弹出的快捷菜单中选择"资源管理器"命令，打开 F 盘的"资源管理器"窗口。

❷ 在"计算机考试 .doc"文件上单击鼠标右键，在弹出的快捷菜单中选择"复制"命令，复制文件，然后在左侧的"文件夹"任务窗格中单击选择"本地磁盘（D：）"选项打开 D 盘的资源管理器，在空白区域处单击鼠标右键，在弹

出的快捷菜单中选择"粘贴"命令，粘贴复制的文件，如图 3-91 所示。

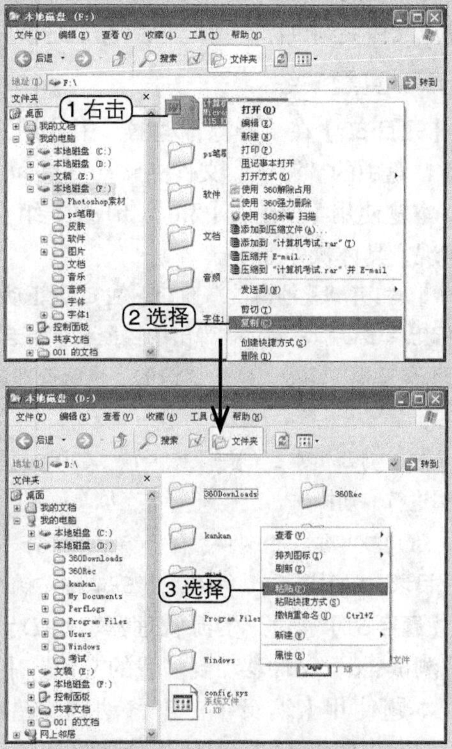

图 3-91　使用右键菜单复制文件

考点21　使用"资源管理器"窗口移动文件或文件夹

🔍 **考点分析**

该考点抽到考题的概率较大，但由于操作简单，通过率较高。该考点的命题方式也比较简单，但由于其操作方法与在"我的电脑"窗口中移动文件或文件夹的操作方法相似，因此考试中通常只会考查两种移动文件或文件夹方法中的一种。

🎯 **考点破解**

在"资源管理器"窗口中移动文件或文件夹的方法与在"我的电脑"窗口中移动文件

或文件夹的方法基本相同。除此之外，还有另外一种移动方法。在"文件夹"任务窗格中展开需要移动的文件或文件夹所在的目录，拖动文件或文件夹到目标位置，然后释放鼠标即可。

✎ **真题演练**

【题目50】在"资源管理器"中使用快捷键将D盘中的"测试"文件夹移动到桌面上。

本题使用【Ctrl+X】和【Ctrl+V】组合键来实现，具体操作如下。

❶ 打开"我的电脑"窗口，在D盘驱动器图标上单击鼠标右键，在弹出的快捷菜单中选择"资源管理器"命令，打开D盘的"资源管理器"窗口。

❷ 选择"测试"文件夹，按【Ctrl+X】组合键进行剪切操作。

❸ 在左侧的"文件夹"任务窗格中选择"桌面"目录，然后按【Ctrl+V】组合键完成粘贴操作。

【题目51】通过"资源管理器"将D盘中的"测试.txt"文件移动到"我的文档"中。

本题使用【编辑】→【移动到文件夹】命令的方法移动文件，具体操作如下。

❶ 打开"我的电脑"窗口，在D盘驱动器图标上单击鼠标右键，在弹出的快捷菜单中选择"资源管理器"命令，打开D盘的"资源管理器"窗口。

❷ 选择"测试.txt"文件，选择【编辑】→【移动到文件夹】命令，打开"移动项目"对话框，如图3-92所示。

图3-92 移动文件

❸ 在列表框中选择"我的文档"选项，单击 移动 按钮。操作程如图3-93所示。

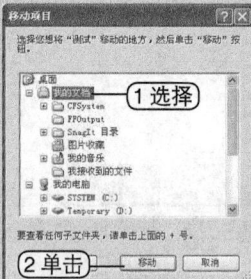

图3-93 选择文件移动的目标位置

【题目52】在"资源管理器"中将D盘中的"测试.txt"文件通过鼠标移动到"测试"文件夹中。

本题需要使用鼠标拖动的方法移动文件，具体操作如下。

❶ 打开"我的电脑"窗口，在D盘驱动器图标上单击鼠标右键，在弹出的快捷菜单中选择"资源管理器"命令，打开D盘的"资源管理器"窗口。

❷ 拖动"测试.txt"文件到左侧"文件夹"任务窗格中的"测试"文件夹处，然后释放鼠标，即可完成移动操作，如图3-94所示。

图3-94 在"资源管理器"中通过拖动移动文件

本节考点回顾与总结一览表

本节考点	操作方式总结
考点17：使用"资源管理器"窗口查看文件或文件夹	单击带 ⊞ 按钮的目录，可展开并显示下一级目录
考点18：使用"资源管理器"窗口新建文件或文件夹	方法1：【文件】→【新建】命令 方法2：通过右键菜单
考点19：使用"资源管理器"窗口重命名文件或文件夹	方法1：【文件】→【重命名】命令 方法2：通过右键菜单 方法3：在"资源管理器"窗口左侧的目录中的文件或文件夹上单击鼠标右键，在弹出的快捷菜单中选择"重命名"命令
考点20：使用"资源管理器"窗口复制文件或文件夹	方法1：【编辑】→【复制】命令 方法2：通过右键菜单 方法3：按【Ctrl+C】和【Ctrl+V】组合键
考点21：使用"资源管理器"窗口移动文件或文件夹	方法1：【编辑】→【剪切】命令 方法2：通过右键菜单 方法3：按【Ctrl+X】和【Ctrl+V】组合键

3.5 使用"回收站"管理文件

考点22 查看"回收站"中的文件

考点分析

该考点出现单独考题的概率较小，它常与后面的还原等操作结合起来考查，如要求还原删除的"测试"文件夹，这就需要打开"回收站"窗口，并找到删除的文件夹。

考点破解

执行删除操作后，双击桌面上的"回收站"图标，在打开的"回收站"窗口中可看到被删除的文件或文件夹，如图3-95所示。

选择【查看】→【详细信息】命令，在其中可看到每个文件或文件夹原来所在的位置、删除日期和文件大小等信息，如图3-96所示。

图 3-95 "回收站"窗口

图 3-96 详细信息

真题演练

【题目53】查看"回收站"中所有文件的详细信息。

本题需要通过【查看】→【详细信息】命令来实现，具体操作如下。

❶ 双击桌面上的"回收站"图标，打开"回收站"窗口。

❷ 选择【查看】→【详细信息】命令，在其中可看到每个文件或文件夹原来所在的位置、删除日期和文件大小等信息，如图3-97所示。

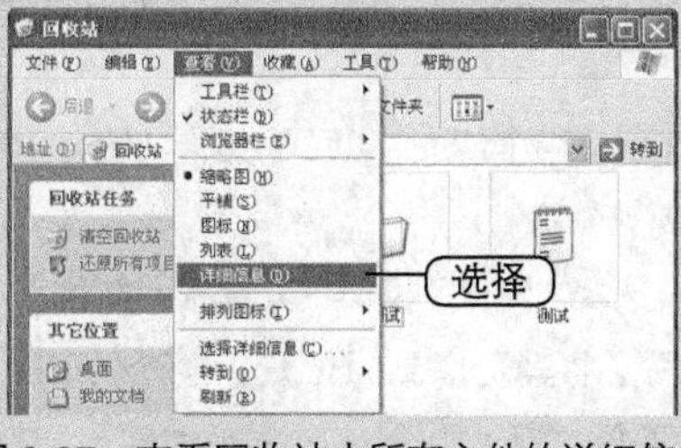

图 3-97 查看回收站中所有文件的详细信息

考点23 还原删除的文件或文件夹

考点分析

该考点出现考题的概率较大，在考试中常和删除操作一起考查，如要求将D盘中的"测试"文件夹删除，然后再还原。

考点破解

对于误删除的文件或文件夹，可将其从"回收站"中还原，主要有以下3种方法。

方法1：打开"回收站"窗口，选择要恢复的文件或文件夹，然后单击鼠标右键，在弹出的快捷菜单中选择"还原"命令。

方法2：打开"回收站"窗口，选择要恢复的文件或文件夹，然后单击左侧"回收站任务"任务窗格中的"还原此项目"超链接。

方法3：打开"回收站"窗口，选择要恢复的文件或文件夹，选择【文件】→【还原】命令，如图3-98所示。

图3-98 还原文件夹

真题演练

【题目54】在"回收站"中使用命令还原"测试"文件夹。

本题需要通过【文件】→【还原】命令操作，具体如下。

❶ 双击桌面上的"回收站"图标，打开"回收站"窗口。

❷ 选择"测试"文件夹，选择【文件】→【还原】命令，将其还原到原位置，这时在"回收站"中就看不见"测试"文件夹了，如图3-99所示。

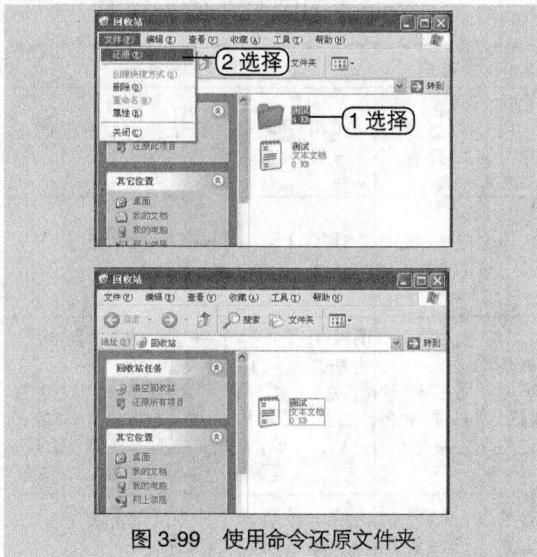

图3-99 使用命令还原文件夹

【题目55】还原回收站中的"计算机"文件夹和"Internet 网页文件"文件。

本题还原文件夹及文件主要有两种方法，具体操作如下。

方法1：双击桌面上的"回收站"图标，打开"回收站"窗口，选择"计算机"文件夹和"Internet 网页文件"文件，单击鼠标右键，在弹出的快捷菜单中选择"还原"命令，如图3-100所示。

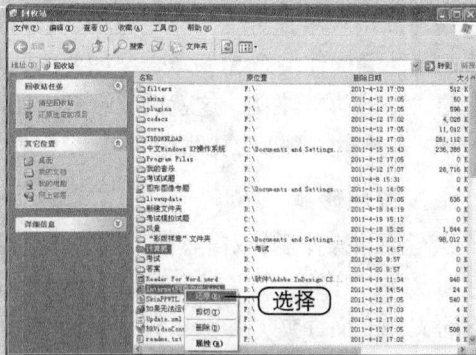

图3-100 使用右键菜单还原文件夹及文件

方法2：双击桌面上的"回收站"图标，打开"回收站"窗口，选择"计算机"文件夹和

"Internet 网页文件"文件,再选择【文件】→【还原】命令,即可将其还原到原位置。

考点24　"回收站"中对象的删除与清空

考点分析

该考点抽到考题的概率较大,考试中有两种命题方式,一种是要求考生清空回收站,另一种是要求考生在"回收站"中删除某一个或多个文件。

考点破解

由于"回收站"中的文件并没有真正从硬盘中删除,因此如果文件太多,仍会占用大量的磁盘空间,所以需要将其再次删除或清空回收站。

1. 清空回收站

清空回收站就是直接删除回收站中的所有项目,方法有以下3种。

方法1:在"回收站"窗口中单击左侧"回收站任务"任务窗格中的"清空回收站"超链接,即可彻底删除"回收站"中的文件。

方法2:在桌面上的"回收站"图标上单击鼠标右键,在弹出的快捷菜单中选择"清空回收站"命令。

方法3:在"回收站"窗口中选择【文件】→【清空回收站】命令。

用上述方法清空回收站时,系统会打开是否确认删除这些项目的对话框,单击 是(Y) 按钮确定删除,单击 否(N) 按钮则放弃删除操作。

2. 删除文件

删除文件就是删除"回收站"中的部分文件或文件夹,方法有以下3种。

方法1:在要删除的文件或文件夹上单击鼠标右键,在弹出的快捷菜单中选择"删除"命令。

方法2:选中文件或文件夹,然后按【Delete】键。

方法3:选择要删除的文件或文件夹,然后选择【文件】→【删除】命令。

用上述方法删除文件或文件夹时,系统也会打开是否确认删除该文件或文件夹的对话框,单击 是(Y) 按钮确定删除,单击 否(N) 按钮则放弃删除操作。

真题演练

【题目56】使用命令清空回收站。

本题需要通过【文件】→【清空回收站】命令进行操作,具体如下。

① 双击桌面上的"回收站"图标,打开"回收站"窗口。

② 选择【文件】→【清空回收站】命令,打开"确认删除多个文件"对话框,单击 是(Y) 按钮,如图 3-101 所示。

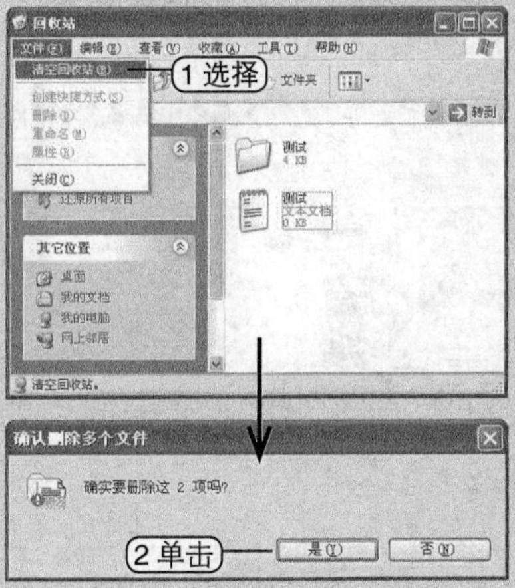

图 3-101　使用命令清空回收站

【题目57】通过右键菜单在"回收站"中删除"测试"文件夹。

本题需要使用右键菜单进行操作,具体如下。

1 双击桌面上的"回收站"图标 ，打开"回收站"窗口。

2 选择"测试"文件夹，单击鼠标右键，在弹出的快捷菜单中选择"删除"命令，打开"确认文件删除"对话框，单击 是(Y) 按钮确认操作。

【题目58】删除"回收站"中名为"考试模拟试题"和"风景"的文件夹。

本题的操作主要有两种方法，具体操作如下。

方法1：双击桌面上的"回收站"图标 ，打开"回收站"窗口，选择"考试模拟试题"和"风景"文件夹，选择【文件】→【删除】命令，在打开的提示对话框中单击 是(Y) 按钮删除选择的文件夹。

方法2：双击桌面上的"回收站"图标 ，打开"回收站"窗口，选择"考试模拟试题"和"风景"的文件夹，单击鼠标右键，在弹出的快捷菜单中选择"删除"命令，在打开的提示对话框中单击 是(Y) 按钮确认删除选择的文件夹，如图3-102所示。

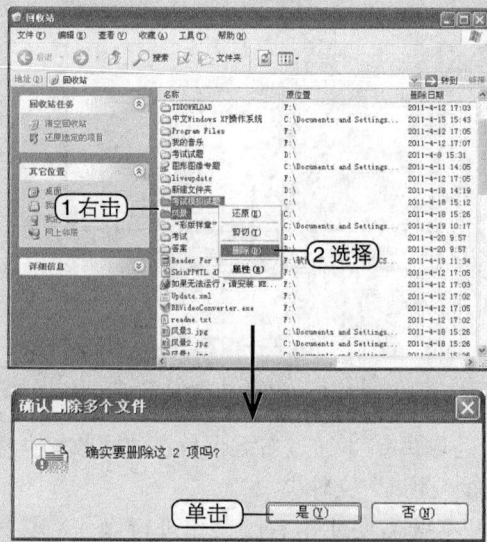

图3-102　使用右键菜单删除文件夹

考点25　设置"回收站"属性

考点分析

设置"回收站"属性属于了解的考点，由于设置选项较多，因此在考试中一般只要求对其中某一个或两个选项进行设置。

考点破解

在"回收站"图标上单击鼠标右键，在弹出的快捷菜单中选择"属性"命令，打开"回收站 属性"对话框，如图3-103所示。

图3-103　打开"回收站 属性"对话框

在其中可进行以下设置。

◆ 选中"删除时不将文件移入回收站，而是彻底删除"复选框，则在删除文件或文件夹时将直接从硬盘中删除，不会移动到回收站中。

◆ 在"全局"选项卡中选中"独立配置驱动器"单选项，可激活对话框中的其他选项卡，单独设置计算机中各驱动器的"回收站"属性。

◆ 在每个选项卡中拖动中间的滑块，可设置回收站在每个驱动器中所占的空间比例。

◆ 如果在"全局"选项卡中选中"显示删除确认对话框"复选框，那么一旦在系统中执行删除操作，就会打开删除确认的对话框。

真题演练

【题目59】设置"回收站"属性，使它在本地磁盘 C 中占用的最大空间为 10%。

具体操作如下。

1 在"回收站"图标上单击鼠标右键，在弹出的快捷菜单中选择"属性"命令，打开"回收站 属性"对话框。

2 在"全局"选项卡中选中"独立配置驱动器"单选项，切换到 C 盘选项卡，拖动中间的滑块至"10%"处，单击 确定 按钮，如图 3-104 所示。

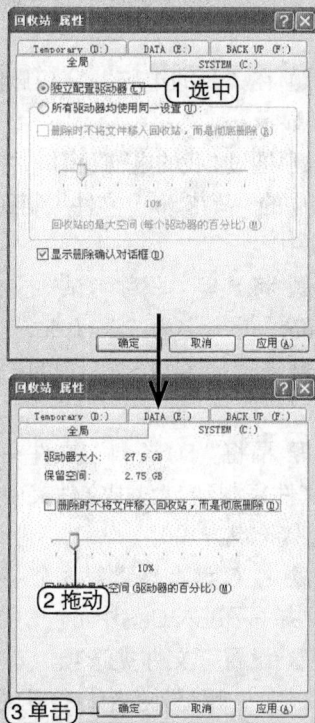

图 3-104 设置回收站属性

【题目60】设置回收站属性为删除时不将文件移入回收站，而是彻底删除。

具体操作如下。

1 在"回收站"图标上单击鼠标右键，在弹出的快捷菜单中选择"属性"命令，打开"回收站 属性"对话框。

2 在"全局"选项卡中选中"删除时不将文件移入回收站，而是彻底删除"复选框，单击 确定 按钮，如图 3-105 所示。

图 3-105 设置回收站属性

本节考点回顾与总结一览表

本节考点	操作方式总结
考点 22：查看"回收站"中的文件	双击桌面上的"回收站"图标，选择【查看】→【详细信息】命令
考点 23：还原删除的文件或文件夹	方法 1：在右键菜单中选择"还原"命令 方法 2：单击左侧"回收站任务"任务窗格中的"还原此项目"超链接 方法 3：选择【文件】→【还原】命令
考点 24："回收站"中对象的删除与清空	方法 1：单击左侧"回收站任务"任务窗格中的"清空回收站"超链接 方法 2：在右键菜单中选择【清空回收站】命令 方法 3：选择【文件】→【清空回收站】命令
考点 25：设置"回收站"属性	在"回收站"图标上单击鼠标右键，在弹出的快捷菜单中选择"属性"命令，打开"回收站 属性"对话框并进行设置

3.6 过关精练

以下试题在题库光盘中的对应位置：

各题练习环境为光盘:\ 同步练习 \ 第 3 章 \
各题解答演示见光盘:\ 试题精解 \ 第 3 章 \

第 1 题 将桌面上"我的文档"图标的名称修改为"我的记事本"。

第 2 题 选中"C:\Program Files"文件夹下除"Microsoft Office"文件夹以外的所有文件和文件夹。

第 3 题 将文件"D:\考试资料"文件移动到"D:\资料"文件夹中。

第 4 题 删除 F 盘上以"资料"开头的所有文件。

第 5 题 对"文件夹选项"进行相应设置，显示隐藏的文件和文件夹。

第 6 题 利用"我的电脑"窗口，在 D 盘窗口中创建名称为"我的文件"文件夹，再在该新创建的文件夹下创建一个名称为"工作报告 .doc"的文件。

第 7 题 先在 E 盘根目录下创建文件夹"我的博客"，再在这个文件夹下创建子文件夹"时尚生活"。

第 8 题 将 E 盘根文件夹下的文件夹"KSZL"重命名为"考试资料"。

第 9 题 将 E 盘根文件夹下的文件"发言稿 .doc"设置为隐藏属性。

第 10 题 请将 E 盘上"大小"至少为80000KB 的文件发送到 J 盘。

第 11 题 设置回收站属性，单击将 D 盘设置为"删除时不将文件移入回收站，而是彻底删除"。

第 12 题 请在"我的电脑"窗口中，利用菜单在 E 盘中搜索文件名以"Word"开头、文件中包括文字"最新版"、于 2013-4-1 ~ 2013-4-30 之间创建的文件，并将其重命名为"Word 2003 考试资料 .doc"。

第 13 题 当双击"类型"为"asp"的文件时会弹出提示对话框，请进行适当的设置，使得双击这种文件类型的文件时能用"E:\UltraEdit-32\Uedit32.exe"程序将其打开，设置完成后请双击打开桌面中的"登录页 .asp"文件。

第 14 题 在桌面上打开"我的电脑"窗口。

第 15 题 通过操作窗口标题栏，使没有最大化的"我的电脑"窗口达到最大化。

第 16 题 通过"我的电脑"窗口打开"我的文档"窗口，然后以缩略图的方式显示窗口中的图标。

第 17 题 在"我的电脑"窗口删除标准按钮后再将其显示。

第 18 题 通过"我的电脑"窗口，将 D 盘"图片"文件夹中的"荷花 .jpg"文件复制到 F 盘"风景"文件夹中。

第 19 题 将 F 盘"职称考试"文件夹中的文件"XX.doc"重命名为"学习 .doc"。

第 20 题 将"回收站"窗口中的"考题 .doc"文件还原。

第 21 题 请将"D:\资料"文件夹下的"考试资料"文件复制到 D 盘根文件夹中（不允许使用鼠标直接拖曳方式）。

第 22 题 在 C 盘上搜索第 3 个字符为 h 的文件和文件夹（不进入 C 盘中）。

第 23 题 设置"文件夹选项"对话框，使其浏览文件夹时，用另外的窗口打开文件夹。

第 24 题 在"资源管理器"的 F 盘根目录下创建名为"职称考试"的文件夹。

第 25 题 将 E 盘根目录下的文件"制度 .doc"设置为隐藏属性。

第 26 题 将 E 盘根目录下的文件夹"KS"

设为网络共享，共享名为"职称考试"。

第27题 设置回收站属性为"删除时不将文件移入回收站，而是彻底删除"。

第28题 设置IE浏览器，使其阻止弹出窗口。

第29题 设置关闭浏览器时清空Internet临时文件夹。

第30题 打开"我的电脑"窗口中的C盘，一次性选择窗口中所有的文件和文件夹。

第31题 将回收站中名为"笔试.doc"的文件还原至原始位置。

第32题 删除回收站中的"宣传手册正文"文件。

第33题 将Windows XP桌面上名为"快捷方式到控制面板"的图标删除。

第34题 设置"我的电脑"窗口，使窗口标题栏显示完整路径，地址栏中显示当前路径。

第35题 隐藏"我的电脑"窗口的地址栏。

第36题 在"我的电脑"的D盘窗口中，查看Windows XP已经注册的文件类型，并找到"JPG"类型。

第37题 将F盘"职称考试"文件夹中的"最新试题.doc"文件的属性设置为隐藏和只读。

第38题 在桌面上创建一个名为"已收文件"的文件夹，然后更名为"已发文件"。

第39题 将"向上"按钮放在工具栏的最前面。

第40题 删除工具栏中的分隔符。

第41题 将工具栏恢复到初始状态。

第42题 将"刷新"按钮显示在工具栏上，然后设置工具按钮的文字置于按钮下方。

第43题 打开"文件夹选项"对话框，并在对话框中查看"在同一窗口中打开每个文件夹"的帮助信息。

第44题 设置在"我的电脑"窗口中以"详细信息"方式查看图标时，详细信息只显示名称、类型和总大小。

第45题 显示E盘"音乐"文件夹下文件的详细信息，要求显示"名称"、"大小"、"类型"和"作者"。最终显示结果按"大小"由小到大顺序排列。

第46题 在"我的电脑"窗口中首先将图标按类型进行排列，然后再以"平铺"形式进行查看。

第47题 打开当前窗口中"ZCKS"文件夹，将其中的"打字"文档设置为桌面快捷方式，并查看设置后的效果。

第48题 利用对话框将窗口中的"ZCKS"文件夹复制到D盘中。

第49题 在当前窗口中搜索D盘中体积小于1MB的所有.exe文件。

第50题 在"我的电脑"窗口中搜索D盘中以h开头，共有4个字符的所有文件。

第51题 搜索G盘中上个星期内修改的文件和文件夹。

第52题 设置当前文件夹为Windows传统风格。

第53题 设置在浏览文件夹时，在同一窗口中打开不同的文件夹，并且指向图标标题时系统自动添加下划线。

第54题 设置在"我的电脑"窗口中显示"控制面板"图标。

第55题 要求显示系统文件夹的内容。

第56题 首先隐藏已知文件类型的扩展名，再将当前窗口中的"打字"文件更名为"练习"文件。

第57题 文件夹窗口中没有显示出左侧的任务窗格，将其显示出来。

第58题 从已注册的文件类型中删除扩展名为8LI的文件类型。

第59题 将文件类型为JPE的文件打开方式更改为"Windows图片和传真查看器"。

第 **4** 章 ▸磁盘与应用程序管理◂

用户的各种数据都存放在磁盘中，若磁盘被损坏，则可能导致数据丢失，因此对磁盘进行定期维护和管理是非常有必要的。用户可以使用 Windows XP 自带的工具对磁盘进行管理和维护，主要包括格式化磁盘、设置磁盘的常规属性、磁盘扫描、磁盘清理和磁盘碎片整理、备份 Windows XP 和还原 Windows XP 等。应用程序是运行于操作系统之上的计算机程序，因此，在运行程序之前需要安装应用程序。本章共 14 个考点，各考点的具体复习要求如下。

本章考点

☑ **要求掌握的考点**
    考点级别：★★★
      ▢ 通过"开始"菜单或通过"运行"选项启动应用程序
☑ **要求熟悉的考点**
    考点级别：★★
      ▢ 设置磁盘属性
      ▢ 格式化磁盘
      ▢ 使用磁盘工具
      ▢ 备份与还原磁盘数据
      ▢ 添加应用程序

      ▢ 更改应用程序
      ▢ 删除应用程序
      ▢ 添加新硬件
☑ **要求了解的考点**
    考点级别：★
      ▢ 备份 Windows XP
      ▢ 还原 Windows XP
      ▢ 添加和删除 Windows 组件
      ▢ 创建应用程序快捷方式
      ▢ 任务管理器的使用

4.1 磁盘的管理与维护

考点1 设置磁盘属性

设置磁盘属性包括设置磁盘的常规属性和磁盘共享。

1. 设置磁盘常规属性

🔍 **考点分析**

该考点属于要求熟悉的考点，由于其操作和设置较多，因此在考试中出现考题的概率相比其他要求熟悉的考点要高。

🎮 **考点破解**

在需要设置常规属性的磁盘图标上单击鼠标右键，在弹出的快捷菜单中选择"属性"命令，打开磁盘属性对话框的"常规"选项卡。在该选项卡中显示了该磁盘的基本信息，如磁盘名称、磁盘类型、文件系统、已用空间和可用空间等。在该选项卡中主要能进行以下设置。

◆ 磁盘清理：单击 磁盘清理(D) 按钮可以对磁盘进行清理。

◆ 压缩驱动器以节约磁盘空间：选中该复选框可压缩该磁盘中的文件或文件夹。

◆ 允许索引服务编制该磁盘的索引以便快速搜索文件：选中该复选框可提供该磁盘中文件的索引，通过该索引用户可更快地搜索到磁盘中的文件或文件夹。

2. 设置磁盘共享

设置磁盘共享的方法是在磁盘的属性对话框中切换到"共享"选项卡，在其中选中"共享此文件夹"单选项，然后单击 确定 按钮即可，如图4-1所示。

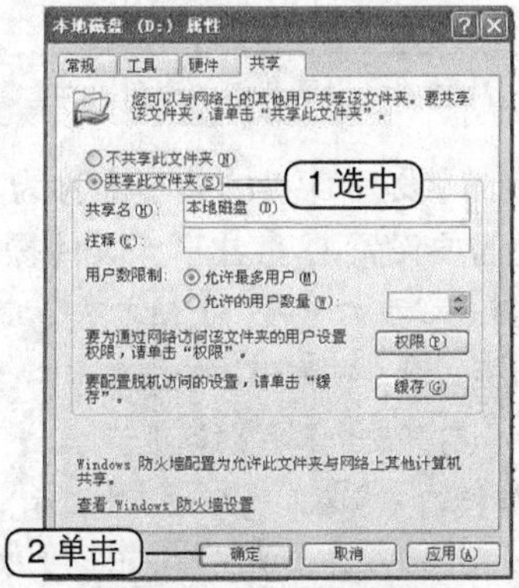

图 4-1　"共享"选项卡

在其中还可进行以下设置。

◆ 不共享此文件夹：选中该单选项将不共享磁盘。

◆ 共享名：在该文本框中可输入与磁盘名称不同的共享名称。

◆ 注释：在此文本框中可输入共享的磁盘的注释，此选项可根据用户的具体情况设置。

◆ 用户数限制：在该选项组中有两个单选项和一个数值框。若选中"允许最多用户"单选项，则表示允许最多的用户同时访问该磁盘；若选中"允许的用户数量"单选项，则需要在其后的数值框中设置该磁盘可同时被访问的用户数。

◆ 权限：单击 权限(P) 按钮将打开相关的权限对话框，在其中可设置该共享磁盘的权限，如图4-2所示。

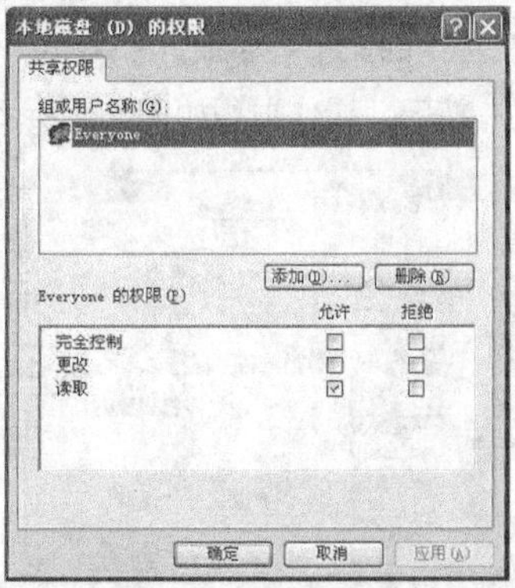

图 4-2　权限对话框

◆ 缓存：单击 缓存(G) 按钮将打开"缓存设置"对话框，在其中可设置该共享磁盘的缓存方式，如图4-3所示。

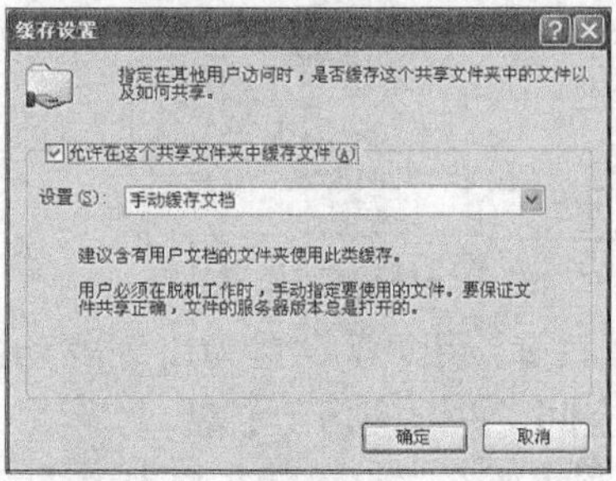

图 4-3　"缓存设置"对话框

📖 **考场点拨**

考试中出现的关于磁盘设置的考题通常比较简单，一般集中在设置磁盘共享、设置共享名和用户数限制这3个操作。

真题演练

【题目1】设置D盘的名称为"测试"。

本题需要在磁盘属性对话框的"常规"选项卡的文本框中输入名称，具体操作如下。

❶ 打开"我的电脑"窗口，选择D盘，然后单击鼠标右键，在弹出的快捷菜单中选择"属性"命令，打开磁盘属性对话框的"常规"选项卡。

❷ 在其中的文本框中输入"测试"，然后单击 确定 按钮，操作过程如图4-4所示。

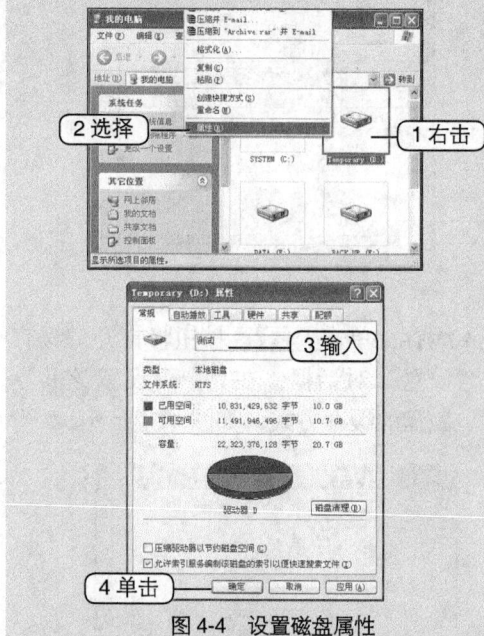

图4-4 设置磁盘属性

【题目2】将F盘设置为压缩驱动器以节约磁盘空间，并只应用于F盘。

本题需要在"常规"选项卡中进行设置，具体操作如下。

❶ 打开"我的电脑"窗口，选择F盘盘符，单击鼠标右键，在弹出的快捷菜单中选择"属性"命令，打开磁盘属性对话框的"常规"选项卡，如图4-5所示。

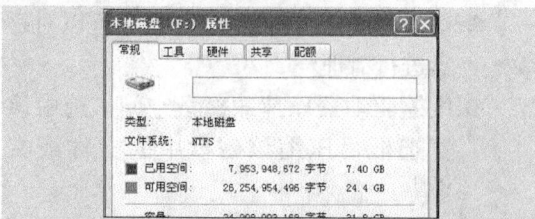

图4-5 "常规"选项卡

❷ 选中"压缩驱动器以节约磁盘空间"复选框，单击 确定 按钮，打开"确认属性更改"对话框，选中"仅将更改应用于F:\"单选项，单击 确定 按钮，如图4-6所示。

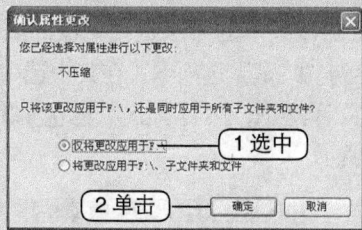

图4-6 设置F盘的磁盘属性

【题目3】设置D盘的共享名称为"测试"。

本题需要设置D盘共享，具体操作如下。

❶ 打开"我的电脑"窗口，选择D盘，然后单击鼠标右键，在弹出的快捷菜单中选择【属性】命令，打开磁盘属性对话框。

❷ 切换到"共享"选项卡，在其中选中"共享此文件夹"单选项，然后在"共享名"文本框中输入"测试"，最后单击 确定 按钮即可，操作过程如图4-7所示。

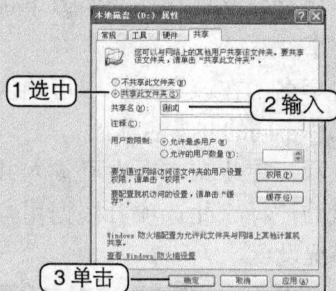

图4-7 设置D盘的共享名称为"测试"

【题目4】设置 D 盘允许被同时访问的用户数量为"5"。

本题需要设置 D 盘共享，具体操作如下。

1 打开"我的电脑"窗口，选择 D 盘，然后单击鼠标右键，在弹出的快捷菜单中选择"属性"命令，打开磁盘属性对话框。

2 切换到"共享"选项卡，在其中选中"共享此文件夹"单选项，然后选中"允许的用户数量"单选项，并在其右侧的数值框中输入"5"，最后单击 确定 按钮即可，如图4-8所示。

图 4-8　设置用户数限制

考点2　格式化磁盘

考点分析

该考点容易出现考题，命题方式比较直接，如要求格式化 D 盘和快速格式化 E 盘等。

考点破解

格式化磁盘主要有两种方法。

方法 1：通过命令。

在"我的电脑"窗口中选择需要格式化的磁盘，选择【文件】→【格式化】命令，打开格式化对话框，在其中进行格式化设置后单击 开始(S) 按钮即可。

方法 2：通过右键菜单。

在"我的电脑"窗口中选择需要格式化的磁盘，单击鼠标右键，在弹出的快捷菜单中选择"格式化"命令，打开格式化对话框，在其中进行格式化设置后单击 开始(S) 按钮即可，如图4-9所示。

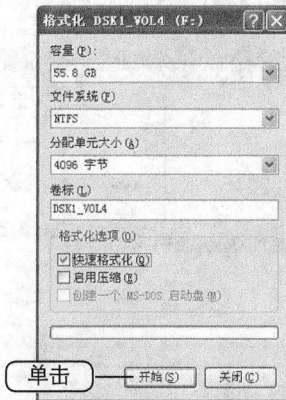

图 4-9　格式化对话框

在格式化对话框中主要可以进行以下设置。

◆ 快速格式化：选中该复选框将快速删除磁盘上的所有文件，但不扫描磁盘的坏扇区。

◆ 启用压缩：选中该复选框后，在格式化磁盘时可压缩磁盘上的所有文件和文件夹。该选项只有当文件系统为 NTFS 时才有效。

◆ 创建一个 MS-DOS 启动盘：选中该复选框可在格式化磁盘后，将 MS-DOS 系统文件复制到软盘中，该软盘可用来启动计算机进入 MS-DOS 系统。

误区提醒

考试时有可能会考查软盘、U 盘或可移动硬盘的格式化，其实方法是一样的，考生不要被一些不熟悉的字眼扰乱思维。

真题演练

【题目5】通过命令将 D 盘格式化。

本题需要通过选择【文件】→【格式化】

命令进行操作，具体如下。

❶ 打开"我的电脑"窗口，选择D盘，然后选择【文件】→【格式化】命令，打开格式化对话框，如图4-10所示。

图4-10　选择命令

❷ 在其中保持默认设置，单击 开始(S) 按钮，打开提示对话框，警告格式化操作将删除该磁盘中的所有数据，单击 确定 按钮，开始格式化操作，完成后打开另一个提示对话框，提示格式化完成，单击 确定 按钮即可，操作过程如图4-11所示。

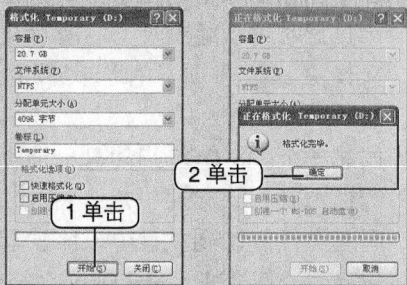

图4-11　通过命令将D盘格式化

【题目6】通过右键菜单快速格式化可移动磁盘。

具体操作如下。

❶ 打开"我的电脑"窗口，选择可移动磁盘，然后单击鼠标右键，在弹出的快捷菜单中选择【格式化】命令，打开格式化对话框。

❷ 在"格式化选项"选项组中选中"快速格式化"复选框，单击 开始(S) 按钮，如图4-12

所示。

图4-12　通过右键菜单格式化可移动磁盘

❸ 打开提示对话框，如图4-13所示，警告格式化将删除该磁盘中的所有数据，单击 确定 按钮，开始格式化操作，并显示格式化进度。

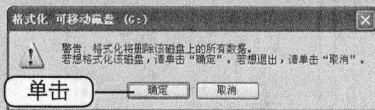

图4-13　提示对话框

❹ 格式化完成后打开另一个提示对话框，提示格式化完成，单击 确定 按钮即可，如图4-14所示。

图4-14　完成格式化

考点3　使用磁盘工具

考点分析

该考点在考试中抽到题目的概率较低，且操作比较简单，方法也比较单一，因此通过率比较高。

🎨 考点破解

使用磁盘工具包括磁盘的扫描、清理和碎片整理。

1. 磁盘的扫描

通过磁盘扫描程序可检测磁盘是否有错误，如果检测到了错误，系统可进行修复，具体操作如下。

1 打开"我的电脑"窗口，选择相应的磁盘，打开其属性对话框。

2 切换到"工具"选项卡，在"查错"选项组中单击 开始检查(C)… 按钮，如图 4-15 所示。

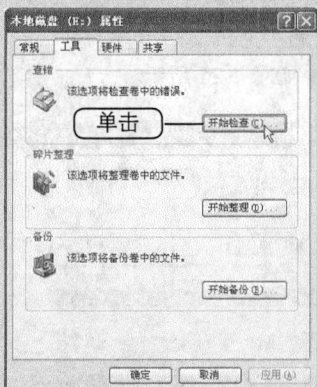

图 4-15 "本地磁盘（E：）属性"对话框

3 在打开的对话框中选中"自动修复文件系统错误"复选框和"扫描并试图恢复坏扇区"复选框，然后单击 开始(S) 按钮。

4 系统开始扫描磁盘，扫描结束后打开提示对话框，提示扫描完成，单击 确定 按钮即可，如图 4-16 所示。

图 4-16 扫描磁盘

☀️ 多学一招

"检查磁盘"对话框中的"扫描并试图恢复坏扇区"复选框表示在扫描磁盘时将自动修复文件系统错误和坏扇区。

2. 磁盘的清理

磁盘清理有以下两种方法。

方法 1：通过命令。

通过命令进行磁盘清理的具体操作如下。

1 选择【开始】→【所有程序】→【附件】→【系统工具】→【磁盘清理】命令，打开"选择驱动器"对话框。

2 在"驱动器"下拉列表框中选择需清理的磁盘，如选择 C 磁盘，然后单击 确定 按钮。打开"（C:）的磁盘清理"对话框，此时系统正在计算清理所选磁盘后可释放出的空间。

3 扫描完成后，将打开相应的磁盘清理对话框，在"要删除的文件"列表框中选中要删除的对象对应的复选框，然后单击 确定 按钮，如图 4-17 所示。

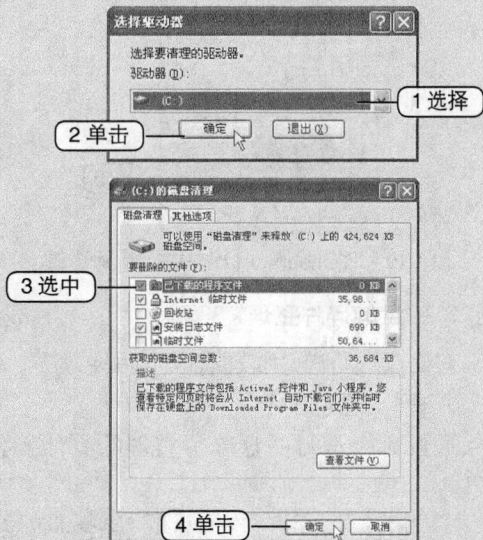

图 4-17 设置要清理的磁盘和文件类型

4 打开提示对话框,单击 是(Y) 按钮,在打开的"磁盘清理"对话框中将显示磁盘清理的进度,清理完成后该对话框将自动关闭,如图4-18所示。

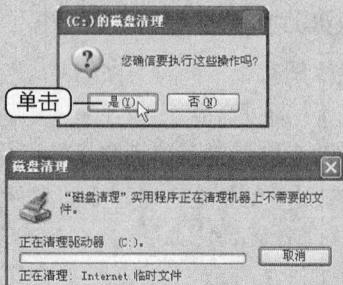

单击

图 4-18 确认磁盘清理

方法 2:通过磁盘的属性对话框。

通过磁盘的属性对话框进行磁盘清理的方法为在相应磁盘的属性对话框的"常规"选项卡中直接单击 磁盘清理(D) 按钮,然后按照方法1中的步骤3和步骤4进行磁盘清理即可,如图4-19所示。

单击

图 4-19 "Temporary(D:)属性"对话框

3. 磁盘的碎片整理

对磁盘进行碎片整理有以下两种方法。

方法 1:通过命令。

通过命令进行磁盘碎片整理的具体操作如下。

1 选择【开始】→【所有程序】→【附件】→【系统工具】→【磁盘碎片整理程序】命令,打开"磁盘碎片整理程序"窗口。

2 选择要整理的磁盘,单击 分析 按钮,便开始对所选的磁盘进行分析,如图4-20所示。

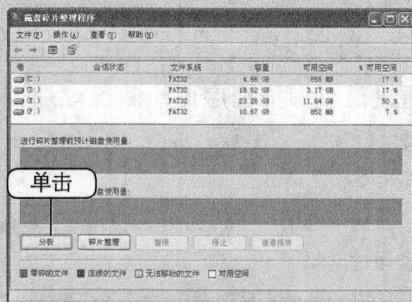

单击

图 4-20 分析所选磁盘

3 当分析结束后,打开已完成分析对话框,单击 碎片整理(D) 按钮,开始对所选的磁盘进行碎片整理,如图4-21所示。

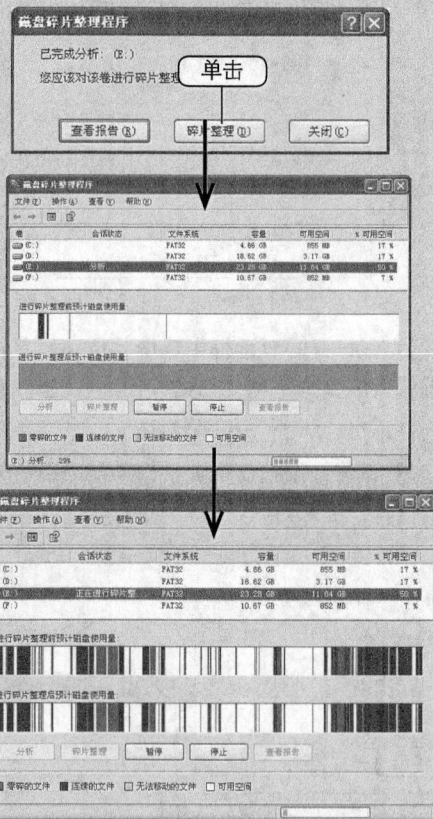

图 4-21 整理磁盘碎片

4 当磁盘整理完后，将打开提示对话框提示碎片整理已完成，单击 关闭(C) 按钮即可，如图 4-22 所示。

图 4-22　完成磁盘碎片整理

多学一招

在已完成分析对话框中单击 查看报告(R) 按钮，在打开的"分析报告"对话框中的"卷信息"和"最零碎的文件"两个列表框中显示了详细的信息。当磁盘整理完后，在打开的提示对话框中单击 查看报告(R) 按钮，可打开"碎片整理报告"对话框，在该对话框中可查看整理的相关信息。

方法 2：通过磁盘的属性对话框。

通过磁盘的属性对话框进行磁盘碎片整理的方法是，在相应磁盘的属性对话框的"工具"选项卡的"碎片整理"选项组中直接单击 开始整理(D)... 按钮，打开"磁盘碎片整理程序"窗口，然后按照方法 1 的步骤 2 ～步骤 4 进行磁盘碎片整理即可。

真题演练

【题目 7】 对 D 盘进行磁盘扫描。

具体操作如下。

1 打开"我的电脑"窗口，选择 D 盘后，单击鼠标右键，在弹出的快捷菜单中选择"属性"命令，如图 4-23 所示。

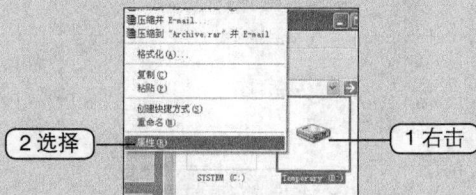

图 4-23　选择"属性"命令

2 在打开的磁盘属性对话框中单击"工具"选项卡，在"查错"选项组中单击 开始检查(C)... 按钮，如图 4-24 所示。

图 4-24　开始检查

3 在打开的对话框中选中"自动修复文件系统错误"复选框和"扫描并试图恢复坏扇区"复选框，然后单击 开始(S) 按钮。

4 系统开始扫描磁盘，扫描结束后打开提示对话框，提示扫描完成，单击 确定 按钮即可，操作过程如图 4-25 所示。

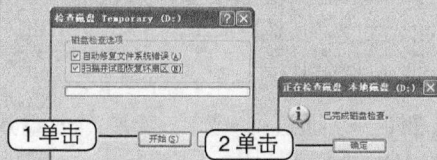

图 4-25　进行磁盘扫描

【题目 8】 通过"开始"菜单对 C 盘进行磁盘清理，将其中已下载的程序文件、Internet 临时文件和安装日志文件删除。

本题使用"开始"菜单打开"选择驱动器"对话框，然后进行磁盘清理，具体操作如下。

1 选择【开始】→【所有程序】→【附件】→【系统工具】→【磁盘清理】命令，打开"选择驱动器"对话框。

2 在"驱动器"下拉列表框中选择 C 盘，然后单击 确定 按钮。

3 打开"磁盘清理"对话框，此时系统正在计算清理 C 盘后可释放出的空间。扫描完成后，将打开 C 盘清理对话框，在"要删除的文件"列表框中选中"已下载的程序文件"复选框、"Internet 临时文件"复选框和"安装日志文件"复选框，然后单击 [确定] 按钮，如图 4-26 所示。

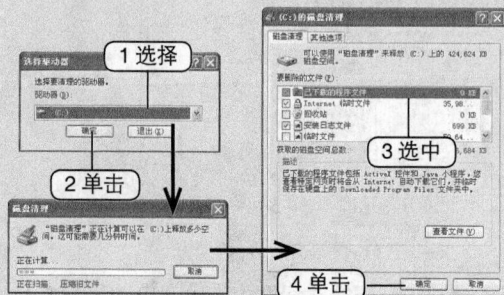

图 4-26　选择操作

④ 打开提示对话框，单击 [是(Y)] 按钮，在打开的对话框中将显示磁盘清理的进度，清理完成后该对话框将自动关闭，如图 4-27 所示。

图 4-27　进行磁盘清理

【题目 9】通过"开始"菜单对 E 盘进行磁盘碎片整理。

① 选择【开始】→【所有程序】→【附件】→【系统工具】→【磁盘碎片整理程序】命令，打开"磁盘碎片整理程序"窗口。

② 选择磁盘 E，然后单击 [分析] 按钮，开始对磁盘进行分析，操作过程如图 4-28 所示。

图 4-28　开始整理

③ 当分析结束后，打开已完成分析对话框，单击 [碎片整理(D)] 按钮，开始对 E 盘进行碎片整理。

④ 当磁盘整理完成后，将打开提示对话框提示碎片整理已完成，单击 [关闭(C)] 按钮即可，如图 4-29 所示。

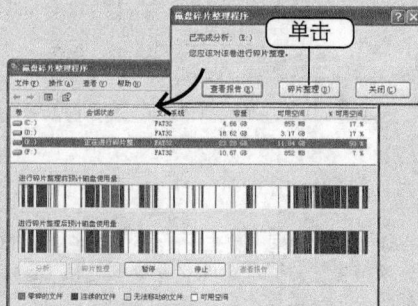

图 4-29　开始整理

考点4　备份与还原磁盘数据

考点分析

该考点出现考题的概率较低。相对于备份与还原注册表数据的操作，备份与还原文件数据的操作在考试中出现的概率稍高。

考点破解

1. 备份文件数据

备份文件数据的具体操作如下。

① 选择【开始】→【所有程序】→【附件】→【系统工具】→【备份】命令，打开"备份或还原向导"对话框，然后单击 [下一步(N) >] 按钮，如图 4-30 所示。

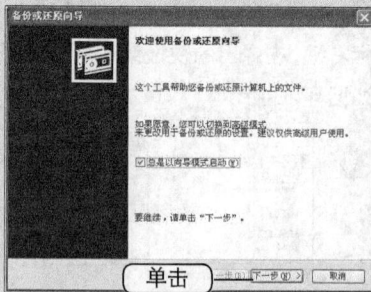

图 4-30　"备份或还原向导"对话框

2 在打开的对话框中选中"备份文件和设置"单选项,单击 下一步(N) > 按钮。

3 打开选择要备份内容对话框,选中"让我选择要备份的内容"单选项,然后单击 下一步(N) > 按钮,如图4-31所示。

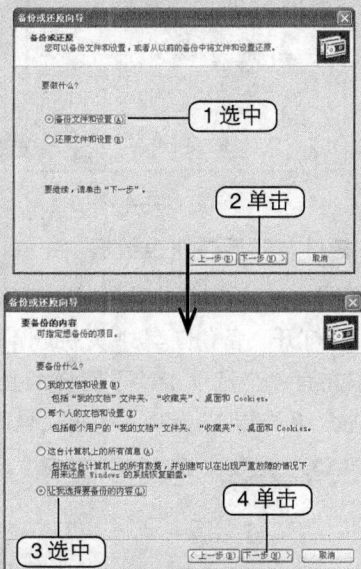

图4-31　准备进行备份

4 打开选择备份项目对话框,在"要备份的项目"列表框中选择需备份文件的盘符,在右侧列表框中选中该盘符下需备份的文件所对应的复选框,单击 下一步(N) > 按钮,如图4-32所示。

图4-32　选择备份内容

5 在打开的对话框中单击 浏览(W)... 按钮,打开"另存为"对话框,在"保存在"下拉列表

框中可设置备份文件的保存位置,在"文件名"组合框中可设置备份文件的名称,设置完成后单击 保存(S) 按钮,如图4-33所示。

6 返回到前面打开的对话框中,此时"选择保存备份的位置"下拉列表框中将显示出该备份文件的保存位置,然后单击 下一步(N) > 按钮。

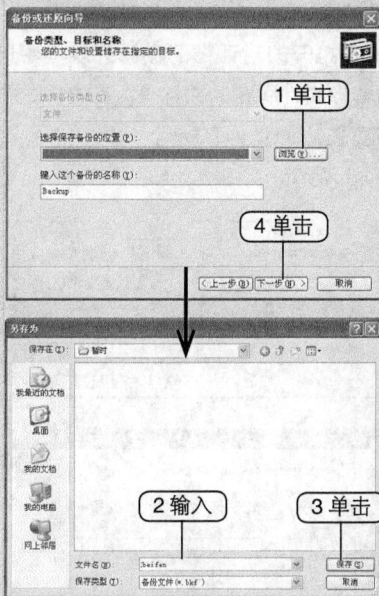

图4-33　设置备份的保存

7 打开如图4-34所示的对话框,从中单击 完成 按钮系统即可备份文件,并打开"备份进度"对话框,在其中显示备份的进度,备份完成后单击 关闭(C) 按钮即可。

图4-34　完成备份

2. 还原文件数据

还原文件数据的具体操作如下。

1 选择【开始】→【所有程序】→【附件】→【系统工具】→【备份】命令，打开"备份或还原向导"对话框，单击 下一步(N)> 按钮。

2 在打开的对话框中选中"还原文件和设置"单选项，单击 下一步(N)> 按钮。

3 在打开的对话框的左侧列表框中选择需还原的备份文件所在的文件夹，在右侧的列表框中选择要还原的文件，然后单击 下一步(N)> 按钮，如图 4-35 所示。

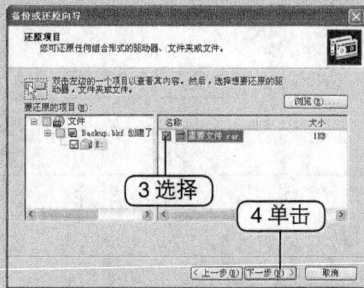

图 4-35　选择还原文件

4 在打开的对话框中单击 完成 按钮，如图 4-36 所示，即可还原文件并显示还原进度。

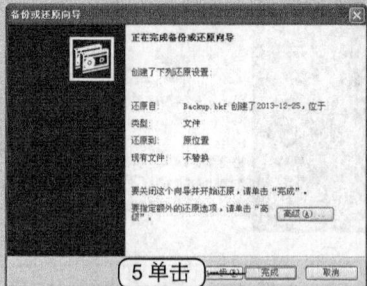

图 4-36　开始还原

5 还原完成后在"还原进度"对话框中单击 关闭(C) 按钮即可，如图 4-37 所示。

图 4-37　完成还原

3. 备份与还原注册表数据

若在图 4-30 的对话框中单击"高级模式"超链接，将打开"备份工具 -[无标题]"窗口。该窗口中共有 4 个选项卡，下面详细介绍。

首先介绍"欢迎"选项卡，如图 4-38 所示。

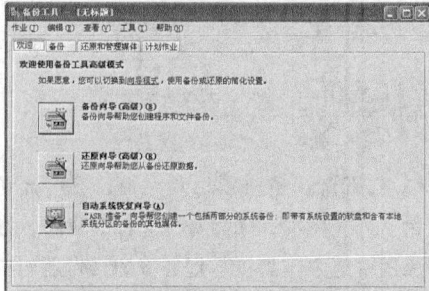

图 4-38　"欢迎"选项卡

该选项卡中有 3 个按钮，各按钮的含义如下。

◆ 备份向导（高级）：单击该按钮，可利用备份向导帮助用户创建程序和文件备份。

◆ 还原向导（高级）：单击该按钮，可利用备份向导帮助用户从备份还原数据。

◆ 自动系统恢复向导：单击该按钮，可利用"ASR 准备"向导帮用户创建一个包括带有系统设置的软盘和含有本地系统分区的备份的其他媒体。

"备份"选项卡如图 4-39 所示，通过该选项卡可备份磁盘、文件和文件夹的数据以及备份系统状态。

图 4-39　"备份"选项卡

"还原和管理媒体"选项卡如图 4-40 所示，通过该选项卡可扩展所需的媒体项目，选择要还原的项目。

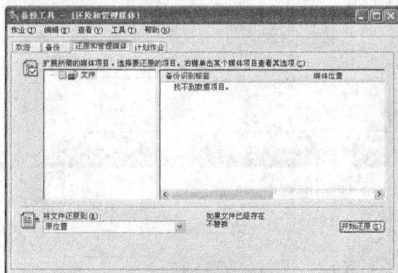

图 4-40　"还原和管理媒体"选项卡

"计划作业"选项卡如图 4-41 所示，通过该选项卡可添加备份资料的作业。可添加的备份资料主要包括：备份这台计算机的所有项目；备份选定的文件、驱动器或网络数据；备份系统状态数据。

图 4-41　"计划作业"选项卡

真题演练

【题目 10】备份 D 盘中的"测试"文件夹数据到桌面上。

1　选择【开始】→【所有程序】→【附件】→【系统工具】→【备份】命令，打开"备份或还原向导"对话框，单击下一步(N)按钮。

2　打开"备份或还原"对话框，选中"备份文件和设置"单选项，单击下一步(N) >按钮，如图 4-42 所示。

图 4-42　选择备份操作

3　打开"要备份的内容"对话框，选中"让我选择要备份的内容"单选项，单击下一步(N) >按钮，如图 4-43 所示。

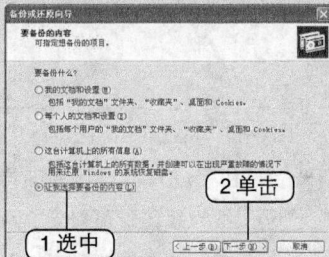

图 4-43　决定要备份的内容

4　打开"要备份的项目"对话框，在左侧

的列表框中选择需备份文件的盘符 D，在右侧的列表框中选中"测试"文件夹对应的复选框，然后单击 下一步(N)> 按钮，如图 4-44 所示。

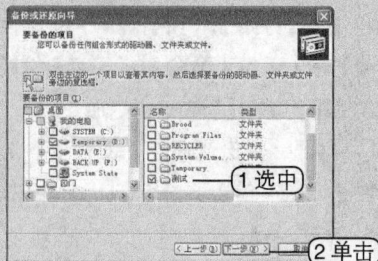

图 4-44　选择备份内容

5 打开"备份类型、目标和名称"对话框，单击 浏览(W)... 按钮，打开"另存为"对话框，在"保存在"下拉列表框中选择"桌面"选项，单击 保存(S) 按钮。

6 返回"备份类型、目标和名称"对话框，单击 下一步(N)> 按钮，如图 4-45 所示。

图 4-45　设置备份的保存

7 打开"正在完成备份或还原向导"对话框，单击 完成 按钮系统即可备份文件，并打开"备份进度"对话框，在其中显示备份的进度，备份完成后，单击 关闭(C) 按钮即可。

【题目11】将桌面上备份的"Backup"文件还原。

1 选择【开始】→【所有程序】→【附件】→【系统工具】→【备份】命令，打开"备份或还原向导"对话框，单击 下一步(N)> 按钮。

2 打开"备份或还原"对话框，选中"还原文件和设置"单选项，单击 下一步(N)> 按钮。

3 打开"还原项目"对话框，在左侧的列表框中选中需要还原的项目所在位置对应的复选框，然后单击 下一步(N)> 按钮，如图 4-46 所示。

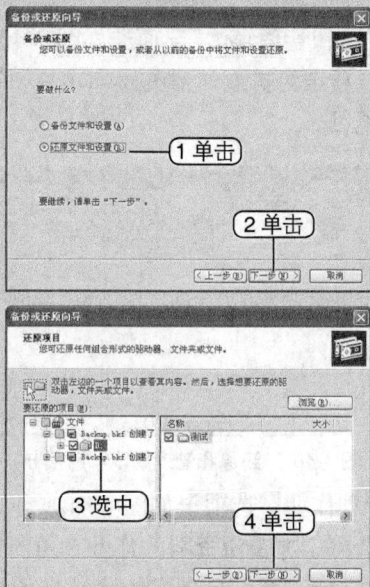

图 4-46　选择还原文件

4 在打开的对话框中单击 完成 按钮，即可还原文件并显示还原进度，还原完成后单击 关闭(C) 按钮即可。

本节考点回顾与总结一览表

本节考点	操作方式总结
考点1： 设置磁盘属性	操作1：在磁盘属性对话框的"常规"选项卡中进行设置 操作2：在磁盘属性对话框的"共享"选项卡中进行设置

续表

本节考点	操作方式总结
考点2： 格式化磁盘	选择需格式化的磁盘，单击鼠标右键，在弹出的快捷菜单中选择"格式化"命令
考点3： 使用磁盘工具	磁盘扫描：选择【文件】→【属性】命令，单击 开始检查(C)... 按钮 磁盘清理：选择【开始】→【所有程序】→【附件】→【系统工具】→【磁盘清理】命令 磁盘碎片整理：选择【开始】→【所有程序】→【附件】→【系统工具】→【磁盘碎片整理】命令
考点4： 备份与还原磁盘数据	选择【开始】→【所有程序】→【附件】→【系统工具】→【备份】命令

4.2　备份与还原Windows XP

考点5　备份Windows XP

🔍 考点分析

该考点出现考题的概率较低，只需了解打开"系统还原"对话框的方法便可。

🎯 考点破解

要还原系统，则需要先创建一个还原点（即备份系统），具体操作如下。

1 选择【开始】→【所有程序】→【附件】→【系统工具】→【系统还原】命令，打开"系统还原"窗口。

2 选择"创建一个还原点"单选项，单击 下一步(N) > 按钮，打开"创建一个还原点"对话框。

3 在"还原点描述"文本框中输入还原点的说明，然后单击 创建(R) 按钮，开始创建还原点，如图4-47所示。

图4-47　创建还原点

4 创建完成后，打开"还原点已创建"对话框，单击 关闭(C) 按钮，完成还原点的创建，如图4-48所示。

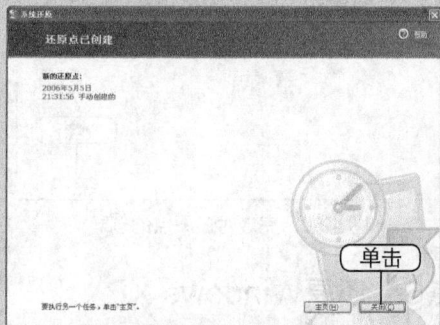

图4-48　完成还原点创建

📝 真题演练

【题目12】备份Windows XP，将还原点设置为"leo1"。

具体操作如下。

1 选择【开始】→【所有程序】→【附件】→【系

统工具】→【系统还原】命令，打开"系统还原"窗口。

2 选中"创建一个还原点"单选项，单击 下一步(N) > 按钮，打开"创建一个还原点"对话框。

3 在"还原点描述"文本框中输入"leo1"，然后单击 创建(R) 按钮，如图 4-49 所示。

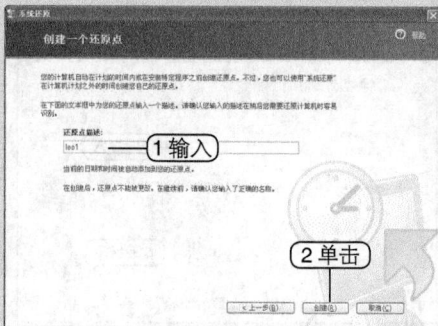

图 4-49　设置还原点

4 创建完成后，打开"还原点已创建"对话框，系统提示还原点已创建成功，单击 关闭(C) 按钮完成对还原点的创建，操作过程如图 4-50 所示。

图 4-50　完成对还原点的创建

考点6　还原Windows XP

考点分析

该考点在考试中出现考题的概率较低。

考点破解

还原 Windows XP 的具体操作如下。

1 选择【开始】→【所有程序】→【附件】→【系统工具】→【系统还原】命令。

2 在打开的"欢迎使用系统还原"对话框中选中"恢复我的计算机到一个较早的时间"单选项，然后单击 下一步(N) > 按钮。

3 在打开的对话框中选择一个过去创建的还原点，然后单击 下一步(N) > 按钮，操作过程如图 4-51 所示。

图 4-51　选择还原点

4 在打开的"确认还原点选择"对话框中确认还原点，确认后单击 下一步(N) > 按钮，如图 4-52 所示，计算机将重新启动，并完成系统的还原操作。

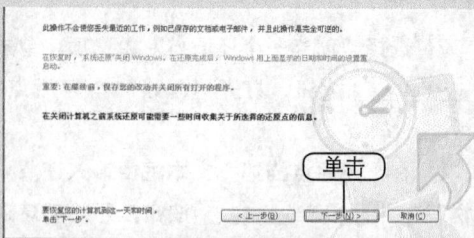

图 4-52　确认还原点

📝 **真题演练**

【题目 13】利用原点"leo1"还原 Windows XP。

具体操作如下。

1 选择【开始】→【所有程序】→【附件】→【系统工具】→【系统还原】命令。

2 在打开的"欢迎使用系统还原"对话框中选中"恢复我的计算机到一个较早的时间"单选项，然后单击 下一步(N) > 按钮。

3 在打开的对话框中选择"leo1"还原点，然后单击 下一步(N) > 按钮，如图 4-53 所示。

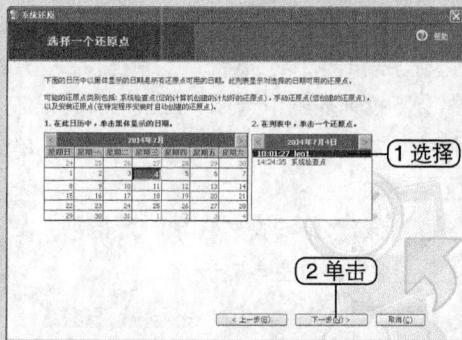

图 4-53 选择还原点

4 在打开的"确认还原点选择"对话框中确认还原点，确认后单击 下一步(N) > 按钮，计算机将重新启动，并完成系统的还原操作。

本节考点回顾与总结一览表

本节考点	操作方式总结
考点 5：备份 Windows XP	选择【开始】→【所有程序】→【附件】→【系统工具】→【系统还原】命令，然后根据向导进行备份
考点 6：还原 Windows XP	选择【开始】→【所有程序】→【附件】→【系统工具】→【系统还原】命令，然后根据向导进行还原

4.3 添加与删除程序和新硬件

考点7 添加应用程序

🔍 **考点分析**

该考点在考试中出现考题的概率较低。命题时一般会指定安装程序的名称，如要求在控制面板中添加 Office 2003 等，有时也会指定程序的来源位置，按提示操作即可。

🎯 **考点破解**

添加应用程序的操作如下。

1 打开"控制面板"窗口，单击"添加／删除程序"超链接。

2 打开"添加或删除程序"窗口，在左侧的窗格中单击"添加新程序"按钮，如图 4-54 所示。

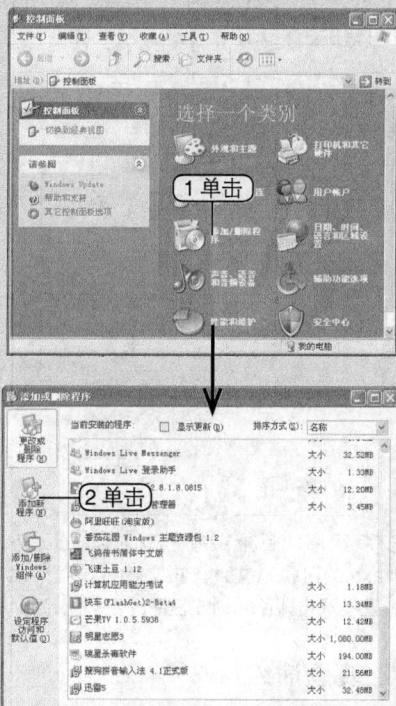

图 4-54 打开"添加或删除程序"窗口

3 在右侧的窗格中单击 CD 或软盘(F) 按钮，打开"从软盘或光盘安装程序"对话框，单击 下一步(N) > 按钮，如图 4-55 所示。

图 4-55　选择操作

4 打开"运行安装程序"对话框，在其中的"打开"文本框中输入安装程序的安装文件地址，单击 完成 按钮，如图 4-56 所示，启动该程序的安装向导，按照提示进行操作即可。

图 4-56　选择安装文件

多学一招

通常安装程序的目录中有一个名为 Setup.exe 或 Install.exe 的可执行文件，该文件就是程序的安装文件，直接双击即可启动该程序的安装向导。

真题演练

【题目 14】在控制面板中将 F 盘中的"芒

果 TV"程序添加到 D 盘中。

本题需要在"运行安装程序"对话框中单击 浏览(R)... 按钮，打开"浏览"对话框，在其中选择"芒果 TV"的安装文件，具体操作如下。

1 打开"控制面板"窗口，单击"添加 / 删除程序"超链接。

2 打开"添加或删除程序"窗口，在左侧的窗格中单击"添加新程序"按钮 ，在右侧的窗格中单击 CD 或软盘(F) 按钮。

3 打开"从软盘或光盘安装程序"对话框，单击 下一步(N) > 按钮。

4 打开"运行安装程序"对话框，单击 浏览(R)... 按钮，打开"浏览"对话框，在"查找范围"下拉列表框中选择 F 盘中的"芒果 TV"文件夹，在其中选择"SETUP"文件，单击 打开(O) 按钮。

5 返回"运行安装程序"对话框，单击 完成 按钮，如图 4-57 所示

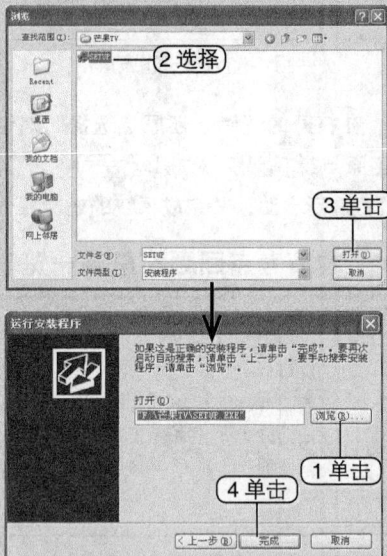

图 4-57　选择安装文件

6 启动该程序的安装向导，单击 下一步(N) > 按钮，如图 4-58 所示。

图 4-58　启动安装向导

7 打开"信息"对话框，单击 下一步(N) 按钮。

8 打开"选择目标位置"对话框，保持默认安装路径，单击 下一步(N) 按钮，如图 4-59 所示。

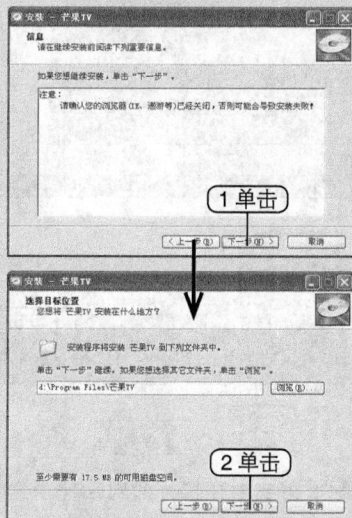

图 4-59　设置安装位置

9 打开"选择开始菜单文件夹"对话框，保持默认设置，单击 下一步(N) 按钮，如图 4-60 所示。

图 4-60　"选择开始菜单文件夹"对话框

10 打开"准备安装"对话框，单击 安装(I) 按钮开始安装，如图 4-61 所示，系统将打开一个显示安装进度的对话框，待安装完成后，单击 完成(F) 按钮。

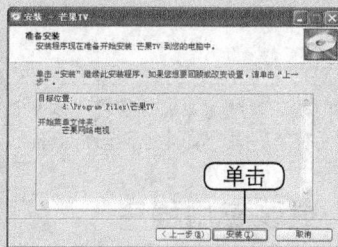

图 4-61　安装程序

【题目15】 在控制面板中添加 D 盘中的"搜狗五笔输入法"程序到默认位置。

本题的操作思路与"题目14"相同，具体操作如下。

1 打开"控制面板"窗口，单击"添加 / 删除程序"超链接。

2 打开"添加或删除程序"窗口，在左侧的任务窗格中单击"添加新程序"按钮，在右侧的窗口中单击 CD 或软盘(F) 按钮。

3 打开"从软盘或光盘安装程序"对话框，单击 下一步(N) 按钮。

4 打开"运行安装程序"对话框，在右侧单击 浏览(R)... 按钮，打开"浏览"对话框，在"查找范围"下拉列表中选择 D 盘中的"sogou_wubi_20a.exe"文件，单击 打开(O) 按钮。

5 返回"运行安装程序"对话框，单击 完成(F) 按钮。

6 启动该程序的安装向导，单击 下一步(N) 按钮。

7 打开"信息"对话框，单击 下一步(N) 按钮。

8 打开"选择目标位置"对话框，保持默认安装路径，单击 下一步(N) 按钮。

9 打开"选择开始菜单文件夹"对话框，保持默认设置，单击 下一步(N) 按钮。

⑩ 打开"准备安装"对话框，单击
安装(I) 按钮开始安装，系统将打开一个显示安装进度的对话框，待安装完成后，单击 完成(F) 按钮即可。

误区提醒

需要注意的是，考试时添加的程序不同，其安装向导也可能会有所不同，按照提示操作即可。

考点8　更改应用程序

考点分析

该考点在考试中出现考题的概率较低。由于程序的更改对话框不同，其中的操作也不同，因此一般不会出现这方面的考题，即使出现也可通过仔细观察图中信息等方式轻松通过。

考点破解

更改应用程序的具体操作如下。

❶ 打开"控制面板"窗口，单击"添加／删除程序"超链接。

❷ 打开"添加或删除程序"窗口，在"当前安装的程序"列表框中选择需要更改的程序，然后单击 更改/删除 按钮，如图4-62所示。

图4-62　"添加或删除程序"窗口

❸ 在打开的对话框中可根据需要更改该程序。

真题演练

【题目16】将安装的"Microsoft Office Professional Edition 2003"程序进行更改，不安装"InfoPath"。

具体操作如下。

❶ 打开"控制面板"窗口，单击"添加／删除程序"超链接。

❷ 打开"添加或删除程序"窗口，在右侧的列表框中选择"Microsoft Office Professional Edition 2003"，单击 更改 按钮，如图4-63所示。

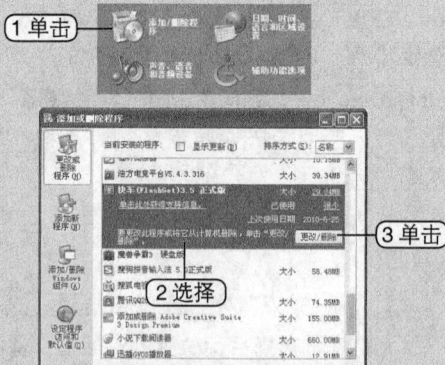

图4-63　选择程序

❸ 配置完成后在打开的对话框中选中"添加或删除功能"单选项，单击 下一步(N)> 按钮，如图4-64所示。

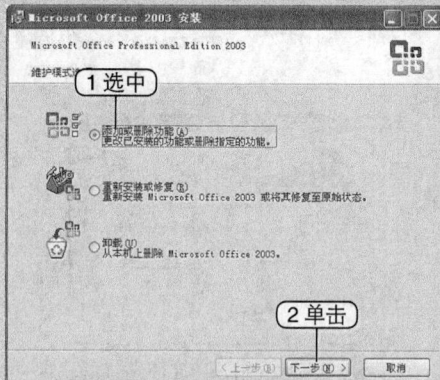

图4-64　选择添加删除功能

4 在打开的"自定义安装"对话框中取消选中"InfoPath"复选框,单击 更新(U) 按钮,打开"安装进度"对话框显示安装的进度,安装完成后将打开提示更新成功的对话框,单击 确定 按钮,如图4-65所示。

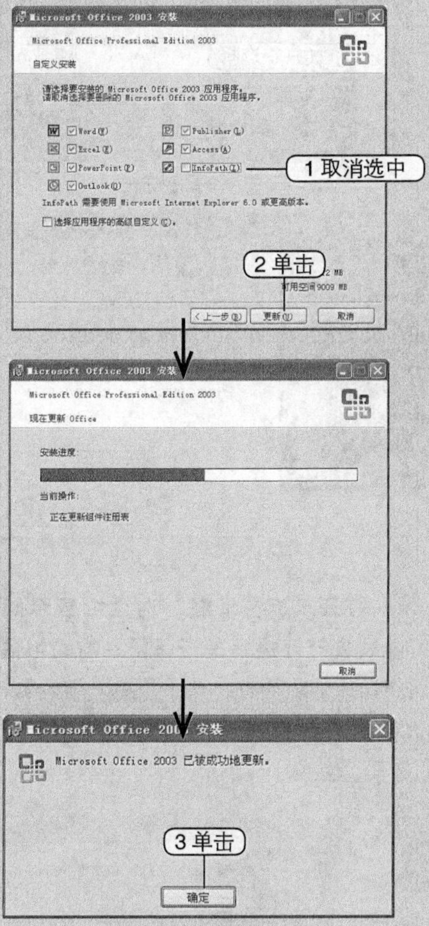

图4-65 完成更新

考点9 删除应用程序

考点分析

该考点在考试中出现考题的概率较低。解答该类考题的关键是学会利用控制面板删除程序的操作方法,后面的操作只需按提示进行即可。

考点破解

删除应用程序的具体操作如下。

1 打开"控制面板"窗口,单击"添加/删除程序"超链接。

2 打开"添加或删除程序"窗口,在"当前安装的程序"列表框中选择需删除的程序,然后单击 删除 按钮,如图4-66所示。

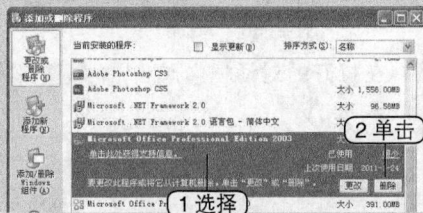

图4-66 删除程序

3 启动该程序的卸载向导,按照提示进行操作即可。

考场点拨

有的程序显示的是 更改/删除 按钮,有的程序显示的是 删除 按钮,根据程序的不同而不同,但作用相同。

真题演练

【题目17】在控制面板中删除"快车"程序。具体操作如下。

1 打开"控制面板"窗口,单击"添加/删除程序"超链接。

2 打开"添加或删除程序"窗口,在"当前安装的程序"列表框中选择快车程序,然后单击 更改/删除 按钮,如图4-67所示。

图4-67 删除程序

③ 打开卸载向导对话框，单击 下一步(N)> 按钮，如图 4-68 所示。

图 4-68　卸载向导

④ 在打开的对话框中单击 卸载(U) 按钮，如图 4-69 所示。

图 4-69　删除程序

⑤ 系统开始删除程序，删除完成后将打开一个对话框，在其中取消选中"安装迷你快车"复选框，单击 完成 按钮，如图 4-70 所示。

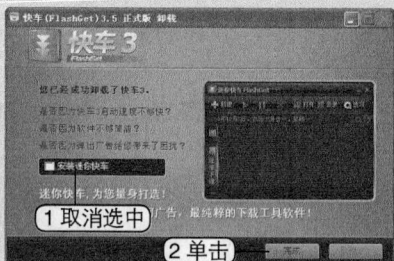

图 4-70　完成删除

【题目18】通过控制面板删除已安装的"搜狗五笔输入法"程序，保留习惯设置和用户词库，不重启文件。

具体操作如下。

① 打开"控制面板"窗口，单击"添加 /

删除程序"超链接。

② 打开"添加或删除程序"窗口，在"当前安装的程序"列表框中选择"搜狗五笔输入法2.0 正式版"程序，然后单击 更改/删除 按钮。

③ 打开卸载向导对话框，单击 卸载(U) 按钮，如图 4-71 所示。

图 4-71　删除程序

④ 打开"正在卸载"对话框显示卸载进度，随后会打开提示是否保留目前的习惯设置和用户词库的对话框，单击 是(Y) 按钮，如图4-72 所示，然后在打开的提示重启对话框中单击 否(N) 按钮。

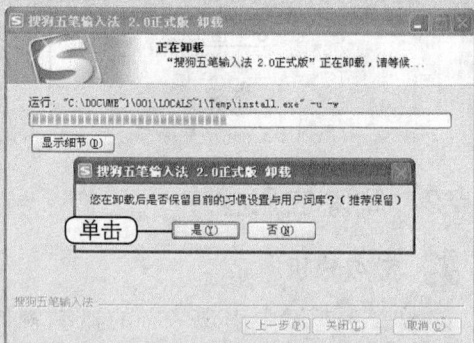

图 4-72　是否保留目前的习惯设置和用户词库

⑤ 单击 关闭(L) 按钮完成卸载，如图 4-73

所示。

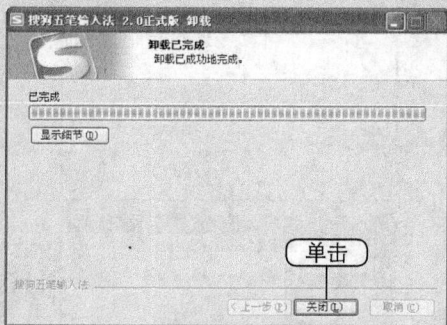

图 4-73　删除完成

考点10　添加和删除Windows组件

考点分析

该考点在考试中出现考题的概率较低，按照题目要求选择程序并按照提示操作即可。

考点破解

添加和删除 Windows 组件也是在控制面板中进行的。

1. 添加 Windows 组件

添加 Windows 组件的具体操作如下。

1 打开"控制面板"窗口，单击"添加 / 删除程序"超链接。

2 打开"添加或删除程序"窗口，单击左侧窗格中的"添加 / 删除 Windows 组件"按钮，如图 4-74 所示。

图 4-74　"添加或删除程序"窗口

3 打开"Windows 组件向导"对话框，在

"组件"列表框中选中要添加的组件对应的复选框，单击下一步按钮将安装相应的组件，如图 4-75 所示。

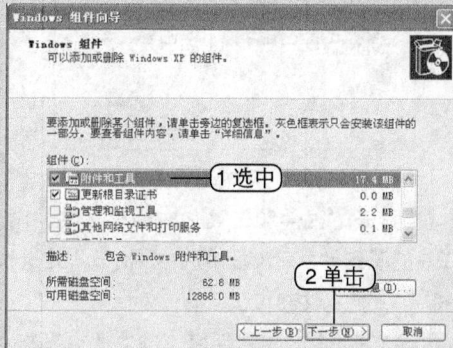

图 4-75　选择要添加的组件

2. 删除 Windows 组件

删除 Windows 组件的具体操作如下。

1 打开"控制面板"窗口，单击"添加 / 删除程序"超链接。

2 打开"添加或删除程序"窗口，单击左侧窗格中的"添加 / 删除 Windows 组件"按钮。

3 打开"Windows 组件向导"对话框，在"组件"列表框中取消选中要删除的组件对应的复选框，单击下一步按钮将删除相应的组件。

真题演练

【题目 19】在控制面板中添加附件中的"空当接龙"游戏。

本题需要在"组件"列表框中选中"附件和工具"复选框，具体操作如下。

1 打开"控制面板"窗口，单击"添加 / 删除程序"超链接。

2 打开"添加或删除程序"窗口，单击左侧窗格中的"添加 / 删除 Windows 组件"按钮。

3 打开"Windows 组件向导"对话框，在"组件"列表框中选中"附件与工具"复选框，单击下一步按钮，如图 4-76 所示。

图 4-76 选择操作

4 打开"附件和工具"对话框，在"附件和工具的子组件"列表框中选中"游戏"复选框，单击 洋细信息(D)... 按钮。

5 打开"游戏"对话框，选中"空当接龙"复选框，单击 确定 按钮，如图 4-77 所示。

图 4-77 选择要添加的组件

6 返回"附件和工具"对话框，单击 确定 按钮，返回"Windows 组件向导"对话框，单击 下一步(N) 按钮，打开显示安装进度的对话框。

7 安装完成后打开显示完成组件安装的对话框，单击 完成 按钮完成 Windows 组件的安装，如图 4-78 所示。

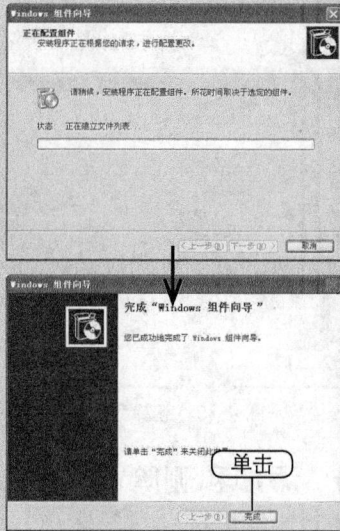

图 4-78 完成安装

📖 **考场点拨**

添加 Windows 组件时，有时需要用户插入 Windows 操作系统的安装光盘才能进行，但在考试中并不需要进行这步操作。

【题目 20】在控制面板中删除附件中的"空当接龙"游戏。

本题的操作和"题目 19"正好相反，只需取消选中"空当接龙"复选框即可，具体操作如下。

1 打开"控制面板"窗口，单击"添加/删除程序"超链接。

2 打开"添加或删除程序"窗口，单击左侧窗格中的"添加/删除 Windows 组件"按钮 ⌐。

3 打开"Windows 组件向导"对话框，在"组件"列表框中选中"附件与工具"复选框，单击 洋细信息(D)... 按钮。

4 打开"附件和工具"对话框，在"附件和工具的子组件"列表框中选中"游戏"复选框，单击 洋细信息(D)... 按钮。

5 打开"游戏"对话框，取消选中"空当接龙"复选框，单击 确定 按钮。

⑥ 返回"附件和工具"对话框，单击 确定 按钮，返回"Windows 组件向导"对话框，单击 下一步(N)> 按钮。

⑦ 打开显示完成组件删除的对话框，单击 完成 按钮完成删除操作。

考点11　添加新硬件

📖 考点分析

该考点中的关闭计算机和安装硬件等操作不便于在考试中实现，所以该考点很少出现考题，这里主要讲解硬件驱动程序的添加方法。

💿 考点破解

添加新硬件设备可分为添加即插即用型硬件设备和非即插即用型硬件设备两类。

1. 添加即插即用型硬件设备

即插即用型硬件设备的安装比较简单，如常用的 U 盘和移动硬盘等都属于即插即用型硬件，其添加方法为根据硬件设备说明书，按照要求将硬件设备正确连接到计算机中，然后系统将自动检测到新的即插即用型设备，如果该设备有驱动程序，系统将自动安装该设备的驱动程序。

2. 添加非即插即用型硬件设备

添加非即插即用型硬件设备的操作比较复杂，具体操作如下。

① 关闭计算机，参照硬件说明书，将新硬件设备正确地连接到计算机上。

② 启动计算机，打开"控制面板"窗口，单击"打印机和其他硬件"超链接，打开"打印机和其他硬件"窗口，单击窗口左侧"请参阅"选项组中的"添加硬件"超链接。

③ 打开"添加硬件向导"对话框，单击 下一步(N)> 按钮。

④ 计算机将搜索等待安装的硬件设备，当

搜索完成后，打开"硬件连接好了吗"对话框，选中"是，我已经连接了此硬件"单选项，单击 下一步(N)> 按钮，如图 4-79 所示。

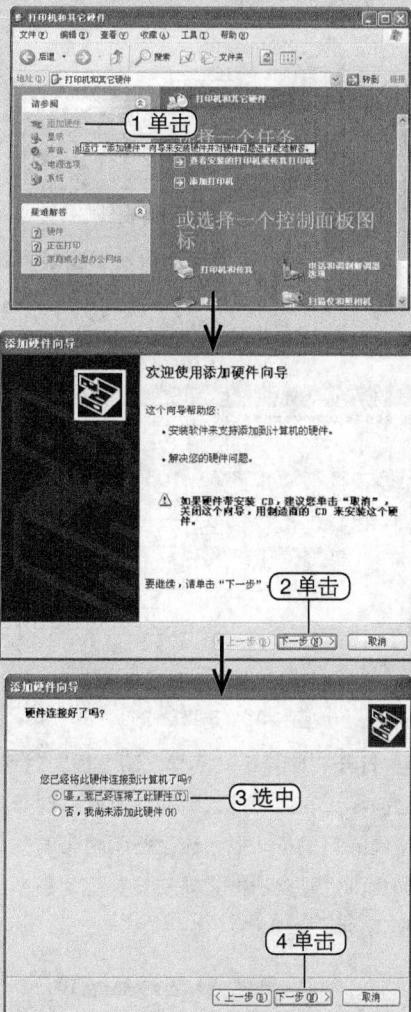

图 4-79　打开"添加硬件向导"对话框

⑤ 打开"以下硬件已安装在您的计算机上"对话框，如果要添加的硬件在"已安装的硬件"列表框中，则选择该设备；如果要添加的硬件不在此列表框中，则选择列表框中的"添加新的硬件设备"选项，单击 下一步(N)> 按钮，如图 4-80 所示。

图 4-80　选择安装新硬件

⑥ 打开"这个向导可以帮助您安装其他硬件"对话框，选中"搜索并自动安装硬件（推荐）"单选项，单击 下一步(N) 按钮，如图 4-81 所示。

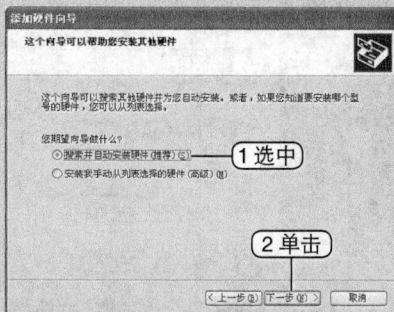

图 4-81　选择单选项

⑦ 打开"向导正在搜索，请稍候"对话框，可看到向导正在自动搜索新硬件，然后向导会显示搜索到的新设备，插入该设备所附带的安装软盘或光盘，也可自动搜索并安装其驱动程序，如图 4-82 所示。

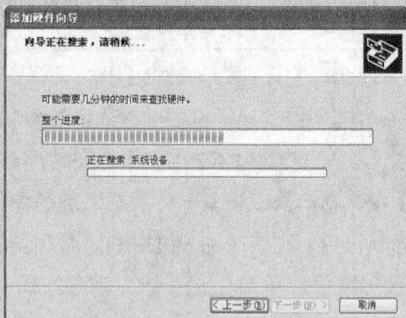

图 4-82　搜索

⑧ 如果没有搜索到新硬件，则打开"向导在您的计算机上没有找到任何新硬件"对话框，单击 下一步(N) 按钮，如图 4-83 所示。

图 4-83　没有找到新硬件

⑨ 打开"从以下列表，选择要安装的硬件类型"对话框，在该对话框中手动选择要安装的硬件类型，然后单击 下一步(N) 按钮，如图 4-84 所示。

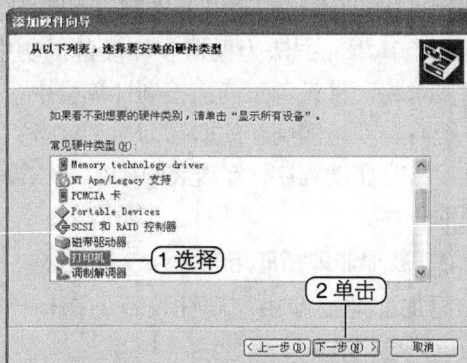

图 4-84　手动选择硬件类型

⑩ 向导会根据用户选择的硬件类型而出现不同的操作提示，只要按照向导的提示操作即可。

真题演练

【题目 21】直接从控制面板中安装厂商为"Canon"的新打印机"Canon Bubble-Jet BJC-5500"，不设置为默认打印机，不共享打印机，并不需要打印测试。

具体操作如下。

1 打开"控制面板"窗口，单击"打印机和其他硬件"超链接，打开"打印机和其他硬件"窗口，单击左侧任务窗格中的"添加硬件"超链接，如图 4-85 所示。

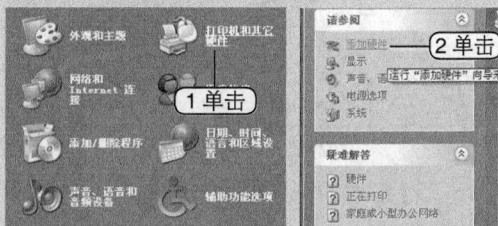

图 4-85 单击"添加硬件"超链接

2 打开"添加硬件向导"对话框，单击 下一步(N) > 按钮。

3 计算机将搜索等待安装的硬件设备，搜索完成后，打开"硬件连接好了吗？"对话框，选中"是，我已经连接了此硬件"单选项，单击 下一步(N) > 按钮，如图 4-86 所示。

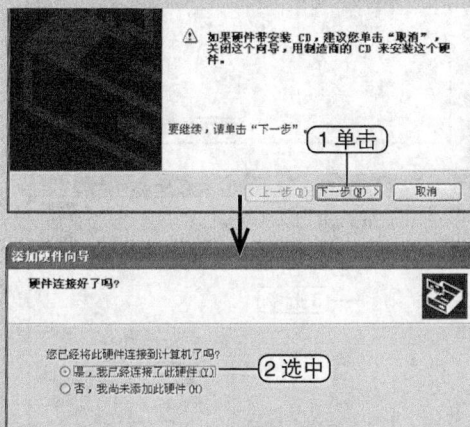

图 4-86 打开"添加硬件向导"对话框

4 打开"以下硬件已安装在您的计算机上"对话框，选择列表框中的"添加新的硬件设备"选项，单击 下一步(N) > 按钮。

5 打开"向导正在搜索，请稍候…"对话框，随后打开"向导在您的计算机上没有找到任何新

硬件"对话框，选中"搜索并自动安装硬件（推荐）"单选项，单击 下一步(N) > 按钮，如图 4-87 所示。

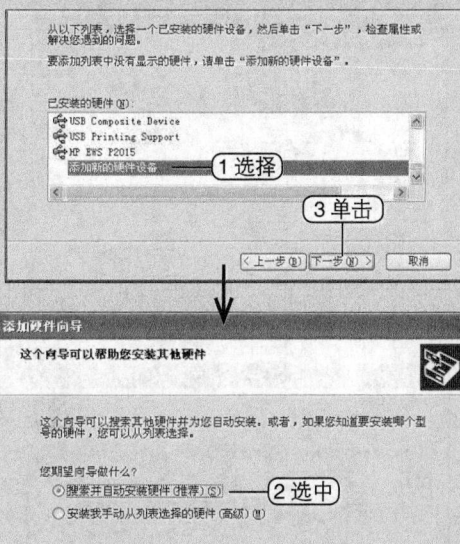

图 4-87 选择单选项

6 打开"向导正在搜索，请稍后…"对话框，随后将打开"向导在您的计算机上没有找到任何新硬件"对话框，提示没有搜索到新的硬件设备，单击 下一步(N) > 按钮，如图 4-88 所示。

图 4-88 搜索硬件

7 打开"从以下列表，选择要安装的硬件类型"对话框，在"常见硬件类型"列表框中选择"打印机"选项，单击 下一步(N) > 按钮。

⑧ 打开"选择打印机端口"对话框，保持默认选项，单击 下一步(N) > 按钮，如图 4-89 所示。

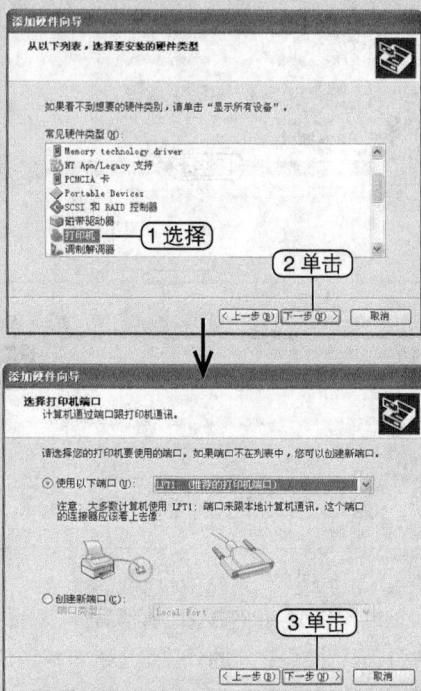

图 4-89　选择打印机端口

⑨ 打开"安装打印机软件"对话框，在"厂商"列表框中选择"Canon"选项，在"打印机"列表框中选择"Canon Bubble-Jet BJC-5500"选项，单击 下一步(N) > 按钮，如图 4-90 所示。

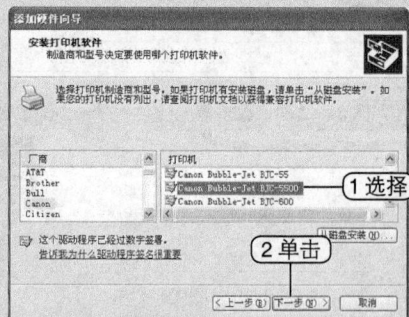

图 4-90　选择打印机

⑩ 打开"命名打印机"对话框，保持默认名称，并选中"否"单选项，单击 下一步(N) > 按钮，

如图 4-91 所示。

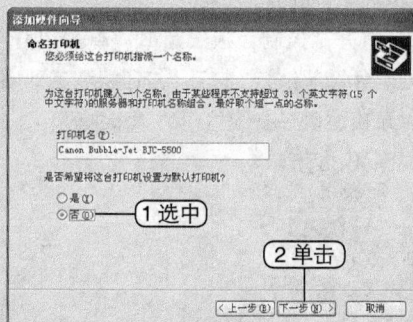

图 4-91　命名打印机

⑪ 打开"打印机共享"对话框，选中"不共享这台打印机"单选项，单击 下一步(N) > 按钮。

⑫ 打开"打印测试页"对话框，选中"否"单选项，单击 下一步(N) > 按钮，如图 4-92 所示。

图 4-92　设置打印机

⑬ 打开"正在完成 添加硬件向导"对话框，单击 完成 按钮完成添加，如图 4-93 所示。

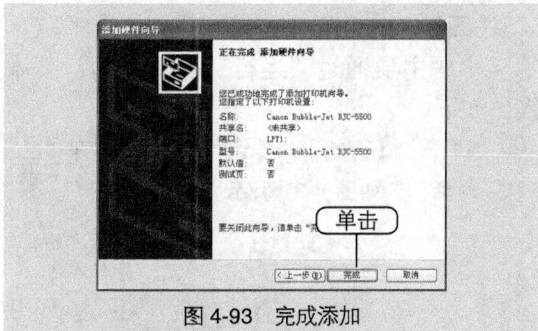

图 4-93 完成添加

本节考点回顾与总结一览表

本节考点	操作方式总结
考点 7：添加应用程序	在"添加或删除程序"窗口中单击"添加新程序"按钮，在打开的窗口中单击 CD 或软盘(F) 按钮，打开"从软盘或光盘安装程序"对话框，然后根据向导进行添加
考点 8：更改应用程序	在"添加或删除程序"窗口中选择要更改的程序，然后单击 更改 按钮
考点 9：删除程序	在"添加或删除程序"窗口中选择要更改的程序，然后单击 更改/删除 按钮
考点 10：添加和删除 Windows 组件	在"添加或删除程序"窗口中单击"添加/删除 Windows 组件"按钮，根据提示向导进行操作即可
考点 11：添加新硬件	操作 1：添加即插即用型硬件设备，插上即可使用 操作 2：添加非即插即用型硬件设备，在"控制面板"窗口中单击"打印机和其他硬件"超链接，在打开的"打印机和其他硬件"窗口中单击"添加硬件"超链接

4.4 应用程序管理

考点12 通过"开始"菜单或通过"运行"选项启动应用程序

考点分析

该考点出现考题的概率较高，但操作比较简单。该考点一般都与其他考点结合起来进行考查，如要求利用写字板新建一个名为"考试.rtf"的文件并保存在桌面上。该考题主要考查新建和保存操作，但该题第一步操作是通过"开始"菜单启动"写字板"程序。

考点破解

启动应用程序的方法有以下两种。

1. 通过"开始"菜单启动

通过"开始"菜单启动应用程序是 Windows 推荐的方式，绝大多数应用程序在安装之后都会在"开始"菜单中创建相应的快速启动选项以方便使用。

通过"开始"菜单启动应用程序的方法为单击 开始 按钮，选择【开始】→【所有程序】命令，在弹出的子菜单中单击相应的程序命令即可启动该程序，如图 4-94 所示。

图 4-94 通过"开始"菜单启动

2. 通过"开始"命令启动

通过"运行"命令启动应用程序的方法为选择【开始】→【运行】命令，打开"运行"对话框，在"打开"文本框中输入需要启动的程序名称，单击 确定 按钮，如图 4-95 所示。

图 4-95　通过"运行"对话框启动

多学一招

在使用【运行】命令启动程序之前，必须了解相应的 Windows 命令或可执行的文件名及其路径。

真题演练

【题目 22】启动"计算器"程序。

本题主要通过【开始】菜单启动，具体操作如下。

1 单击 开始 按钮，打开【开始】菜单。

2 选择【所有程序】→【附件】→【计算器】命令，启动"计算器"程序，操作过程如图 4-96 所示。

图 4-96　启动"计算器"程序

【题目 23】启动"系统配置实用程序"。

本题主要通过"运行"命令启动，具体操作如下。

1 选择【开始】→【运行】命令，打开"运行"对话框，如图 4-97 所示。

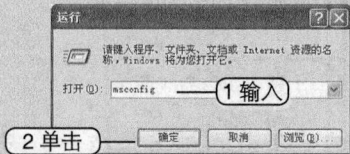

图 4-97　"运行"对话框

2 在"打开"文本框中输入"msconfig"，单击 确定 按钮，打开"系统配置实用程序"对话框，如图 4-98 所示。

图 4-98　"系统配置实用程序"对话框

【题目 24】通过"运行"对话框中的 浏览(B)... 按钮启动画图应用程序，其标识名为：C:\WINDOWS\system32\mspaint.exe。

本题主要是通过"运行"对话框来启动，具体操作如下。

1 选择【开始】→【运行】命令，打开"运行"对话框，单击 浏览(B)... 按钮，打开"浏览"对话框，如图 4-99 所示。

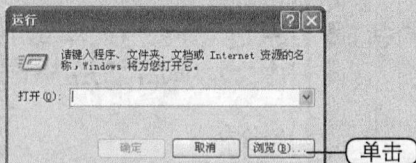

图 4-99　"运行"对话框

② 单击左侧窗格中"我的电脑"图标 💻，然后选择"本地磁盘（C:）"选项，单击 打开⑴ 按钮，或双击"本地磁盘（C:）"选项将其打开，在打开的对话框中利用相同的方法打开"WINDOWS"文件夹，双击"system32"选项将其打开，再选择"mspaint.exe"选项，单击 打开⑴ 按钮，如图4-100所示。

图 4-100 选择要启动的程序文件

③ 返回到"运行"对话框，单击 确定

按钮即可启动画图程序，如图4-101所示。

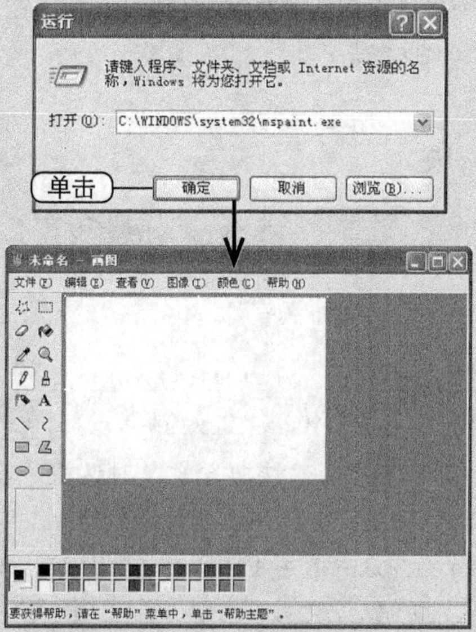

图 4-101 启动画图程序

📖 考场点拨

在考试中除非考题要求，否则通常采用"开始"菜单启动程序。

考点13 创建应用程序快捷方式

🔍 考点分析

该考点抽到考题的概率很高，操作比较简单，通过率较高，如要求通过快捷方式向导为D盘创建快捷方式等。但多数情况是和其他考点结合起来进行考查，如要求通过拖动的方式创建"写字板"程序的快捷方式，并通过该快捷方式启动"写字板"程序等。

🎯 考点破解

创建应用程序快捷方式有以下3种方法。

1. 使用快捷方式向导创建

使用快捷方式向导创建应用程序快捷方式的具体操作如下。

1 在桌面空白处单击鼠标右键，在弹出的快捷菜单中选择【新建】→【快捷方式】命令，如图 4-102 所示。

图 4-102　右键快捷菜单

2 打开"创建快捷方式"对话框，单击 浏览(R)... 按钮，在打开的"浏览文件夹"对话框中找到并选中应用程序所在的文件夹，单击 确定 按钮，如图 4-103 所示。

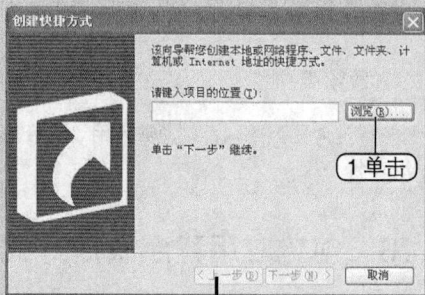

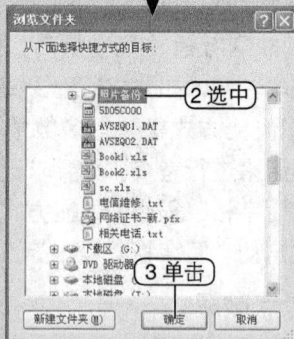

图 4-103　选择要创建快捷方式的文件夹

3 返回"创建快捷方式"对话框，单击 下一步(N) > 按钮，在"键入该快捷方式的名称"文本框中输入快捷方式的名称，这里保持默认设

置，单击 完成 按钮，如图 4-104 所示。

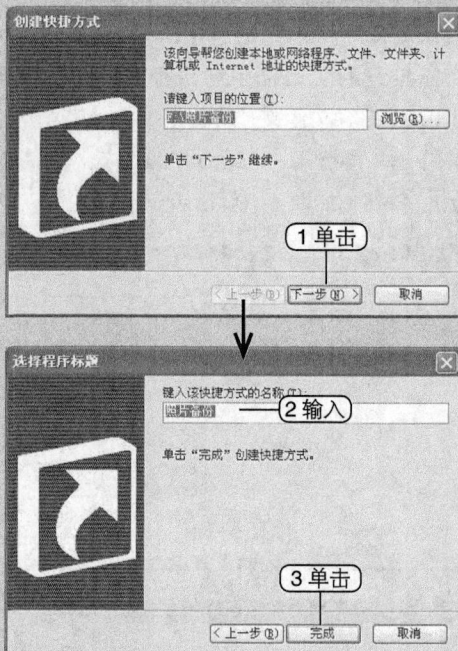

图 4-104　输入名称完成创建

考场点拨

通过向导创建快捷方式在实际工作中很少用到，但却是常考的考点，所以一定要熟练掌握。

2.　直接拖放创建

　　直接拖放创建的方法为在计算机中找到应用程序的图标，按住鼠标右键不放将该图标拖动到桌面上，然后释放鼠标右键，在弹出的快捷菜单中选择"在当前位置创建快捷方式"命令，即可完成快捷方式的创建，如图 4-105 所示。

图 4-105　右键拖动创建快捷方式

3. 利用"发送到"命令创建

利用"发送到"命令创建的方法为单击 开始 按钮，在"开始"菜单中打开该应用程序，在该程序对应的命令上单击鼠标右键，在弹出的快捷菜单中选择【发送到】→【桌面快捷方式】命令，即可完成快捷方式的创建，如图 4-106 所示。

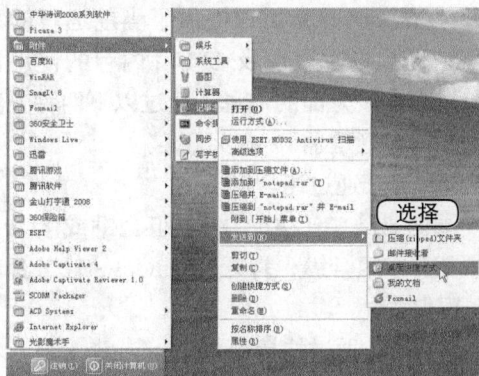

图 4-106　利用"发送到"命令创建快捷方式

📝 真题演练

【题目 25】通过拖动方式为"D:\Program Files\Tudou\飞速 Tudou\TudouVa.exe"应用程序创建快捷方式。

具体操作如下。

1 打开"我的电脑"窗口，双击"D:\Program Files\Tudou\飞速 Tudou"文件夹将其打开，按住鼠标右键不放将其中的"TudouVa.exe"图标拖动到桌面上。

2 释放鼠标右键，在弹出的快捷菜单中选择"在当前位置创建快捷方式"命令，即可完成快捷方式的创建。

【题目 26】通过快捷方式向导为 D 盘创建快捷方式。

具体操作如下。

1 在桌面空白处单击鼠标右键，在弹出的快捷菜单中选择【新建】→【快捷方式】命令。

2 打开"创建快捷方式"对话框，在"请键入项目的位置"文本框中输入"D:\"，单击 下一步(N) 按钮，打开"选择程序标题"对话框，在其中输入该快捷方式的名称，然后单击 完成 按钮，如图 4-107 所示。

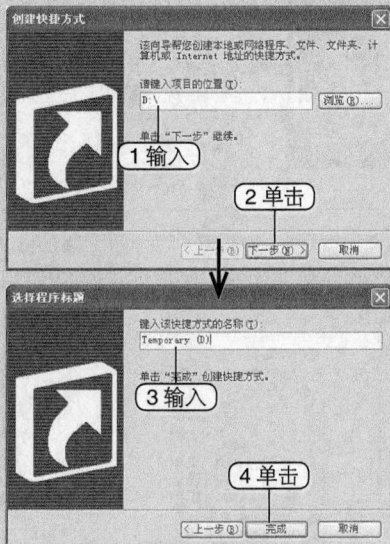

图 4-107　通过快捷方式向导为 D 盘创建快捷方式

【题目 27】利用快捷方式向导，在桌面上为文件夹"C:\Program Files\Messenger"中的应用程序"msmsgs.exe"创建名为"MSN"的快捷方式。

本题主要是通过"创建快捷方式"对话框进行操作，具体如下。

1 在桌面空白处单击鼠标右键，在弹出的快捷菜单中选择【新建】→【快捷方式】命令。

2 打开"创建快捷方式"对话框，执行以下任一种方法创建快捷方式。

方法 1：在"请键入项目的位置"文本框中输入"C:\Program Files\Messenger\msmsgs.exe"。

方法 2：单击 浏览(R)… 按钮，打开"浏览文件夹"对话框，单击"我的电脑"选项将其展开，然后单击"本地磁盘（C）"选项，在其下选择"Program Files"文件夹，在其中选择"Messenger"文件夹，在文件夹下选择"msmsgs.exe"选项，单击 确定 按钮，返回"创建快捷方式"对话框，如图 4-108 所示。

图 4-108 选择程序

3 单击 下一步(N) 按钮，在打开的"选择程序标题"对话框的"键入该快捷方式的名称"文本框中输入"MSN"，单击 完成 按钮，如图 4-109 所示。

图 4-109 输入名称完成创建

考点14 任务管理器的使用

考点分析

任务管理器的使用在考试中出现的概率较小，命题方式通常为在任务管理器中关闭"我的电脑"程序或"QQ.exe"进程等。

考点破解

任务管理器为用户提供了当前运行的程序和进程的情况，以及 CPU、内存的使用情况和网络连接方面的信息。通过以下两种方法可打开任务管理器。

方法 1：通过组合键。

同时按【Ctrl+Alt+Del】组合键或【Ctrl+Shift+Esc】组合键，打开"Windows 任务管理器"窗口。

方法 2：通过快捷菜单。

在任务栏的空白处单击鼠标右键，在弹出的快捷菜单中选择"任务管理器"命令，打开"Windows 任务管理器"窗口。

1."应用程序"选项卡

"应用程序"选项卡中显示了当前运行的应用程序，如图 4-110 所示。在其中可进行启动和关闭应用程序的操作。

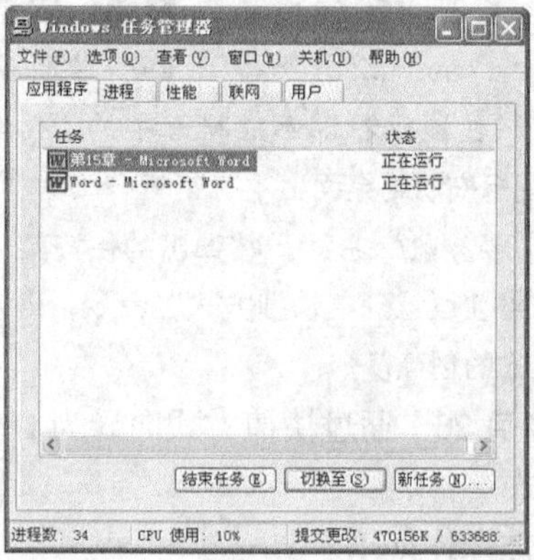

图 4-110 "应用程序"选项卡

方法1：关闭应用程序。

关闭应用程序的方法为打开任务管理器窗口，选择未响应的应用程序，单击 结束任务(E) 按钮，打开"结束程序"对话框，单击 立即结束(E) 按钮，关闭选择的应用程序。

方法2：启动应用程序。

在"应用程序"选项卡中单击 新任务(N)... 按钮，打开"创建新任务"对话框，单击 浏览(B)... 按钮，打开"浏览"对话框。在该对话框中找到要启动的应用程序，单击 打开(O) 按钮，返回"创建新任务"对话框，单击 确定 按钮启动该应用程序。

2."进程"选项卡

在"进程"选项卡中可看到各个进程的名称及进程的一些详细信息，如图4-111所示。在查看进程时，如果某一进程已停止响应或是不需要的进程，可将其关闭，这样可提高系统的运行速度。结束进程有以下两种方法。

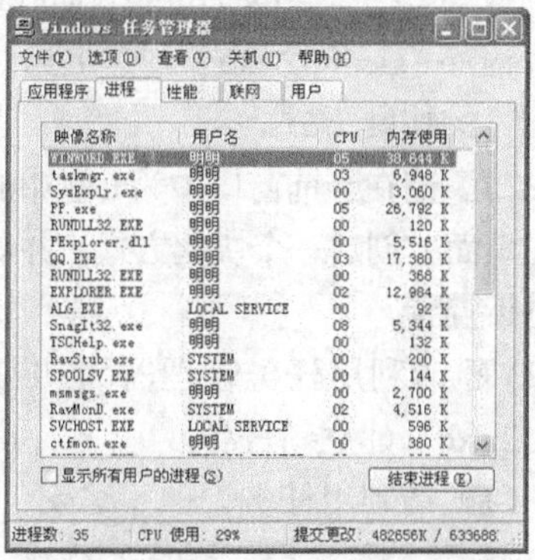

图4-111 "进程"选项卡

方法1：选择要结束的进程，单击窗口右下角的 结束进程(E) 按钮，在打开的警告提示对话框中单击 是(Y) 按钮关闭选中的进程。

方法2：在要结束的进程上单击鼠标右键，在弹出的快捷菜单中选择"结束进程"命令，在打开的警告提示对话框中单击 是(Y) 按钮关闭选中的进程。

真题演练

【题目28】在任务管理器中关闭"我的电脑"程序。

本题在"应用程序"选项卡中进行操作，具体如下。

1 按【Ctrl+Alt+Del】组合键或执行任务栏右键菜单中的"任务管理器"命令，打开"Windows任务管理器"窗口，单击"应用程序"选项卡。

2 在列表框中选择"我的电脑"选项，单击 结束任务(E) 按钮，打开"结束程序"对话框，单击 立即结束(E) 按钮，关闭选择的应用程序。

【题目29】在任务管理器中关闭"QQ.exe"进程。

本题在"进程"选项卡中进行操作，具体如下。

1 按【Ctrl+Alt+Del】组合键或执行任务栏右键菜单中的"任务管理器"命令，打开"Windows任务管理器"窗口，切换到"进程"选项卡。

2 在列表框中选择"QQ.exe"选项，单击窗口右下角的 结束进程(E) 按钮，在打开的警告提示对话框中单击 是(Y) 按钮关闭选中的进程。

本节考点回顾与总结一览表

本节考点	操作方式总结
考点12：通过"开始"菜单或"运行"选项启动应用程序	方法1：【开始】→【运行】命令 方法2：【开始】→【所有程序】命令
考点13：建立应用程序快捷方式	方法1：在右键菜单中选择【新建】→【快捷方式】→创建快捷方式向导 方法2：右键直接拖动 方法3：在右键菜单中选择【发送到】→【桌面快捷方式】
考点14：任务管理器的使用	方法1：使用【Ctrl+Alt+Del】或【Ctrl+Shift+Esc】组合键打开 方法2：通过右键菜单

4.5 过关精练

以下试题在题库光盘中的对应位置：

各题练习环境为光盘:\同步练习\第4章\
各题解答演示见光盘:\试题精解\第4章\

第1题 利用"本地磁盘（D：）属性"对话框为D盘加卷标"程序盘"。

第2题 请利用"我的电脑"窗口，快速格式化可移动磁盘(N:)，添加卷标为"考试资料"。

第3题 打开"我的电脑"窗口，对C盘进行磁盘清理。

第4题 通过"我的电脑"对D盘进行"共享"设置。

第5题 通过"我的电脑"窗口对D盘进行磁盘碎片整理。

第6题 为系统创建一个还原点，名称为"安装软件后"，以便计算机损坏时好还原系统。

第7题 使用"我的电脑"窗口对可移动磁盘进行格式化（非快速格式化）。

第8题 使用"我的电脑"窗口对可移动磁盘进行扫描并恢复被损坏的扇区。

第9题 备份F盘中名为"公司文件"的文件夹到D盘中。

第10题 还原D盘中的备份文件到原位置。

第11题 请利用控制面板添加Windows组件"MSN Explorer"。

第12题 将可移动磁盘快速格式化为MS-DOS启动盘。

第13题 在当前窗口中将C盘中的"我的文档和设置"备份到G盘中，名字为"我的文档和设置"，备份完成后，打开G盘查看备份的文件。

第14题 利用磁盘属性对话框，将G盘设置为网络共享，共享名为"学习"，并允许网络用户更改其中的文件。

第15题 通过"开始"菜单对G盘进行磁盘清理。

第16题 利用资源管理器，清理C盘中的临时文件和回收站中的垃圾文件。

第17题 利用"开始"菜单打开还原程序，将"要还原的项目"中的第三个项目中的文件进行还原。

第18题 在当前窗口中通过E盘打开还原程序，将"要还原的项目"中的第三个项目中的文件进行还原。

第19题 通过"开始"菜单设置所有驱动器关闭系统还原功能。

第20题 利用快捷方式向导，在桌面上为文件夹"C:\Office"中的应用程序"EXCEL.EXE"创建名为"EXCEL"的快捷方式。

第21题 利用快捷方式向导在桌面上的"快捷方式"文件夹中，给文件夹"E:\UltraEdit-32"中的应用程序"Uedit32.exe"创建名为"32位文本编辑器"的快捷方式。

第22题 请在当前窗口中为E盘中的"资料"文件夹在桌面上创建一个快捷方式，并最小化当前窗口进行查看。

第23题 请利用任务管理器为"E:\UltraEdit-32\Uedit32.exe"建立新任务。

第24题 请利用任务管理器结束"记事本"程序。

第25题 请通过任务管理器运行"msconfig"程序。

第26题 请利用控制面板删除"CNTV网页点播加速器 1.0.2.0"。

第27题 请利用控制面板更改"Microsoft Office Professional Edition 2003"，为本计算机添加Office工具中的"语言设置工具"(Microsoft Office安装盘已插入光驱中)。

第 5 章 Windows XP的附件

Windows XP 附件是由系统自带的一组程序组成的，除了前面所讲的管理磁盘的系统工具外，还包括很多其他程序可供用户使用。本章主要考查 Windows XP 的附件，共 24 个考点，例如可对文字进行简单编辑的记事本、可进一步编辑文字的写字板、绘制图画的画图程序、计算数据的计算器、剪贴板、放大镜和屏幕键盘等。本章考点的具体复习要求如下。

本章考点

☑ **要求掌握的考点**

考点级别：★★★

- 记事本文件的操作
- 在记事本中输入文本
- 编辑记事本中的文本
- 打印记事本文件
- 在写字板中输入文本
- 在写字板中编辑文本
- 格式化文本
- 绘图前的准备
- 绘图操作
- 编辑选择的图形
- 绘图技巧

☑ **要求熟悉的考点**

考点级别：★★

- 标准型计算器的使用
- 科学型计算器的使用

☑ **要求了解的考点**

考点级别：★

- 管理联系人信息
- 放大镜的使用
- 屏幕键盘的使用
- 打开剪贴板
- 将内容放入剪贴板
- 保存剪贴板中的内容
- 使用剪贴板中的内容
- 清除剪贴板中的内容
- 对段落进行排版
- 插入对象
- 创建联系人组权限管理

5.1 记事本

考点1 记事本文件的操作

考点分析

该考点出现考题的概率较高，通常将几个操作结合起来考查，如要求新建记事本文件，并将其以“测试”为名保存到 D 盘中等。

考点破解

选择【开始】→【所有程序】→【附件】→【记事本】命令，即可打开记事本窗口，在其中可进行新建文件、保存文件、打开文件和关闭文件等操作。

1. 新建记事本文件

新建记事本文件的方法为在记事本窗口中选择【文件】→【新建】命令或按【Ctrl+N】

组合键。

2. 保存记事本文件

保存记事本文件的方法为选择【文件】→【保存】命令，打开"另存为"对话框，在该对话框的"保存在"下拉列表框中选择要保存的位置，在"文件名"文本框中输入文件名，然后单击 保存(S) 按钮，如图 5-1 所示。

图 5-1 保存记事本文件

3. 打开记事本文件

打开记事本文件的方法为选择【文件】→【打开】命令或按【Ctrl+O】组合键，打开"打开"对话框，在该对话框中选择要打开的文件，然后单击 打开(O) 按钮，如图 5-2 所示。

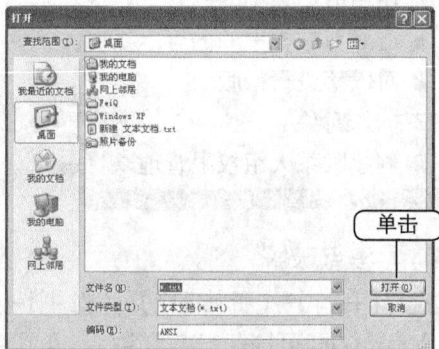

图 5-2 打开记事本文件

4. 关闭记事本文件

关闭记事本文件的方法为选择【文件】→【退出】命令，或者单击标题栏右侧的"关闭"按钮 X，如图 5-3 所示。

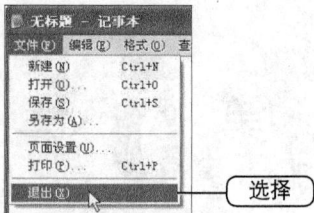

图 5-3 关闭记事本文件

真题演练

【题目1】新建记事本文件，并将其以"测试"为名称保存到 D 盘中。

具体操作如下。

① 选择【开始】→【所有程序】→【附件】→【记事本】命令，打开记事本窗口。

② 选择【文件】→【保存】命令，打开"另存为"对话框。

③ 在"保存在"下拉列表框中选择 D 盘，在"文件名"文本框中输入"测试"，然后单击 保存(S) 按钮，如图 5-4 所示。

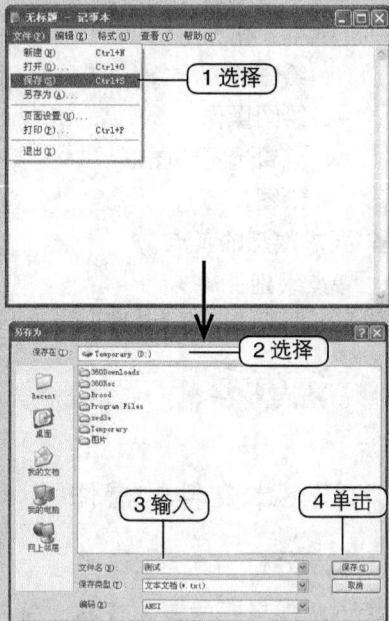

图 5-4 新建并保存记事本文件

【题目2】在记事本窗口中打开 D 盘中的

"测试 .txt" 文件, 并将其关闭。

具体操作如下。

> ❶ 选择【开始】→【所有程序】→【附件】→【记事本】命令, 打开记事本窗口。
>
> ❷ 选择【文件】→【打开】命令, 打开 "打开" 对话框。
>
> ❸ 在 "查找范围" 下拉列表框中选择 D 盘, 在列表框中选择 "测试" 文件, 然后单击 打开(O) 按钮。
>
> ❹ 选择【文件】→【退出】命令, 关闭文件。

【题目3】利用记事本新建一个文本文档, 保存在 D 盘根目录下, 文件名为 "KS.txt", 然后关闭。

具体操作如下。

> ❶ 选择【开始】→【所有程序】→【附件】→【记事本】命令, 打开 "记事本" 窗口。
>
> ❷ 选择【文件】→【保存】命令, 打开 "另存为" 对话框, 在 "保存在" 下拉列表框中选择 D 盘, 在 "文件名" 文本框中输入 "KS", 单击 保存(S) 按钮。
>
> ❸ 选择【文件】→【退出】命令, 或者单击标题栏右侧的 "关闭" 按钮☒, 关闭 "记事本" 窗口。

考点2　在记事本中输入文本

🔍 考点分析

该考点出现考题的概率较高, 考查内容主要集中在设置自动换行和插入系统的日期和时间两方面, 如要求为 D 盘中的 "测试" 文件设置自动换行或在 D 盘中的 "测试" 文件中插入当前的系统日期和时间等。

🎯 考点破解

输入文本时包含设置自动换行、使用快捷键移动插入点、快速输入日期和时间等操作。

1. 设置自动换行

在记事本中输入文本时, 如需自动换行, 则选择【格式】→【自动换行】命令, 使其前面的 "√" 标记显示, 如图 5-5 所示。

图 5-5　设置自动换行

2. 使用快捷键移动插入点

在记事本中可使用以下快捷键来移动插入点。

- ◆【Home】键: 移动插入点到一行文本的行首。
- ◆【End】键: 移动插入点到一行文本的行尾。
- ◆【Ctrl+Home】组合键: 移动插入点到文件的开头。
- ◆【Ctrl+End】组合键: 移动插入点到文件尾部。
- ◆【PageUp】键: 将插入点上移一页。
- ◆【PageDown】键: 将插入点下移一页。

3. 快速输入日期和时间

将插入点定位到记事本中, 然后选择【编辑】→【时间/日期】命令, 即可插入当前系统的日期和时间, 如图 5-6 所示。

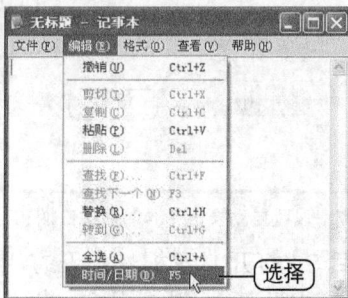

图 5-6　快速插入日期和时间

真题演练

【题目4】为D盘中的"测试"文件设置自动换行，并插入当前的系统日期和时间。

本题其实考查了打开文件、自动换行和输入日期和时间3个操作，具体操作如下。

1️⃣ 选择【开始】→【所有程序】→【附件】→【记事本】命令，打开记事本窗口。

2️⃣ 选择【文件】→【打开】命令，打开"打开"对话框。

3️⃣ 在"查找范围"下拉列表框中选择D盘，在列表框中选择"测试"文件，然后单击 打开(O) 按钮，打开"测试"文件。

4️⃣ 选择【格式】→【自动换行】命令，使其前面的"√"标记显示。

5️⃣ 选择【编辑】→【时间/日期】命令，插入当前系统的日期和时间，如图5-7所示。

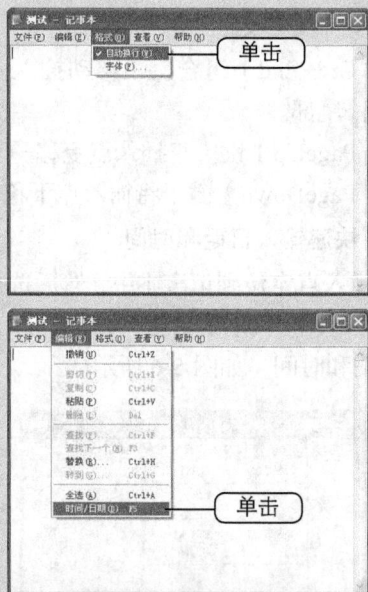

图5-7　设置自动换行并插入系统日期和时间

【题目5】打开D盘根目录下的"KS"文件，将记事本设置为不自动换行，并在其中输入"预祝考试成功"。

本题需要首先打开文件，然后在记事本中输入文本，具体操作如下。

1️⃣ 选择【开始】→【所有程序】→【附件】→【记事本】命令，打开"记事本"窗口。

2️⃣ 选择【文件】→【打开】命令，打开"打开"对话框，在"查找范围"下拉列表框中选择D盘，在列表框中选择"KS.txt"文件，单击 打开(O) 按钮，打开文件。

3️⃣ 选择【格式】→【自动换行】命令，使其前面的"√"标记隐藏，如图5-8所示，然后输入"预祝考试成功"文本。

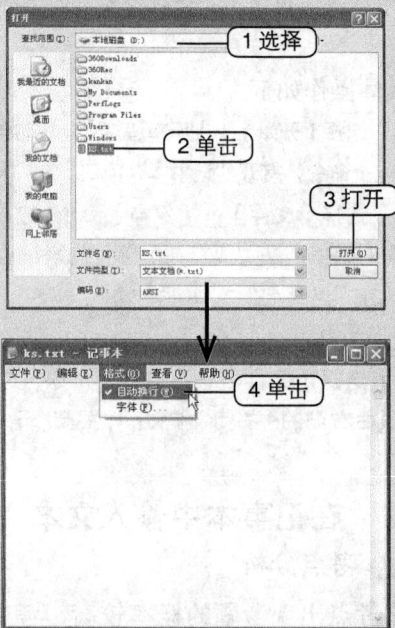

图5-8　设置自动换行并输入文本

考点3　编辑记事本中的文本

考点分析

该考点较易出现在考题中，其中查找和替换文本考查的概率较大，同时因为部分操作与对文件和文件夹的操作方法类似，所以考生要注意总结复制、剪切对象的方法。

考点破解

在记事本中输入文本后可对其进行编辑操作，如选择文本、删除文本、插入文本、剪切和复制文本，以及查找和替换文本。

1. 选择文本

选择文本有以下3种方法。

方法1：在需要选择的文本的开始处按住鼠标左键不放，然后拖曳鼠标指针到文本的末尾处即可，如图5-9所示。

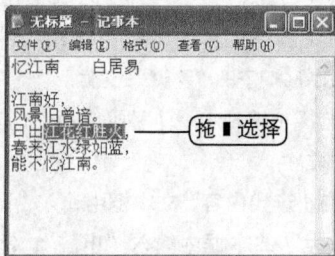

图5-9 利用鼠标选择文本

方法2：先选择需要选择的文本的开始位置，按住鼠标左键不放，选择一个或几个字符，然后再按住【Shift】键不放，将鼠标指针移动到文本的最后一个字符处并单击即可。

方法3：选择【编辑】→【全选】命令或按【Ctrl+A】组合键，如图5-10所示。

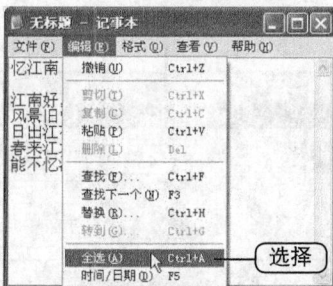

图5-10 选择全部文本

2. 删除文本

删除文本有以下3种方法。

方法1：删除光标后面的字符按【Delete】键。

方法2：删除光标前面的字符按【Backspace】键。

方法3：选择需要删除的文本后，选择【编辑】→【删除】命令，如图5-11所示，或者按【Delete】键，或者按【Backspace】键。

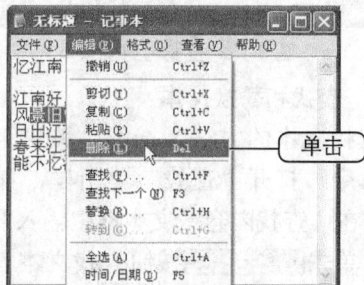

图5-11 删除文本

3. 插入文本

在已输入的文本中插入文本的方法比较简单，只需要将光标定位到需要插入文本的位置，然后插入所需的文本即可。

4. 复制与剪切文本

复制文本的方法与剪切文本的方法类似，复制文本时，先选择要复制的文本内容，然后选择【编辑】→【复制】命令或按【Ctrl+C】组合键；剪切文本时，先选择要剪切的文本内容，然后选择【编辑】→【剪切】命令或按【Ctrl+X】组合键，最后在目标位置选择【编辑】→【粘贴】命令或按【Ctrl+V】组合键，完成复制或剪切操作，如图5-12所示。

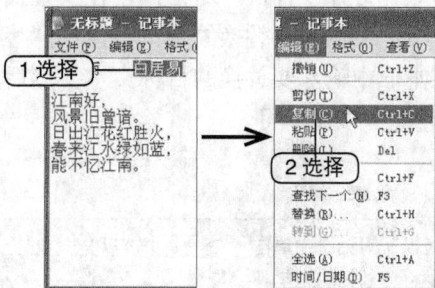

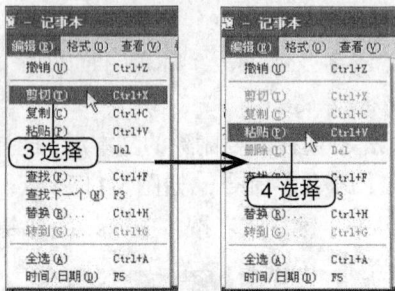

图 5-12　复制与剪切文本

5. 查找和替换文本

查找文本的方法为选择【编辑】→【查找】命令，打开"查找"对话框，如图 5-13 所示，在"查找内容"文本框中输入要查找的文本，单击 查找下一个(F) 按钮查找文本，继续单击 查找下一个(F) 按钮将查找下一个文本。

图 5-13　打开"查找"对话框

替换文本的方法为选择【编辑】→【替换】命令，打开"替换"对话框，在"查找内容"文本框中输入要替换的源文本，在"替换为"文本框中输入要替换的目标文本，然后单击 替换(R) 按钮即可。

多学一招

在"替换"对话框中单击 全部替换(A) 按钮可一次性全部替换符合条件的文本。

真题演练

【题目6】将 D 盘中的"测试"文件中的"计算机"全部替换为"电脑"。

本题需要使用 全部替换(A) 按钮，具体操作如下。

1　选择【开始】→【所有程序】→【附件】→【记事本】命令，打开记事本窗口。

2　选择【文件】→【打开】命令，打开"打开"对话框。

3　在"查找范围"下拉列表框中选择 D 盘，在列表框中选择"测试"文件，然后单击 打开(O) 按钮，打开"测试"文件。

4　选择【编辑】→【替换】命令，打开"替换"对话框。

5　在"查找内容"文本框中输入"计算机"，在"替换为"文本框中输入"电脑"，然后单击 全部替换(A) 按钮即可全部替换文本，如图 5-14 所示。

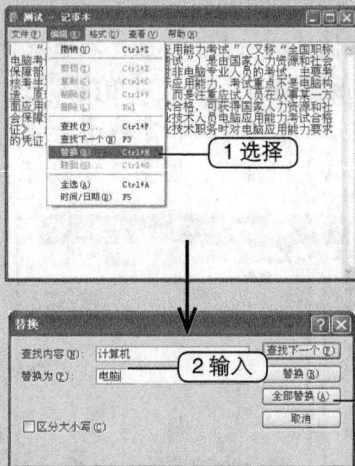

图 5-14　替换文本

【题目7】将 D 盘中的"测试"文件中的所有内容删除。

本题有多种方法可删除文本，选择其中一种即可，具体操作如下。

1 打开记事本窗口，通过命令打开"测试"文件。

2 选择【编辑】→【全选】命令或按【Ctrl+A】组合键选择全部文本。

3 按【Delete】键删除选择的文本。

【题目8】通过命令在记事本中打开 D 盘中的"资料"文件，然后将其中的"帐号"替换为"账号"，然后关闭对话框后保存文件。

本题首先要打开文件，然后将文件中的错误词组替换，具体操作如下。

1 在"记事本"窗口中，选择【文件】→【打开】命令，打开"打开"对话框，在"查找范围"下拉列表框中选择 D 盘，在列表框中选择"资料"文件，单击 打开(O) 按钮，打开文件。

2 选择【编辑】→【替换】命令，打开"替换"对话框，在"查找内容"文本框中输入"帐号"，在"替换为"文本框中输入"账号"，单击 全部替换(A) 按钮即可全部替换文本，如图 5-15 所示，然后单击"关闭"按钮 关闭对话框。

3 选择【文件】→【保存】命令保存文件。

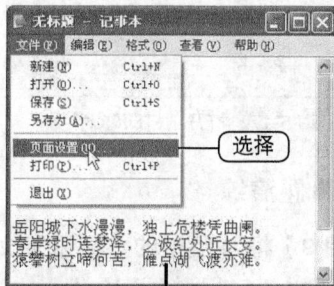

图 5-15　全部替换文本

多学一招

在"记事本"窗口中按【Ctrl+F】组合键也可打开"查找"对话框。

考点4　打印记事本文件

考点分析

该考点出现在考题中的概率较高，其命题方式比较简单，如要求将 D 盘中的"测试"文件以 A4 纸型打印 10 份。

考点破解

打印记事本文件的方法为选择【文件】→【页面设置】命令，在打开的"页面设置"对话框中对文档页面进行设置，如图 5-16 所示。

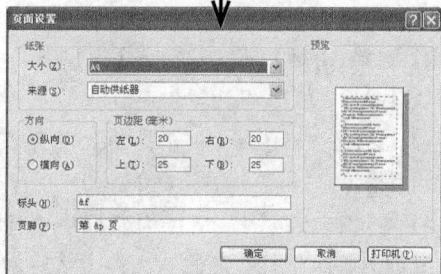

图 5-16　打开"页面设置"对话框

单击 确定 按钮后选择【文件】→【打印】命令，在打开的"打印"对话框中选择打印机，并在"份数"数值框中输入打印的份数，然后单击 打印(P) 按钮即可，如图 5-17 所示。

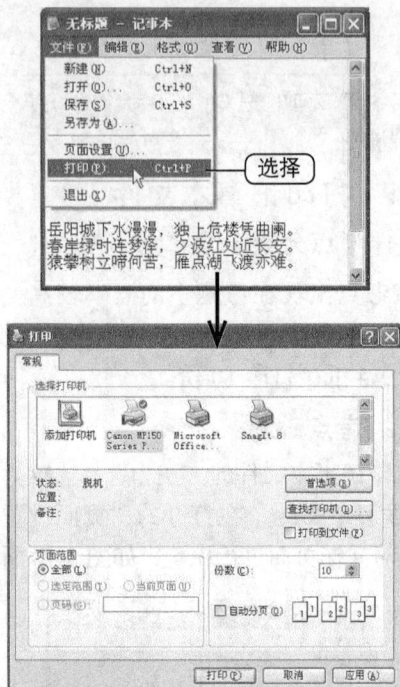

图 5-17 打开"打印"对话框

📝 **真题演练**

【题目9】将D盘中的"测试"文件使用默认打印机以 A4 纸型打印 10 份。

具体操作如下。

■1 选择【开始】→【所有程序】→【附件】→【记事本】命令，打开"记事本"窗口。

■2 选择【文件】→【打开】命令,打开"打开"对话框。

■3 在"查找范围"下拉列表框中选择 D 盘,在列表框中选择"测试"文件，然后单击 保存(S) 按钮，打开"测试"文件。

■4 选择【文件】→【页面设置】命令，打开"页面设置"对话框,在"纸张"选项组的"大小"下拉列表框中选择"A4"选项，然后单击 确定 按钮。

■5 选择【文件】→【打印】命令,打开"打印"

对话框，在"选择打印机"列表框中选择默认的打印机，在"份数"数值框中输入"10"，然后单击 打印(P) 按钮，如图 5-18 所示。

图 5-18 打印文件

【题目10】为 D 盘中的"资料"文件设置打印方向为"横向"。

具体操作如下。

■1 选择【开始】→【所有程序】→【附件】→【记事本】命令，打开"记事本"窗口。

■2 选择【文件】→【打开】命令,打开"打开"对话框。

■3 在"查找范围"下拉列表框中选择 D 盘,在列表框中选择"资料"文件,单击 打开(O) 按钮,打开"资料"文件。

■4 选择【文件】→【页面设置】命令，在打开的"页面设置"对话框的"方向"选项组中选中"横向"单选项，单击 确定 按钮，如图 5-19 所示。

图 5-19　设置打印页面

本节考点回顾与总结一览表

本节考点	操作方式总结
考点1： 记事本文件的操作	新建文件：选择【文件】→【新建】命令
	保存文件：选择【文件】→【保存】命令
	打开文件：选择【文件】→【打开】命令
	关闭文件：选择【文件】→【退出】命令
考点2： 在记事本中输入文本	操作1：选择【格式】→【自动换行】命令，设置自动换行
	操作2：使用快捷键移动插入点
	操作3：选择【编辑】→【时间/日期】命令快速输入日期和时间
考点3： 编辑记事本中的文本	操作1：3种选择文本的方法包括使用鼠标选择，使用鼠标和键盘选择，选择【编辑】→【全选】命令
	操作2：4种删除文本的方法包括按【BackSpace】键，选择【编辑】→【删除】命令或按【Delete】键，选择【编辑】→【剪切】命令
	操作3：定位光标插入文本
	操作4：选择【编辑】→【剪切】命令或选择【编辑】→【复制】命令剪切或复制文本
	操作5：选择【编辑】→【查找】命令，查找和替换文本
考点4： 打印记事本文件	选择【文件】→【页面设置】命令，设置页面，单击 打印(P) 按钮打印文本

5.2　写字板

考点5　在写字板中输入文本

考点分析

在写字板中输入文本的操作通常和其他考点结合起来考查，如要求选择一种中文输入法，在"写字板"程序窗口中输入"计算机职称考试"的内容。

考点破解

在写字板中输入文本的方法为选择【开始】→【所有程序】→【附件】→【写字板】命令，打开"写字板"窗口，在其操作界面的文本编辑区会出现一个闪烁的光标，这是文本插入点，在此处输入文字即可，如图5-20所示。

考场点拨

在输入文本之前，应先切换到相应的输入法，然后输入所需的英文或汉字。当输入的文字到达窗口右边界时，文字会自动换行(按【Enter】键可手动换行)。

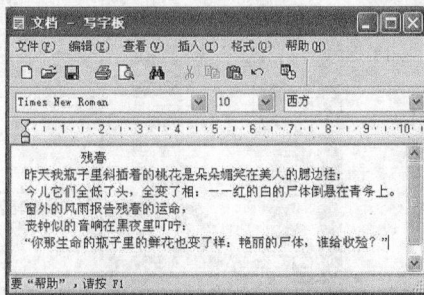

图 5-20　在写字板中输入文本

真题演练

【题目11】选择一种中文输入法，在"写字板"窗口中输入文字"春晓"。

具体操作如下。

1 选择【开始】→【所有程序】→【附件】→【写字板】命令，打开"写字板"窗口。

2 切换至中文输入法，在文本插入点处输入"春晓"，如图5-21所示。

图 5-21　在写字板中输入文本

【题目12】在打开的"写字板"文档中输入"office &办公"。

本题需要打开动态键盘输入其中的特殊符号，具体操作如下。

1 选择【开始】→【所有程序】→【附件】→【写字板】命令，打开"写字板"窗口。

2 输入"office"，然后打开动态键盘，输入"&"，最后切换至中文输入法，在其后输入"办公"，如图5-22所示。

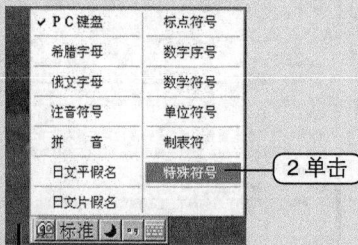

图 5-22　在写字板中输入文本

误区提醒

考试中如果题目没有要求将输入的内容进行分段或换行，那么考生直接输入文本通常不会影响最后的得分。

考点6　在写字板中编辑文本

考点分析

该考点出现考题的概率较低，大部分操作与记事本中的文本操作相同。因此当考试中已经出现与编辑记事本中的文本相关的考题后，一般不会再考查本考点了。

考点破解

在写字板中编辑文本的操作包括选择文本，插入、改写与删除文本，查找与替换文本以及其他一些文本操作。

1．选择文本

选择文本有以下3种方法。

方法1：按住鼠标左键不放，然后在要选择的文本上拖动鼠标指针，指针经过的文本将以反白显示，表示这些文本已被选中，如图5-23所示。

图 5-23　选择文本

方法2：双击要选择的一段文本中的任意一行或在该段中快速地单击鼠标左键3次。

方法3：选择整篇文本时，选择【编辑】→【全选】命令。

2．插入、改写与删除文本

插入文本主要用于漏输文本的情况，插入文本的方法为在需插入文本的位置单击，此时文本插入点将出现在该位置，然后切换输入法并输入所需的文本即可，如图5-24所示。

残春
昨天我瓶子里斜插着的桃花是朵朵媚笑在美人的腮边挂；

残春 作者：徐志摩
昨天我瓶子里斜插着的桃花是朵朵媚笑在美人的腮边挂；

图 5-24　插入文本

若要将一些错误的文本改写成正确的文本，方法有如下两种。

方法 1：先选择需要改写的文本，然后切换至需要的输入法，此时直接输入所需的文本即可将选择的文本修改为输入的文本，如图 5-25 所示。

残春 作者：徐志摩
昨天我瓶子里斜插着的桃花是朵朵媚笑在美人的腮边挂；

残春 诗人：徐志摩
昨天我瓶子里斜插着的桃花是朵朵媚笑在美人的腮边挂；

图 5-25　改写文本

方法 2：当写字板窗口处于"插入"模式时，按【Insert】键，切换到"改写"模式，此时输入的字符将覆盖插入点右边的字符。

删除写字板文本中一些多余或错误的文本有以下 3 种方法。

方法 1：将文本插入点定位到需删除的文本的第 1 个字符的左侧，然后按【Delete】键。

方法 2：将文本插入点定位到需删除的文本的最后 1 个字符的右侧，然后按【Back Space】键。

方法 3：选择需删除的文本，然后按【Delete】键或【Back Space】键，如图 5-26 所示。

残春 作者：徐志摩
昨天我瓶子里斜插着的桃花是朵朵媚笑在美人的腮边挂；

残春 徐志摩
昨天我瓶子里斜插着的桃花是朵朵媚笑在美人的腮边挂；

图 5-26　删除文本

3. 查找与替换文本

查找文本的方法为选择【编辑】→【查找】命令，打开"查找"对话框，在"查找内容"文本框中输入要查找的文本，单击 查找下一个(F) 按钮查找文本，继续单击 查找下一个(F) 按钮将查找下一个文本。

替换文本的方法为选择【编辑】→【替换】命令，打开"替换"对话框，如图 5-27 所示。在"查找内容"文本框中输入要替换的源文本，在"替换为"文本框中输入要替换的目标文本，然后单击 替换(R) 按钮即可。

图 5-27　"替换"对话框

4. 其他文本编辑操作

在编辑文本时，有时需调整个别词组或句子的位置，这时会涉及文本的移动操作，其方法为首先选择需移动的文本，其次选择【编辑】→【剪切】命令或按【Ctrl+X】组合键，如图 5-28 所示，最后将文本插入点定位到目标位置后，选择【编辑】→【粘贴】命令或按【Ctrl+V】组合键，将所选文本粘贴到目标位置。

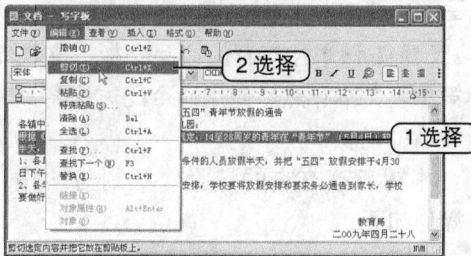

图 5-28　剪切文本

除移动文本外，有时还要复制文本，其方法与移动文本类似，首先选择需复制的文本，其次选择【编辑】→【复制】命令或按【Ctrl+C】组合键，最后将文本插入点定位到目标位置，选择【编辑】→【粘贴】命令或按【Ctrl+V】组合键，将所选文本粘贴到目标位置。

真题演练

【题目13】使用写字板打开D盘中的"测试"文件，使用改写功能将其第1行中的"考试"修改为"测试"，并将文本中所有"计算机"替换为"电脑"。

具体操作如下。

1 选择【开始】→【所有程序】→【附件】→【写字板】命令，打开写字板窗口。

2 选择【文件】→【打开】命令，打开"打开"对话框。

3 在"查找范围"下拉列表框中选择D盘，在列表框中选择"测试"文件，然后单击 打开(O) 按钮，打开"测试"文件。

4 按【Insert】键，切换到"改写"模式，将文本插入点定位到全文第1行的位置，输入"测试"。

5 选择【编辑】→【替换】命令，打开"替换"对话框。

6 在"查找内容"文本框中输入"计算机"，在"替换为"文本框中输入"电脑"，然后单击 全部替换(A) 按钮即可替换文本。

【题目14】在打开的"写字板"文档中选择第1段文本，然后使用命令的方法将其粘贴至最后位置。

本题考查文本的选择、复制与粘贴，具体操作如下。

1 执行以下任一种操作选择文本。

方法1：按住鼠标左键不放，在第1段文本上拖动鼠标指针，选择该文本。

方法2：用鼠标左键双击第1段文本的任意一行或在该段中快速地单击鼠标左键3次。

2 选择【编辑】→【复制】命令，将文本

插入点定位到文章的最后位置，选择【编辑】→【粘贴】命令，粘贴文本，如图5-29所示。

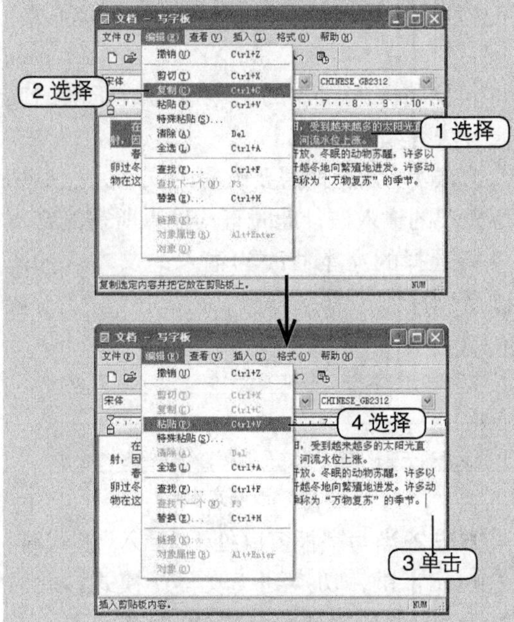

图 5-29　粘贴文本

考点7　格式化文本

考点分析

该考点的操作比较简单，命题比较直接。通常考试中使用"字体"对话框进行设置即可，除非命题要求使用格式栏进行设置。

考点破解

在"写字板"窗口中可对文本的字体进行各种设置，包括字体样式、字体大小和字体外观等，其方法为打开"写字板"窗口，打开需要设置的文件，选择需设置字体的文本，然后选择【格式】→【字体】命令，在打开的"字体"对话框的"字体"列表框中设置字体，在"字形"列表框中设置字形，在"大小"列表框中设置字号，在"效果"选项组中设置文本效果，在"颜色"下拉列表框中设置字体的颜色，设置完成后单击 确定 按钮即可，如图5-30所示。

图 5-30　打开"字体"对话框

多学一招

在"写字板"窗口中有一个格式栏，通过其中的各下拉列表框和按钮也能设置文本的格式。

真题演练

【题目15】使用写字板打开D盘中的"测试"文件，将第1行文本设置为隶书、22、蓝色。

本题通过"字体"对话框进行设置，具体操作如下。

1 选择【开始】→【所有程序】→【附件】→【写字板】命令，打开"写字板"窗口。

2 选择【文件】→【打开】命令，打开"打开"对话框。

3 在"查找范围"下拉列表框中选择D盘，在列表框中选择"测试"文件，然后单击打开(O)按钮，打开"测试"文件。

4 选择第1行文本，选择【格式】→【字体】命令，打开"字体"对话框。

5 在"字体"列表框中选择"隶书"选项，在"大小"列表框中选择"22"选项，在"颜色"

下拉列表框中选择"蓝色"选项，单击 确定 按钮即可，如图 5-31 所示。

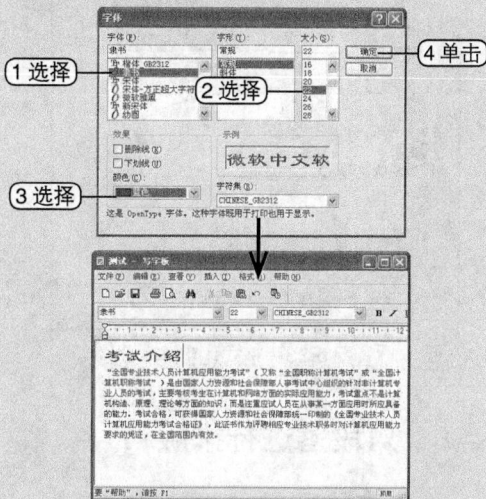

图 5-31　格式化文本

【题目16】打开桌面上的"写字板"程序，将第1段中的第1句话设置为幼圆、粗体、20、绿色。

本题的操作思路与"题目15"相同，具体操作如下。

1 选择第1句文本，然后选择【格式】→【字体】命令，打开"字体"对话框，如图5-32所示。

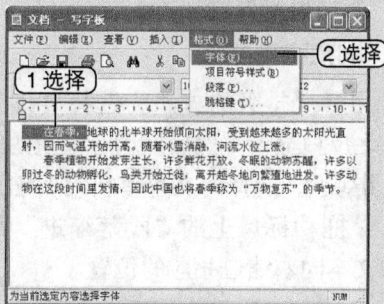

图 5-32　选择命令

2 在"字体"下拉列表框中选择"幼圆"选项，在"字形"列表框中选择"粗体"选项，在"大小"下拉列表框中选择"20"选项，在

"颜色"下拉列表框中选择"绿色"选项,单击
确定 按钮即可,如图 5-33 所示。

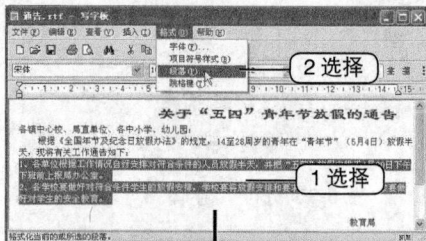
图 5-33 格式化字体

考点8 对段落进行排版

考点分析

该考点在考试中抽到考题的概率较低。考试中很少考查利用标尺排版的操作,主要考查利用"段落"对话框进行排版的操作,如要求使用写字板打开 D 盘中的"测试"文件,然后将第 1 行文本设置为居中对齐,将其他文本设置为首行缩进 0.75cm。

考点破解

段落排版可通过标尺来完成,也可通过"段落"对话框来完成。

1. 利用标尺排版

利用标尺排版的方法为选择要排版的内容,使之反白显示;然后拖动标尺上的"首行缩进"滑块▽,选择的文本首行向右缩进相应的位置;拖动标尺上的"段落缩进"滑块,选择的文本向右缩进相应的位置。

2. 利用"段落"对话框排版

利用"段落"对话框排版的方法为打开"写字板"窗口,再打开需要设置的文本,将光标插入点定位到需设置格式的段落中,然后选

择【格式】→【段落】命令,打开"段落"对话框,在"缩进"选项组的"左"文本框中设置段落左缩进的距离,在"右"文本框中设置段落右缩进的距离,在"首行"文本框中设置段落首行缩进的距离,在"对齐方式"下拉列表框中设置段落的对齐方式,设置完成后单击 确定 按钮即可,如图 5-34 所示。

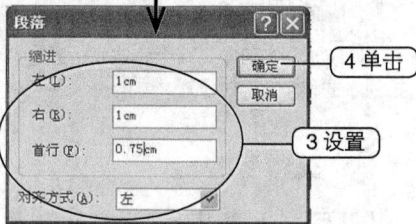
图 5-34 打开"段落"对话框

真题演练

【题目 17】使用写字板打开 D 盘中的"测试"文件,然后将第 1 行文本设置为居中对齐,将其他文本设置为首行缩进 0.75cm。

本题通过"段落"对话框进行设置,具体操作如下。

1 选择【开始】→【所有程序】→【附件】→【写字板】命令,打开"写字板"窗口。

2 选择【文件】→【打开】命令,打开"打开"对话框。

3 在"查找范围"下拉列表框中选择 D 盘,在列表框中选择"测试"文件,然后单击 打开(O) 按钮,打开"测试"文件。

4 选择第 1 行文本,再选择【格式】→【段

落】命令，打开"段落"对话框，然后在"对齐方式"下拉列表框中选择"中"选项，单击 确定 按钮。

⑤ 选择其他文本，再选择【格式】→【段落】命令，打开"段落"对话框，然后在"缩进"选项组的"首行"文本框中输入"0.75 cm"，单击 确定 按钮使设置生效，如图 5-35 所示。

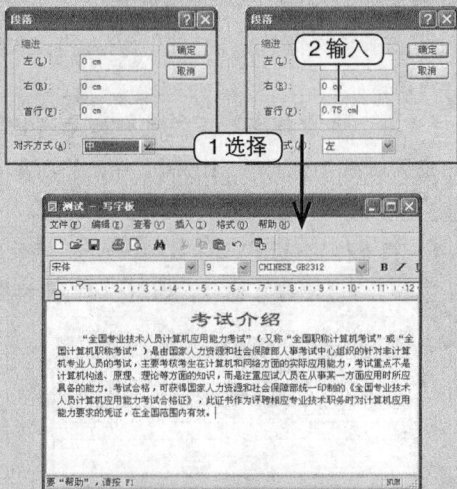

图 5-35 设置段落格式

【题目18】在桌面上打开的"写字板"窗口中，设置全部文本的对齐方式为右对齐。

具体操作如下。

❶ 按【Ctrl+A】组合键选择所有文本，然后选择【格式】→【段落】命令，如图 5-36 所示。

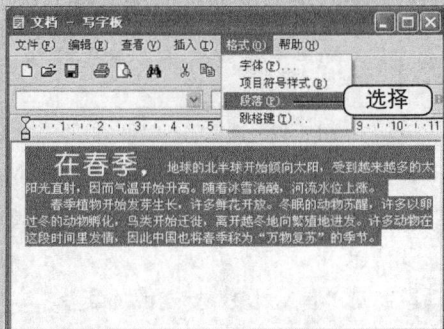

图 5-36 选择命令

❷ 打开"段落"对话框，在"对齐方式"下拉列表中选择"右"选项，单击 确定 按钮，如图 5-37 所示。

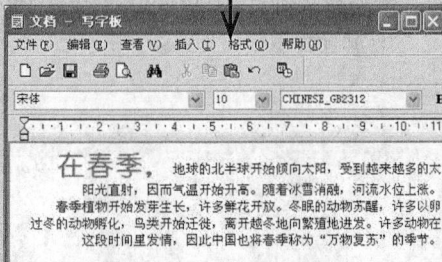

图 5-37 设置段落格式

多学一招

普通文档首行缩进一般为两个字符，即 0.75 cm。

考点9　插入对象

考点分析

该考点通常要求考生在文档中插入一张指定的图片，如要求使用写字板打开 D 盘中的"测试"文件，并将 D 盘中的"考试"图片插入到文档的最后一行。

考点破解

在编辑文档的过程中常需将相关的图片或图表插入文档中，使文档更具说服力，具体操作如下。

❶ 在写字板窗口中打开文档，将光标定位到需要插入对象的位置，选择【插入】→【对象】

命令，如图 5-38 所示。

图 5-38　选择命令

2 在打开的"插入对象"对话框中选中"由文件创建"单选项，然后单击 浏览(B)... 按钮，打开"浏览"对话框，如图 5-39 所示。

3 在其中选择需要插入的对象，然后单击 打开(O) 按钮，返回"插入对象"对话框，单击 确定 按钮即可看到插入对象后的效果，如图 5-40 所示。

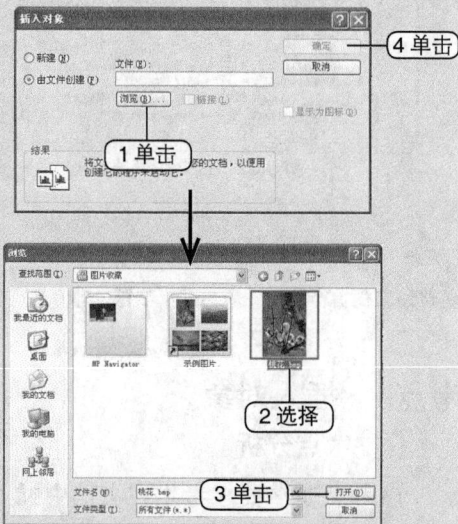

图 5-39　选择插入的图片

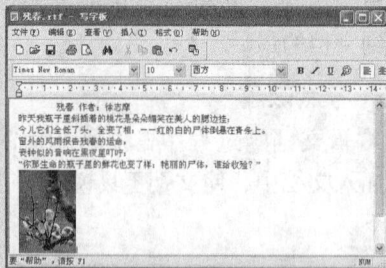

图 5-40　最终效果

真题演练

【题目 19】使用写字板打开 D 盘中的"测试"文件，并将 D 盘中的"考试"图片插入文档的最后一行。

本题通过"插入对象"对话框进行设置，具体操作如下。

1 选择【开始】→【所有程序】→【附件】→【写字板】命令，打开"写字板"窗口。

2 选择【文件】→【打开】命令，打开"打开"对话框。

3 在"查找范围"下拉列表框中选择 D 盘，在列表框中选择"测试"文件，然后单击 打开(O) 按钮，打开"测试"文件。

4 将光标定位到文本的最后一行，然后选择【插入】→【对象】命令，如图 5-41 所示。

图 5-41　选择命令

5 在打开的"插入对象"对话框中选中"由文件创建"单选项，单击 浏览(B)... 按钮，打开"浏览"对话框，如图 5-42 所示。

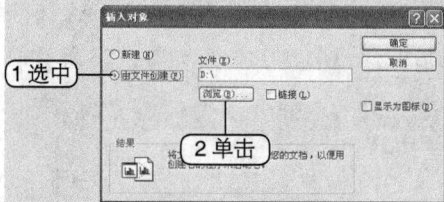

图 5-42　选择插入对象

6 在"查找范围"下拉列表框中选择 D 盘，在其下的列表框中选择"考试"图片，然后单击 打开(O) 按钮。

7 返回"插入对象"对话框，单击 确定 按钮即可看到插入图片后的效果，如图 5-43 所示。

图 5-43 插入图片对象

【题目20】在"写字板"窗口插入"位图图像",然后利用窗口的标题栏将窗口最小化。

本题考查的是在写字板中插入对象和最小化写字板,具体操作如下。

1 选择【开始】→【所有程序】→【附件】→【写字板】命令,打开"写字板"窗口。

2 选择【插入】→【对象】命令,在打开的"插入对象"对话框的"对象类型"列表框中选择"位图图像"选项,单击 确定 按钮,如图 5-44 所示。然后单击写字板标题栏中的 按钮最小化写字板,效果如图 5-45 所示。

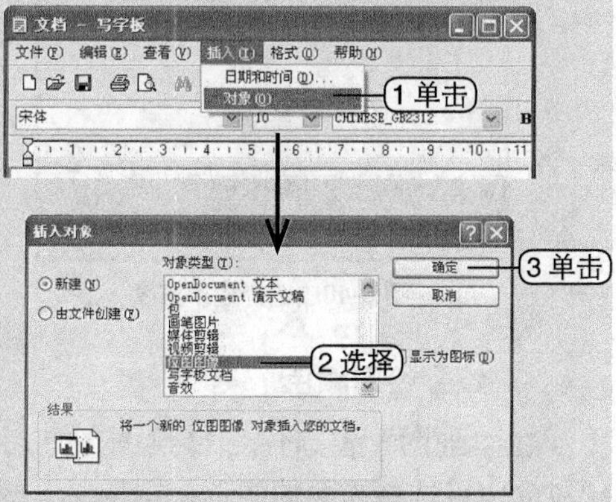

图 5-44 打开"插入对象"对话框

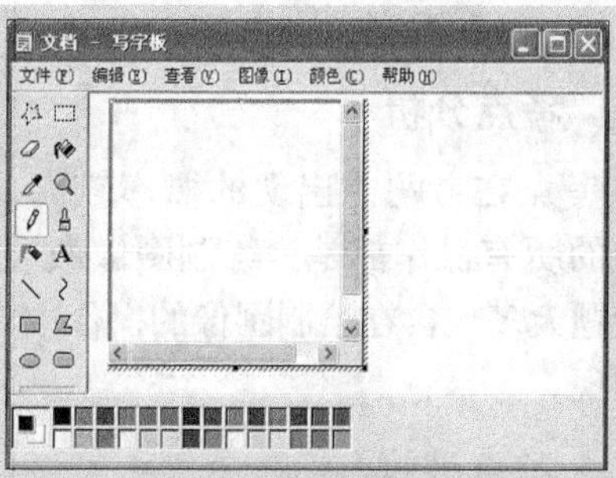

图 5-45 插入位图图像

本节考点回顾与总结一览表

本节考点	操作方式总结
考点5: 在写字板中输入文本	定位光标,输入文本
考点6: 在写字板中编辑文本	操作1:选择文本包括通过拖动鼠标选择、3击鼠标选择整段、选择【编辑】→【全选】命令 操作2:定位光标插入文本;选择要改写的文本,将其修改为输入文本或按【Insert】键使输入的字覆盖插入点右边的字符;删除文本按【Delete】键或【BackSpace】键 操作3:选择【编辑】→【查找】命令查找与替换文本 操作4:利用快捷键复制或剪切文本
考点7: 格式化文本	选中【格式】→【字体】命令,打开"字体"对话框,在其中进行设置
考点8: 对段落进行排版	操作1:利用标尺进行排版 操作2:选择【格式】→【段落】命令,利用"段落"对话进行排版
考点9: 插入对象	选择【插入】→【对象】命令,打开"插入对象"对话框

5.3 "画图"程序

说明:考点给出的题目可打开"兔子.bmp、熊.jpg"(光盘:\素材\第5章)作为练习环境。

考点10　绘图前的准备

📖 考点分析

该考点在考题中出现的概率较高，由于考点中的所有操作都是为绘制图像做准备的，因此考题大多包含在绘制图像的操作中，很少单独出现。

🎯 考点破解

在开始绘图之前，首先要了解如何设置画布尺寸、选择绘图工具、设置线条宽度和设置绘图颜色等知识。

1. 设置画布尺寸

设置画布尺寸的方法为选择【开始】→【所有程序】→【附件】→【画图】命令，打开"画图"窗口。选择【图像】→【属性】命令，打开"属性"对话框，如图 5-46 所示。在"单位"选项组中可设置画布大小的计量单位，包括英寸、厘米和像素等；在"宽度"文本框和"高度"文本框中可输入具体的数字来设置画布的大小；在"颜色"选项组中可设置画布允许的颜色模式，包括黑白和彩色两种，设置完成后单击 确定 按钮即可。

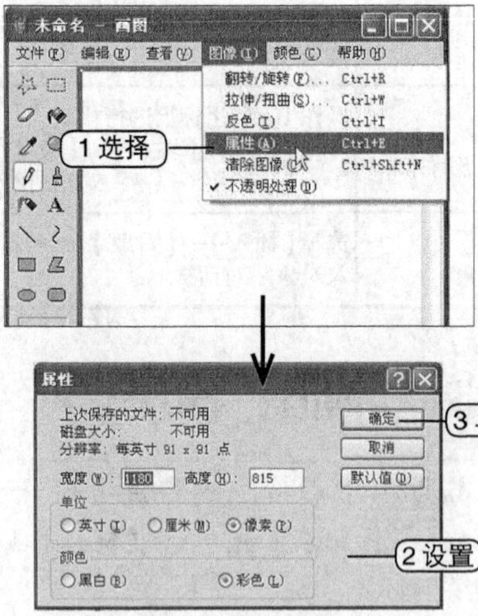

图 5-46　设置画布尺寸

2. 选择绘图工具

在绘制图形前需要先选择绘图工具，其方法为在工具箱中单击所需的工具即可，工具箱如图 5-47 所示。

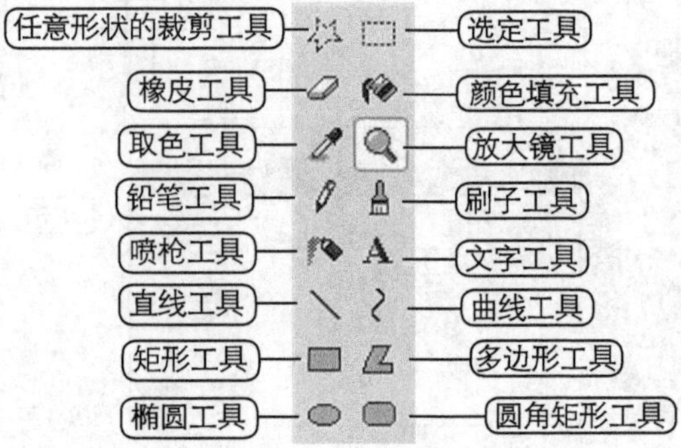

图 5-47　工具箱

3. 设置线条宽度

在"画图"窗口中选择"直线"工具＼或"曲线"工具ʔ后，在"工具样式区"中将显示线条的粗细样式，单击相应的线条即可设置线条宽度，如图 5-48 所示。

图 5-48　选择线条宽度

4. 设置绘图颜色

在"画图"窗口中选择绘图工具后，在颜料盒中可选择需要的颜色。在色块上单击鼠

标左键可将其设为前景色，单击鼠标右键可将
其设为背景色，如图 5-49 所示。

图 5-49　设置绘图颜色

真题演练

【题目 21】设置"画图"窗口中的画布为
800×600 像素。

本题需要选择【图像】→【属性】命令，
打开"属性"对话框，具体操作如下。

1️⃣ 选择【开始】→【所有程序】→【附件】→
【画图】命令，打开"画图"窗口。

2️⃣ 选择【图像】→【属性】命令，打开"属
性"对话框。

3️⃣ 在"宽度"文本框中输入"800"，在"高
度"文本框中输入"600"，在"单位"选项组
中选中"像素"单选项，然后单击 确定 按钮，
如图 5-50 所示。

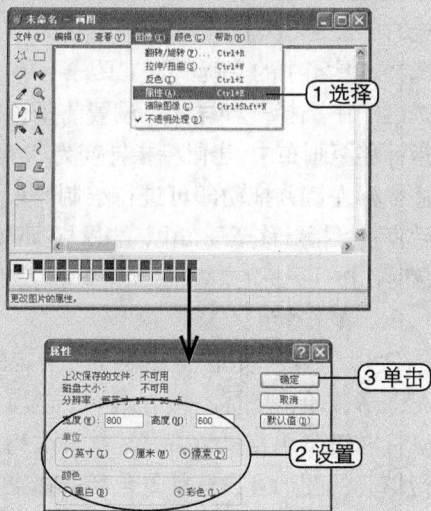

图 5-50　设置"画图"窗口中的画布的大小

【题目 22】利用"开始"菜单打开"画
图"窗口，以反色显示，然后将画布设置为

400×300 像素，并将图像区拉伸，水平方向
为 125%，垂直方向为 115%。

本题的题目要求较长，但操作并不难，
考生只需按照题目要求进行操作即可，具体
如下。

1️⃣ 选择【开始】→【所有程序】→【附件】→
【画图】命令，打开"画图"窗口。

2️⃣ 选择【图像】→【反色】命令，使画布
颜色为黑色，然后选择【图像】→【属性】命令，
打开"属性"对话框。

3️⃣ 在"宽度"文本框中输入"400"，在"高
度"文本框中输入"300"，在"单位"选项组
中选中"像素"单选项，单击 确定 按钮。

4️⃣ 选择【图像】→【拉伸 / 扭曲】命令，
打开"拉伸和扭曲"对话框，在"水平"文本框
中输入"125"，在"垂直"文本框中输入"115"，
单击 确定 按钮，如图 5-51 所示。

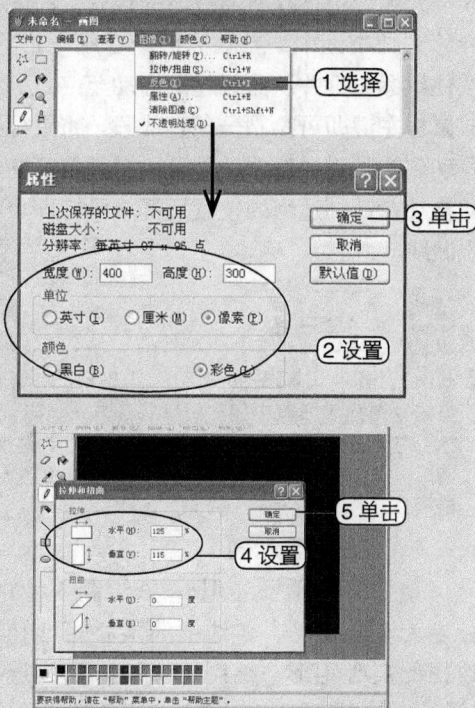

图 5-51　设置画布

考点11　绘图操作

🔍 考点分析

该考点出现考题的概率较高，由于涉及的操作较多，因此命题形式比较多，主要集中在图形的绘制与文字输入这两方面。

🎨 考点破解

启动"画图"程序后，程序窗口中默认显示一个空白画布，然后就可以开始绘制图形了。

1. 绘制直线

绘制直线的方法为在颜料盒中单击所绘制直线需要的色块，然后选择工具箱中的"直线"工具 ＼，在"工具样式区"中选择所需线条的样式（即设置其粗细），当鼠标指针在画布中变为+形状时，拖动鼠标即可绘制直线。

2. 绘制曲线

选择工具箱中的"曲线"工具 ?，在"工具样式区"中选择所需线段的样式，将鼠标指针移到画布区中，当鼠标指针变成+形状时，按住鼠标左键并从曲线起点拖动至终点处，释放鼠标左键即可绘制一条直线段。将鼠标指针移动到线段需要弯曲的位置，沿着要弯曲的方向拖动指针到适当的位置后释放鼠标即可绘制出曲线。

☀ 多学一招

利用"铅笔"工具也可以绘制任意曲线或直线，其方法为选择工具箱中的"铅笔"工具 ✎，当鼠标指针在画布中变为✎形状时，按住【Shift】键并拖动鼠标便可绘制直线，直接拖动鼠标便可绘制任意曲线。

3. 绘制矩形和圆

使用"矩形"工具 ▭ 可绘制 3 种矩形，分别为空心矩形、带边框的实心矩形和不带边框的实心矩形。绘制矩形的方法为选择工具箱中的"矩形"工具 ▭，在"工具样式区"中选择矩形的样式，当鼠标指针在画布中变

为+形状时，拖动鼠标可绘制出矩形，按住【Shift】键的同时拖动鼠标可绘制出正方形。

使用"圆角矩形"工具 ▢ 可绘制出各种圆角矩形。若按住【Shift】键的同时进行绘制，可绘制出圆角正方形。"圆角矩形"工具的使用方法与"矩形"工具的使用方法一样，这里不再赘述。

使用"椭圆"工具 ⬭ 可以绘制各种椭圆。若按住【Shift】键的同时进行绘制，可绘制出圆。"椭圆"工具的使用方法与"矩形"工具的使用方法一样，这里不再赘述。

4. 绘制多边形

"多边形"工具用于绘制任意形状的多边形，其方法为选择工具箱中的"多边形"工具 ◿，当鼠标指针在画布中变为+形状时，拖动鼠标绘制一条边，然后在其他位置单击即可绘制第 2 条边，继续单击可绘制其他边，最后在开始处单击，从而闭合多边形。

5. "喷枪"工具的使用

使用"喷枪"工具可用前景色或背景色以喷枪的形式进行绘制。绘制的方法为在程序窗口中选择工具箱中的"喷枪"工具 ✦，在"工具样式区"中选择一种样式，设置前景色后将鼠标指针移至画布中，当鼠标指针变为✦形状时，按住鼠标左键并拖动即可进行绘制。设置背景色后将鼠标指针移至画布中，当鼠标指针变为✦形状时，按住鼠标右键并拖动即可进行绘制。

6. 填充颜色

使用"颜色填充"工具可用指定的颜色填充图形，单击鼠标左键可用前景色填充，单击鼠标右键可用背景色填充。其方法为打开需进行填充的图形，设置前景色后选择工具箱中的"用颜色填充"工具 ◤，当鼠标指针在画布中变为◤形状时，将鼠标指针移至要填充的位置，单击鼠标左键即可填充前景色。设置背景色后，将鼠标指针移至要填充的位置，单

击鼠标右键即可填充背景色。

在使用"画图"程序的过程中，如果对调色板中的颜色不满意，可通过"编辑颜色"对话框进行调整。调整的方法为双击调色板中的色块，打开"编辑颜色"对话框，如图5-52所示。

图5-52　"编辑颜色"对话框

单击 ▢规定自定义颜色(D)>> 按钮，在展开的"编辑颜色"对话框中单击右侧的颜色框中的颜色即可，设置完成后单击 ▢确定 按钮，如图5-53所示。

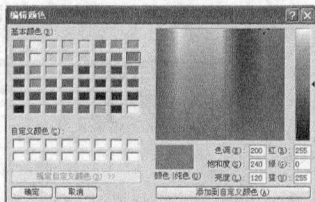

图5-53　展开后的"编辑颜色"对话框

7. 擦除图形

"橡皮/彩色橡皮擦"工具可用于擦除绘制的对象。使用方法为当背景色为默认的白色时，选择工具箱中的"橡皮/彩色橡皮擦"工具▱，当鼠标指针在画布中变为▢形状时，拖动鼠标即可擦除对象，如图5-54所示。

图5-54　使用白色擦除

将背景色设置为其他的颜色后，可用指定的颜色擦除图形，如图5-55所示。

图5-55　使用其他颜色擦除

8. 输入文字

输入文字的方法为在打开的"画图"窗口中选择**A**工具，当鼠标指针在画布中变为╋形状时，拖动鼠标即可形成一个矩形文字编辑区域，然后在其中输入文字即可。输入文字后可在"字体"工具栏中设置文字的格式。

9. 选择图形

在"画图"窗口中选取图形的工具有"任意形状的裁剪"工具▱和"选定"工具▢两种。这两种工具的使用方法相同，选择工具箱中的选取图形工具（"选定"工具▢或"任意形状的裁剪"工具▱），当鼠标指针变为╋形状时，将鼠标指针移至需要选择的图形上并拖动鼠标，当需要选择的图形被框住后释放鼠标即可。

▨ 真题演练

【题目23】使用"直线"工具绘制一个红色的等腰三角形。

本题需要使用"直线"工具、"颜色填充"工具和"橡皮/彩色橡皮擦"工具完成，具体操作如下。

1 选择【开始】→【所有程序】→【附件】→【画图】命令，打开"画图"窗口。

2 选择工具箱中的"直线"工具＼，当鼠标指针在画布中变为╋形状时，按住【Shift】键并从左向右拖动鼠标指针绘制直线。

3 将鼠标指针移动到直线左端，然后在按住【Shift】键的同时从左下向右上拖动鼠标指针绘制斜线，如图5-56所示。

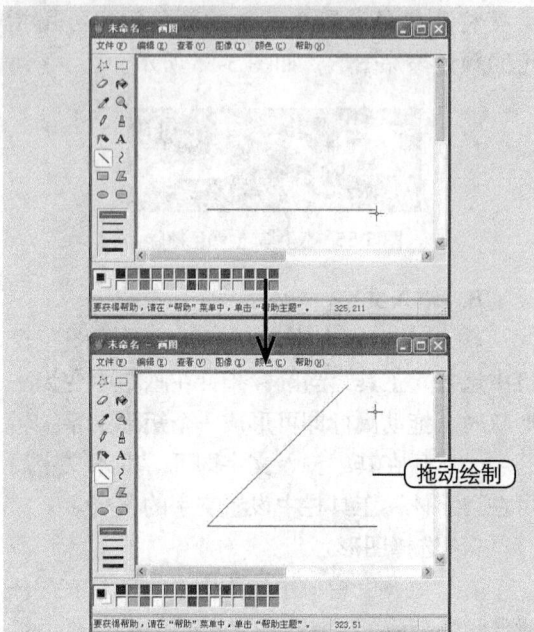

图 5-56　绘制直线

4 用同样的方法从水平直线右端，从右下向左上拖动鼠标指针绘制斜线。

5 选择工具箱中的"颜色填充"工具，在颜料盒中单击红色色块，将前景色设置为红色，将鼠标指针移至要填充的三角形内部，单击鼠标即可填充。

6 选择工具箱中的"橡皮/彩色橡皮擦"工具，并在"工具样式区"中选择最下面的一种样式，按住鼠标左键不放并在三角形多余的线条上拖动，即可擦除多余线条，如图 5-57 所示。

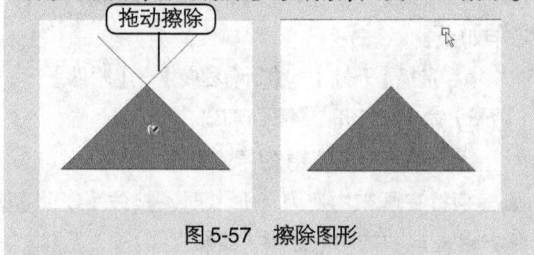

图 5-57　擦除图形

【题目 24】设置直线的样式为第 3 种，并使用"圆角矩形"工具绘制一个边框为黑色的红色圆角矩形。

本题必须使用"圆角矩形"工具进行绘制，具体操作如下。

1 选择【开始】→【所有程序】→【附件】→【画图】命令，打开"画图"窗口。

2 选择工具箱中的"直线"工具＼，在"工具样式区"中选择第 3 种样式。

3 选择工具箱中的"圆角矩形"工具，在"工具样式区"中选择第 2 种样式，在颜料盒中右键单击红色色块，将背景色设置为红色，当鼠标指针在画布中变为╋形状时，拖动鼠标指针即可绘制出圆角矩形，如图 5-58 所示。

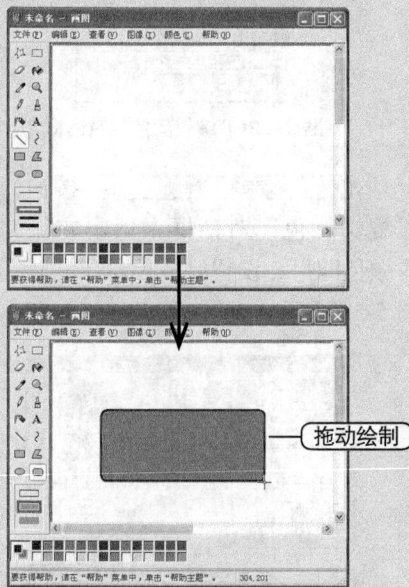

图 5-58　绘制圆角矩形

【题目 25】设置直线的样式为第 3 种，并使用"圆角矩形"工具和"颜色填充"工具绘制一个边框为黑色的红色圆角矩形。

本题和"题目 24"结果相同，但操作过程不同，具体如下。

1 选择【开始】→【所有程序】→【附件】→【画图】命令，打开"画图"窗口。

2 选择工具箱中的"直线"工具＼，在"工具样式区"中选择第 3 种样式。

③ 选择工具箱中的"圆角矩形"工具 ◻，在"工具样式区"中选择第1种样式，当鼠标指针在画布中变为 ╋ 形状时，拖动鼠标指针即可绘制出圆角矩形。

④ 选择工具箱中的"颜色填充"工具 ✎，在颜料盒中单击红色色块，将前景色设置为红色，然后将鼠标指针移至要填充的圆角矩形内部，单击即可为矩形填充红色，如图5-59所示。

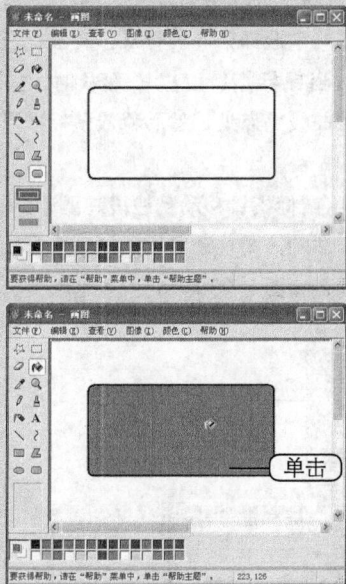

图 5-59 绘制圆角矩形

【题目26】使用"椭圆"工具绘制一个红色的圆，然后使用"矩形"工具绘制一个红色的正方形。

本题需要按住【Shift】键进行绘制，具体操作如下。

❶ 选择【开始】→【所有程序】→【附件】→【画图】命令，打开"画图"窗口。

❷ 选择工具箱中的"椭圆"工具 ⬭，在"工具样式区"中选择第3种样式，在颜料盒中单击红色色块，将前景色设置为红色，在按住【Shift】键的同时拖动鼠标指针即可绘制出圆。

③ 选择工具箱中的"矩形"工具 ▭，在"工具样式区"中选择第3种样式，在颜料盒中单击红色色块，将前景色设置为红色，在按住【Shift】键的同时拖动鼠标指针即可绘制出正方形，如图5-60所示。

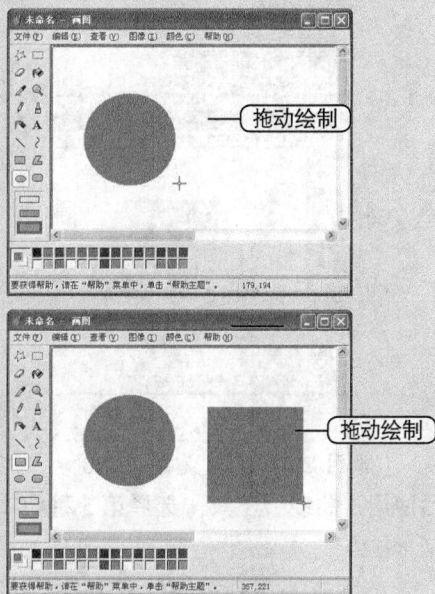

图 5-60 绘制圆和正方形

【题目27】设置直线的样式为第3种，并使用"多边形"工具绘制一个边框为黑色的红色梯形。

具体操作如下。

❶ 选择【开始】→【所有程序】→【附件】→【画图】命令，打开"画图"窗口。

❷ 选择工具箱中的"直线"工具 ╲，在"工具样式区"中选择第3种样式。

③ 选择工具箱中的"多边形"工具 ⬠，在"工具样式区"中选择第2种样式，在颜料盒中右击红色色块，设置背景色为红色，拖动鼠标即可绘制出一条边。

❹ 在其他位置单击绘制第2条边，继续单击可绘制其他边，最后在开始处单击，使多边形闭合，从而完成图形的绘制，如图5-61所示。

图 5-61　绘制梯形

【题目 28】自定义为"200"的红色，然后使用"曲线"工具，选择第 5 种曲线样式绘制一段弧线。

本题主要考查编辑颜色和绘制曲线的操作，具体如下。

1 选择【开始】→【所有程序】→【附件】→【画图】命令，打开"画图"窗口。

2 在颜料盒中双击红色色块，打开"编辑颜色"对话框，在"自定义颜色"选项组中单击 规定自定义颜色(D) >> 按钮，展开对话框。

3 在"红"文本框中输入"200"，单击 添加到自定义颜色(A) 按钮，将设置的颜色添加到"自定义颜色"选项组中，然后单击 确定 按钮，如图 5-62 所示。

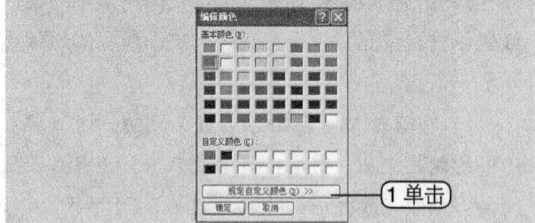

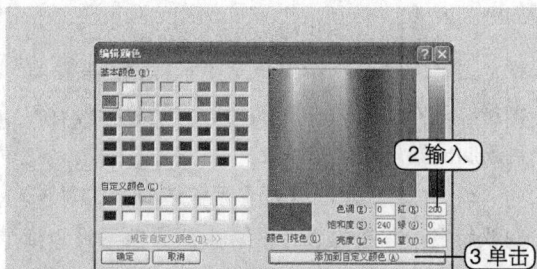

图 5-62　自定义颜色

4 选择工具箱中的"曲线"工具，在"工具样式区"中选择第 5 种样式，将鼠标指针移到画布中，当鼠标指针变成 ┼ 形状时，拖动鼠标从起点至曲线终点处，然后释放鼠标即可绘制一条线段。

5 将鼠标指针移动到线段需要弯曲的位置，沿着要弯曲的方向拖动鼠标指针到适当的位置后释放鼠标，如图 5-63 所示。

图 5-63　绘制曲线

📖 **考场点拨**

如果在考试中遇到与本题相似，但并不是绘制与题目中完全相同的图形的考题时，只要操作正确，就能得到相应的分数。

【题目 29】在"画图"窗口中输入文字"开

始考试"，并设置字体为华文楷体、48、加粗、黑色，设置直线的样式为第5种，使用"圆角矩形"工具为文字绘制一个黑色边框。

本题主要考查输入文字和绘制圆角矩形的操作，具体如下。

1 选择工具箱中的"文字"工具**A**，当鼠标指针在画布中变为╬形状时，拖动鼠标指针即可形成一个矩形文字编辑区域，然后在其中输入"开始考试"文本。在打开的"字体"工具栏中的第1个和第2个下拉列表框中分别选择"华文楷体"和"48"选项，并单击"加粗"按钮**B**。

2 选择工具箱中的"直线"工具╲，在"工具样式区"中选择第5种样式。

3 选择工具箱中的"圆角矩形"工具▢，在"工具样式区"中选择第1种样式，当鼠标指针在画布中变为╬形状时，拖动鼠标指针即可绘制出圆角矩形，如图5-64所示。

图5-64　输入文字并绘制圆角矩形

【题目30】利用"开始"菜单打开"画图"窗口，在窗口中打开F盘根目录下的文件"兔.bmp"，在图片的下面输入文字"兔年吉祥！"，要求字体为"隶书"，字号为48号，文字颜色为红色，背景为天蓝色。操作完毕后，将该文件保存到D盘根目录下，文件名为"兔

年.jpg"。（要求操作次序为：打开图片后，利用"文字"工具输入文本、设置文本的前景色、背景色、字号，最后保存文件）。

本题的题目较长，但操作较简单，在遇到该类长难题时，只需按照要求逐步操作即可，具体操作如下。

1 选择【开始】→【所有程序】→【附件】→【画图】命令，打开"画图"窗口。

2 选择【文件】→【打开】命令，打开"打开"对话框，选择F盘中的"兔.bmp"图片，单击打开(O)按钮。

3 单击工具箱中的"文字"按钮**A**，将鼠标指针移至绘图区时变为╬形状，拖动鼠标指针即可形成一个矩形文字编辑区域，在其中输入"兔年吉祥！"，在打开的"字体"工具栏的下拉列表框中选择"隶书"和"48"选项，如图5-65所示。

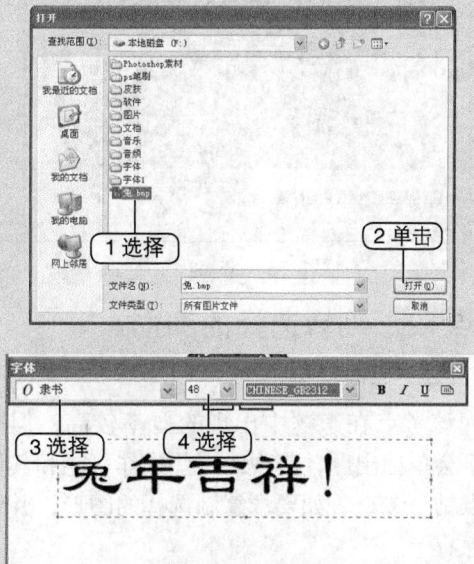

图5-65　输入文字

4 选择文本，在"画图"窗口下方单击红色色块，将文本设置为红色。

5 单击工具箱中的"颜色填充"按钮,

在颜色栏中单击蓝色色块，将前景色设置为蓝色，将鼠标指针移至图像区中，单击即可进行填充，如图5-66所示。

选择【文件】→【另存为】命令，打开"保存为"对话框，在"保存在"下拉列表中选择D盘，在"文件名"文本框中输入"兔年.jpg"，单击 保存(S) 按钮即可将其保存。

图5-66　编辑图像

考点12　编辑选择的图形

考点分析

该考点在考题中出现的概率较高，但一般不会单独出题，其中的一些操作可能和其他考点结合考查，如要求复制选择的图形，并将其保存等。

考点破解

对绘制的图形还可进行各种编辑操作，包括复制、移动、保存和清除等。

1. 复制选择的图形

复制图形是指在画图区的另一个位置上产生一个与所取图形一模一样的图形。操作方法为在窗口中使用图形选取工具选取需要复制的图形，将鼠标指针移动到图形上，按住【Ctrl】键的同时拖动鼠标指针，屏幕中出现一个随之移动的图块，移至合适位置后同时释放【Ctrl】键和鼠标，并在画图区的空白处单击即可，如图5-67所示。

图5-67　复制图形

2. 移动选择的图形

移动图形是指将选择的图形从画图区的一个位置移动到另一个位置。操作方法为选择需要移动的图形，然后将鼠标指针移至矩形框内，当鼠标指针变为✛形状时，按住鼠标左键并拖动至合适的位置，然后释放鼠标左键即可。

3. 保存选择的图形

保存选择的图形的方法为在"画图"窗口中选择【文件】→【保存】命令，打开"保存为"对话框，在"保存在"下拉列表框中设置文件的保存位置，在"文件名"文本框中输入要保存的文件名，在"保存类型"下拉列表框中选择要保存的类型，最后单击 保存(S) 按钮即可，如图 5-68 所示。

图 5-68 "保存为"对话框

4. 清除选择的区域

清除选择的区域的方法为先使用图形选取工具选择要删除的图形，然后按【Delete】键，这时将以背景色填充删除的部分，如图5-69 所示。

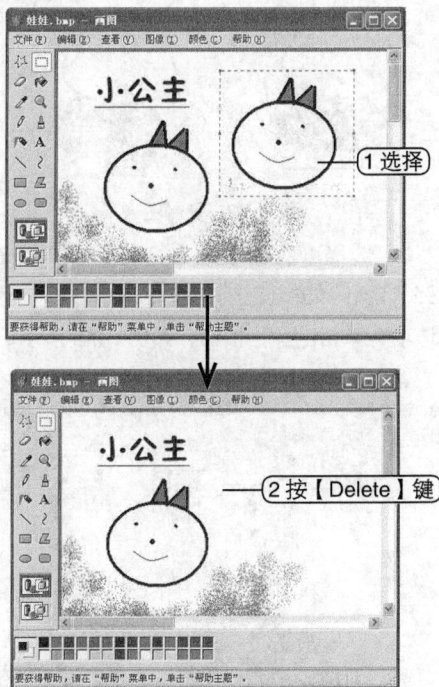

图 5-69 清除选择的区域

真题演练

【题目31】在 D 盘的"测试"图片中选择矩形区域，清除其中的内容，并将其以"画框"为名保存到 C 盘中。

本题主要包含保存选择的图形和清除选择的区域两种操作，具体如下。

1 选择【开始】→【所有程序】→【附件】→【画图】命令，打开"画图"窗口。

2 选择【文件】→【打开】命令，打开"打开"对话框，选择 D 盘中的"测试"图片，然后单击 打开(Q) 按钮。

3 用"选定"工具 在图中绘制矩形选区，然后按【Delete】键，这时将以背景色填充被删除的部分。

4 选择【文件】→【另存为】命令，打开"保存为"对话框，在"保存在"下拉列表框中选择 C 盘，在"文件名"文本框中输入"画框"，然后单击 保存(S) 按钮即可将其保存，如图 5-70 所示。

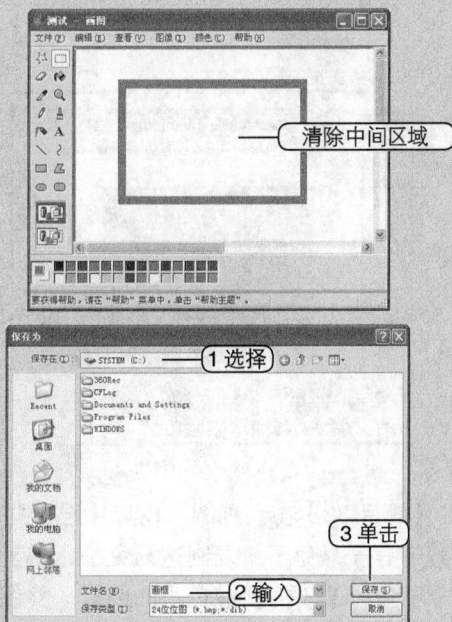

图 5-70 清除选区并保存

【题目 32】将 D 盘的"测试"图片中的矩形复制一个。

本题主要考查复制操作，具体如下。

1 选择【开始】→【所有程序】→【附件】→【画图】命令，打开"画图"窗口。

2 选择【文件】→【打开】命令，打开"打开"对话框，选择 D 盘中的"测试"图片，然后单击 打开(O) 按钮。

3 使用"矩形选定"工具 在把图中的矩形选中，然后在按住【Ctrl】键的同时拖动鼠标指针，屏幕中将出现一个随之移动的图块，移至合适的位置后同时释放【Ctrl】键和鼠标，并在画图区的空白处单击即可，如图 5-71 所示。

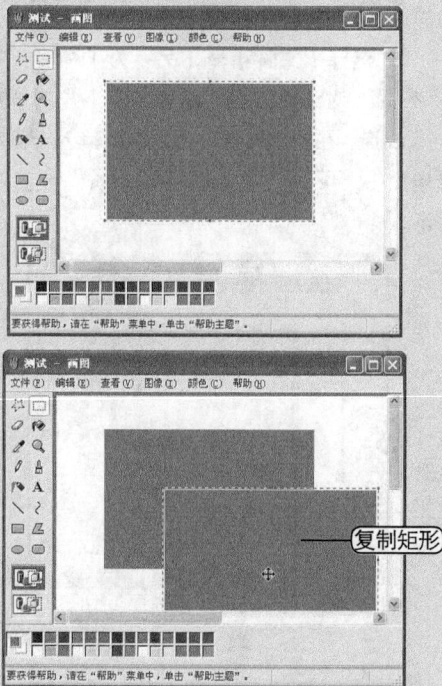

图 5-71　复制图形

【题目 33】在"画图"窗口中已经打开的图片中有一只兔子，复制这只兔子，将其移动到原有兔子的下方变成兔子的倒影，并保存。

本题要求制作兔子的倒影，具体操作如下。

1 使用"矩形选定"工具 在图中选取图形，按住【Ctrl】键的同时拖动鼠标指针，屏幕中将出现一个随之移动的图块，移至合适位置后同时释放【Ctrl】键和鼠标，并在空白处单击取消图形的选择，如图 5-72 所示。

图 5-72　复制图像

2 选择【图像】→【翻转/旋转】命令，打开"翻转和旋转"对话框，选中"垂直翻转"单选项，单击 确定 按钮，如图 5-73 所示。

图 5-73　垂直翻转图片

3 当鼠标指针变为 形状时，将兔子副本拖动至合适的位置即可，在空白处单击取消图形的选择，如图 5-74 所示。

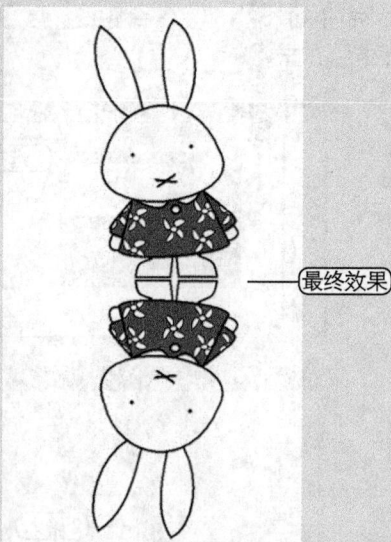

图 5-74　翻转图片

🔲 选择【文件】→【保存】命令，直接保存文件。

☀️ **多学一招**

编辑选择的图形时，复制、移动、保存和清除操作都是针对选择的图形的，包括虚线框中的所有内容。

考点13　绘图技巧

🔍 **考点分析**

该考点经常出现在考题中，大多数命题是和其他考点结合起来考查的，如要求绘制一个图形，并将其设置为墙纸等。

🎨 **考点破解**

掌握绘图技巧是为了绘制更复杂的图形，绘制图形时主要用到以下 4 种操作。

1. 翻转与旋转图形

先选择需要翻转或旋转的图形，再选择【图像】→【翻转/旋转】命令，打开"翻转和旋转"对话框，如图 5-75 所示。

图 5-75　"翻转和旋转"对话框

其中各选项的作用如下。

◈ "水平翻转"单选项：将所选图形进行水平翻转。

◈ "垂直翻转"单选项：将所选图形进行垂直翻转。

◈ "按一定角度旋转"单选项：选中该单选项，其下面的 3 个单选项变为可用，可将所选择的图形按 90°、180°、270° 进行旋转。

2. 拉伸与扭曲图形

拉伸与扭曲图形的方法为使用"矩形选定"工具▭选择需要拉伸或扭曲的图形，然后选择【图像】→【拉伸/扭曲】命令，打开"拉伸和扭曲"对话框，在"拉伸"选项组和"扭曲"选项组中分别进行设置，设置完成后单击 确定 按钮，如图 5-76 所示。

图 5-76　"拉伸和扭曲"对话框

3. 反转颜色

反转颜色是指将当前图形中的颜色用其互补色来替换。反转颜色的方法为先选择该图形，然后选择【图像】→【反色】命令，图 5-77 所示为反转颜色前后的效果对比。

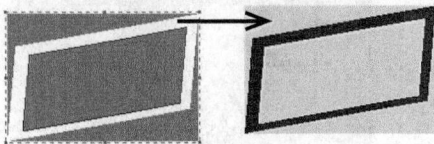

图 5-77　反转颜色前后的效果对比

4. 将图形设置为墙纸

用户可将绘制的图形设置为桌面背景，其方法为选择【文件】→【设置为墙纸（平铺）】命令，或者选择【文件】→【设置为墙纸（居中）】命令，即可按照平铺或居中的方式将图形设置为桌面背景，如图 5-78 所示。

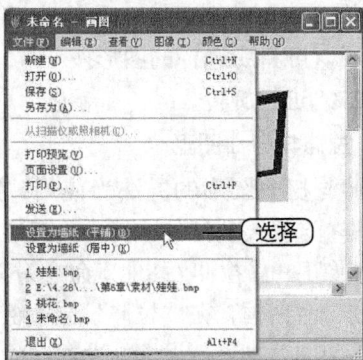

图 5-78　设置桌面背景

真题演练

【题目 34】将 D 盘中的"测试"图片水平扭曲 15°。

本题需要在"拉伸和扭曲"对话框的"扭曲"选项组的"水平"文本框中设置，具体操作如下。

1 选择【开始】→【所有程序】→【附件】→【画图】命令，打开"画图"窗口。

2 选择【文件】→【打开】命令，打开"打开"对话框，选择 D 盘中的"测试"图片，单击 打开(O) 按钮。

3 用"矩形选定"工具 选择图中的矩形，再选择【图像】→【拉伸/扭曲】命令，打开"拉

伸和扭曲"对话框，在"扭曲"选项组的"水平"文本框中输入"15"，然后单击 确定 按钮，如图 5-79 所示。

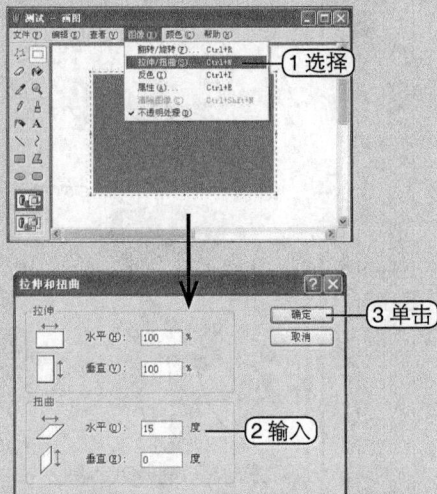

图 5-79　扭曲图形

【题目 35】将 D 盘中的"测试"图片反色，并将该图片设置为墙纸（居中）。

具体操作如下。

1 选择【开始】→【所有程序】→【附件】→【画图】命令，打开"画图"窗口。

2 选择【文件】→【打开】命令，打开"打开"对话框，选择 D 盘中的"测试"图片，然后单击 打开(O) 按钮。

3 选择【图像】→【反色】命令，将图片反转颜色，如图 5-80 所示。

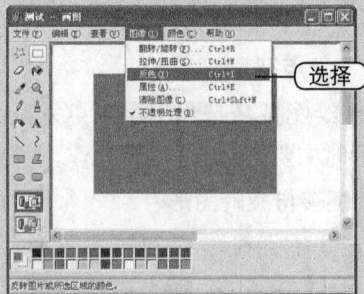

图 5-80　选择"反色"命令

4 选择【文件】→【设置为墙纸（居中）】命令，即可按照居中的方式将图片设置为桌面背景，如图5-81所示。

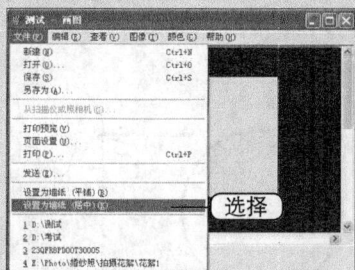

图5-81 反色并设置为墙纸

☀ 多学一招

对图形进行翻转与旋转、拉伸与扭曲、反转颜色和设置为墙纸操作时，如果没有选择某部分图形，那么这些操作将针对整张图片，如进行旋转操作，则整张图片将进行旋转；如果在图片中选择了某个区域的图形，那么这些操作将只针对虚线框中的图形。

【题目36】利用"画图"程序打开"我的文档"文件夹中的"花朵.jpg"图片，在其右下方添加文字"向日葵"，设置其字体为隶书，颜色为绿色，字号为38，然后将图片放大至200%。（按题目要求操作）

本题首先需要输入文字并设置，再将图片进行放大显示，具体操作如下。

1 选择【开始】→【所有程序】→【附件】→【画图】命令，打开"画图"窗口。

2 选择【文件】→【打开】命令，打开"打开"对话框，选择"我的文档"文件夹中的"花朵.jpg"图片，单击 打开(O) 按钮打开图片。

3 单击"画图"窗口下方的绿色色块，将前景色设置为绿色，然后选择工具箱中的"文字"工具 ，在图片的右下方拖曳出文字框，在其中输入"向日葵"，在"文字"工具栏中设置字体为"隶书"，字号为"38"，完成文字的输入与设置。

4 选择【查看】→【缩放】→【自定义】命令，

打开"自定义缩放"对话框，在"缩放到"选项组中选中"200%"单选项，单击 确定 按钮，即可将图片放大到200%显示，如图5-82所示。

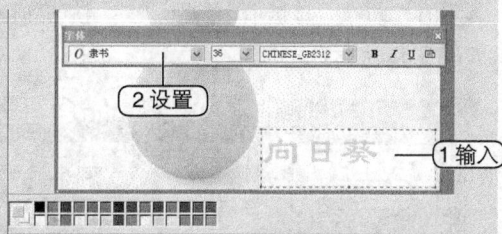

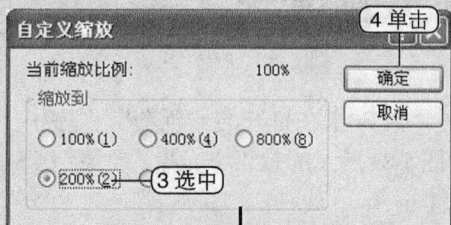

图5-82 放大图形

【题目37】将D盘中的"测试"图片旋转90°。

本题需要在"翻转和旋转"对话框的"翻转或旋转"选项组中进行设置，具体操作如下。

1 选择【开始】→【所有程序】→【附件】→【画图】命令，打开"画图"窗口。

2 选择【文件】→【打开】命令，打开"打开"对话框，选择D盘中的"测试"图片，然后单击 打开(O) 按钮。

3 使用"矩形选定"工具 选择图中的矩

形，然后选择【图像】→【翻转/旋转】命令，打开"翻转和旋转"对话框，在"翻转和旋转"选项组中选中"按一定角度旋转"单选项，选中其下的"90度"单选项，单击 确定 按钮即可，如图 5-83 所示。

图 5-83　旋转图形

【题目 38】在打开的"画图"程序中，绘制如图 5-84 所示的效果（光盘/效果/第 5 章/气瓶 .bmp）。

本题要求考生绘制题中给出的效果图，在考试中会提示考生如何调出该题所要求实现的效果图，然后按照图片效果进行绘制即可。

图 5-84　绘制的图像效果

1️⃣ 选择工具箱中的"圆角矩形"工具▭，绘制一个大小适中的圆角矩形，如图 5-85 所示。

2️⃣ 选择工具箱中的"矩形选定"工具▭，框选圆角矩形的上边线，按【Delete】键将其删除，如图 5-86 所示。

图 5-85　绘制圆角矩形　　图 5-86　删除上边线

3️⃣ 选择工具箱中的"椭圆"工具⬭，绘制椭圆，然后使用"矩形选定"工具选定弧形的一部分，如图 5-87 所示，将选定的部分移动到矩形的相应位置，如图 5-88 所示。

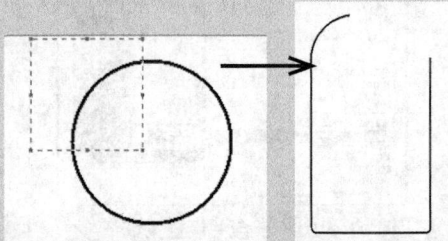

图 5-87　绘制椭圆　　图 5-88　移动弧形

4️⃣ 使用"矩形选定"工具▭选定矩形右半部分，按【Delete】键将其删除。

5️⃣ 使用"矩形选定"工具▭继续选定矩形的左半部分，按【Ctrl+C】组合键复制图形，再按【Ctrl+V】组合键粘贴图形。选择【图像】→【翻转/旋转】命令，在打开的对话框中选中"水平翻转"单选项，单击 确定 按钮翻转图形，并将其移动到合适位置。

6️⃣ 选择工具箱中的"直线"工具╲，按住【Shift】键绘制瓶口。

7️⃣ 使用工具箱中的"矩形"工具▭和"直线"工具╲绘制瓶塞，如图 5-89 所示。

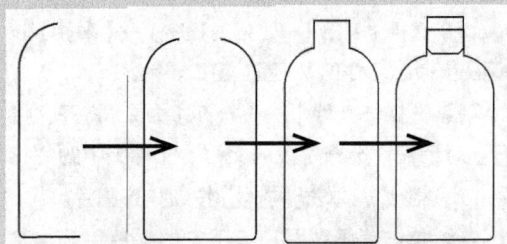

图 5-89　绘制瓶体和瓶塞

8️⃣ 选择工具箱中的"颜色填充"工具，将瓶塞填充为黑色，如图 5-90 所示。

9️⃣ 填充后发现瓶口不明显，因此可选择"直线"工具╲，将线形更改为最细的一种，再选择"矩形"工具 ▭ 在瓶口处绘制，然后填充为黑色，如图 5-91 所示。至此本题的操作全部完成。

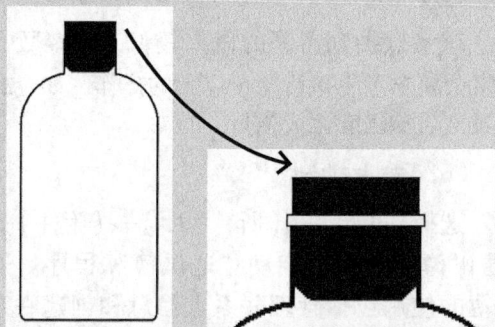

图 5-90　填充瓶塞颜色　　　图 5-91　细化瓶口

【题目39】利用"画图"程序打开"我的文档"文件夹中的"小熊 .jpg"图片，把绘图工作区的宽度和高度分别设置 400 和 300，再将图片进行拉伸，水平拉伸为 120%，垂直拉伸为 110%，保存图片，文件类型为 24 位图并设置为墙纸（居中）（按题目顺序操作）。

本题的操作步骤较多，考生要注意读题，具体操作如下。

1 选择【开始】→【所有程序】→【附件】→【画图】命令，打开"画图"窗口。

2 选择【文件】→【打开】命令，打开"打开"对话框，选择"我的文档"文件夹中的"小熊 .jpg"图片，单击 打开(O) 按钮打开图片，如图 5-92 所示。

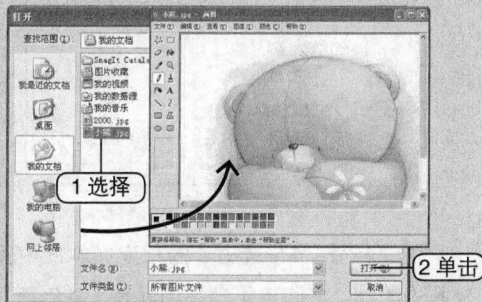

图 5-92　打开图片

3 选择【图像】→【属性】命令，打开"属性"对话框。

4 在"宽度"文本框中输入"400"，在"高度"文本框中输入"300"，在"单位"选项组中选中"像素"单选项，单击 确定 按钮。

5 选择【图像】→【拉伸/扭曲】命令，打开"拉伸和扭曲"对话框，在"水平"文本框中输入"120"，在"垂直"文本框中输入"110"，单击 确定 按钮，如图 5-93 所示。

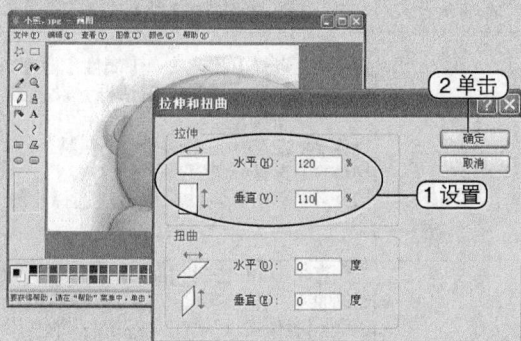

图 5-93　拉伸图片

6 选择【文件】→【另存为】命令，打开"保存为"对话框，在"保存类型"下拉列表框中选择"24 位位图（*.bmp;*.dib）"选项，单击 保存(S) 按钮，如图 5-94 所示。

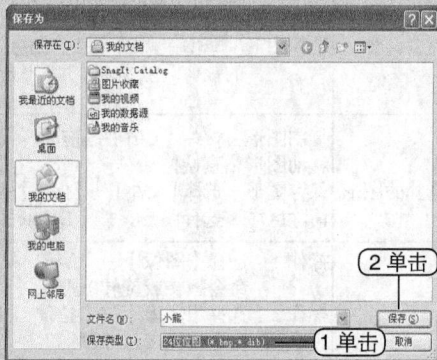

图 5-94　保存图片

7 选择【文件】→【设置为墙纸（居中）】命令，将图片设置为墙纸，如图 5-95 所示。

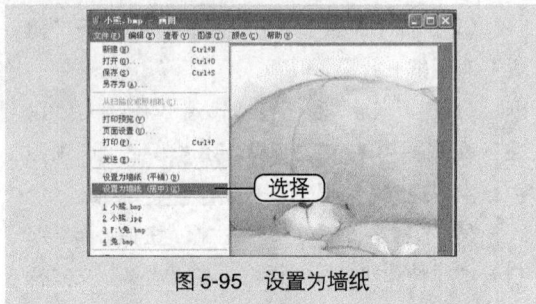

图 5-95　设置为墙纸

本节考点回顾与总结一览表

本节考点	操作方式总结
考点 10： 绘图前的准备	操作 1：选择【图像】→【属性】命令，打开"属性"对话框，设置画布尺寸 操作 2：在工具箱中选择绘图工具 操作 3：选择线条宽度 操作 4：单击颜料盒中的色块选择绘图颜色
考点 11： 绘图操作	绘制直线：单击工具箱中的"直线"工具 绘制曲线：单击工具箱中的"曲线"工具 绘制矩形和圆：单击工具箱中的"矩形"工具和"椭圆"工具 绘制多边形：单击工具箱中的"多边形"工具 填充颜色：单击工具箱中的"颜色填充"工具 喷枪的使用：单击工具箱中的"喷枪"工具 擦除图形：单击工具箱中的"橡皮/彩色橡皮擦"工具 输入文本：单击工具箱中的A工具 选择图形：单击工具箱中的"任意形状的裁剪"工具和"矩形选定"工具
考点 12： 编辑选择的图形	复制图形：按住【Ctrl】键拖动 移动图形：直接拖动 保存图形：选择【文件】→【保存】命令 清除区域：选择图形，按【Delete】键
考点 13： 绘图技巧	操作 1：选择【图像】→【翻转/旋转】命令翻转或旋转图形 操作 2：选择【图像】→【拉伸/扭曲】命令拉伸或扭曲图形 操作 3：选择【图像】→【反色】命令反转颜色 操作 4：选择【文件】→【设置为墙纸（平铺）】命令或选择【文件】→【设置为墙纸（居中）】命令，将图形设置为墙纸

5.4 通讯簿

考点14 管理联系人信息

考点分析

该考点抽到考题的概率较低，大多数命题常会要求考生执行两个以上的操作，如查找联系人后编辑联系人信息。

考点破解

选择【开始】→【所有程序】→【附件】→【通讯簿】命令，启动"通讯簿"程序。通讯簿的使用包括管理联系人信息和创建联系人组，其中管理联系人信息主要有以下几种方式。

1. 添加联系人

添加联系人到"通讯簿"的常用方法主要有两种。

方法 1：通过命令新建联系人。

通过命令新建联系人的具体操作如下。

1 选择【文件】→【新建联系人】命令，或单击工具栏中的"新建"按钮，在其下拉列表框中选择"新建联系人"命令，打开联系人"属性"对话框，如图 5-96 所示。

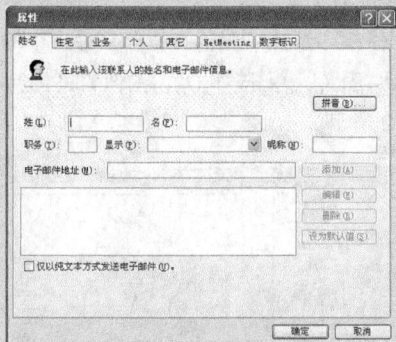

图 5-96　"属性"对话框

2 在"姓名"选项卡的相应文本框中输入联系人的姓、名和电子邮件地址等基本信息，然

后单击 添加(A) 按钮，此时，"电子邮件地址"
文本框中的电子邮件地址将添加到列表框中。

❸ 在其他各选项卡中，可添加联系人的其
他相关信息，如在"住宅"选项卡中可以设置联
系人的家庭住址、住宅电话等信息，如图5-97
所示。

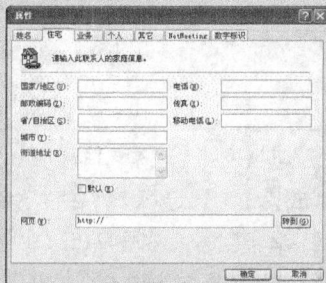

图5-97 "住宅"选项卡

❹ 设置完所有的选项卡信息后，单击
确定 按钮，即可将该联系人添加到"通讯簿"中。

☀ **多学一招**

如果该联系人有多个电子邮件地址，可选择最常用
的电子邮件地址，并单击 设为默认值(S) 按钮，将
其设置为默认的电子邮件地址。

方法2：通过快捷键新建联系人。

按【Ctrl+N】组合键打开联系人"属性"
对话框，其后的操作与使用命令的操作步骤相
同，这里不再赘述。

2. 查找联系人

查找联系人的常用方法主要有两种。

方法1：通过命令查找联系人。

通过命令查找联系人的具体操作如下。

❶ 在"通讯簿"窗口中，选择【编辑】→【查
找用户】命令，或者单击工具栏中的"查找用户"
按钮 ，均可打开"查找用户"对话框，如图
5-98所示。

图5-98 "查找用户"对话框

❷ 在其中输入部分或全部已知信息，单击
开始查找(F) 按钮，符合查找条件的联系人将
被显示在对话框的下方，单击 全部清除(L) 按
钮，可以清除已输入的查找细节，以方便用户重
新输入其他查找信息，如图5-99所示。

图5-99 查找到的联系人

方法2：通过快捷键查找联系人。

按【Ctrl+F】组合键打开"查找用户"对
话框，其后的操作与使用命令的操作步骤相
同，这里不再赘述。

3. 编辑联系人信息

编辑联系人信息的具体操作如下。

❶ 在"通讯簿"窗口中选择需要编辑的联
系人。

❷ 选择【文件】→【属性】命令，或者单
击工具栏中的"属性"按钮 ，打开所选联系
人的"属性"对话框，编辑修改各个选项卡中的

相应信息，修改完成后单击 确定 按钮。

多学一招

编辑联系人信息操作也可通过"查找用户"对话框先找到需要编辑的联系人，然后在"查找用户"对话框中选中联系人，再单击 属性(R) 按钮来实现。

真题演练

【题目40】 在桌面上已启动的"通讯簿"程序中添加联系人信息，该人的基本情况为：姓名是"蔡长兵"，电子邮件地址为caicb901@163.com，仅以纯文本方式发送电子邮件；住宅电话是6200****；公司名称为"长樱德兰"，建立完毕后关闭"通讯簿"窗口（通过命令操作）。

本题的题目较长，但操作并不难，对于该类长难题，考生只需按照题目要求进行操作即可，具体如下。

1 选择【文件】→【新建联系人】命令，打开联系人"属性"对话框的"姓名"选项卡，如图 5-100 所示。

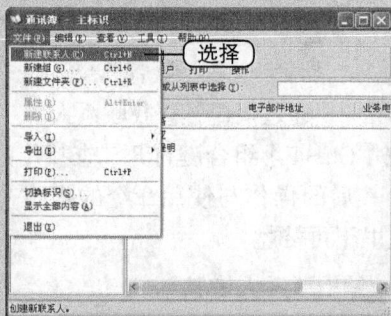

图 5-100　选择命令

2 在"姓"文本框中输入"蔡"，在"名"文本框中输入"长兵"，在"电子邮件地址"文本框中输入"caicb901@163.com"，然后单击 添加(A) 按钮，再选中"仅以纯文本方式发送电子邮件"复选框，如图 5-101 所示。

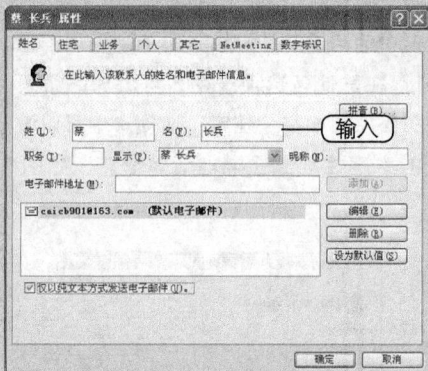

图 5-101　输入相关信息 1

3 单击"住宅"选项卡，在"电话"文本框中输入"6200****"，然后单击"业务"选项卡，在"公司"文本框中输入"长樱德兰"，单击 确定 按钮，如图 5-102 所示。

4 返回"通讯簿"窗口中，选中【文件】→【退出】命令关闭窗口。

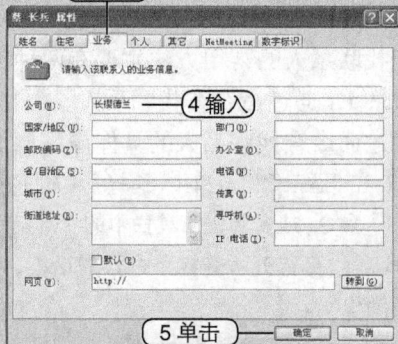

图 5-102　输入相关信息 2

【题目41】利用"开始"菜单打开"通讯簿"窗口，新建一个联系人，该人的基本情况为：姓名是"程弋"，电子邮件地址为caicb909@163.com；住宅邮政编码是100875，电话是5220****，移动电话号码是1340117****；公司名称为"京海"，公司所在国家为"中国"，所在城市为"南京"（按题目顺序填写）。建立完毕后关闭"通讯簿"窗口。

本题的操作思路同"第40题"相同，只是在编辑联系人信息时需要更加完善，具体操作如下：

1 选择【开始】→【所有程序】→【附件】→【通讯簿】命令，启动"通讯簿"程序。

2 选择【文件】→【新建联系人】命令，或者单击工具栏中的"新建"按钮 ![新建]，在其下拉列表中选择"新建联系人"命令，打开联系人"属性"对话框的"姓名"选项卡。

3 在"姓"文本框中输入"程"，在"名"文本框中输入"弋"，在"电子邮件地址"文本框中输入"caicb909@163.com"，然后单击 添加(A) 按钮，如图5-103所示。

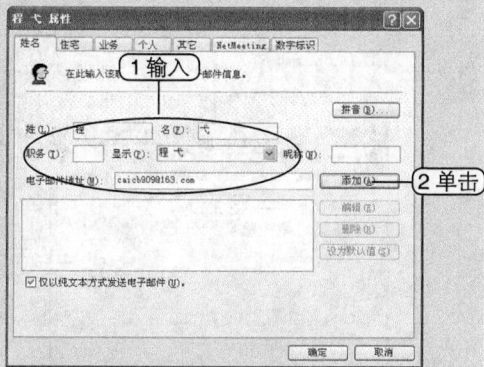
图5-103 填写"姓名"信息

4 单击"住宅"选项卡，在"电话"文本框中输入"5220****"，在"邮政编码"文本框中输入"100875"，在"移动电话"文本框中输入"1340117****"，如图5-104所示。

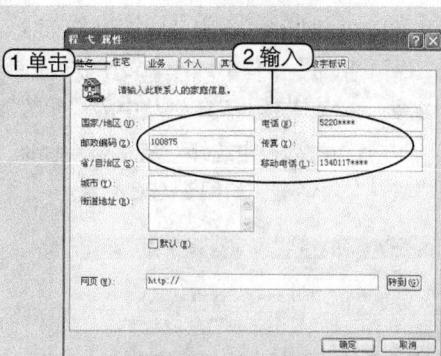
图5-104 填写"住宅"信息

5 单击"业务"选项卡，在"公司"文本框中输入"京海"，在"国家/地区"文本框中输入"中国"，在"城市"文本框中输入"南京"，单击 确定 按钮。

6 返回通讯簿中，选中【文件】→【退出】命令，或者单击标题栏中的"关闭"按钮![X]关闭窗口，如图5-105所示。

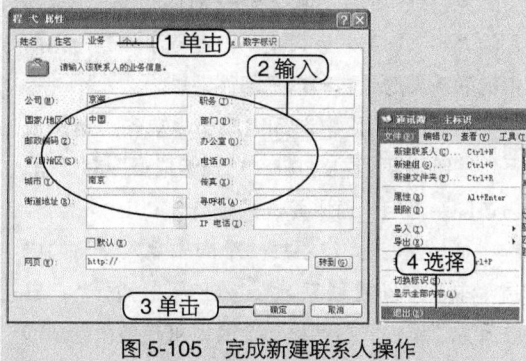
图5-105 完成新建联系人操作

考点15 创建联系人组

📖 **考点分析**

创建联系人组同样属于基础的考点，出现考题的概率较高。考试中通常会要求考生连续执行两个以上的操作，如新建联系人组后再在组中新建联系人等。

🎯 **考点破解**

创建联系人组的方法有以下两种。

方法1：通过命令创建联系人组。

通过命令创建联系人组的具体操作如下。

1 在"通讯簿"窗口中选择【文件】→【新建组】命令，或者单击"工具栏"中的"新建"按钮 ，在其下拉列表中选择"新建组"命令，打开组"属性"对话框，如图 5-106 所示。

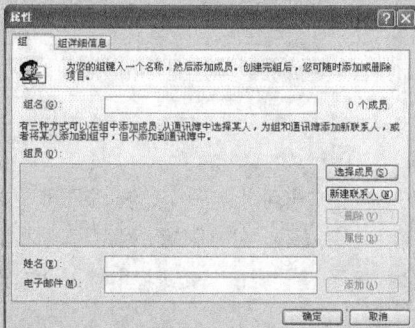

图 5-106　组"属性"对话框

2 在"组名"文本框中输入联系人组的名称，并通过以下操作完成组内设定。

● 在"姓名"和"电子邮件"文本框中，可输入想添加到联系人组中，但不添加到通讯簿中的联系人的姓名和电子邮件地址。

● 从通讯簿中选择组成员：单击"选择成员"按钮 ，打开"选择组成员"对话框，为该联系人组从通讯簿选择成员。

● 为联系人组添加一个尚未输入信息的成员：单击"新建联系人"按钮 ，打开联系人"属性"对话框，此时即可在各个选项卡中输入联系人的相应信息。

3 单击 确定 按钮，完成联系人组的创建。

方法 2：通过快捷键创建联系人组。

按【Ctrl+G】组合键打开组"属性"对话框，其后的操作与使用命令的操作步骤相同，这里不再赘述。联系人组一经创建，就可将该组名作为收件人来为组内成员同时发送邮件。

真题演练

【题目 42】利用"开始"菜单打开"通讯簿"窗口，新建一个组，组名为"朋友"，该组的第一个成员是通讯簿中已有的联系人"程弋"，再在组中新建一个联系人，该人的基本情况为：姓名"姚小东"，电子邮件地址为 yxddianziyoujian@163.com（按题目顺序填写），建立完毕后使用标题栏关闭"通讯簿"窗口。

本题首先需要创建一个联系人组，然后在组中添加和新建联系人，具体操作如下。

1 选择【开始】→【所有程序】→【附件】→【通讯簿】命令，启动"通讯簿"程序。

2 选择【文件】→【新建组】命令，或者单击工具栏中的"新建"按钮 ，在其下拉列表中选择"新建组"命令，打开"属性"对话框，在"组名"文本框中输入"朋友"，单击 选择成员(S) 按钮，如图 5-107 所示。

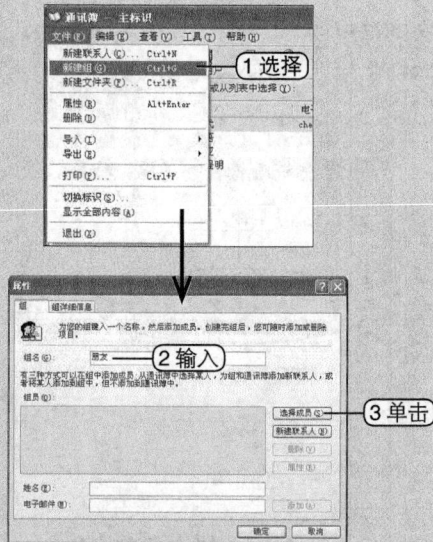

图 5-107　输入组名

3 在打开的"选择组成员"对话框的左侧列表框中选择"程弋"，单击 选择(T)-> 按钮，将其添加至右侧的"成员"列表框中，单击 确定 按钮。

④ 返回"朋友 属性"对话框，选择的联系人被添加至"组员"列表框中，单击 新建联系人(N) 按钮，如图 5-108 所示。

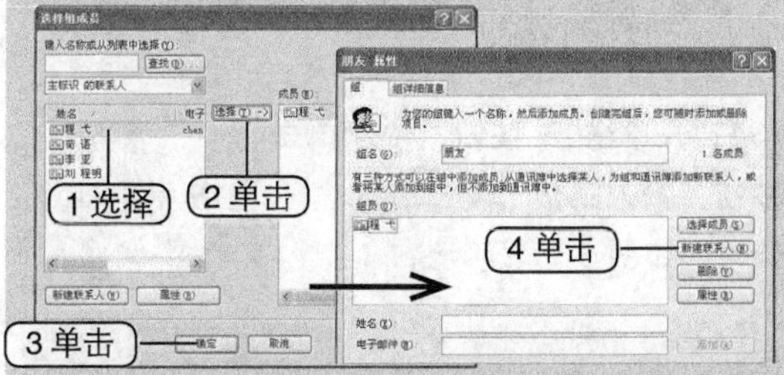

图 5-108　添加联系人

⑤ 打开"属性"对话框，在"姓"文本框中输入"姚"，在"名"文本框中输入"小东"，在"电子邮件地址"文本框中输入"yxddianziyoujian@163.com"，单击 确定 按钮返回"朋友 属性"对话框，再单击 确定 按钮，如图 5-109 所示。返回"通讯簿"窗口中，单击标题栏上的"关闭"按钮 ✕ 关闭窗口。

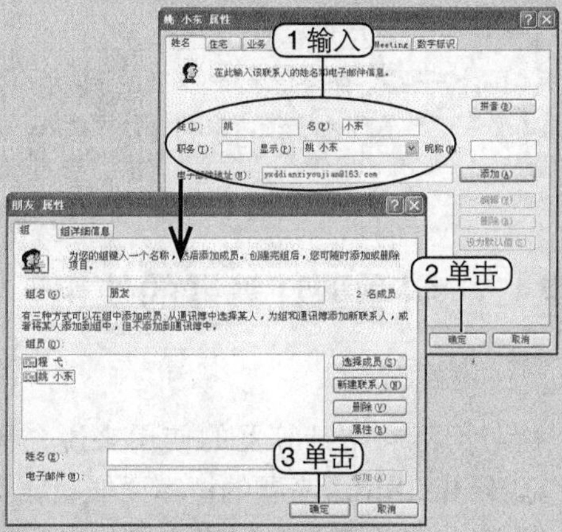

图 5-109　完成组的创建

本节考点回顾与总结一览表

本节考点	操作方式总结
考点 14：管理联系人信息	添加联系人：【文件】→【新建联系人】命令或按【Ctrl+N】组合键 查找联系人：【编辑】→【查找用户】命令或按【Ctrl+F】组合键 编辑联系人：【文件】→【属性】命令
考点 15：创建联系人组	方法 1：【文件】→【新建组】命令 方法 2：按【Ctrl+G】组合键

5.5　计算器

考点16　标准型计算器的使用

📖 考点分析

该考点在考试中出现考题的概率较高，通常命题方式为要求考生使用计算器计算某个等式的值。

🔧 考点破解

标准型计算器的使用方法与日常生活中的计算器的使用方法是一样的。在使用"计算器"程序进行运算时，应按照常用的四则运算法则进行计算，即先计算括号内的，后计算括号外的，先乘除、后加减等。选择【开始】→【所有程序】→【附件】→【计算器】命令，即可启动"计算器"程序，如图 5-110 所示，在其中单击各按钮即可进行运算。

图 5-110　"计算器"窗口

📝 真题演练

【题目 43】计算（12+31-8）× 4/2 的值。具体操作如下。

① 选择【开始】→【所有程序】→【附件】→【计算器】命令，打开"计算器"窗口。

② 选择【查看】→【标准型】命令，打开标准型计算器界面。

③ 依次单击 1 和 2 按钮，输入"12"，再单击 + 按钮，然后依次单击 3 和 1 按钮，输入"31"，再单击 - 按钮，如图 5-111 所示。

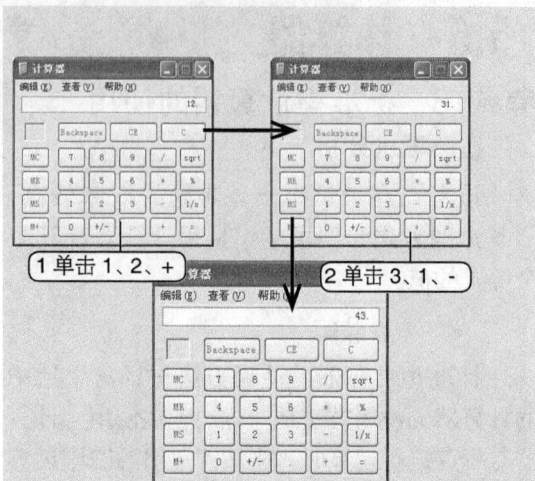

图 5-111　计算加法

4 单击 8 按钮，输入减数 "8"。现在括号内的数据已计算完毕，下一步将进行乘法运算，单击 * 按钮。

5 单击 4 按钮，输入乘数 "4"，然后单击 / 按钮，再单击 2 按钮，输入除数 "2"。

6 单击 = 按钮，在数值显示栏中即可显示最后的运算结果，如图 5-112 所示。

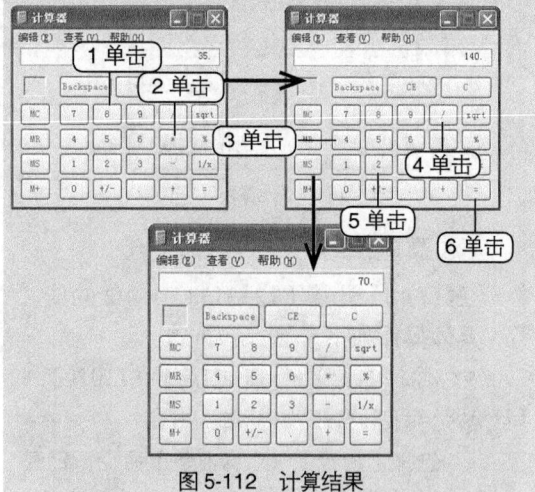

图 5-112　计算结果

【题目 44】利用 "开始" 菜单打开 "计算器" 应用程序，并使用鼠标操作计算 342×348 的结果。

本题的操作思路与题目 43 相同，具体操作如下。

1 选择【开始】→【所有程序】→【附件】→【计算器】命令，打开 "计算器" 窗口。

2 依次单击 3 、 4 和 2 按钮，输入 "342"，单击 * 按钮，依次单击 3 、 4 和 8 按钮，输入乘数 "348"，单击 = 按钮得出计算结果，如图 5-113 所示。

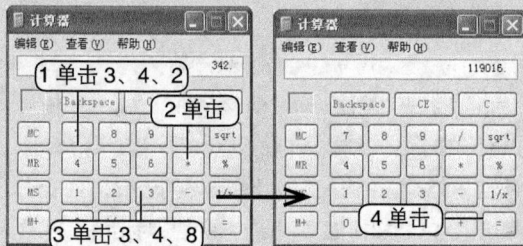

图 5-113　计算结果

多学一招

在标准型计算器中，如果要计算一个数的平方根，可先输入数字，再单击 sqrt 按钮；如果要计算倒数，如要计算 "3/4"，可以先输入 "3"，然后单击 1/x 按钮，最后输入 "4"。

考点17　科学型计算器的使用

考点分析

相对于标准型计算器的使用来说，科学型计算器的使用出现考题的概率要低些。本考点比考点 16 更为复杂，但仍会偶尔出现包含本考点内容的考题。

考点破解

当需对输入的数据进行乘方运算时，可切换至科学型计算器界面，其方法为在标准型计算器界面中选择【查看】→【科学型】命令，打开科学型计算器界面，如图 5-114 所示，在其中单击各按钮即可进行运算。

图 5-114　科学型计算器

真题演练

【题目 45】计算 812 的 3 次方根和 4 次方根。

具体操作如下。

1 选择【开始】→【所有程序】→【附件】→【计算器】命令，打开"计算器"窗口。

2 选择【查看】→【科学型】命令，打开科学型计算器界面。

3 依次单击 8 、 1 和 2 按钮，输入"812"，再依次单击 x^y 、 3 按钮，最后单击 = 按钮即可计算出 812 的 3 次方根的结果。

4 选中"Inv"复选框，依次单击 8 、 1 和 2 按钮，输入"812"，再依次单击 x^y 按钮和 4 按钮，最后单击 = 按钮可计算出 812 的 4 次方根的结果，如图 5-115 所示。

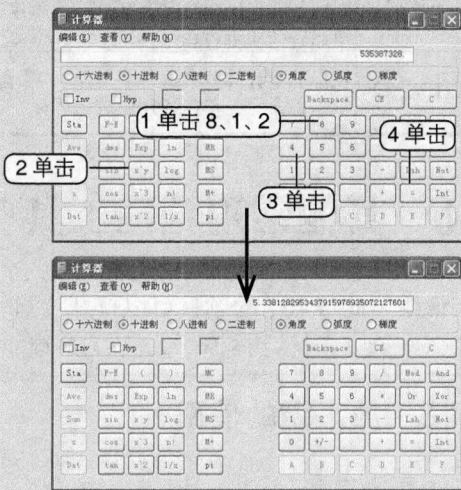

图 5-115　计算 812 的 4 次方根

【题目 46】计算 8、12、31 这 3 个数的平均值和标准差。

具体操作如下。

1 选择【开始】→【所有程序】→【附件】→【计算器】命令，打开"计算器"窗口。

2 选择【查看】→【科学型】命令，打开科学型计算器界面。

3 单击 Sta 按钮，打开"统计框"对话框，依次单击 8 和 Dat 按钮，将数字 8 添加到"统计框"对话框中。

4 使用同样的方法将数字 12 和 31 添加到"统计框"对话框中，如图 5-116 所示。

图 5-116　添加数字

5 单击 Ave 按钮，计算出这 3 个数的平均值。

6 单击 s 按钮，计算出这 3 个数的标准差，如图 5-117 所示。

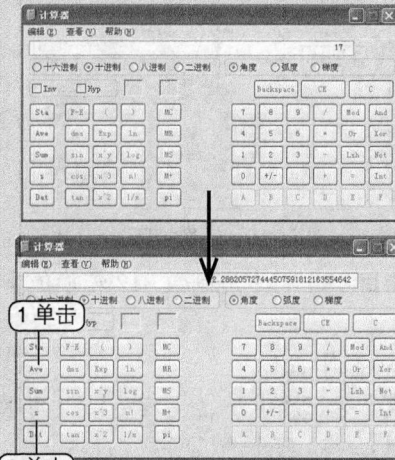

图 5-117　计算结果

【题目47】打开"计算器"应用程序，利用科学型模式将十六进制的ABC转换为二进制。

具体操作如下。

🔳 选择【开始】→【所有程序】→【附件】→【计算器】命令，打开"计算器"窗口。

🔳 选择【查看】→【科学型】命令，选中"十六进制"单选项，用鼠标单击计算器键盘中的 A 、 B 和 C 按钮，或用键盘输入"ABC"，然后选中"二进制"单选项，即可显示转换好的二进制数，如图5-118所示。

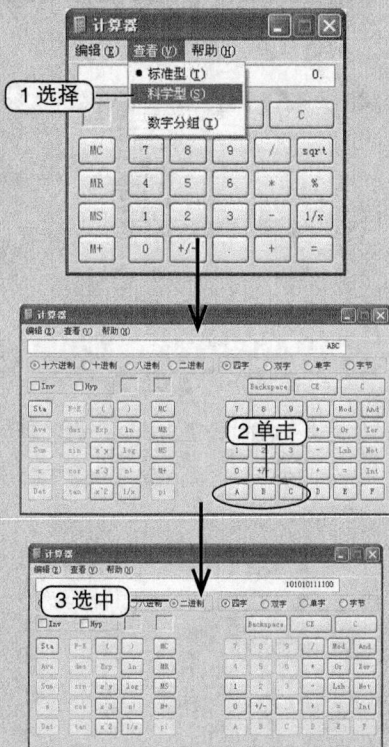

图5-118 转换为二进制

【题目48】将十进制数812转换成十六进制数。

具体操作如下。

🔳 选择【开始】→【所有程序】→【附件】→【计算器】命令，打开"计算器"窗口。

🔳 选择【查看】→【科学型】命令，打开

科学型计算器界面。

🔳 依次单击 8 、 1 和 2 按钮，输入"812"。

🔳 选中"十六进制"单选项即可显示已经转换成的十六进制数，如图5-119所示。

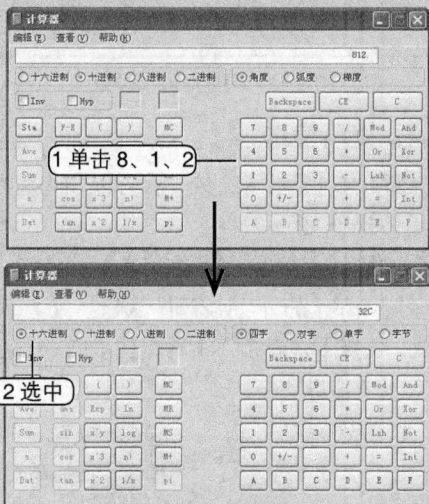

图5-119 转换数值

本节考点回顾与总结一览表

本节考点	操作方式总结
考点16：标准型计算器的使用	选择【开始】→【所有程序】→【附件】→【计算器】命令，启动"计算器"程序，单击各按钮进行运算
考点17：科学型计算器的使用	在标准型计算器中选择【查看】→【科学型】命令，单击各按钮进行运算

5.6 其他常用辅助工具

说明：此考点下的题目可以打开"测试.txt"（光盘:\素材\第5章）作为练习环境。

考点18 放大镜的使用

🔍 考点分析

该考点出现考题的概率较低，考生只需了解

启动"放大镜"程序的方法便可。

考点破解

"放大镜"程序的使用方法如下。

1 选择【开始】→【所有程序】→【附件】→【辅助工具】→【放大镜】命令，启动"放大镜"程序，并打开"Microsoft 放大镜"提示对话框，如图5-120所示，提示设计放大镜程序的目的。

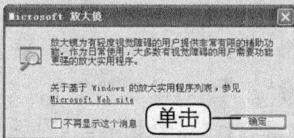

图5-120 "Microsoft 放大镜"提示对话框

2 单击 确定 按钮关闭该对话框，同时打开"放大镜设置"对话框，如图5-121所示。在"放大倍数"下拉列表框中可选择放大镜的放大倍数，在"跟踪"选项组中选中相应的复选框可设置显示放大效果的跟踪方式，在"外观"选项组中选中相应的复选框可设置放大镜程序的外观。

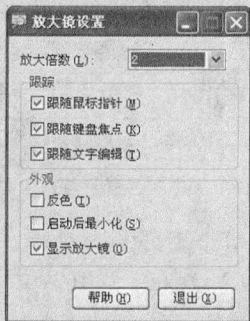

图5-121 "放大镜设置"对话框

3 此时移动鼠标指针，在窗口上方将同步显示放大的效果，使用完后单击 退出(X) 按钮即可退出程序，并恢复到默认的显示状态。

真题演练

【题目49】设置"放大镜"程序4倍的放大倍数，然后查看D盘中的"测试.txt"文件。

具体操作如下。

1 打开"我的电脑"窗口，双击D盘图标，然后在打开的窗口中双击"测试.txt"文件。

2 选择【开始】→【所有程序】→【附件】→【辅助工具】→【放大镜】命令，启动"放大镜"程序，打开"Microsoft 放大镜"提示对话框，单击 确定 按钮，如图5-122所示。

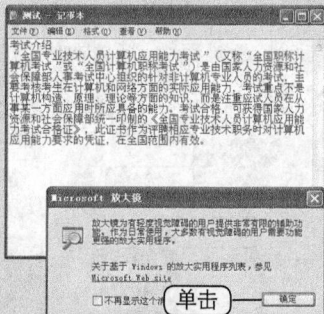

图5-122 打开文件并启动"放大镜"程序

3 在打开的"放大镜设置"对话框的"放大倍数"下拉列表框中选择"4"选项，将鼠标指针移动到"测试"文件中，即可以放大4倍的效果查看文件，单击 退出(X) 按钮即可退出程序，并恢复到默认的显示状态，操作过程如图5-123所示。

图5-123 使用放大镜

【题目50】利用"开始"菜单打开"放大镜"，并做如下设置：将"放大倍数"改为4，在"跟踪"选项组中选择"跟随鼠标指针"，在"外观"选项组中选择"显示放大镜"。然后将桌面上的"我的电脑"图标放大。

本题需要先设置放大镜，然后再放大题中所要求的位置。具体操作如下。

① 选择【开始】→【所有程序】→【附件】→【辅助工具】→【放大镜】命令，启动放大镜，打开"Microsoft 放大镜"提示对话框，单击 确定 按钮。

② 在打开的"放大镜设置"对话框的"放大倍数"下拉列表框中选择"4"选项，在"跟踪"选项组中只选中"跟随鼠标指针"复选框，在"外观"选项组中只选中"显示放大镜"复选框，然后将鼠标指针移至桌面中"我的电脑"图标上，如图 5-124 所示。

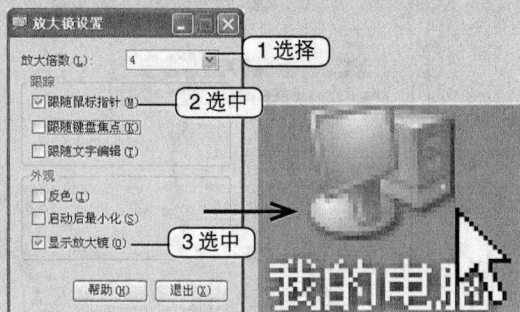

图 5-124　放大"我的电脑"图标

考点19　屏幕键盘的使用

考点分析

该考点基本不会出现在考题中，考生只需了解其用法即可。

考点破解

"屏幕键盘"程序的使用方法为选择【开始】→【所有程序】→【附件】→【辅助工具】→【屏幕键盘】命令，将其启动，如图 5-125 所示。

图 5-125　屏幕键盘

在启动屏幕键盘的同时打开一个提示对话框，提示设计屏幕键盘程序的目的，单击 确定 按钮即可。然后将鼠标指针移至所需的键位按钮上单击，即可输入相应的数据。选择【文件】→【退出】命令即可退出屏幕键盘程序。

真题演练

【题目51】使用屏幕键盘在记事本中输入"Text"。

① 选择【开始】→【所有程序】→【附件】→【辅助工具】→【屏幕键盘】命令，启动"屏幕键盘"程序，同时打开"屏幕键盘"提示对话框，单击 确定 按钮。

② 选择【开始】→【所有程序】→【附件】→【记事本】命令，打开"记事本"窗口。

③ 在屏幕键盘中单击 lock 键，然后单击 T 键，输入字母"T"，如图 5-126 所示。

图 5-126　使用屏幕键盘输入大写字母

④ 再次单击 lock 键，然后分别单击 e、x 和 t 键，输入"ext"，如图 5-127 所示。

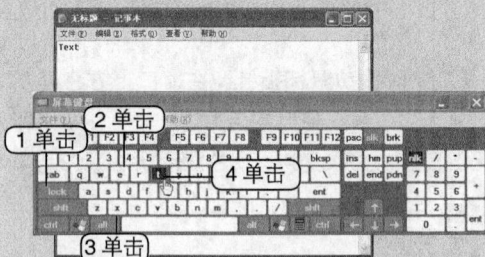

图 5-127　使用屏幕键盘输入小写字母

本节考点回顾与总结一览表

本节考点	操作方式总结
考点18：放大镜的使用	选择【开始】→【所有程序】→【附件】→【辅助工具】→【放大镜】命令，启动即可使用
考点19：屏幕键盘的使用	选择【开始】→【所有程序】→【附件】→【辅助工具】→【屏幕键盘】命令，启动即可使用

5.7 剪贴板

考点20 打开剪贴板

考点分析

该考点在考试中出现考题的概率很低，其命题通常和后面的几个考点相结合，因此本节将考点20~考点24结合起来讲解经典试题。

考点破解

选择【开始】→【所有程序】→【附件】→【剪贴簿查看器】命令，即可启动"剪贴簿查看器"窗口，如图5-128所示。

图5-128 "剪贴簿查看器"窗口

考点21 将内容放入剪贴板

考点分析

该考点在考试中出现的概率很低，着重掌握下面情况3与情况4的操作即可。

考点破解

在执行某些操作后，系统会将某些内容放入剪贴板中，主要有以下4种情况。

情况1：当选择对象并执行剪切操作后，选择的对象将被放入剪贴板。

情况2：当选择对象并执行复制操作后，选择的对象将被放入剪贴板。

情况3：按【PrintScreen】键后，当前屏幕图像将被放入剪贴板。

情况4：按【Alt+PrintScreen】组合键后，当前活动窗口将被放入剪贴板。

考点22 保存剪贴板中的内容

考点分析

该考点在考试中出现的概率也很低，了解其操作方法即可。

考点破解

若不想丢失剪贴板中的内容，可将其保存成文件，方法为在"剪贴簿查看器"窗口中选择【文件】→【另存为】命令，打开"另存为"对话框，如图5-129所示。

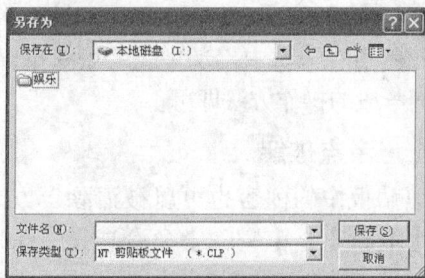

图5-129 "另存为"对话框

在"文件名"文本框中输入文件名，在"保存类型"下拉列表框中选择文件类型，这里保持默认设置，然后单击 保存(S) 按钮即可将文件保存为扩展名为.clp的文件。

考点23 使用剪贴板中的内容

考点分析

该考点在考试中出现的概率很低，了解

其一般的操作方法即可。

考点破解

当需要使用剪贴板中的文件时，可将其打开，方法为在"剪贴簿查看器"窗口中选择【文件】→【打开】命令，打开"打开"对话框，如图 5-130 所示，在中间的列表框中选择需要打开的文件，然后单击 打开(O) 按钮即可打开该文件。在需要放入剪贴板内容的文档中定位插入点，执行"粘贴"命令即可。

图 5-130　"打开"对话框

考点24　清除剪贴板中的内容

考点分析

该考点在考试中出现考题的概率也很低，了解其一般的操作方法即可。

考点破解

剪贴板中的内容也可以被清除，方法为选择【编辑】→【删除】命令或按【Delete】键，打开"清除剪贴板内容"对话框，然后单击 是(Y) 按钮即可，如图 5-131 所示。

图 5-131　"清除剪贴板内容"对话框

真题演练

【题目 52】将 D 盘中的"测试"文件放入剪贴板中，并以"测试文件"为名将其保存到

桌面上。

本题考查了打开剪贴板、将内容放入剪贴板和保存剪贴板中的内容 3 个操作，具体如下。

❶ 打开"我的电脑"窗口，双击 D 盘图标，在打开的窗口中选择"测试"文件，然后按【Ctrl+C】组合键。

❷ 选择【开始】→【所有程序】→【附件】→【剪贴簿查看器】命令，打开"剪贴簿查看器"窗口。

❸ 选择【文件】→【另存为】命令，打开"另存为"对话框。

❹ 在"保存在"下拉列表框中选择"桌面"选项，在"文件名"文本框中输入"测试文件"，然后单击 保存(S) 按钮，如图 5-132 所示。

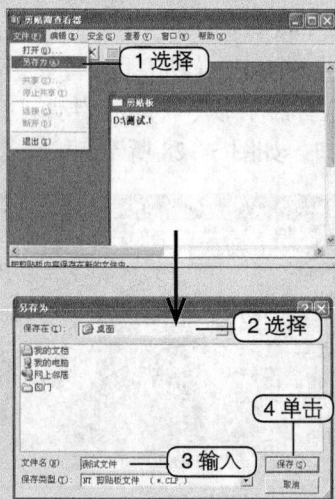

图 5-132　使用剪贴簿查看器

【题目 53】使用上题中保存在桌面上的文件，并将其粘贴到 E 盘。

具体操作如下。

❶ 选择【开始】→【所有程序】→【附件】→【剪贴簿查看器】命令，打开"剪贴簿查看器"窗口。

2 选择【文件】→【打开】命令,打开"打开"对话框,在"查找范围"下拉列表框中选择"桌面"选项,在下面的列表框中选择"测试文件"选项,然后单击 打开(O) 按钮,如图5-133所示。

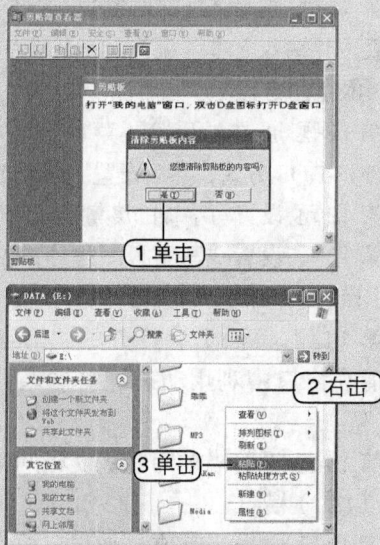

图 5-133 打开剪贴文件

3 如果剪贴板中有内容,将打开"清除剪贴板内容"提示对话框,单击 是(Y) 按钮即可清除剪贴板中的内容,然后将保存的剪贴板中的内容复制到剪贴板中。

4 打开"我的电脑"窗口,双击E盘图标,在打开的窗口中的空白处单击鼠标右键,在弹出的快捷菜单中选择"粘贴"命令,即可将保存在桌面上的"测试.txt"文件复制到E盘中,如图5-134所示。

图 5-134 复制剪贴文件

☀ 多学一招

使用剪贴文件时,其中的剪贴内容的源文件应存在,否则系统将提示无法复制文件、无法读取源文件或磁盘。

【题目54】清除剪贴板中的所有内容。
具体操作如下。

1 选择【开始】→【所有程序】→【附件】→【剪贴簿查看器】命令,打开"剪贴簿查看器"窗口。

2 选择【编辑】→【删除】命令,打开"清除剪贴板内容"对话框,然后单击 是(Y) 按钮即可。

【题目55】将当前屏幕内容复制到剪贴板中,并在"写字板"程序中打开。
具体操作如下。

1 按住【PrintScreen】键,将当前屏幕内容复制到剪贴板中。

2 选择【开始】→【所有程序】→【附件】→【写字板】命令,启动"写字板"程序,按【Ctrl+V】组合键进行粘贴,如图5-135所示。

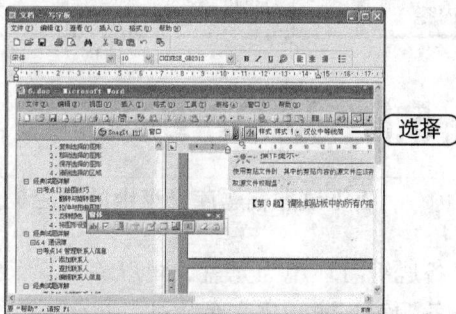

图 5-135 复制并粘贴内容

【题目56】查看当前剪贴板中的内容,并将它保存到F盘,文件名为"记录"。
具体操作如下。

1 选择【开始】→【所有程序】→【附件】→【剪贴簿查看器】命令,打开"剪贴簿查看器"

窗口。

2 在其中选择【文件】→【另存为】命令,打开"另存为"对话框,在"保存在"下拉列表框中选择"本地磁盘(F:)"选项,在"文件名"下拉列表框中输入"记录",单击 保存(S) 按钮即可保存文件。

本节考点回顾与总结一览表

本节考点	操作方式总结
考点20: 打开剪贴板	选择【开始】→【所有程序】→【附件】→【剪贴簿查看器】命令,打开"剪贴簿查看器"窗口
考点21: 将内容放入剪贴板	方法1:选择并剪切对象 方法2:选择并复制对象 方法3:按【PrintScreen】键 方法4:按【Alt+PrintScreen】组合键
考点22: 保存剪贴板中的内容	选择【文件】→【另存为】命令,打开"另存为"对话框
考点23: 使用剪贴板中的内容	选择【文件】→【打开】命令,打开"打开"对话框
考点23: 清除剪贴板中的内容	选择【编辑】→【清除】命令或按【Delete】键

5.8 过关精练

以下试题在题库光盘中的对应位置:

各题练习环境为光盘:\同步练习\第5章\
各题解答演示见光盘:\试题精解\第5章\

第1题 通过"记事本"新建一个文本文档,然后输入内容"学习电脑,重在上机操作",保存在D盘中,文件名为"学习.txt"。

第2题 通过"写字板"窗口,将文档中的"豪大"全部替换成"豪达"。

第3题 请利用"开始"菜单打开"画图"窗口,在窗口中打开"我的文档"文件夹中的文件"荷花.jpg",将图像反色显示。再将绘图区扩大为宽度320、高度480后把图像区拉伸,水平方向为120%,垂直方向为110%。将该文件原地保存,文件类型为256色位图,名称不变,然后将图像设置为墙纸(平铺)。

第4题 利用"屏幕键盘"在"记事本"窗口输入"study hard",然后将该文件保存到D盘中,文件名为"学习.txt"。

第5题 从Windows XP操作方式切换到MS-DOS方式。

第6题 打开"计算器"窗口,将十进制数字"123"转换为二进制。

第7题 通过计算机桌面设置计算机从屏幕保护状态恢复时,提示输入密码。

第8题 在桌面上新建一个名为"打字.txt"的文本文件,在该文件中输入内容"中文Windows XP操作系统",然后将其保存到E盘。

第9题 将"写字板"窗口中的标题文本设置为16号、粗体、红色,要求使用菜单命令。

第10题 在写字板文件中插入一个Word文档对象,并输入文本"祝你考试成功!",最后将文档保存在E盘下。

第11题 通过"开始"菜单打开Windows XP的MS-DOS方式,然后设置字体为10*20。

第12题 设置写字板的度量单位为厘米。

第13题 设置"写字板"程序的文本按窗口大小自动换行。

第14题 桌面上有打开的"写字板"窗口,请在窗口中利用动态键盘输入数学符号"± ∑"。

第15题 设置当前写字板文档的纸张大小为B5(ISO)横向。

第16题 预览当前文档效果,放大后关闭该视图。

第17题 使用默认打印机将当前文档打印3份。

第18题 快速在当前文档末尾插入当前日期，其格式为第2种。

第19题 在当前文档中插入图片（我的文档\包.png）。

第20题 通过菜单为当前选择的文本设置项目符号，然后通过工具栏取消项目符号。

第21题 将当前文档的标题使用工具设置为居中对齐，将落款设置为右对齐。

第22题 在画图程序中打开"图片收藏"中的"风景.jpg"图片，并垂直翻转当前图片。

第23题 在"画图"程序中设置打印纸张为A4，打印方向为横向，并适合于打印在1页纸张上。

第24题 将当前图片居中作为桌面背景，最小化窗口查看设置效果。

第25题 将前景色设置为颜料盒的最后一种颜色，将背景色设置为浅黄色，在窗口中绘制一个长方形，并选择第二种样式。

第26题 将当前打开的"画图"窗口最大化，然后将其中的图片设置为墙纸（居中），最后最小化窗口。

第27题 打开"我的文档"中的"包.png"文件，在文件路径不改变的情况下将文件另存为"店标.jpg"。

第28题 将当前前景色的色调设置为"120"，"饱和度"设置为"150"，"亮度"设置为"180"，并添加到颜料盒中。

第29题 在文件末尾插入当前计算机的日期和时间。

第30题 将当前记事本中所有的文本"望江"替换为"中江"。

第31题 在记事本中用查找命令，查找第一个"公文"出现的位置，然后关闭对话框。

第32题 快速打开桌面上的"招领启事.txt"文件，将文件另存到D盘，文件名为"失物招领"，最后退出记事本。

第33题 移动记事本正文中的最后一句到第一句后。

第34题 利用计算器的科学型模式将十六进制的AEF转换为二进制。

第35题 计算二进制数10110加110110的值。

第36题 计算八进制数324减123的值，再将结果转换为十进制。

第37题 请打开"计算器"应用程序，利用科学型模式将十进制的1234转换为十六进制。

第38题 计算tan30°的值。

第39题 设置放大镜的跟踪方式为跟随鼠标指针，然后退出放大镜。

第40题 启动放大镜程序，并设置放大倍数为3倍。

第41题 通过"开始"菜单打开屏幕键盘应用程序。

第42题 利用屏幕键盘在"记事本"窗口中输入"word"，然后关闭屏幕键盘。

第43题 将当前桌面上的"显示属性"对话框放入剪贴板，然后粘贴到画图程序中。

第44题 将当前"控制面板"窗口复制到剪贴板，用菜单打开剪贴板查看程序查看。

第45题 将当前屏幕复制到剪贴板，然后启动"画图"程序将其粘贴。

第46题 打开桌面中的"活动窗口.clp"文件，并将它另存一份到D盘中，命名为"图片窗口"。

第47题 利用"开始"菜单打开Windows XP的MS-DOS方式，然后利用键盘切换到全屏方式。

第48题 利用"运行"对话框打开"MS-DOS"窗口，然后设置窗口字体为新宋体，大小为20，且仅对当前窗口有效。

第49题 通过对话框设置"MS-DOS"窗口

全屏显示。

第50题 将"MS-DOS"窗口中显示的文本全部复制到记事本中。

第51题 在"MS-DOS"窗口中查找单词"Microsoft"，然后关闭对话框。

第52题 在"MS-DOS"窗口中查看D盘上的文件夹及目录名。

第53题 在"MS-DOS"窗口中清屏。

第54题 在"MS-DOS"窗口中查看C盘上所有以W开头的文件名及目录名。

第55题 启动通讯簿,隐藏工具栏、状态栏、文件夹和组。

第56题 在通讯簿的"共享联系人"中,利用工具栏按钮新建"同学"文件夹,在"同学"文件夹中再新建组名为"大学同学"的组,并返回工作界面。

第57题 在"同学"文件夹下通过工具栏中的按钮新建联系人"刘艺",电子邮件地址为"liuyi@163.com"。

第58题 在"大学同学"组中新建联系人"李明",住宅电话为82308230。

第59题 通过"选择成员"的方式将"同学"文件夹中的"王亮"添加到"大学同学"组中。

第60题 新建"高中同学"组,将已有的"刘艺"添加到该组中。

第61题 通过工具栏查找"李明"的信息,然后关闭对话框。

第62题 将"李明"从"大学同学"组中删除,而不是从通讯簿中删除。

第63题 通过工具栏将"王亮"改为"王良"。

第64题 使用复制粘贴法将"朋友"文件夹中的"张响"复制到"同学"文件夹的"大学同学"组中。

第65题 通过工具栏将当前"大学同学"组中的电话簿打印出来。

第66题 在通讯簿中将联系人的查看方式改为大图标。

第67题 通过工具栏将联系人"李明"从通讯簿中彻底删除。

第68题 将当前通讯簿导出到G盘中,命名为"常用通讯簿"。

第69题 导入"我的文档"中的"常用通讯簿"。

第70题 请将当前桌面上的"系统属性"对话框放入剪贴板,然后粘贴到写字板中。

第71题 打开"写字板"应用程序。

第72题 在"画图"窗口中绘制一个圆,并填充为红色。

第73题 清除剪贴板中的文字内容。

第74题 设置"MS-DOS"窗口的属性为"快速编辑模式"。

第75题 在"画图"窗口中,通过窗口的标题栏将窗口最大化,然后将当前图片设置为墙纸（平铺）,最后关闭"画图"窗口。

第76题 通过"附件"菜单打开"写字板"程序,然后新建一个文本文档。

第77题 在"画图"窗口中绘制一个圆角矩形,然后利用菜单将其删除。

第78题 利用任务栏程序图标区的图标将"画图"窗口切换成当前窗口,然后在绘图区绘制一个圆。

第79题 将剪贴簿查看器中的图像删除。

第80题 设置"MS-DOS"窗口位置为"由系统定位"。

第81题 将"剪贴板"窗口的内容保存为文件,保存位置为E盘,文件名为ZT.CLP。

第82题 将"画图"窗口中的图形进行水平翻转。

第83题 设置记事本文本自动换行。

第84题 通过工具栏将"写字板"窗口中的标题文本设置为楷体、24号字。

第 6 章 ▸Windows XP多媒体娱乐◂

媒体技术是指利用计算机将文本、图形、图像、声音、动画和视频等多种媒体元素进行综合处理并融为一体的技术。本章主要考查 Windows XP 多媒体娱乐的相关设置操作,共 12 个考点,Windows XP 中的多媒体娱乐功能包括录音机、多媒体播放器 Windows Media Player 和影像处理软件 Windows Movie Maker。本章考点的具体复习要求如下。

本章考点

☑ **要求掌握的考点**
考点级别:★★★
- 播放 DVD、VCD、CD 及媒体文件
- 使用媒体库
- 管理播放列表
- 录制声音
- 播放声音
- 混合声音文件
- 编辑声音文件

- 将声音文件添加到文档中

☑ **要求熟悉的考点**
考点级别:★★
- 导入素材媒体文件
- 编辑项目
- 保存项目和电影

☑ **要求了解的考点**
考点级别:★
- 设置多媒体播放设备

6.1 Windows Media Player

考点1 播放DVD、VCD、CD及媒体文件

📇 **考点分析**

该考点在考试中出现的概率较高,且在一套题中可能会有 1 道以上这方面的考题。题目一般是要求直接播放指定的媒体文件,有时也会与设置媒体库、管理播放列表等操作结合起来考查,如要求考生首先创建新的播放列表,再播放指定的媒体文件等。

🎗 **考点破解**

选择【开始】→【所有程序】→【Windows Media Player】命令,即可打开 "Windows Media Player" 窗口,如图 6-1 所示。

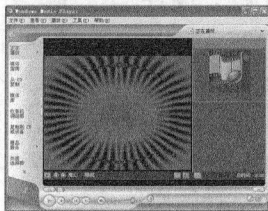

图 6-1 "Windows Media Player" 窗口

在其中可播放 DVD、VCD、CD 及计算机中的其他媒体文件，支持如 .wav、.mp3、.midi、.rm 和 .wma 等格式的文件。

1. 播放 DVD/VCD/CD

启动 Windows Media Player，并将 DVD/VCD/CD 光盘放入光盘驱动器中，然后选择【播放】→【DVD、VCD 或 CD 音频】命令，即可播放放入光盘驱动器中的 DVD/VCD/CD 光盘。

☀ **多学一招**

当用户将 DVD/VCD/CD 光盘放入光驱后，若具有自动播放功能，系统将自动识别该光盘内容，不需启动播放器就可自动打开默认的播放器进行播放。

2. 播放媒体文件

播放媒体文件主要有以下几种方法。

方法 1：通过命令播放。

在 Windows Media Player 中，选择【文件】→【打开】命令，在打开的"打开"对话框中选择需要进行播放的一个或多个媒体文件，然后单击 打开(O) 按钮。

方法 2：通过快捷键播放。

按【Ctrl+O】组合键打开"打开"对话框，选择媒体文件的位置和要播放的文件后，单击 打开(O) 按钮。

方法 3：通过"打开方式"命令播放。

在"我的电脑"或"资源管理器"窗口中，选择需要进行播放的媒体文件，再选择【文件】→【打开方式】→【Windows Media Player】命令；或者在选择的媒体文件上单击鼠标右键，在弹出的快捷菜单中选择【打开方式】→【Windows Media Player】命令，均可在 Windows Media Player 中播放选择的媒体。

📝 **真题演练**

【题目 1】利用 Windows Media Player 播放 F 盘下"视频"文件夹中的"流水 .MPG"媒体文件（要求使用命令播放）。

本题已经指定用命令的方法进行操作，需注意的是答题时先观察考试过程中是否已启动播放软件。具体操作如下。

1 选择【开始】→【所有程序】→【Windows Media Player】命令，启动 Windows Media Player。

2 选择【文件】→【打开】命令，打开"打开"对话框，在"查找范围"下拉列表中选择"本地磁盘（F：）"选项，在其下的列表框中双击"视频"文件夹，在打开的文件夹中选择"流水 .MPG"文件，然后单击 打开(O) 按钮，即可播放所选择的媒体文件，如图 6-2 所示。

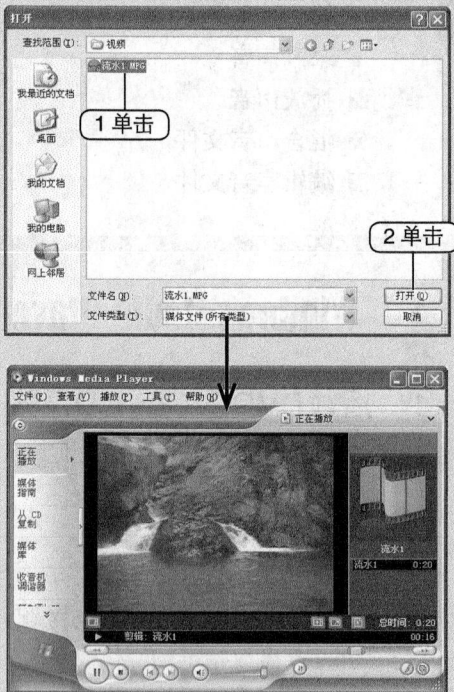

图 6-2　使用命令播放媒体文件

【题目2】利用 Windows Media Player 播放任意音乐 DVD。

本题要求播放光驱中的 DVD，在考试时，无论是播放 DVD、VCD 还是 CD，都不需要真正将光盘放入光驱，只需执行播放命令，同时要注意先启动软件。具体操作如下。

1 选择【开始】→【所有程序】→【Windows Media Player】命令，启动 Windows Media Player。

2 选择【播放】→【DVD、VCD 或 CD 音频】命令，即可播放放入光盘驱动器中的音乐 DVD，如图 6-3 所示。

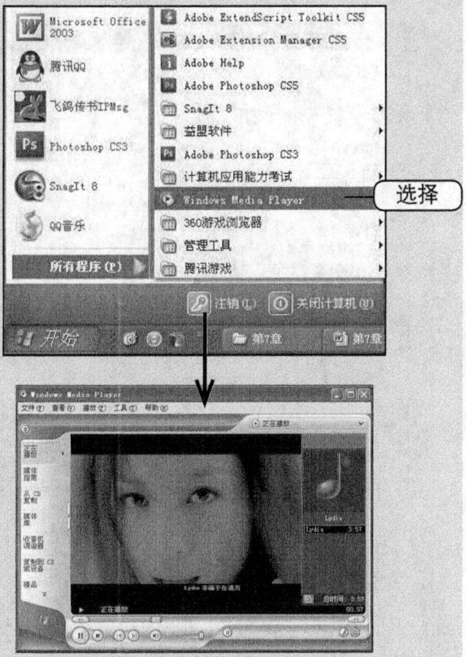

图 6-3　播放 DVD

【题目3】利用"打开方式"命令播放 F 盘下"音乐"文件夹中的所有音乐。

本题已指定使用"打开方式"命令进行操作，具体如下。

1 利用"我的电脑"或"资源管理器"窗口打开 F 盘，然后双击其下的"音乐"文件夹

将其打开，然后按【Ctrl+A】组合键选择所有的音乐媒体文件。

2 执行以下任一种操作播放音乐。

方法1：选择【文件】→【打开方式】→【Windows Media Player】命令。

方法2：单击鼠标右键，在弹出的快捷菜单中选择【打开方式】→【Windows Media Player】命令，即可使用 Windows Media Player 播放所有音乐，如图 6-4 所示。

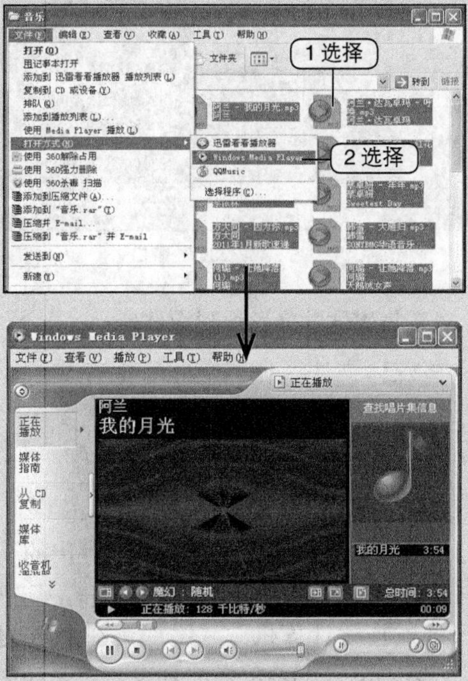

图 6-4　利用"打开方式"命令播放音乐媒体文件

考点2　使用媒体库

考点分析

该考点出现考题的概率较大。命题时可能会要求将指定的一个或多个媒体文件添加到媒体库中，如要求以某种操作方法将指定的一个或多个媒体文件添加到媒体库中，再播放添加的文件，最后再以某种操作方法删除题目

中指定的媒体文件。

考点破解

在 Windows Media Player 中单击功能控制区的"媒体库"选项,即可打开"媒体库"窗口,如图 6-5 所示。

图 6-5 "媒体库"窗口

1. 将媒体文件添加到媒体库

将媒体文件添加到媒体库中有如下 3 种方法。

方法 1:通过"文件"命令添加。

在 Windows Media Player 中,选择【文件】→【添加到媒体库】命令,在弹出的子菜单中可选择相应的命令添加媒体文件,其中包括"通过搜索计算机"、"添加正在播放的曲目"、"添加正在播放的播放列表"、"添加文件夹"和"添加文件或播放列表"5 个命令。各命令的作用如下。

◆ 选择"通过搜索计算机"命令,可在计算机中搜索相关的媒体文件,并将其添加到媒体库中。

◆ 选择"添加正在播放的曲目"或"添加正在播放的播放列表"命令,可将播放中的媒体文件或播放列表添加到媒体库中。

◆ 选择"添加文件夹"或"添加文件或播放列表"命令,可将指定的文件、文件夹或播放列表添加到媒体库中。

方法 2:通过"工具"命令添加。

在 Windows Media Player 的完整模式(默认视图)下,选择【工具】→【选项】命令,打开"选项"对话框,如图 6-6 所示,在"播放机"选项卡中,选中"播放后将音乐文件添加到媒体库"复选框,可实现在播放后将文件添加到媒体库中;在"媒体库"选项卡中,选中"自动将购买的音乐添加到媒体库"复选框,可将 Internet 上购买的音乐自动添加到媒体库中。

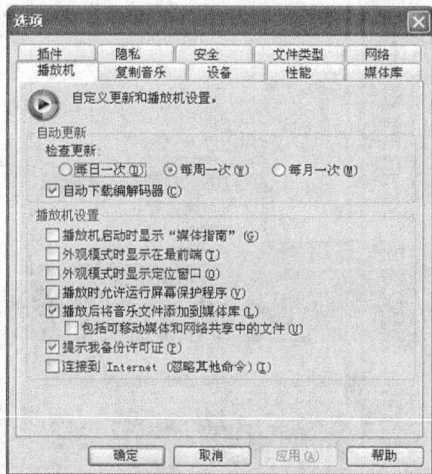

图 6-6 "选项"对话框

方法 3:通过 CD 添加。

将 CD 放入光盘驱动器中,选择【文件】→【复制】→【从音频 CD 复制】命令,可将 CD 中的媒体文件添加到媒体库中。

2. 删除媒体库中的媒体文件

在 Windows Media Player 的完整模式下,单击左侧的"媒体库"选项,将显示媒体库信息,展开媒体类别并选择需要删除的媒体文件,单击鼠标右键,在弹出的快捷菜单中选择

"从库中删除"命令或单击工具栏上的▇按钮，在弹出的菜单中选择"从库中删除"命令，在打开的删除提示对话框中选中"从媒体库和计算机中删除"单选项，可在媒体库中删除文件的同时，也将其从计算机删除。

☀ **多学一招**

在左侧窗格中单击⊞按钮，可展开需要的选项；单击⊟按钮，可关闭展开的选项；双击某个选项，也可将其展开或关闭。

📝 **真题演练**

【**题目4**】将F盘中的"音乐"文件夹以命令的方式添加到 Windows Media Player 媒体库中。

本题要求使用命令添加媒体文件，由于添加的是整个文件夹，因此可选择"通过搜索计算机"命令来添加，其具体操作如下。

1 选择【文件】→【添加到媒体库】→【通过搜索计算机】命令，打开"通过搜索计算机添加到媒体库"对话框，如图6-7所示。

2 单击 浏览(B)... 按钮，打开"浏览文件夹"对话框，在其中单击"本地磁盘（F:）"将其展开，然后选择"音乐"文件夹。

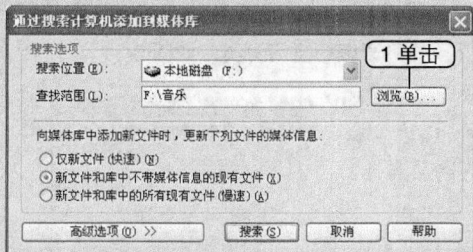

图6-7 "通过搜索计算机添加到媒体库"对话框

3 单击 确定 按钮，返回到"通过搜索计算机添加到媒体库"对话框，单击 搜索(S) 按钮，

系统开始搜索媒体文件，并显示搜索进度。

4 搜索完成后，将打开已完成搜索的提示对话框，单击 关闭 按钮，将这些音乐文件添加到媒体库中，在"媒体库"中选择"所有音乐"文件夹选项，则在右侧的列表框中将显示出所添加的音乐媒体文件，如图6-8所示。

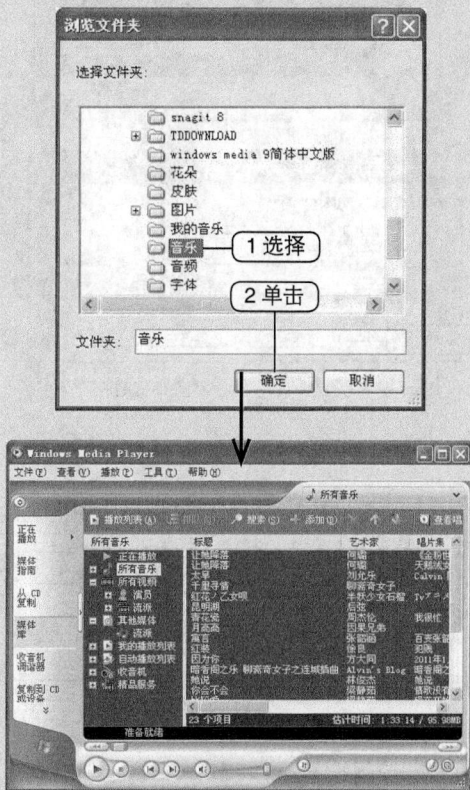

图6-8 添加媒体文件到媒体库中

【**题目5**】利用"工具"按钮删除媒体库中的第1首音乐文件。

本题指定使用按钮删除媒体文件，具体操作如下。

1 在"媒体库"中选择"所有音乐"文件夹选项，然后选择第1首音乐。

2 单击工具栏上的▇按钮，在弹出的菜单中选择"从库中删除"命令，打开删除提示对话框，在其中选中"仅从媒体库中删除"单选项，然后单击 确定 按钮，如图6-9所示。

图 6-9　在媒体库中删除选择的媒体文件

📖 **考场点拨**

在删除提示对话框中，若题目中未特别指定选中某个单选项删除媒体文件，则考生可任意选中其中的一个单选项进行删除。

考点3　管理播放列表

🔍 **考点分析**

该考点出现在考题中的概率较大。命题的方法比较简单，即要求将指定的媒体文件或文件夹添加都播放列表中。考试时题目中一般会指出要求添加到播放列表中的音乐数量，考生只需在"新建播放列表"对话框中选择并添加相应数量的媒体文件即可。

💿 **考点破解**

1．创建播放列表

创建播放列表主要有以下两种方法。

方法1：添加媒体文件。

选择【文件】→【新建播放列表】命令，或单击 Windows Media Player 窗口功能控制区的"媒体库"选项，在打开的窗口中单击 播放列表(A) 按钮，在弹出的菜单中选择"新建播放列表"命令，在打开的"新建播放列表"对话框中进行相关设置，新建播放列表，具体操作如下。

1　选择【文件】→【新建播放列表】命令，或单击 Windows Media Player 窗口功能控制区的"媒体库"选项，在打开的窗口中单击 播放列表(A) 按钮，在弹出的菜单中选择"新建播放列表"命令，如图6-10所示，打开"新建播放列表"对话框。

图 6-10　选择命令

2　在该对话框中程序会将前面搜索到的所有媒体文件按照文件的信息将其在"媒体库查看方式"下拉列表框中进行分类，如图6-11所示。

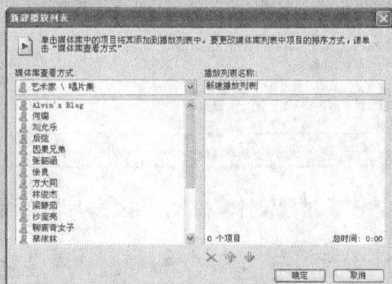

图 6-11　"新建播放列表"对话框

3 在"媒体库查看方式"下拉列表框中选择一种查看方式选项，然后在其下的列表框中单击媒体文件即可将其添加到右侧的"播放列表名称"文本框下方的列表框中，在"播放列表名称"文本框输入创建的播放列表名称，输入完成后单击 确定 按钮，如图 6-12 所示。

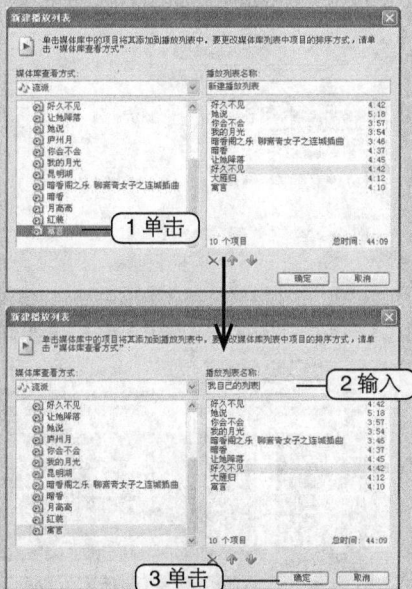

图 6-12　添加文件到播放列表并命名

4 在返回的窗口中即可看到创建的"我自己的列表"播放列表，双击该列表选项或单击列表中某一文件选项即可开始播放，如图 6-13 所示。

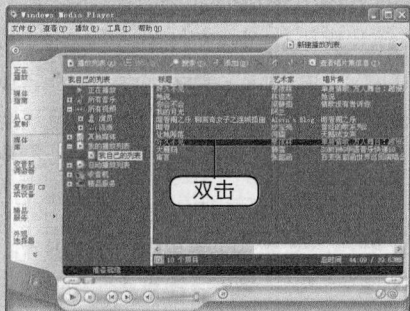

图 6-13　完成列表的创建

方法 2：添加媒体文件夹。

在"我的电脑"或"资源管理器"窗口中，选择所要添加到播放列表中的文件夹，单击鼠标右键，在弹出的快捷菜单中选择"添加到播放列表"命令，打开"添加到播放列表"对话框，如图 6-14 所示，在其中选择要添加到的播放列表，然后单击 确定 按钮。

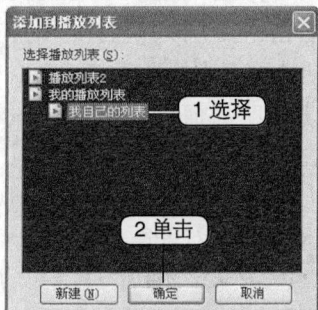

图 6-14　"添加到播放列表"对话框

2. 管理创建的播放列表

管理创建的播放列表的具体操作如下。

1 单击 Windows Media Player 窗口功能控制区中的"媒体库"选项。

2 在打开的窗口中单击 播放列表(A) 按钮，在弹出的菜单中选择"编辑播放列表"命令，打开"编辑播放列表"对话框，如图 6-15 所示。

图 6-15　"编辑播放列表"对话框

3 在该对话框左侧的列表框中单击媒体文件选项，可将其添加到右侧的列表框中。

4 在右侧的列表框中选择某一选项，将激活其下的 3 个按钮，单击 ✕ 按钮可删除选择的媒体文件，单击 ⬆ 按钮可将选择的媒体文件向上移动一个文件的位置，单击 ⬇ 按钮可将文件向下移动一个文件的位置。

📄 真题演练

【题目 6】在 Windows Media Player 中，创建一个名为"我喜欢的音乐"的播放列表，在其中包括 5 首喜欢的音乐。

本题未指明用何种方法创建，因此可使用任意方法。具体操作如下。

方法 1：选择【文件】→【新建播放列表】命令，打开"新建播放列表"对话框，在"媒体库查看方式"下拉列表框中选择任意的查看方式，在"播放列表名称"文本框中输入"我喜欢的音乐"，然后在左侧的列表框中找到喜欢的 5 首音乐并单击，即可将其添加到右侧的列表框中，单击 确定 按钮。

方法 2：在媒体库中单击 ▶ 播放列表(A) 按钮，选择"新建播放列表"命令，打开"新建播放列表"对话框，在"媒体库查看方式"下拉列表框中选择任意的查看方式，在"播放列表名称"文本框中输入"我喜欢的音乐"，然后找到喜欢的 5 首音乐并单击，即可将其添加到右侧的列表框中，单击 确定 按钮。

【题目 7】将媒体库中"所有音乐"文件夹中的前 3 个唱片集的音乐文件添加到"我的音乐"播放列表中（要求使用工具按钮）。

本题已指定使用工具按钮来创建播放列表，具体操作如下。

1 单击 Windows Media Player 窗口功能控制区的"媒体库"选项，在打开的窗口中单击 ▶ 播放列表(A) 按钮，在打开的菜单中选择"新建播放列表"命令，打开"新建播放列表"对话框。

2 在"媒体库查看方式"下拉列表框中选择"唱片集"选项，在"播放列表名称"文本框

中输入"我的音乐"。

3 在左侧的列表框中选择前面 3 个唱片集中所包含的音乐文件，然后依次进行单击将其添加到新建的播放列表中，单击 确定 按钮，如图 6-16 所示。

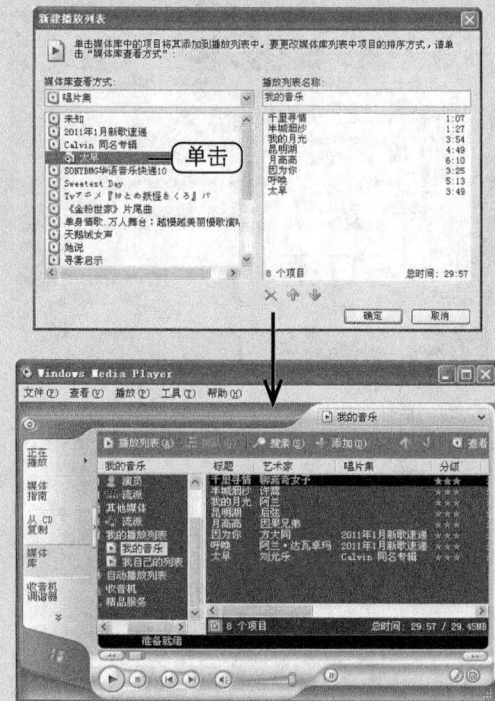

图 6-16 创建播放列表

【题目 8】在 Windows Media Player 中，将计算机 F 盘中的"音频"媒体文件夹添加到"我的音乐"播放列表中。

本题要求添加媒体文件夹，具体操作如下。

1 在"我的电脑"或"资源管理器"窗口中，选择 F 盘下的"音频"文件夹，单击鼠标右键，在弹出的快捷菜单中选择"添加到播放列表"命令，打开"添加到播放列表"对话框。

2 在其中选择"我的音乐"播放列表。

3 单击 确定 按钮，即可将选择的"音频"媒体文件夹添加到播放列表中，如图 6-17 所示。

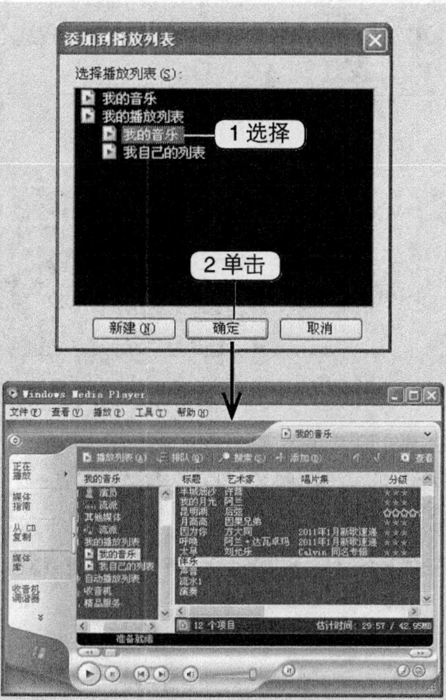

图 6-17　添加媒体文件夹到播放列表中

考点4　设置多媒体播放设备

考点分析

该考点的考题考查重点是可视化效果的设置和播放设置选项（"播放机"选项卡和音频属性设置），在一套题中可能会有 1 道以上这方面的考题，如将当前 Windows Media Player 模式更改为其他外观模式或其他的可视化效果，或按要求对播放设置的选项进行设置等。

考点破解

设置 Windows Media Player 包括设置其外观模式、可视化效果、选项设置以及声音和音频设备的属性等。

1．外观模式

Windows Media Player 中包括完整模式、外观模式和最小播放机模式 3 种显示模式，选择"查看"菜单，在打开的子菜单中选择相应

的命令或单击工作界面右下角的"切换到外观模式"选项即可改变 Windows Media Player 的显示模式。各显示模式的介绍如下。

◆ 完整模式：该模式是播放器的默认视图，在该模式中可使用播放器的全部功能，包括在外观模式和最小播放机模式中不可用的功能，如"媒体指南"和"媒体库"等。

◆ 外观模式：该模式是播放器的一种视图模式，要比完整模式的界面更小一些，同时拥有与完整模式不同的显示主题。单击功能控制区中的"外观选择器"选项，便可为外观模式选择不同的显示效果，图 6-18 所示为外观模式下的播放器。

图 6-18　Windows Media Player 的外观模式

◆ 最小播放机模式：该模式下播放器将最小化为任务栏中的一个工具栏，其中提供了播放、上一个曲目、下一个曲目、停止和调整音量等常用功能。

2．可视化效果

在 Windows Media Player 中选择【查看】→【可视化效果】命令，在弹出的子菜单中选择相应的可视化效果即可，如图 6-19 所示。

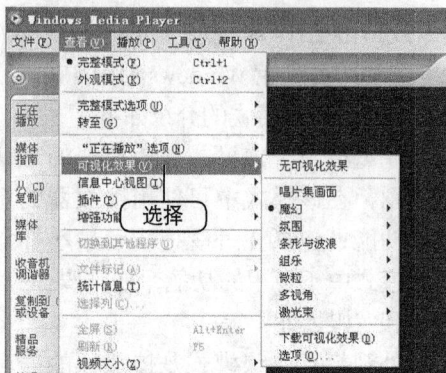

图 6-19 "可视化效果"子菜单

3. 选项设置

在 Windows Media Player 完整模式下，选择【工具】→【选项】命令，在打开的"选项"对话框中可对多媒体播放设备进行相应设置，其中包括"播放机"、"媒体库"、"文件类型"、"复制音乐"、"设备"、"性能"、"插件"和"隐私"等选项卡。

4. 声音和音频设备的属性

在任务栏中，右键单击音量图标，在弹出的快捷菜单中选择"调整音频属性"命令，打开"声音和音频设备 属性"对话框，其中包括"音频"、"语音"、"硬件"、"音量"和"声音"5 个选项卡，在其中可对声音和音频设备的属性进行设置。

📝 真题演练

【题目 9】将 Windows Media Player 从当前的完整模式转换为 Revert 外观模式。

本题主要考查的是 Windows Media Player 显示模式的转换，具体操作如下。

1 单击 Windows Media Player 功能控制区中的"外观选择器"选项。

2 在右侧选择"Revert"选项，然后单击上方的 应用外观(A) 按钮，如图 6-20 所示。

图 6-20 转换显示模式

【题目 10】将 Windows Media Player 播放时的"可视化效果"设置为"氛围"中的"坠落"，并观看其效果。

本题主要是考查更改 Windows Media Player 的可视化效果，具体操作如下。

1 在 Windows Media Player 完整模式下，选择【查看】→【可视化效果】→【氛围】→【坠落】命令，如图 6-21 所示。

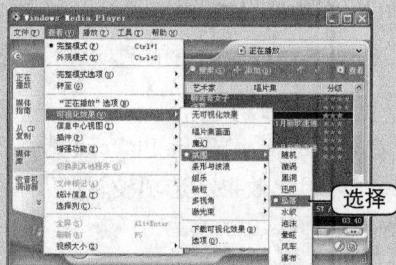

图 6-21 转换显示模式

2 单击"正在播放"按钮 ⊙，播放媒体文件，即可看到更改后的可视化效果，如图 6-22 所示。

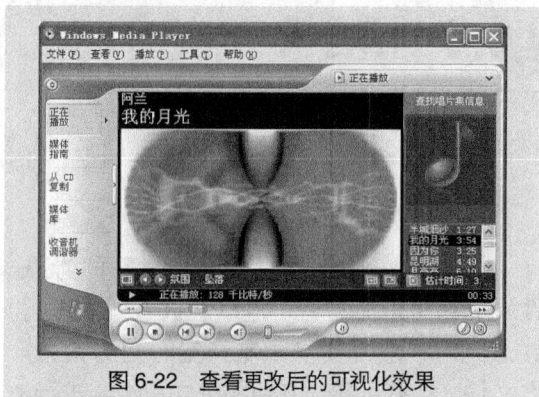

图 6-22　查看更改后的可视化效果

【题目 11】将 Windows Media Player 设置为默认的播放机。

本题考查的是打开"选项"对话框，将所有文件类型都设置为使用 Windows Media Player 进行播放，具体操作如下。

[1] 在 Windows Media Player 完整模式下，选择【工具】→【选项】命令，打开"选项"对话框。

[2] 单击"文件类型"选项卡，在其中选中所有的复选框，或单击 全选(S) 按钮，全选完成后单击 确定 按钮，即可将 Windows Media Player 设置为默认的播放机，如图 6-23 所示。

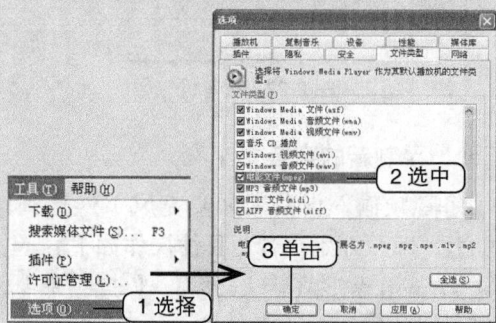

图 6-23　设置默认的播放机

【题目 12】将 Windows Media Player 设置为每周一次检查更新，并设置在播放媒体文件时允许运行屏幕保护程序。

具体操作如下。

[1] 在 Windows Media Player 完整模式下，选择【工具】→【选项】命令，打开"选项"对话框。

[2] 单击"播放机"选项卡，在其中选中"每周一次"单选项和"播放时允许运行屏幕保护程序"复选框，单击 确定 按钮，如图 6-24 所示。

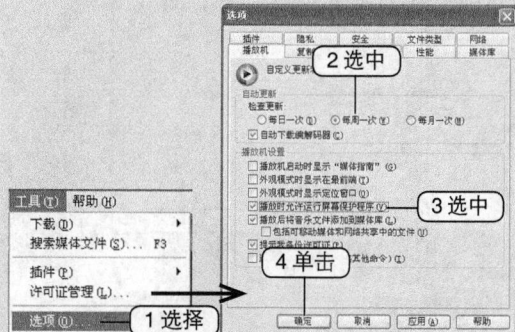

图 6-24　对"播放机"选项卡进行设置

⏰ **误区提醒**

考试时可能重点考查"播放机"和"文件类型"选项卡中的设置，考生可着重熟悉其中的选项。

【题目 13】打开"声音和音频设备 属性"对话框，将声音方案设置为"Windows 默认"。

本题主要是考查对声音方案进行设置，具体操作如下。

[1] 在桌面的任务栏区域中右键单击音量图标 ，在弹出的快捷菜单中选择"调整音频属性"命令，如图 6-25 所示。

图 6-25　右键菜单

[2] 打开"声音和音频设置 属性"对话框，单击"声音"选项卡，在"声音方案"下拉列表

框中选择"Windows 默认"选项，在打开的提示对话框中单击 否(N) 按钮，然后单击 确定 按钮，如图 6-26 所示。

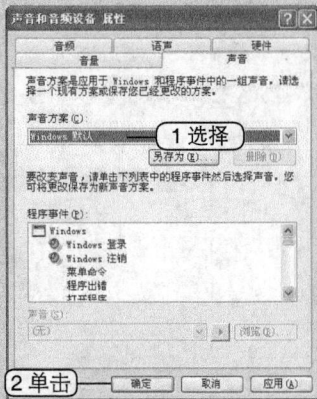

图 6-26　设置声音方案

多学一招

在打开的提示对话框中单击 是(Y) 按钮可保存以前的声音方案，单击 否(N) 按钮则不保存。

本节考点回顾与总结一览表

本节考点	操作方式总结
考点 1：播 放 DVD\VCD\CD 及媒体文件	操作 1：光盘放入光驱中，直接播放 操作 2：选择【文件】→【打开】命令、按【Ctrl+O】组合键或选择【文件】→【打开方式】→【Windows Media Player】命令
考点 2：使用媒体库	添加媒体库：选择【文件】→【添加到媒体库】命令；选择【工具】→【选项】命令；或者将 CD 放入光驱，选择【文件】→【复制】→【从音频 CD 复制】命令 删除媒体库：在要删除的文件上单击鼠标右键，在弹出的快捷菜单中选择"从库中删除"命令
考点 3：管理播放列表	创建播放列表：选择【文件】→【新建播放列表】命令 管理播放列表：在"编辑播放列表"对话框中进行管理
考点 4：设置多媒体播放设备	对播放器的外观模式、可视化效果、选项、声音和音频设备的属性进行设置

6.2　录音机

考点5　录制声音

考点分析

录制声音是比较容易出现考题的考点，在一套题中可能会有 1 道以上这方面的考题。在命题时一般是要求录制指定时间的相关声音文件，也有可能与其他相关知识结合进行考查，如要求录制长度为几秒的声音，然后按照题目要求设置声音的格式和属性，最后以指定的格式保存到相应的位置等。

考点破解

选择【开始】→【所有程序】→【附件】→【录音机】命令，或运行"C\windows\system32"文件夹中的"sndrec32.exe"文件，即可启动录音机程序，如图 6-27 所示。

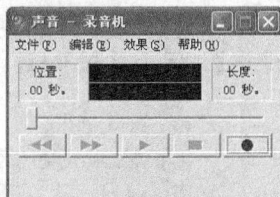

图 6-27　录音机

1. 录制新的声音文件

将音频输入设备（如麦克风）连接到计算机上，即可开始录音，具体操作如下。

1 在录音机中选择【文件】→【新建】命令，然后单击 ● 按钮。

2 在录制过程中，如要停止录音，则单击 ■ 按钮。

3 当录音完成后，选择【文件】→【保存】命令，打开"另存为"对话框，输入录制的声音文件名后，单击 保存(S) 按钮，将其保存为 .wav

波形文件，如图 6-28 所示。

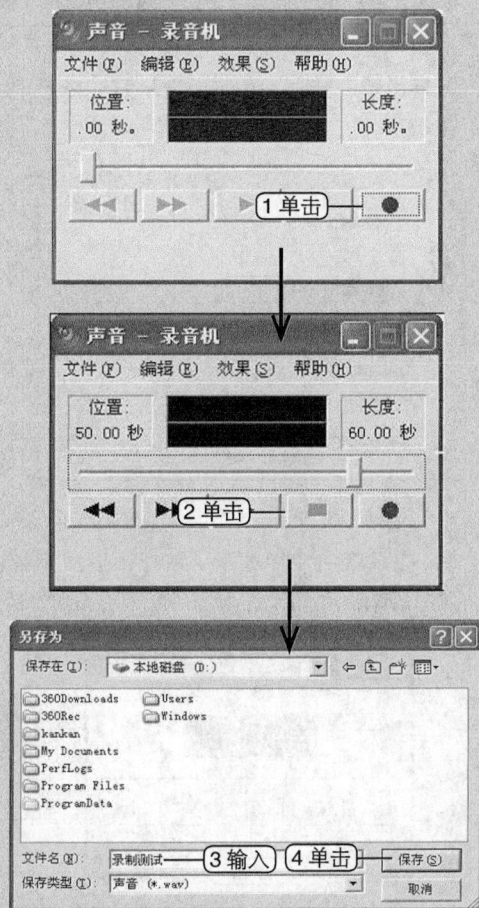

图 6-28　录制声音文件并保存

2. 录制声音到已存在的声音文件中

具体操作如下。

1 选择【文件】→【打开】命令，打开需要修改的声音文件。

2 将滑块拖动到文件需要录音的位置，然后单击 ● 按钮，开始录制声音。

3 要停止录音时，可单击 ■ 按钮。

4 录制结束后，选择【文件】→【保存】命令，或选择【文件】→【另保存】命令，将修改后的声音文件进行保存即可。

真题演练

【题目 14】利用录音机录制一段长度为 50 秒的独白，然后将该声音文件保存到 D 盘根目录下，文件名为"录音测试 .wav"（使用"开始"菜单启动录音机）。

本题只要求录制声音，然后再将其进行保存，注意按要求启动录音机。具体操作如下。

1 选择【开始】→【所有程序】→【附件】→【录音机】命令，启动录音机。

2 选择【文件】→【新建】命令，然后单击 ● 按钮开始录制声音。

3 当滑块移动到 50 秒的位置处时，单击 ■ 按钮停止录音。

4 选择【文件】→【保存】命令，在打开的"另存为"对话框的"保存在"下拉列表框中选择 D 盘，在"文件名"文本框中输入"录音测试"，单击 保存(S) 按钮保存录制的声音文件。

【题目 15】打开"F\声音"文件夹中的"音频 .wav"文件，在后面新录制声音到该声音文件中，使声音的总长度为 75 秒，最后覆盖原来的声音文件。

本题考查的是录制声音到已存在的声音文件中，具体操作如下。

1 选择【开始】→【所有程序】→【附件】→【录音机】命令，或运行"C\windows\system32"文件夹中的"sndrec32.exe"文件，启动录音机。

2 选择【文件】→【打开】命令，选择"F\声音"文件夹中的"音频 .wav"文件。

3 在右侧显示了该声音文件的总长度为 55.20 秒，将滑块移至最后，再单击 ● 按钮，开始录制声音。

4 当滑块移动到 75 秒的位置处时，单击 ■ 按钮停止录音。

5 选择【文件】→【保存】命令，覆盖原来的声音文件，如图 6-29 所示。

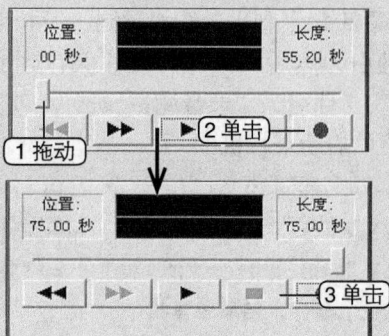

图 6-29　录制声音到已存在的声音文件中

考点6　播放声音

考点分析

使用录音机播放声音在考题中出现的概率较高。该考点在命题时一般不会单独出题，常与录音机的其他相关知识相结合考查，如首先按要求录制声音，然后对其进行播放等。

考点破解

用录音机播放波形文件的具体操作如下。

1 选择【文件】→【打开】命令，在打开的"打开"对话框中，双击要播放的 .wav 文件或选择声音文件后单击 打开(O) 按钮。

2 单击 ► 按钮，开始播放声音。

3 单击 ■ 按钮，停止播放声音。

4 单击 ◄◄ 按钮，可转到声音文件的开始处；单击 ►► 按钮，可转到声音文件的末尾。

真题演练

【题目 16】使用录音机播放"F\ 声音"文件夹中的"曲目 .wav"文件。

具体操作如下。

1 选择【开始】→【所有程序】→【附件】→【录音机】命令，或运行"C\windows\system32"文件夹中的"sndrec32.exe"文件，启动录音机。

2 选择【文件】→【打开】命令，打开"打开"对话框，在"查找范围"下拉列表框中选择"本地磁盘（F：）"选项，在其下的列表框中双击"声音"文件夹将其打开，然后选择"曲目 .wav"文件，单击 打开(O) 按钮，如图 6-30 所示。

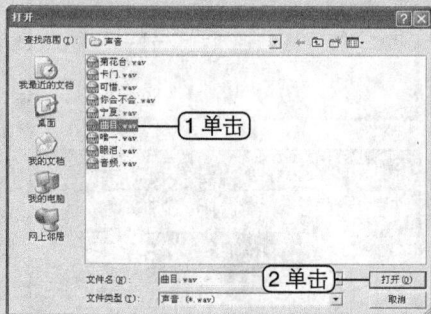

图 6-30　播放声音

3 在录音机中单击 ► 按钮，播放声音，如图 6-31 所示。

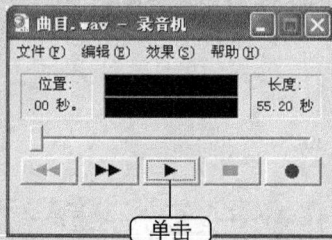

图 6-31　播放声音

【题目 17】使用录音机录制一段 60 秒的独白，然后进行播放。

具体操作如下。

1 选择【开始】→【所有程序】→【附件】→【录音机】命令，或运行"C\windows\system32"文件夹中的"sndrec32.exe"文件，启动录音机。

2 选择【文件】→【新建】命令，然后单击 ● 按钮开始录制声音。

3 当滑块移动到 60 秒的位置处时，单击 ■ 按钮停止录音。

4 单击 ▶ 按钮，播放声音，如图 6-32 所示。

件，即可完成混合操作，如图 6-33 所示。

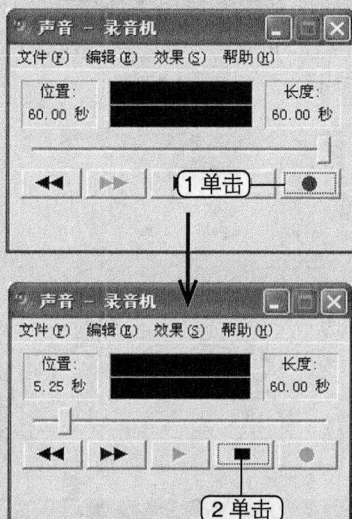

图 6-32　录制并播放声音

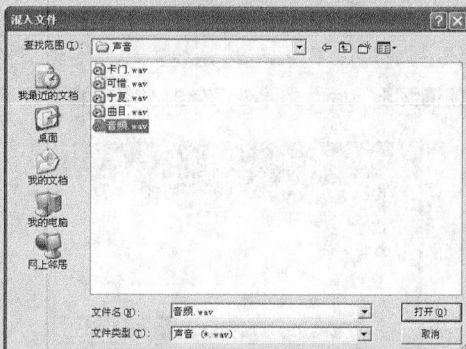

图 6-33　"混入文件"对话框

考点7　混合声音文件

考点分析

该考点出现考题的概率较高。题目一般会要求打开指定的声音文件，然后再进行混合操作，如打开 D 盘中的"音乐 .wav"声音文件，将其与"清唱 .wav"声音文件进行混音等。

考点破解

混合声音文件的具体操作如下。

1 启动录音机，打开需要混入声音的声音文件。

2 将滑块拖动到需要混入声音文件的位置。

3 选择【编辑】→【与文件混音】命令，打开"混入文件"对话框，在其中选择需要混合的声音文件。

4 单击 打开(O) 按钮，或直接双击声音文

多学一招

在混合声音文件的操作过程中，只能混合未压缩的声音文件。

真题演练

【题目 18】在录音机中打开 F 盘"我的音乐"文件夹中的声音文件"诗歌朗诵 .wav"，将其与同一文件夹中的声音文件"古筝弹奏曲 .wav"混音，播放一次后，将该混音文件保存在 F 盘根目录下，文件名为"诗歌朗诵配乐 .wav"。

本题考查的知识点有混合声音文件、播放声音文件等，具体操作如下。

1 选择【开始】→【所有程序】→【附件】→【录音机】命令，或运行"C\windows\system32"文件夹中的"sndrec32.exe"文件，启动录音机。

2 选择【文件】→【打开】命令，打开"打开"对话框，在其中打开"F\我的音乐"文件夹中的"诗歌朗诵 .wav"声音文件。

3 选择【编辑】→【与文件混音】命令，打开"混入文件"对话框，在其中选择"F\我的音乐"文件夹中的"古筝弹奏曲 .wav"声音文件。

4 单击 打开(O) 按钮，或直接双击选择的声音文件，即可完成混合操作。完成后单击 ► 按钮，播放声音，如图 6-34 所示。最后将其以"诗歌朗诵配乐 .wav"文件名保存到 F 盘的根目录下。

图 6-34　混合声音

考点8　编辑声音文件

考点分析

该考点抽到考题的概率较高。在考查录音机的使用时，一道题中常会出现多个操作，如要求打开"录音机"窗口，再打开指定目录下某个波形文件，将其转换成其他格式后进行播放，再另存到其他位置。这类考题一般题目都较长，但是只需按顺序操作便可。

考点破解

编辑声音文件包括转换声音格式、将声音文件插入到另一个声音文件中、修改声音文件的效果和删除部分声音文件。

1. 转换声音格式

在当前声音文件中，选择【文件】→【属性】命令，打开"声音 的属性"对话框，在

"格式转换"选项组中选择需要的声音文件格式，然后单击 立即转换(C)... 按钮，打开"声音选定"对话框，根据提示选择声音文件的格式和属性，然后依次单击 确定 按钮即可，如图 6-35 所示。

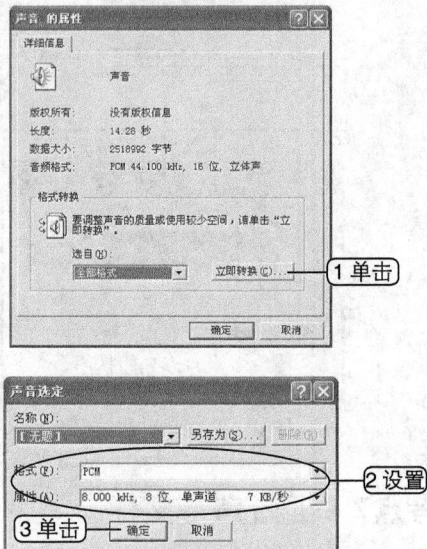

图 6-35　转换声音格式

2. 将声音文件插入到另一个声音文件中

打开要插入声音的声音文件，将滑块移动到要插入其他声音文件的位置，选择【编辑】→【插入文件】命令，打开"插入文件"对话框，在其中双击需要插入的文件。单击 ► 按钮，即可播放新的声音文件。

3. 修改声音文件的效果

对于打开的声音文件，可通过选择"效果"菜单下的命令来修改声音效果。

◈ 更改声音文件的音量：选择【效果】→【加大音量（按 25%）】（或【降低音量】）命令。

◈ 更改声音文件的速度：选择【效果】→【加速（按 100%）】（或【减速】）命令。

◈ 反向播放声音文件:选择【效果】→【反转】命令,然后单击 ▶ 按钮。

◈ 为声音文件添加回音:选择【效果】→【添加回音】命令。

4. 删除部分声音文件

打开要修改的声音文件,将滑块移动到要删除的位置,然后选择【编辑】→【删除当前位置之前的内容】(或【删除当前位置以后的位置】)命令,可删除相应位置的声音内容。

☀ **多学一招**

在保存删除操作之前,用户可通过【文件】→【恢复】命令,撤销误删除操作。

✎ **真题演练**

【题目 19】利用"开始"菜单启动录音机,录制长度为 5 秒的一段音乐,要求格式为"CCITT A-Law",属性为"8.000kHz,8 位,单声道 7KB/ 秒",然后将该声音文件保存到 D 盘根目录下,文件名为"音乐测试 .wav"

本题考查了启动录音机、录制声音、转换声音格式和保存声音等操作,具体如下。

1 选择【开始】→【所有程序】→【附件】→【录音机】命令,启动录音机。

2 选择【文件】→【新建】命令,单击 ● 按钮开始录制音乐,当滑块移动到 5 秒的位置处时,单击 ■ 按钮停止录音,如图 6-36 所示。

图 6-36　录制声音

3 选择【文件】→【属性】命令,打开"声音 的属性"对话框,在"格式转换"选项组中单击 立即转换(C)... 按钮,打开"声音选定"对话框,在"格式"下拉列表框中选择"CCITT A-Law"选项,在"属性"下拉列表框中选择"8.000kHz,8 位,单声道 7KB/ 秒"选项,然后依次单击 确定 按钮即可完成转换,如图 6-37 所示。

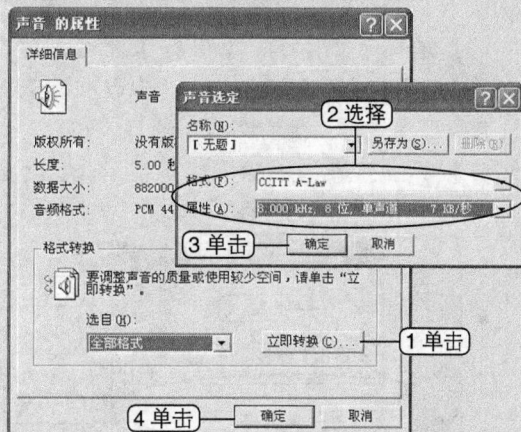

图 6-37　设置声音属性

4 选择【文件】→【保存】命令,将其以"音乐测试 .wav"为名保存到 D 盘根目录下。

【题目 20】在当前打开的录音机中,录制一段长度为 10 秒的音乐,要求格式为"IMA ADOCM",属性为"8.000kHz,4 位,立体声 7KB/ 秒",保存该格式名称为"IMA",然后将该声音文件保存到"我的文档"目录下,文件名为"新音乐 .wav"。

本题与"题目 19"的答题思路是一致的,只是参数设置有所不同,具体操作如下。

1 选择【文件】→【新建】命令,然后单击 ● 按钮开始录制音乐,当滑块移动到 10 秒的位置处时,单击 ■ 按钮停止录音。

2 选择【文件】→【属性】命令,打开"声

音 的属性"对话框，在"格式转换"选项组中单击 立即转换(C)... 按钮，打开"声音选定"对话框，在"格式"下拉列表框中选择"IMA ADOCM"选项，在"属性"下拉列表框中选择"8.000kHz,4位，立体声 7KB/ 秒"选项，单击 另存为(S)... 按钮，在打开的"另存为"对话框中输入"IMA"，单击 确定 按钮返回到"声音选定"对话框中，然后依次单击 确定 按钮即可完成转换，如图 6-38 所示。

3 选择【文件】→【保存】命令，在打开的"另存为"对话框中的"保存在"下拉列表框中选择"我的文档"选项，在"文件名"下拉列表框中输入"新音乐 .wav"，然后单击 保存(S) 按钮保存。

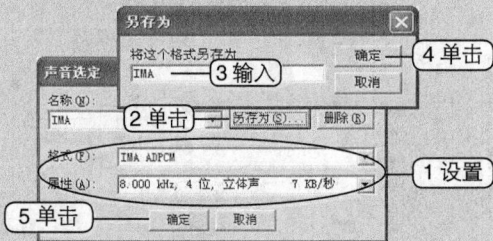

图 6-38　设置声音格式和属性

【题目 21】在当前打开的录音机中，打开 D 盘根目录下的"歌曲 .wav"声音文件,将其"加大音量（25%）"1 次后再"加速"1 次，然后播放一遍视听效果后，另存到"我的文档"根目录中，文件名为"加速后的歌曲 .wav"。

本题考查了打开声音文件、设置声音文件的效果、播放声音文件和保存声音文件等操作。在考试时，若没有启动"录音机"程序，需要考生自行启动。具体操作如下。

1 选择【文件】→【打开】命令，打开"打开"对话框，在"查找范围"下拉列表框中选择"本地磁盘（D：）"选项，然后在其下的列表框中选择"歌曲 .wav"选项，单击 打开(O) 按钮打开声音文件，如图 6-39 所示。

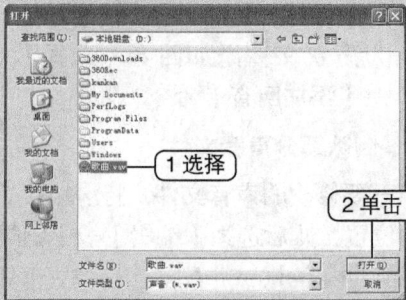

图 6-39　打开声音文件

2 选择【效果】→【加大音量（按 25%）】命令，再选择【效果】→【加速（按 100%）】命令，然后单击 ▶ 按钮试听声音效果。

3 选择【文件】→【另保存】命令，打开"另存为"对话框，在"保存在"下拉列表框中选择"我的文档"选项，在"文件名"下拉列表框中输入"加速后的歌曲 .wav"，然后单击 保存(S) 按钮保存更改后的声音文件，如图 6-40 所示。

图 6-40　设置声音的播放速度

【题目 22】在录音机窗口中打开"F:\民

歌 .wav" 声音文件，在该声音文件的 4.9 秒处插入同一位置的 "流水 .wav" 声音文件，然后进行播放，最后将插入了其他音乐的 "民歌 .wav" 保存到 D 盘根目录下。

本题主要考查的是将声音文件插入到另一个声音文件中，并已指定使用命令操作。需注意的是若考试中未启动录音机，需要首先启动录音机。具体操作如下。

1 选择【文件】→【打开】命令，打开 "打开" 对话框，在 "查找范围" 下拉列表框中选择 "本地磁盘（F：）" 选项，然后在其下的列表框中选择 "民歌 .wav" 选项，单击 打开(O) 按钮打开声音文件。

2 移动滑块到 4.9 秒处，然后选择【编辑】→【插入文件】命令，在打开的 "插入文件" 对话框的列表框中选择 "流水 .wav" 选项，单击 打开(O) 按钮，如图 6-41 所示。

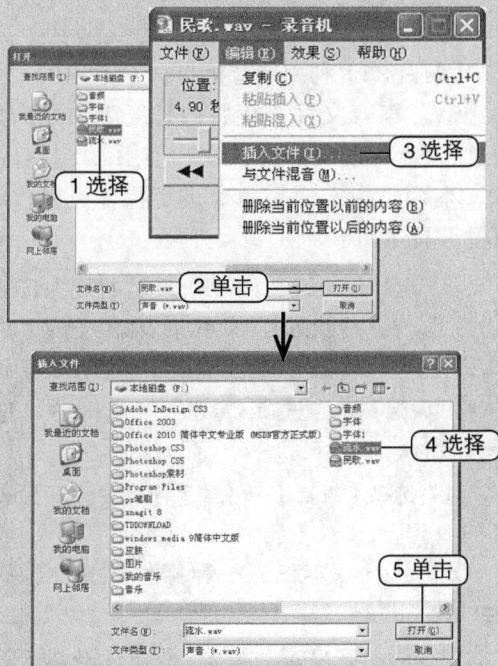

图 6-41　在原声音文件中插入另外的声音文件

3 单击 ▶ 按钮试听声音效果，最后选择【文件】→【另存为】命令，打开 "另存为" 对话框，在 "保存在" 下拉列表框中选择 "本地磁盘（D：）" 选项，然后单击 保存(S) 按钮保存更改后的声音文件，如图 6-42 所示。

图 6-42　保存声音文件

考点9　将声音文件添加到文档中

考点分析

该考点常会出现在抽到的考题中。一道题中常会出现多个操作，但操作并不复杂，如要求打开某个声音文件，然后对其设置并播放，再将设置后的声音文件添加到指定的文档中，最后保存等。对于这类长难题，只需按顺序一步一步地进行操作便可。

考点破解

将声音文件添加到文档中包括将声音文件插入到指定文档中和将声音文件链接到文档中。

1. 将声音文件插入到指定文档中

将声音文件插入到指定文档中有如下两种方法。

方法 1：通过命令插入。

打开需要插入的声音文件，选择【编辑】→【复制】命令，将打开的声音文件复制到剪贴板中，然后打开需要插入声音文件的文档

（如 Word 文档），将插入点定位在文档中需要插入声音文件的位置，然后选择【编辑】→【粘贴】命令；或者单击鼠标右键，在弹出的快捷菜单中选择"粘贴"命令，操作完成后文档中将出现 标志，如图 6-43 所示。

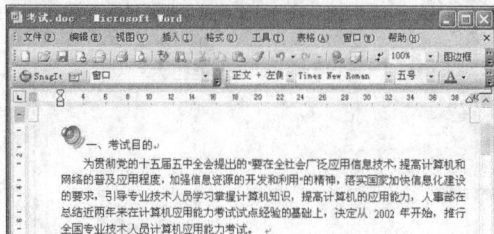

图 6-43　插入声音文件后的效果

方法 2：通过快捷键插入。

打开"录音机"窗口，按【Ctrl+C】组合键复制声音文件，然后打开需要插入声音文件的文档，在其中按【Ctrl+V】组合键粘贴声音文件。

2. 将声音文件链接到文档中

将声音文件链接到文档中有如下两种方法。

方法 1：通过命令链接。

在录音机中打开需要插入的声音文件，选择【编辑】→【复制】命令，将打开的声音文件复制到剪贴板中，然后打开需要链接声音文件的文档（如写字板），将插入点定位在文档中需要插入声音文件的位置，然后选择【编辑】→【特殊粘贴】命令，打开"选择性粘贴"对话框，选中"粘贴链接"单选项，单击 确定 按钮，如图 6-44 所示。

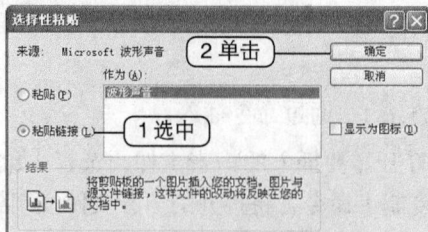

图 6-44　"选择性粘贴"对话框

操作完成后在写字板文档中将出现 标志，如图 6-45 所示。

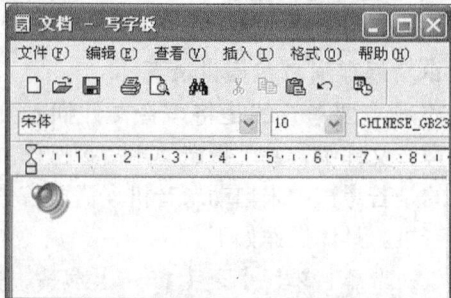

图 6-45　链接声音

方法 2：通过快捷键链接。

打开"录音机"窗口，按【Ctrl+C】组合键复制声音文件，然后打开需要链接声音文件的写字板文档，在其中选择【编辑】→【特殊粘贴】命令，然后在打开的对话框中进行粘贴即可。

真题演练

【题目 23】利用录音机打开 F 盘中的"眼泪 .wav"声音文件，然后将其复制粘贴到桌面上的"钢琴曲 .doc"文档中（使用命令操作）。

本题已指定使用命令进行操作，操作较简单，具体如下。

1 选择【文件】→【打开】命令，打开"打开"对话框，在"查找范围"下拉列表框中选择"本地磁盘（F：）"选项，然后在其下面的列表框中选择"眼泪 .wav"选项，单击 打开(O) 按钮打开声音文件。

2 选择【编辑】→【复制】命令，复制该声音文件。

3 执行以下任意一种操作打开"钢琴曲 .doc."文档。

方法 1：在桌面上双击"钢琴曲 .doc."文档 。

方法 2：在"钢琴曲 .doc." 文档上单击鼠标右键，在弹出的快捷菜单中选择"打开"命令。

4 在文档中第一句话的末尾单击定位插入点，然后选择【编辑】→【粘贴】命令；或者单击鼠标右键，在弹出的快捷菜单中选择"粘贴"命令，操作完成后文档中将出现●标志，如图 6-46 所示。

图 6-46　在文档中粘贴声音

【题目 24】利用录音机打开 F 盘中的"卡门 .wav"声音文件，要求设置格式为"GPM 6.10"，属性为"11.025 kHz，单声道，2KB/ 秒"，然后将其复制链接到 D 盘的"曲调 .rtf"文档

中（使用命令操作）。

本题的操作思路与"题目 23"相似，只是需要设置声音文件的格式，具体操作如下。

1 选择【开始】→【所有程序】→【附件】→【录音机】命令，启动录音机。

2 选择【文件】→【打开】命令，打开"打开"对话框，在"查找范围"下拉列表框中选择"本地磁盘（F：）"选项，然后在其下面的列表框中选择"卡门 .wav"选项，单击 打开(O) 按钮打开声音文件。

3 选择【文件】→【属性】命令，打开"声音 的属性"对话框，单击 立即转换(C)... 按钮，打开"声音选定"对话框，在"格式"下拉列表框中选择"MA ADOCM"选项，在"属性"下拉列表框中选择"8.000kHz,4 位，立体声 3KB/ 秒"选项，然后依次单击 确定 按钮即可完成转换，如图 6-47 所示。

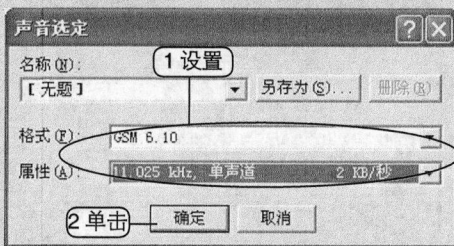

图 6-47　设置声音属性

4 选择【编辑】→【复制】命令，复制该声音文件。

5 执行以下任意一种操作打开"曲调 .rtf"文档。

方法 1：通过"我的电脑"或"资源管理器"窗口打开"本地磁盘（D：）"窗口，双击打开"曲调 .rtf"文档。

方法 2：在"本地磁盘（D：）"窗口中右键单击"曲调 .rtf"文档，在弹出的快捷菜单中选择"打开"命令。

6 在文档的开头处单击定位插入点，然后选择【编辑】→【特殊粘贴】命令，打开"选择

性粘贴"对话框，选中"粘贴链接"单选项，单击 确定 按钮后，写字板文档中将出现 ◐ 标志，如图 6-48 所示。

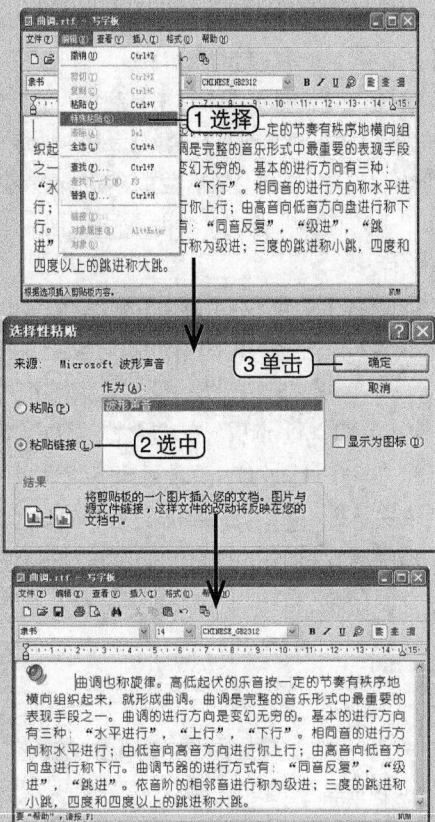

图 6-48 在文档中链接声音

本节考点回顾与总结一览表

本节考点	操作方式总结
考点 5： 录制声音	启动方法 1：选择【开始】→【所有程序】→【附件】→【娱乐】→【录音机】命令
	启动方法 2：运行 "C：\windows\system32" 文件夹中的 "sndrec32.exe" 文件
	录音方法 1：选择【文件】→【新建】命令，单击 ● 按钮录制，单击 ■ 按钮停止
	录音方法 2：选择【文件】→【打开】命令打开已有的声音文件，拖动滑块，单击 ● 按钮录制，单击 ■ 按钮停止

续表

本节考点	操作方式总结
考点 6： 播放声音	选择【文件】→【打开】命令打开已有的声音文件，单击其中的按钮进行播放、停止、快进和快退
考点 7： 混合声音文件	打开声音文件，拖动滑块，选择【编辑】→【与文件混音】命令
考点 8： 编辑声音文件	转换声音格式：选择【文件】→【属性】命令，在"声音的属性"对话框中设置即可
	将声音文件插入到另一个声音文件：打开声音文件，拖动滑块，选择【编辑】→【插入文件】命令
	修改声音文件效果：通过"效果"菜单下的命令进行修改
	删除部分声音文件：选择【编辑】→【删除当前位置之前的内容】/【删除当前内容之后的内容】命令
考点 9： 将声音文件添加到文档中	方法 1：选择【编辑】→【复制】命令和【编辑】→【粘贴】命令
	方法 2：按【Ctrl+C】组合键和【Ctrl+V】组合键

6.3 Windows Movie Maker

考点10 导入素材媒体文件

🔍 考点分析

该考点抽到考题的概率比较小。在命题时一般不会作为单独的考题进行考查，常与编辑项目等考点结合考查，如要求导入题目中指定的媒体文件，然后对其按照题目要求进行编辑等。这类考题操作起来并不复杂，考生只需按照题目的要求进行操作即可。

🎨 考点破解

导入素材文件包括创建收藏和导入素材，选择【开始】→【所有程序】→【附件】→【Windows Movie Maker】命令，或直接运行 "C\：Program Files\Movie Maker" 文件夹中的 "moviemk.exe" 文件，即可启动 Windows Movie Maker，如图 6-49 所示。

图 6-49　Windows Movie Maker 的工作界面

1. 创建收藏

启动 Windows Movie Maker，然后在工具栏中单击 收藏 按钮，打开"收藏"窗格，在左侧的列表框中选择新收藏的文件夹位置（即选择文件夹），然后选择【工具】→【新收藏文件夹】命令，输入新收藏的名称，即可在选择的文件夹下方新建收藏文件夹，如图 6-50 所示。

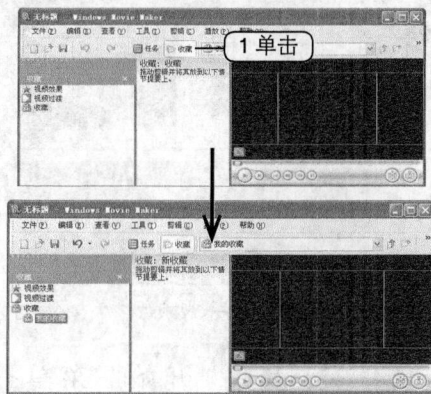

图 6-50　创建收藏

2. 导入素材

导入素材有以下两种方法。

方法 1：通过"文件"菜单导入。

在"收藏"窗格中，在左侧的列表框中选择"我的收藏"文件夹，选择素材文件导入的目标位置，然后选择【文件】→【导入到收藏】命令，或按【Ctrl+I】组合键打开"导入文件"对话框，在该对话框中选择文件的类型、存储位置和文件名后，单击 导入 按钮即可。导入后的文件如图 6-51 所示。

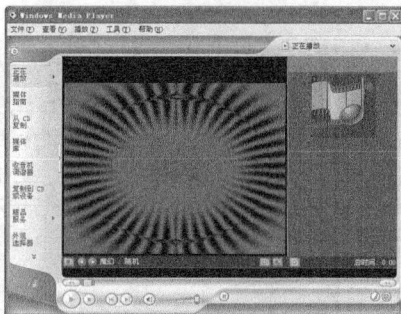

图 6-51　导入文件

方法 2：通过"电影任务"窗格导入。

在"收藏"窗格中，选择素材文件导入的目标文件夹位置，然后单击工具栏中的 任务 按钮，打开"电影任务"窗格，根据导入文件类型的不同，可在"电影任务"窗格中的"捕获视频"下单击"导入视频"、"导入图片"或"导入音频或音乐"超链接，打开"导入文件"对话框，选择需要导入的视频文件后，单击 导入 按钮后将显示导入素材的进度，导入完成后会自动关闭该对话框，如图 6-52 所示。

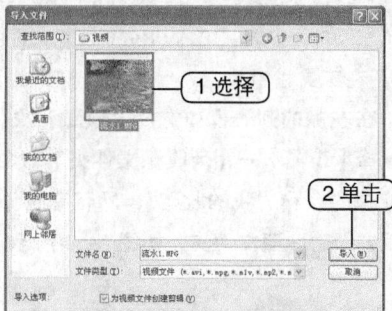

图 6-52　"导入文件"对话框

导入后的视频如图 6-53 所示。

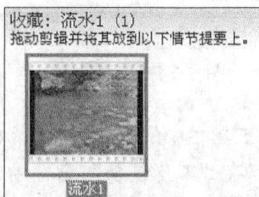

图 6-53　导入后的视频

☀ **多学一招**

在导入素材文件时，可一次性导入一个或多个文件。Windows Movie Maker 创建引用源文件的剪辑，而不会存储源文件的真正副本，并在"内容"窗格中显示出该剪辑。导入后，将不能对该源文件进行移动、重命名或删除等操作。

📝 **真题演练**

【题目 25】在 Windows Movie Maker 中创建一个"我的收藏"收藏文件夹，然后将"本地磁盘（F:）"下的"电影文件 .mpg"导入到收藏中（使用"电影任务"窗格导入）。

本题需要首先创建收藏，然后将文件导入其中，注意按照题目要求进行操作，具体如下。

1 执行以下任意操作启动 Windows Movie Maker。

方法 1：选择【开始】→【所有程序】→【附件】→【Windows Movie Maker】命令。

方法 2：运行"C\：Program Files\Movie Maker"文件夹中的"moviemk.exe"文件。

2 在工具栏中单击 收藏 按钮，打开"收藏"窗格，在左侧的列表框中选择"收藏"文件夹，然后选择【工具】→【新收藏文件夹】命令，输入新收藏的名称"我的收藏"，即可在选择的文件夹下方新建收藏文件夹，如图 6-54 所示。

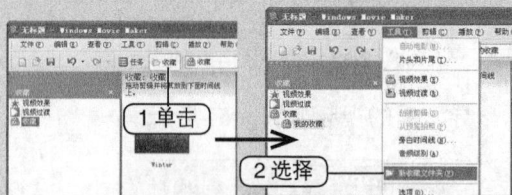

图 6-54 创建收藏

3 单击工具栏中的 任务 按钮，打开"电影任务"窗格，在"电影任务"窗格中单击"导入视频"超链接。

4 打开"导入文件"对话框，在"查找范围"下拉列表框中选择"本地磁盘（F:）"选项，在其下的列表框中选择"电影文件 .mpg"选项，然后单击 导入(M) 按钮，在"导入"对话框中会显示导入进度，导入完成后会自动关闭该对话框，导入操作过程如图 6-55 所示。

图 6-55 导入视频素材

【题目 26】利用"开始"菜单打开 Windows Movie Maker，并从"我的文档"文件夹中导入图片"花朵 .jpg"到"我的收藏"文件夹中（利用命令导入）。

本题只考查了导入素材文件的知识点，但题目要求从"开始"菜单启动 Windows Movie Maker，具体操作如下。

1 选择【开始】→【所有程序】→【附件】→【Windows Movie Maker】命令，启动 Windows Movie Maker。

2 在"收藏"窗格中，在左侧的列表框中选择"我的收藏"文件夹，执行以下任意方法导入图片。

方法1：选择【文件】→【导入到收藏】命令，打开"导入文件"对话框，在"查找范围"下拉列表框中选择"我的文档"选项，在其下的列表框中选择"花朵.jpg"选项，然后单击 导入(M) 按钮。

方法2：按【Ctrl+I】组合键打开"导入文件"对话框，在该对话框中选择文件类型、存储位置和文件名后，单击 导入(M) 按钮。

方法3：单击工具栏中的 任务 按钮，打开"电影任务"窗格，在其中单击"导入视频"超链接，打开"导入文件"对话框，在"查找范围"下拉列表框中选择"我的收藏"选项，在其下的列表框中选择"花朵.jpg"选项，然后单击 导入(M) 按钮。

3 在 Windows Movie Maker 中即可看到导入的素材图片，如图 6-56 所示。

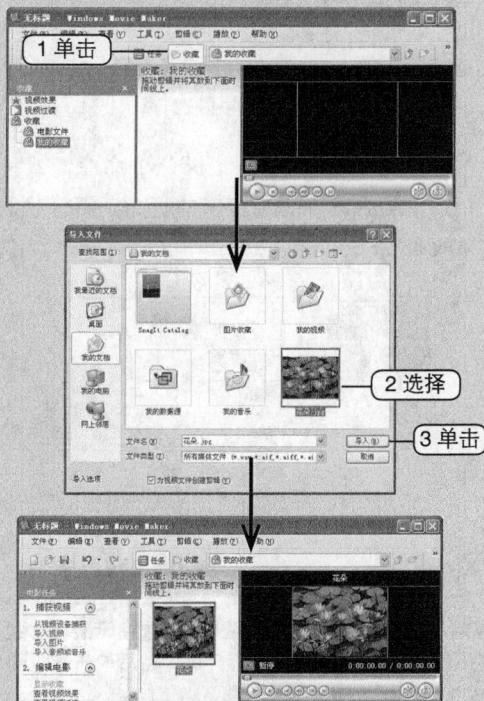

图 6-56　导入素材图片

考点11　编辑项目

📖 考点分析

该考点在考题中出现的概率较大。在考试时要注意是否要求对 Windows Movie Maker 中导入的素材进行编辑，如要求导入素材文件，然后对其进行创建剪辑、添加过渡效果或视频效果，以及添加片头或片尾等编辑，这类考题一般题目较长，但是考查的内容都较简单，考生只需按照要求进行操作即可。

🎨 考点破解

编辑项目前，需要创建新的项目，创建新项目的方法有如下两种。

方法1：选择【文件】→【新建项目】命令。

方法2：按【Ctrl+N】组合键也可创建新的项目。

1. 添加剪辑

添加剪辑的方法有如下几种。

方法1：利用鼠标拖动可将选中的剪辑添加到"情节提要/时间线"视图中。

方法2：根据视图的不同，选择【剪辑】→【添加到情节提要】或【添加到时间线】命令。

方法3：按【Ctrl+D】组合键进行添加剪辑。

☀ 多学一招

单击 Windows Movie Maker 中的 显示情节提要 或 显示时间线 按钮，可将"情节提要/时间线"视图在"情节提要"视图和"时间线"视图之间进行切换。

2. 删除剪辑

删除剪辑的方法有以下几种。

方法1：在"情节提要/时间线"视图中选中要删除的剪辑，然后选择【编辑】→【删除】命令。

方法 2：按【Delete】键删除选择的剪辑。

方法 3：右键单击选择的剪辑，在弹出的快捷菜单中选择"删除"命令。

3. 剪裁剪辑

剪裁剪辑的具体操作如下。

1 将"情节提要 / 时间线"视图切换到"时间线"视图，然后执行以下任意操作。

方法 1：选择【播放】→【播放剪辑】或【播放时间线】命令。

方法 2：单击监视器中的"播放"按钮，播放剪辑，如图 6-57 所示。

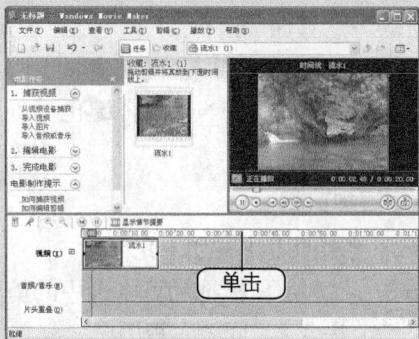

图 6-57　播放收藏

2 当播放到需要剪裁的点时，选择【剪辑】→【设置起始剪裁点】命令，或按【Ctrl+Shift+I】组合键，设置剪裁起始点。

3 当播放到剪裁结束的点时，选择【剪辑】→【设置终止剪裁点】命令，或按【Ctrl+Shift+O】组合键，设置剪裁终止点，完成剪辑的剪裁。剪裁后的效果如图 6-58 所示。

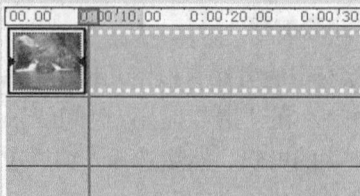

图 6-58　剪裁后的效果

考场点拨

在"时间线"上选中剪辑时，将出现剪裁手柄，用户可拖动剪裁手柄来设置剪裁位置。若要将剪辑恢复为之前的长度，可选择【剪辑】→【清除剪裁点】命令，或按【Ctrl+Shift+Del】组合键。

4. 拆分与合并剪辑

拆分剪辑的具体操作如下。

1 在"内容"窗格或"情节提要 / 时间线"视图中，选中要拆分的剪辑，然后执行以下任意操作播放选择的剪辑。

方法 1：选择【播放】→【暂停剪辑】命令，或按空格键。

方法 2：单击监视器中的"暂停"按钮，使剪辑在需要拆分的点暂停播放，如图 6-59 所示。

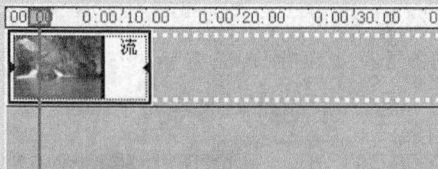

图 6-59　暂停播放剪辑

2 选择【剪辑】→【拆分】命令，或按【Ctrl+L】组合键，完成剪辑的拆分。拆分后的效果如图 6-60 所示。

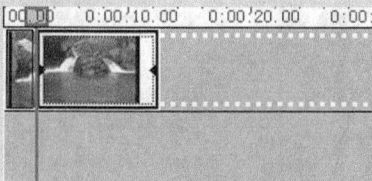

图 6-60　拆分后的剪辑

多学一招

直接将监视器中播放进度条上的播放指示器移动到要拆分剪辑的位置，确定拆分点，然后单击监视器中的"拆分"按钮，也可拆分剪辑。

在"内容"窗格或"情节提要 / 时间线"视图中,选中要合并的连续剪辑,然后选择【剪辑】→【合并】命令,或按【Ctrl+M】组合键均可合并选择的多个剪辑。

5. 创建视频过渡

创建视频过渡的具体操作如下。

1 执行以下任一操作,在"内容"窗格中将显示 Windows Movie Maker 提供的视频过渡,如图 6-61 所示。

方法 1:选择【工具】→【视频过渡】命令。

方法 2:在"收藏"窗格中选择"视频过渡"文件夹。

方法 3:在"电影任务"窗格中的"编辑电影"下选择"查看视频过渡"选项。

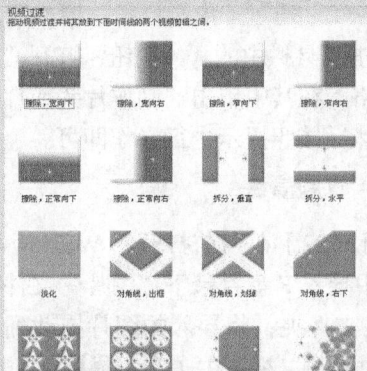

图 6-61　视频过渡

2 在"情节提要 / 时间线"视图中,选择需要在添加过渡的两张图片中的第二张图片(或第二段剪辑),如图 6-62 所示。

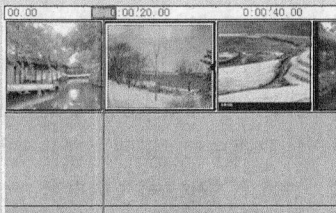

图 6-62　选择图片

3 在"内容"窗格中选择要添加的视频过渡。

4 选择【剪辑】→【添加到时间线】或【添加到情节提要】命令,或按【Ctrl+D】组合键,单击监视器中的"播放"按钮▶进行播放,以查看过渡效果,如图 6-63 所示。

图 6-63　过渡效果

在"情节提要"视图中,也可直接将"内容"窗格中的视频过渡拖动到两个剪辑之间的单元格中。

6. 添加视频效果

添加视频效果的具体操作如下。

1 执行以下任一操作,在"内容"窗格中将显示 Windows Movie Maker 提供的视频效果,如图 6-64 所示。

方法 1:选择【工具】→【视频效果】命令。

方法 2:在"收藏"窗格中选择"视频效果"文件夹。

方法 3:在"电影任务"窗格中的"编辑电影"下选择"查看视频效果"选项。

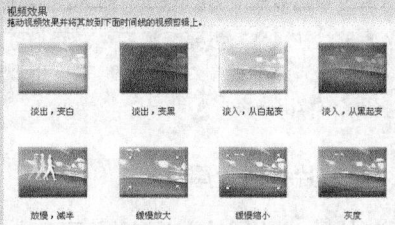

图 6-64　视频效果

☑ 执行以下任一操作，添加视频效果。

方法 1：在"情节提要 / 时间线"视图中，选择需要添加视频效果的图片或视频剪辑，然后在"内容"窗格中，选择要添加的视频过渡，再选择【剪辑】→【添加到时间线】或【添加到情节提要】命令，或按【Ctrl+D】组合键，即可完成视频效果的添加。

方法 2：在选择的图片或视频剪辑上单击鼠标右键，在弹出的快捷菜单中选择"视频效果"命令，在打开的"添加或删除视频效果"对话框中进行添加。

☑ 单击监视器中的"播放"按钮▶进行播放，如图 6-65 所示。

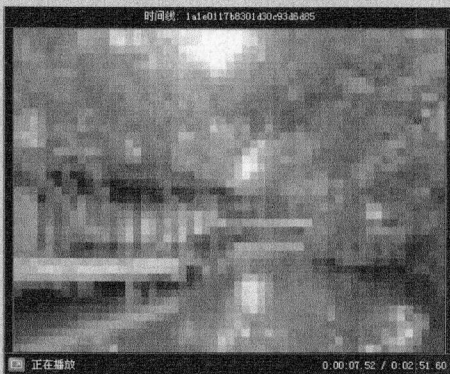

图 6-65　播放中的视频效果

☀ 多学一招

选择【编辑】→【删除】命令或按【Delete】键，或右键单击选择的动画或视频效果，在弹出的快捷菜单中选择"删除"命令，可删除所选的过渡动画或视频效果。在"情节提要"视图中，同样可用鼠标拖动的方法来添加视频效果。对剪辑应用视频效果后，在该剪辑中会出现★图标。

7．添加片头或片尾

添加片头或片尾的方法有以下两种。

方法 1：通过命令添加。

选择【工具】→【片头和片尾】命令，打开"要将片头添加到何处？"的选择界面，如图 6-66 所示，在其中单击不同的超链接可选择相应的内容，然后按照提示进行操作即可。

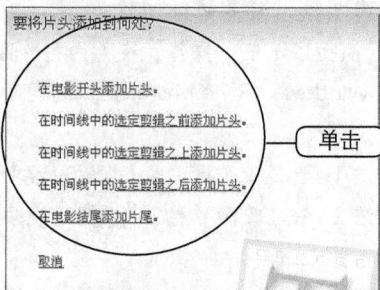

图 6-66　片头选择界面

方法 2：通过"电影任务"窗格添加。

单击工具栏中的 ▤任务 按钮，打开"电影任务"窗格，在其中单击"制作片头或片尾"超链接，然后按照提示进行操作即可。

📝 真题演练

【题目 27】在当前打开的 Windows Movie Maker 中导入 F 盘目录下"图片"文件夹中的"卡通"文件夹，将导入的图片拖动到"情节提要 / 时间线"视图中（利用鼠标拖动添加）。

本题要求在已经启动的 Windows Movie Maker 进行操作，考试中若未启动 Windows Movie Maker，则需考生自行启动。具体操作如下。

☑ 执行以下任一操作导入图片。

方法 1：选择【文件】→【导入到收藏】命令，打开"导入文件"对话框，在"查找范围"下拉列表框中选择 F 盘中的"图片"文件夹中的"卡通"选项，在其下的列表框中选择所有选项，然后单击 导入(M) 按钮。

方法 2：按【Ctrl+I】组合键打开"导入文件"对话框，在对话框中选择文件的存储位置，单击 导入(M) 按钮。

方法 3：单击工具栏中的 任务 按钮，打开"电影任务"窗格，在其中单击"导入图片"超链接，打开"导入文件"对话框，在"查找范围"下拉列表框中选择 F 盘中的"图片"文件夹中的"卡通"选项，在其下的列表框中选择所有选项，然后单击 导入(M) 按钮。

2 按【Ctrl+D】组合键选择所有要导入的素材图片，然后按住鼠标左键不放进行拖动，将所有图片添加到"情节提要"视图中，如图 6-67 所示。

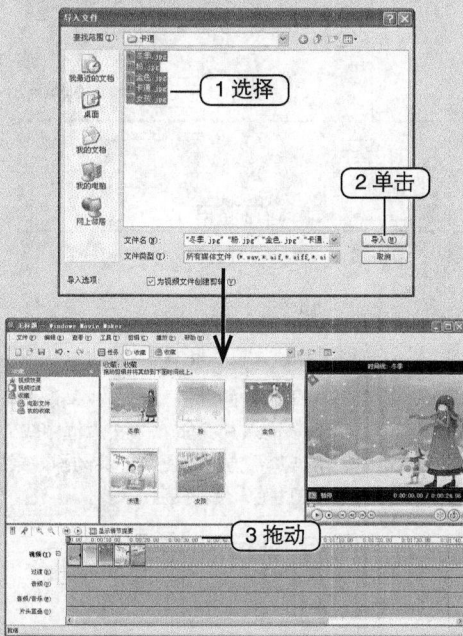

图 6-67　添加图片到"情节提要"视图中

【题目 28】为上题的图片添加片头文字"可爱的女孩"和片尾文字"谢谢观赏"，然后进行播放（通过命令添加）。

本题考查的是片头和片尾的添加操作，具体如下。

1 选择【工具】→【片头和片尾】命令，打开"要将片头添加到何处？"的选择界面，在其中单击"在电影开头添加片头"超链接，在打开的"输入片头文本"文本框中输入"可爱的女孩"。

2 单击"完成，为电影添加片头"超链接完成片头的添加，如图 6-68 所示。

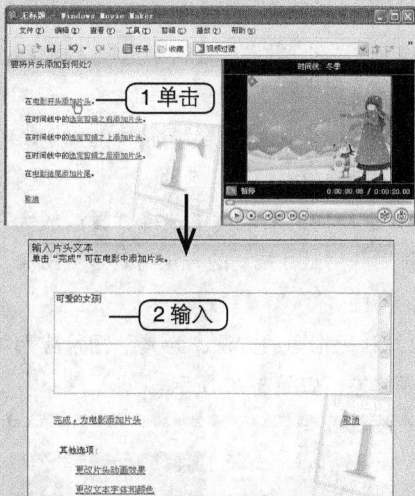

图 6-68　添加片头文字

3 选择【工具】→【片头和片尾】命令，打开"要将片头添加到何处？"的选择界面，在其中单击"在电影结尾添加片尾"超链接，在打开的"输入片尾文本"文本框中输入"谢谢观赏"。

4 单击"完成，为电影添加片头"超链接完成片尾的添加，然后单击监视器中的"播放"按钮 ▶ 进行播放，如图 6-69 所示。

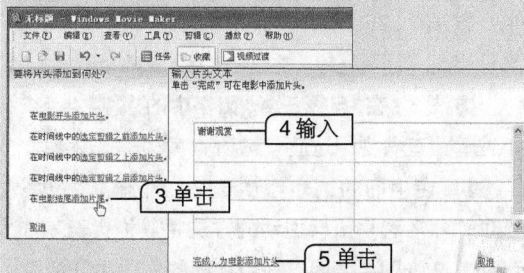

图 6-69　添加片尾文字

【题目29】为上题中添加的图片添加视频效果为缓慢放大，视频过渡为粉碎、右边，完成后查看其效果（利用鼠标拖动添加）。

本题考查的是通过"收藏"窗格为图片添加视频效果和视频过渡，具体操作如下。

1 执行以下任一操作，显示 Windows Movie Maker 提供的视频效果。

方法1：选择【工具】→【视频效果】命令。

方法2：在"收藏"窗格中选择"视频效果"文件夹。

方法3：在"电影任务"窗格中的"编辑电影"下选择"查看视频效果"选项。

2 在中间的列表框中选择"缓慢放大"选项，然后利用鼠标拖动的方法将其拖曳至第1张图片的前面。

3 利用相同的方法，为其他图片应用相同的视频效果，如图6-70所示。

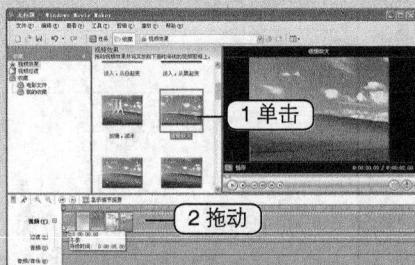

图 6-70 添加图片到"情节提要"视图中

4 执行以下任一操作，显示 Windows Movie Maker 提供的视频过渡。

方法1：选择【工具】→【视频过渡】命令。

方法2：在"收藏"窗格中选择"视频过渡"文件夹。

方法3：在"电影任务"窗格中的"编辑电影"下选择"查看视频过渡"选项。

5 在中间的列表框中选择"粉碎，右边"选项，然后利用鼠标拖动的方法将其拖曳至第1张和第2张图片之间。利用相同的方法为其他图片应用相同的视频过渡。

6 单击监视器中的"播放"按钮▷进行播放，查看添加后的效果，如图6-71所示。

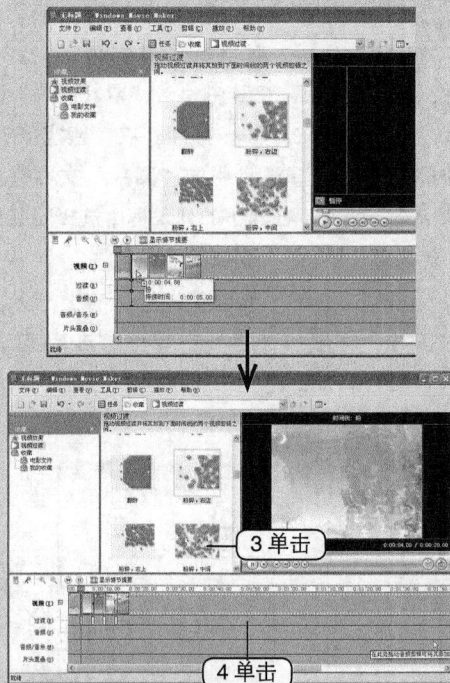

图 6-71 添加视频效果和视频过渡

☀ **多学一招**

若要更改片头或片尾添加的动画效果，或是设置字体和颜色等，可在"输入片头文本"文本框中输入需要的文本后，单击其下方的"更改片头动画效果"和"更改文本字体和颜色"超链接。

考点12 保存项目和电影

🔍 **考点分析**

保存项目和电影的操作在考试中出现的概率较小，一般会与编辑项目等操作相结合进行考查，如要求按照题目要求对项目或电影文件进行编辑后，再将其保存到指定位置等。

📣 **考点破解**

在完成项目的编辑后，可将其进行保存。

1. 保存项目

保存项目的方法有以下两种，保存后的

项目文件扩展名为 .mswmm。

方法 1：通过命令保存。

选择【文件】→【保存项目】（或【将项目另存为】）命令，打开"将项目另存为"对话框，选择需要存储的位置并输入文件名称后，单击 保存(S) 按钮保存项目。

方法 2：通过快捷键保存。

按【Ctrl+S】组合键或【F12】键，打开"将项目另存为"对话框，在其中进行相应操作即可。

2. 保存电影

保存电影的方法有以下两种，其扩展名为 .wmv。

方法 1：选择【文件】→【保存电影文件】命令。

方法 2：按【Ctrl+P】组合键。

执行以上任一操作后，将打开"保存电影向导"对话框，如图 6-72 所示，在其中用户可根据提示进行操作，逐步完成最终电影的保存。

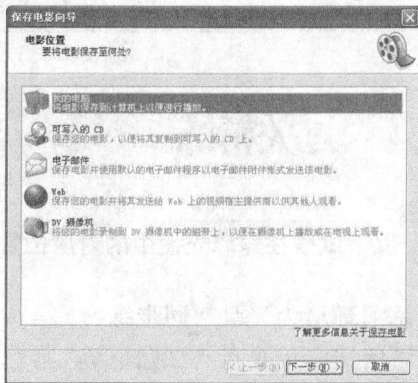

图 6-72 "保存电影向导"对话框

真题演练

【题目 30】利用"开始"菜单打开 Windows Movie Maker，将文件夹"F:\花朵"

中的图片全部导入其收藏夹中，并将前 3 个图片"花朵 1.jpg"、"花朵 2.jpg"和"花朵 3.jpg"依次添加到"情节提要 / 时间线"视图中。然后添加"棋格，交叉"的视频过渡，最后将文档保存到 D 盘根目录下，文件名为"花朵 .MSWMM"（利用命令操作）。

本题考查的内容较多，包括启动 Windows Movie Maker、导入素材文件、添加素材到"情节提要 / 时间线"视图中，以及保存项目文件等，具体操作如下。

① 选择【开始】→【所有程序】→【附件】→【Windows Movie Maker】命令，启动 Windows Movie Maker。

② 选择【文件】→【导入到收藏】命令，打开"导入文件"对话框，在"查找范围"下拉列表框中选择"本地磁盘（F：）"选项，在其下的列表框中双击"花朵"文件夹将其打开，然后按【Ctrl+A】组合键全选，单击 导入(M) 按钮。

③ 利用【Shift】或【Ctrl】键选择"花朵 1jpg"、"花朵 2jpg"和"花朵 3jpg"，然后选择【剪辑】→【添加到时间线】命令，将其添加到"情节提要 / 时间线"视图中。

④ 选择【工具】→【视频过渡】命令，在"视频过渡"下选择"棋格，交叉"选项，然后选择【剪辑】→【添加到时间线】命令，在第 1 张图片和第 2 张图片之间添加过渡。

⑤ 选择第 3 张图片，在"视频过渡"下选择"棋格，交叉"选项，再选择【剪辑】→【添加到时间线】命令，在第 2 张图片和第 3 张图片之间添加过渡。

⑥ 选择【文件】→【保存项目】命令，打开"将项目另存为"对话框，在"保存在"下拉列表框中选择"本地磁盘(F:)"选项，在"文件名"文本框中输入"花朵 .MSWMM"，输入完成后单击 保存(S) 按钮保存项目，如图 6-73 所示。

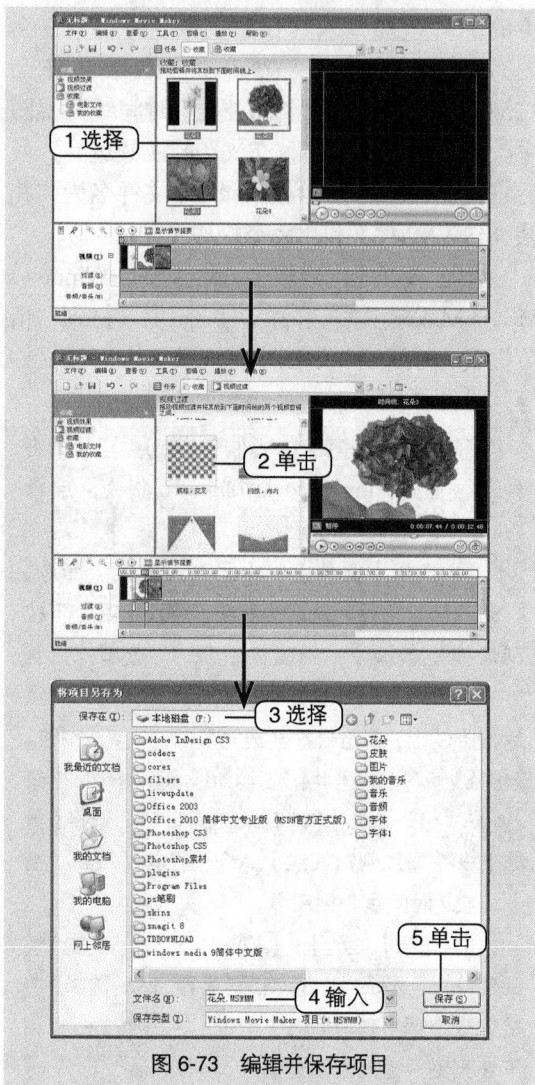

图 6-73　编辑并保存项目

本节考点回顾与总结一览表

本节考点	操作方式总结
考点 10：导入素材媒体文件	创建收藏：选择【工具】→【新收藏文件夹】命令 导入素材：选择【文件】→【导入到收藏】命令，或通过"电影任务"窗格导入

续表

本节考点	操作方式总结
考点 11：编辑项目	添加剪辑方法 1：使用鼠标拖动剪辑 添加剪辑方法 2：选择【剪辑】→【添加到情节提要】或【添加到时间线】命令，或者按【Ctrl+D】组合键 删除剪辑：选择【编辑】→【删除】命令，或按【Del】键，或在右键菜单中选择"删除"命令 剪裁剪辑：选择【剪辑】→【设置起始剪裁点】及【剪辑】→【设置终止剪裁点】命令 拆分剪辑：选择【播放】→【暂停剪辑】命令，再选择【剪辑】→【拆分】命令 创建过渡视频：选择【工具】→【过渡视频】命令 添加视频效果：选择【工具】→【视频效果】命令 添加片头片尾：选择【工具】→【片头和片尾】命令
考点 12：保存项目和电影	保存项目：选择【文件】→【保存项目】命令或按【Ctrl+S】组合键 保存电影：选择【文件】→【保存电影文件】命令或按【Ctrl+P】组合键

6.4　过关精练

以下试题在题库光盘中的对应位置：

各题练习环境为光盘:\同步练习\第 6 章\
各题解答演示见光盘:\试题精解\第 6 章\

第 1 题 请利用"开始"菜单打开"Windows Movie Maker"窗口，将文件夹"E:\海底世界"中的图片一次全部导入其收藏夹中，并将前 3 个图片"海底世界 1"、"海底世界 2"、"海底世界

3"依次添加到情节摘要中。最后将文档保存到E盘根目录下的"视频项目"文件夹中，文件名为"海底世界.MSWMM"。

第2题 请利用"开始"菜单打开录音机并录制一段音乐，要求格式为"MPEG Layer-3"，属性为"256 KB/秒，23.000Hz，Sterero"，并将该格式以"mp3"为名进行保存，然后将声音文件保存到E盘根目录下，文件名为"001.wav"。

第3题 请利用"开始"菜单打开录音机，在"录音机"窗口中打开E盘根目录下的"背景音乐.wav"波形文件，将其"加大音量"一次后进行播放，然后另存到"我的音乐"文件夹中，文件名为"加大音量后的背景音乐.wav"。

第4题 在"录音机"窗口中打开"D:\背景音乐1.wav"声音文件，并将其复制，然后打开"背景音乐2.wav"声音文件并进行粘贴，将粘贴后的声音文件保存在E盘根目录下，文件格式不变。

第5题 从录音机中打开"D:\背景音乐.wav"文件，然后将其复制到写字板中，并在图标的右侧输入文字"这是背景音乐"后进行播放，最后将文档保存到E盘根目录下，文件名为"背景音乐.rtf"。

第6题 从录音机中打开E盘目录下的"背景音乐.wav"文件，将它与同一目录下的"诗朗诵.wav"文件进行混音并播放一次，然后保存到D盘根目录下，文件名为"配乐诗朗诵.wav"。

第7题 利用"开始"菜单打开Windows Movie Maker，然后从"我的文档"中导入图片"荷花.jpg"并添加至"情节提要"视图中，最后为图片设置"缓慢缩小"的效果（通过右键实现）。

第8题 通过"声音和音频设备属性"对话框将声音方案设置为"Windows默认"。

第 **7** 章 ·系统设置与管理·

控制面板实际上是一个系统文件夹，它的功能繁多。本章主要考查 Windows XP 系统设置与管理的基本操作，共 28 个考点。通过控制面板大到可设置系统的显示属性、添加打印机、对打印机等设备进行管理与设置、对 Windows 账户进行管理，小到可添加字体和输入法、设置系统日期和时间以及设置鼠标等。本章考点的具体复习要求如下。

本章考点

☑ **要求掌握的考点**
　考点级别：★★★
　　▫ 设置桌面主题
　　▫ 设置桌面背景
　　▫ 设置屏幕保护程序
　　▫ 设置显示外观
　　▫ 设置分辨率和颜色质量
　　▫ 设置刷新频率
　　▫ 设置鼠标按键
　　▫ 设置鼠标指针样式
　　▫ 设置鼠标特性
　　▫ 查看默认的区域和语言属性
　　▫ 自定义数字、货币、时间和
　　　日期属性
　　▫ 设置语言
　　▫ 设置日期和时间
　　▫ 设置时区
　　▫ 设置与 Internet 时间同步

　　▫ 账户策略
　　▫ 本地策略
　　▫ 本地组策略设置
　　▫ 微软管理控制
☑ **要求熟悉的考点**
　考点级别：★★
　　▫ 启动控制面板
　　▫ 安装字体
　　▫ 删除字体
　　▫ 添加打印机
　　▫ 设置打印机
　　▫ 使用打印机管理器
☑ **要求了解的考点**
　考点级别：★
　　▫ 控制面板的视图切换
　　▫ 添加新账户
　　▫ 修改已有账户信息和进行权
　　　限管理

7.1 认识控制面板

考点1 启动控制面板

🔍 考点分析

由于控制面板中的所有操作都需要先启动控制面板，因此该考点通常是结合其他考点进行考查，有时也会单独命题，但概率较低。

🎨 考点破解

在使用控制面板之前需要先熟悉如何启动控制面板及其视图切换方式。启动控制面板主要有以下3种方法。

方法1：选择【开始】→【控制面板】命令。

方法2：打开"我的电脑"窗口，在左侧的"其他位置"任务窗格中单击"控制面板"超链接。

方法3：在资源管理器左侧的"文件夹"任务窗格中单击"控制面板"超链接。

"控制面板"窗口如图7-1所示。

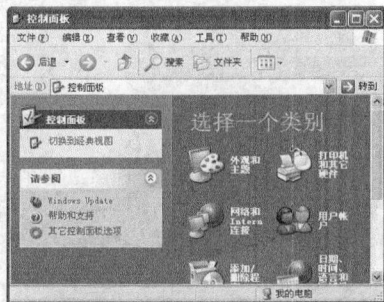

图7-1 "控制面板"窗口

📝 真题演练

【题目1】通过命令启动控制面板。

本题直接选择【开始】→【控制面板】命令便可打开"控制面板"窗口。

【题目2】通过"我的电脑"窗口启动控制面板。

本题需要先打开"我的电脑"窗口，具体操作如下。

1 在桌面上双击"我的电脑"图标，打开"我的电脑"窗口。

2 在窗口左侧的"其他位置"任务窗格中单击"控制面板"超链接，启动控制面板，如图7-2所示。

图7-2 启动控制面板

考点2 控制面板的视图切换

🔍 考点分析

由于控制面板中的很多操作都涉及视图切换，因此命题大多和其他考点结合或包含在其他考点中进行考查，如要求通过命令启动控制面板并切换到经典视图。

🎨 考点破解

在Windows XP中控制面板默认为"分类视图"模式，用户可通过切换视图将控制面板更改为"经典视图"模式，其方法为打开"控制面板"窗口，单击"控制面板"任务窗格中的"切换到经典视图"超链接，如图7-3所示。

图7-3 "经典视图"模式

真题演练

【题目3】通过命令启动控制面板并切换到"经典视图"模式。

本题需要先打开"控制面板"窗口，具体操作如下。

1 选择【开始】→【控制面板】命令，打开"控制面板"窗口。

2 单击"控制面板"任务窗格中的"切换到经典视图"超链接，将控制面板切换到"经典视图"模式，如图7-4所示。

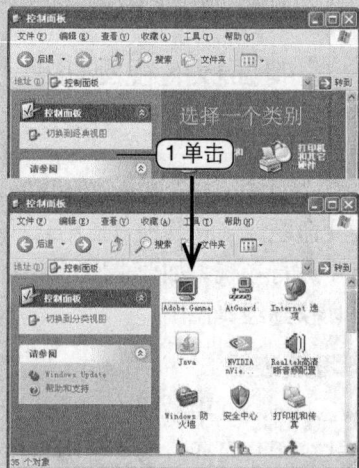

图7-4 启动控制面板并切换视图模式

【题目4】在"我的电脑"窗口中利用窗口信息区打开"控制面板"窗口，并切换到"经典视图"模式。

本题需要打开"我的电脑"窗口进行操作，具体操作如下。

1 在桌面上双击"我的电脑"图标，打开"我的电脑"窗口，在左侧的"其他位置"任务窗格中单击"控制面板"超链接，启动控制面板。

2 在打开的窗口中单击左侧任务窗格中的"切换到经典视图"超链接，将控制面板切换到"经典视图"模式，如图7-5所示。

图7-5 启动控制面板并切换视图模式

多学一招

将控制面板切换到"经典视图"模式后，单击"控制面板"任务窗格中的"切换到分类视图"超链接，即可还原控制面板的视图模式。

本节考点回顾与总结一览表

本节考点	操作方式总结
考点1： 启动控制面板	方法1：选择【开始】→【控制面板】命令 方法2：打开"我的电脑"窗口，单击"控制面板"超链接 方法3：在资源管理器的"文件夹"任务窗格中单击"控制面板"超链接
考点2： 控制面板的视图切换	单击"切换到经典视图"超链接

7.2 设置显示属性

考点3 设置桌面主题

考点分析

该考点出现考题的概率较高，但其操作比较简单，通过率较高。该考点的命题方式也比较直接，如要求将 Windows XP 的主题设置成"Windows 经典"。

考点破解

主题是对计算机桌面提供统一外观的一组可视化元素，如窗口、图标、字体、颜色、背景和屏幕保护图片等。设置主题的具体操作如下。

1 打开"控制面板"窗口，单击"外观和主题"超链接。

2 打开"外观和主题"窗口，单击"更改计算机的主题"超链接，如图7-6所示。

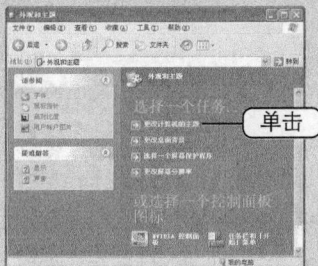

图 7-6 "外观和主题"窗口

3 打开"显示 属性"对话框中的"主题"选项卡，在"主题"下拉列表框中选择一种桌面主题，在其下方的"示例"框中将显示设置后的效果。

4 设置完成后单击 确定 按钮，操作系统将打开"请稍候"对话框，稍等片刻后即进入设置的 Windows 主题界面，如图 7-7 所示。

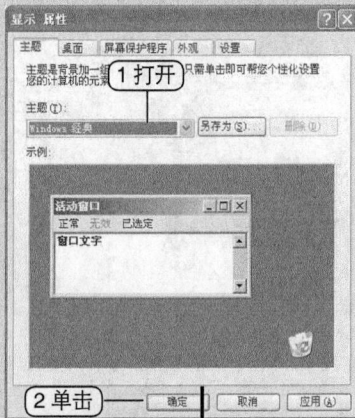

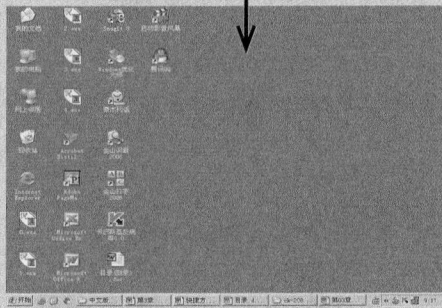

图 7-7 设置 Windows XP 的主题

多学一招

Windows XP 的桌面主题也可从网上下载并进行安装。

真题演练

【题目5】将 Windows XP 的主题设置成"Windows 经典"。

本题需要在"控制面板"窗口中完成，

具体操作如下。

1 选择【开始】→【控制面板】命令，打开"控制面板"窗口，然后单击"外观和主题"超链接。

2 打开"外观和主题"窗口，单击"更改计算机的主题"超链接，如图7-8所示。

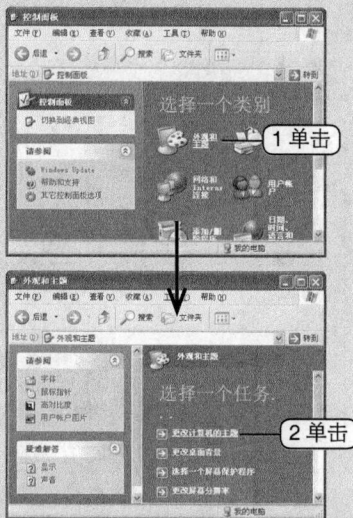

图7-8　选择任务

3 打开"显示 属性"对话框中的"主题"选项卡，在"主题"下拉列表框中选择"Windows 经典"选项。

4 单击 确定 按钮，稍后即进入设置的Windows 主题界面，如图7-9所示。

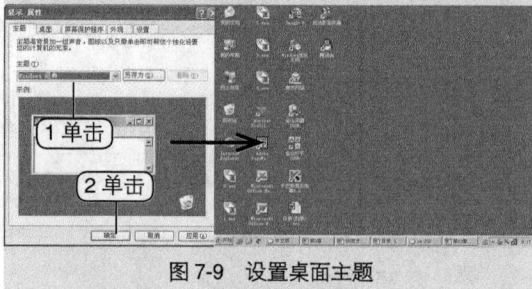

图7-9　设置桌面主题

【题目6】在控制面板中利用"显示 属性"对话框将主题设置为"Windows XP"。

本题要求在控制面板中进行操作，具体

如下。

1 选择【开始】→【控制面板】命令，打开"控制面板"窗口，单击"外观和主题"超链接。

2 打开"外观和主题"窗口，单击"更改计算机的主题"超链接。

3 打开"显示 属性"对话框的"主题"选项卡，在"主题"下拉列表框中选择"Windows XP"选项，单击 确定 按钮确认设置。

考点4　设置桌面背景

考点分析

该考点出现考题的概率也较高，但操作比较简单。该考点的命题中一般会指定背景图片的来源与名称，如要求将D盘中的"测试 .jpg"图片设置成桌面背景。

考点破解

设置桌面背景主要是为桌面选择一张背景图片，具体操作如下。

1 打开"控制面板"窗口，单击"外观和主题"超链接。

2 在打开的"外观和主题"窗口中单击"更改桌面背景"超链接，打开"显示 属性"对话框中的"桌面"选项卡，如图7-10所示

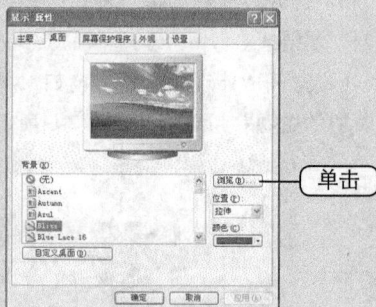

图7-10　"显示 属性"对话框

3 通过以下任意一种方法选择一张图片。

方法1：在"背景"列表框中选择一张图片。

方法2：单击 [浏览(B)...] 按钮，打开"浏览"对话框，在"查找范围"下拉列表框中选择图片的保存位置，在其下方的列表框中选择一张图片，然后单击 [打开(O)] 按钮，如图7-11所示。

图7-11　"浏览"对话框

4 在"位置"下拉列表中选择一种图片的显示方式，单击 [确定] 按钮，此时桌面背景便更改为所设置的图片，如图7-12所示。

图7-12　设置显示方式

真题演练

【题目7】将Windows XP的背景设置成"Wind"。

本题需要在"背景"列表框中选择一张图片，具体操作如下。

1 选择【开始】→【控制面板】命令，打开"控制面板"窗口，然后单击"外观和主题"超链接。

2 打开"外观和主题"窗口，单击"更改桌面背景"超链接。

3 打开"显示 属性"对话框中的"桌面"选项卡，在"背景"列表框中选择"Wind"选项。

4 单击 [确定] 按钮，此时桌面背景便更改为所设置的图片，如图7-13所示。

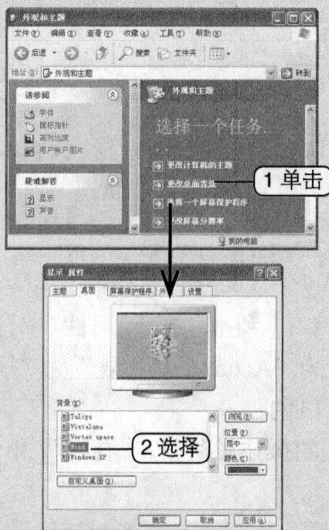

图7-13　设置桌面背景为"Wind"

【题目8】将D盘中的"测试.jpg"图片设置成桌面背景，并设置"位置"为"平铺"。

本题需要打开"浏览"对话框选择图片，并在"位置"下拉列表框中选择"平铺"选项，具体操作如下。

1 选择【开始】→【控制面板】命令，打开"控制面板"窗口，然后单击"外观和主题"超链接。

2 打开"外观和主题"窗口，单击"更改桌面背景"超链接。

3 打开"显示 属性"对话框中的"桌面"选项卡，单击 [浏览(B)...] 按钮，打开"浏览"对话框，在"查找范围"下拉列表框中选择D盘，在其下方的列表框中选择"测试.jpg"选项，单击 [打开(O)] 按钮。

4 在"位置"下拉列表中选择"平铺"选项，

单击 [确定] 按钮，此时桌面背景便更改为所设置的图片，如图 7-14 所示。

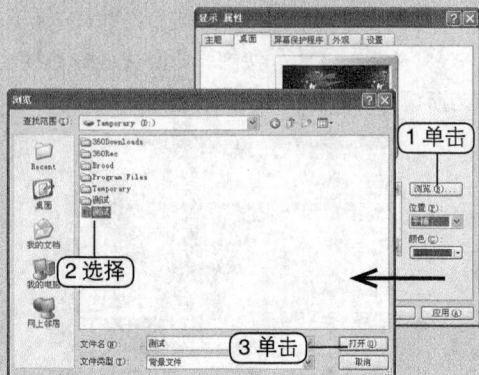

图 7-14 选择图片并设置为桌面背景

【题目9】利用"显示 属性"对话框，将桌面设置为"Autumn"，"位置"为"居中"，"颜色"为"白色"。

本题的操作思路与"题目 8"相似，具体操作如下。

❶ 选择【开始】→【控制面板】命令，打开"控制面板"窗口，单击"外观和主题"超链接，打开"外观和主题"窗口，单击"更改桌面背景"超链接。

❷ 打开"显示 属性"对话框，单击"桌面"选项卡，在"背景"列表框中选择"Autumn"选项，在"位置"下拉列表框中选择"居中"选项，在"颜色"下拉列表框中选择"白色"选项，单击 [确定] 按钮完成设置，如图 7-15 所示。

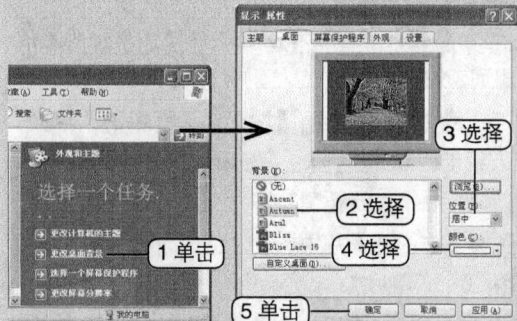

图 7-15 设置桌面背景

考场点拨

在考试中可在"桌面"选项卡的预览框中通过查看预览效果来判断设置的桌面背景是否成功。

考点5 设置屏幕保护程序

考点分析

该考点也经常出现在考题中。命题中大都会指定类型和等待时间等，如要求为系统设置等待时间为 3 分钟的"字幕"屏保，位置为"随机"，速度为最慢，文字为"我的屏保"，字体为"幼圆"，字号为"48"。

考点破解

设置屏幕保护程序的具体操作如下。

❶ 打开"控制面板"窗口，单击"外观和主题"超链接。

❷ 打开"外观和主题"窗口，单击"选择一个屏幕保护程序"超链接。

❸ 打开"显示 属性"对话框，切换到"屏幕保护程序"选项卡，在"屏幕保护程序"下拉列表框中选择一种屏幕保护程序，单击右侧的 [设置(T)] 按钮，打开相应的设置对话框进行设置，如图 7-16 所示。

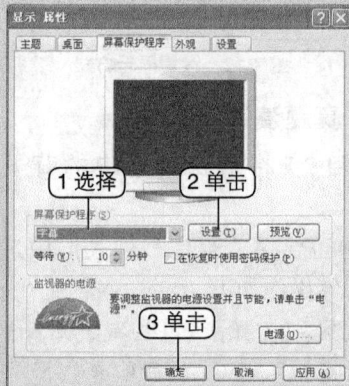

图 7-16 "屏幕保护程序"选项卡

❹ 设置完成后单击 [确定] 按钮，返回"显

示 属性"对话框,然后在"等待"数值框中重新设置等待时间为 3 分钟,单击 确定 按钮完成设置。

⏰ **误区提醒**

考试中考查的屏幕保护程序类型不同,其设置对话框中的内容也不同,考生只需按照考题要求设置即可。

📝 **真题演练**

【题目 10】为系统设置等待时间为 5 分钟的"字幕"屏保,位置为"随机",速度为最慢,文字为"我的屏保",字体为"幼圆",字号为"48"。

本题需要设置"字幕"屏保,具体操作如下。

❶ 打开"控制面板"窗口,单击"外观和主题"超链接。

❷ 打开"外观和主题"窗口,单击"选择一个屏幕保护程序"超链接。

❸ 打开"显示 属性"对话框中的"屏幕保护程序"选项卡,在"屏幕保护程序"下拉列表框中选择"字幕"选项,在"等待"数值框中设置时间为 5 分钟,单击右侧的 设置(T) 按钮,如图 7-17 所示。

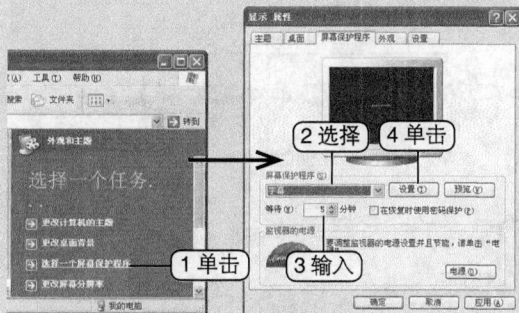

图 7-17 选择屏保程序

❹ 打开"字幕设置"对话框,在"位置"选项组中选中"随机"单选项,在"速度"选项组中拖动滑块到最左侧,在"文字"文本框中输入"我的屏保",单击 文字格式(F)... 按钮。

❺ 打开"文字格式"对话框,在"字体"列表框中选择"幼圆",在"大小"列表框中选择"48",单击 确定 按钮,如图 7-18 所示。

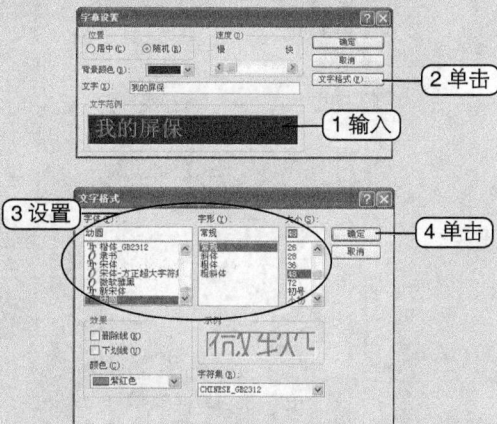

图 7-18 设置字幕屏保

❻ 返回"字幕设置"对话框,单击 确定 按钮,返回"显示 属性"对话框,在"等待"数值框中输入"5",单击 确定 按钮完成设置。

【题目 11】为系统设置等待时间为 5 分钟的"图片收藏幻灯片"屏保,图片在 D 盘的"图片"文件夹中。

本题需要设置"图片收藏幻灯片"屏保,具体操作如下。

❶ 打开"控制面板"窗口,单击"外观和主题"超链接。

❷ 打开"外观和主题"窗口,在其中单击"选择一个屏幕保护程序"超链接。

❸ 打开"显示 属性"对话框中的"屏幕保护程序"选项卡,在"屏幕保护程序"下拉列表框中选择"图片收藏幻灯片"选项,单击右侧的 设置(T) 按钮,打开"图片收藏屏幕保护程序选项"对话框,如图 7-19 所示。

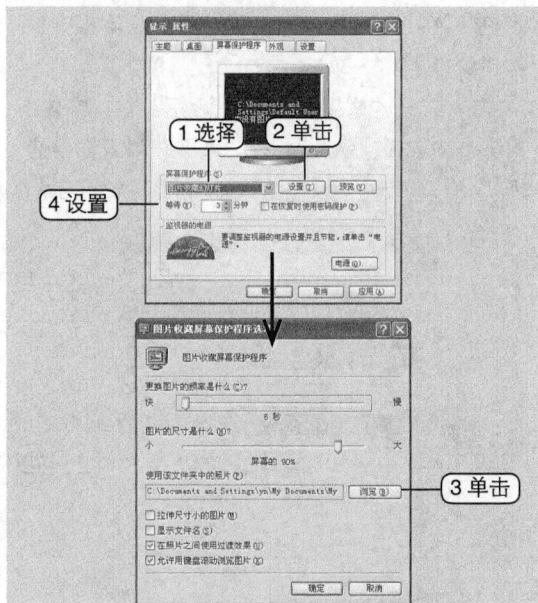

图 7-19　选择屏保程序

4️⃣ 单击 浏览(B) 按钮，打开"浏览文件夹"对话框，然后在其中的列表框中选择 D 盘中的"图片"文件夹，单击 确定 按钮。

5️⃣ 返回"图片收藏屏幕保护程序选项"对话框，继续单击 确定 按钮。

6️⃣ 返回"显示 属性"对话框，在"等待"数值框中输入"3"，单击 确定 按钮完成设置。操作过程如图 7-20 所示。

图 7-20　设置图片屏保

多学一招

当在设置的等待时间内不对计算机进行任何操作，包括移动鼠标和按键盘上的键，即可进入屏保程序。若要回到可操作状态，只需移动鼠标或按任意键即可。

【题目 12】利用"显示 属性"对话框，设置屏幕保护程序为"三维飞行物"，样式为"带纹理的旗帜"。

本题需要利用"显示 属性"对话框进行设置，具体操作如下。

1️⃣ 打开"控制面板"窗口，单击"外观和主题"超链接，打开"外观和主题"窗口，单击"选择一个屏幕保护程序"超链接。

2️⃣ 打开"显示 属性"对话框，单击"屏幕保护程序"选项卡，在"屏幕保护程序"下拉列表框中选择"三维飞行物"选项，单击 设置(T) 按钮。

3️⃣ 打开"三维飞行物设置"对话框，在"样式"下拉列表框中选择"带纹理的旗帜"选项，然后依次单击 确定 按钮，如图 7-21 所示。

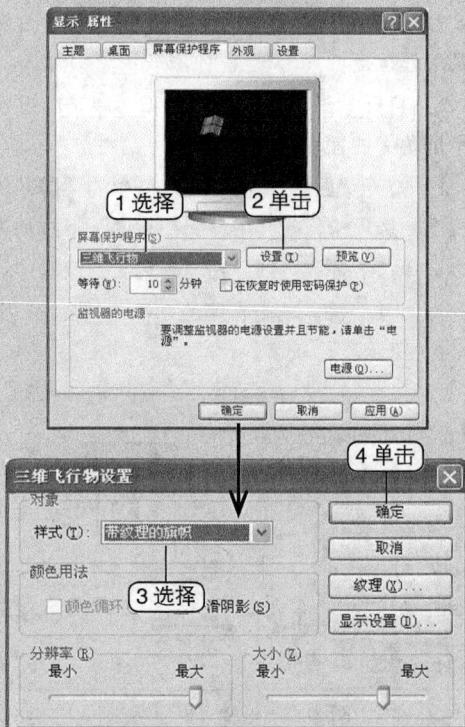

图 7-21　设置屏幕保护程序

考点6　设置显示外观

考点分析

该考点在考题中出现的概率较高，命题方式也比较直接，如要求为系统设置外观颜色为"橄榄绿"、字体大小为"大字体"的Windows XP 样式。

考点破解

设置显示外观的具体操作如下。

1️⃣ 打开"控制面板"窗口，单击"外观和主题"超链接。

2️⃣ 打开"外观和主题"窗口，在"选择一个任务"选项组中单击任意一个超链接。

3️⃣ 打开"显示 属性"对话框，切换到"外观"选项卡，在"窗口和按钮"下拉列表框中选择一种外观模式，在"色彩方案"下拉列表框中选择一种色彩，在"字体大小"下拉列表框中选择字体大小，如图7-22所示。

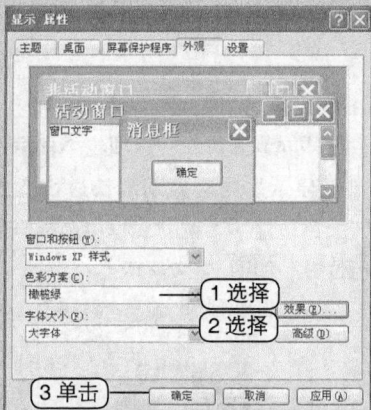

图 7-22　"外观"选项卡

4️⃣ 设置完成后单击 确定 按钮。

真题演练

【题目 13】为系统设置外观颜色为"橄榄绿"、字体大小为"大字体"的 Windows XP 样式。

本题要在"窗口和按钮"下拉列表框中选择"Windows XP 样式"选项，具体操作如下。

1️⃣ 打开"控制面板"窗口，单击"外观和主题"超链接。

2️⃣ 打开"外观和主题"窗口，在"选择一个任务"选项组中单击任意一个超链接。

3️⃣ 打开"显示 属性"对话框，切换到"外观"选项卡，在"窗口和按钮"下拉列表框中选择"Windows XP 样式"选项，在"色彩方案"下拉列表框中选择"橄榄绿"选项，在"字体大小"下拉列表框中选择"大字体"选项。

4️⃣ 设置完成后单击 确定 按钮，如图7-23 所示。

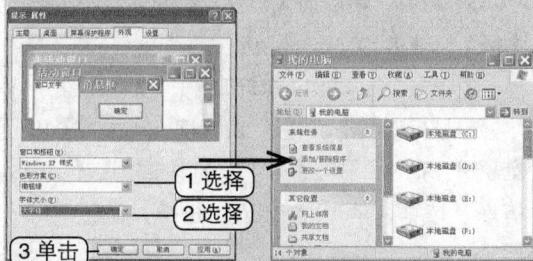

图 7-23　设置显示外观

【题目 14】为系统设置外观颜色为雨天的 Windows 经典样式。

本题需要在"窗口和按钮"下拉列表框中选择"Windows 经典样式"选项，具体操作如下。

1️⃣ 打开"控制面板"窗口，单击"外观和主题"超链接。

2️⃣ 打开"外观和主题"窗口，在"选择一个任务"选项组中单击任意一个超链接。

3️⃣ 打开"显示 属性"对话框，切换到"外观"选项卡，在"窗口和按钮"下拉列表框中选择"Windows 经典样式"选项，在"色彩方案"下拉列表框中选择"雨天"选项。

4️⃣ 设置完成后单击 确定 按钮，如图7-24 所示。

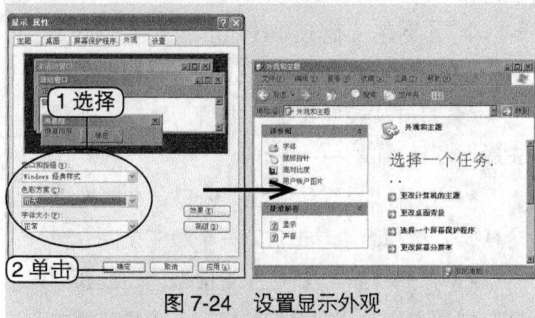

图 7-24　设置显示外观

【题目15】请利用"外观和主题"窗口，设置 Windows XP 窗口色彩方案为"橄榄绿"，菜单和工具提示使用"滚动效果"。

本题需要在"色彩方案"下拉列表框中选择"橄榄绿"选项，具体操作如下。

1 打开"控制面板"窗口，单击"外观和主题"超链接，打开"外观和主题"窗口，在"选择一个任务"选项组中单击任意一个超链接。

2 打开"显示 属性"对话框，单击"外观"选项卡，在"色彩方案"下拉列表框中选择"橄榄绿"选项，单击 效果(E)... 按钮，如图 7-25 所示。

图 7-25　设置显示外观

3 打开"效果"对话框，选中"为菜单和工具栏提示使用下列过渡效果"复选框，在其下面的下拉列表框中选择"滚动效果"选项，依次单击 确定 按钮完成设置，如图 7-26 所示。

图 7-26　设置外观和效果

考点7　设置分辨率和颜色质量

考点分析

该考点经常出现在考题中，命题方式比较简单，如要求设置系统分辨率为"800×600 像素"，考生只需按考题要求进行操作即可。

考点破解

设置分辨率和颜色质量的具体操作如下。

1 打开"控制面板"窗口，单击"外观和主题"超链接。

2 打开"外观和主题"窗口，在"选择一个任务"选项组中单击"更改屏幕分辨率"超链接。

3 打开"显示 属性"对话框中的"设置"选项卡，在"屏幕分辨率"选项组中根据运行的程序或需要显示的内容拖动滑块进行适当的调整，在"颜色质量"下拉列表框中选择当前显示器的颜色位数，如图 7-27 所示。

图 7-27　"设置"选项卡

4 设置完成后单击 确定 按钮。

📝 真题演练

【题目16】设置系统分辨率为"800×600像素"。

本题需要在"屏幕分辨率"选项组中进行设置，具体操作如下。

1 打开"控制面板"窗口，单击"外观和主题"超链接。

2 打开"外观和主题"窗口，在"选择一个任务"选项组中单击"更改屏幕分辨率"超链接。

3 打开"显示 属性"对话框中的"设置"选项卡，在"屏幕分辨率"选项组中拖动滑块到"800×600像素"的位置。

4 单击 确定 按钮，打开"监视器设置"对话框，单击 是(Y) 按钮完成设置，如图7-28所示。

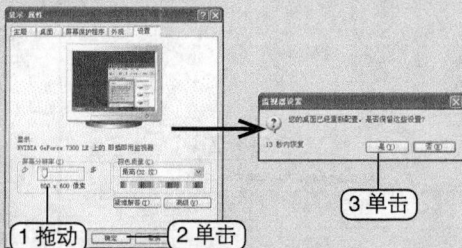

图7-28 设置系统分辨率

【题目17】设置系统分辨率为"1024×768像素"，并设置颜色质量为"中（16位）"，具体操作如下。

1 打开"控制面板"窗口，单击"外观和主题"超链接。

2 打开"外观和主题"窗口，在"选择一个任务"选项组中单击"更改屏幕分辨率"超链接。

3 打开"显示 属性"对话框中的"设置"选项卡，在"屏幕分辨率"选项组中拖动滑块到"1024×768像素"的位置，在"颜色质量"下拉列表框中选择"中（16位）"选项。

4 单击 确定 按钮，打开"监视器设置"对话框，单击 是(Y) 按钮完成设置，如图7-29所示。

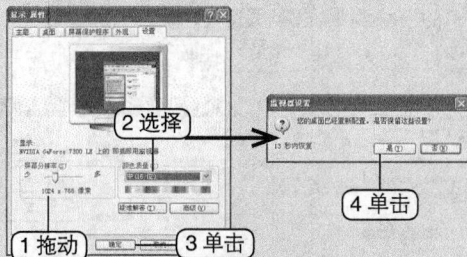

图7-29 设置系统分辨率和颜色质量

【题目18】利用"显示 属性"对话框，将显示器的颜色质量设置为"最高（32位）"，设置"应用新的显示设置而不重新启动计算机"，并将"硬件加速"设置为"全"，不启用写入合并（按题目顺序操作）。

本题的操作较多，只需依次按照题目要求操作即可，具体操作如下。

1 打开"控制面板"窗口，单击"外观和主题"超链接。

2 打开"外观和主题"窗口，在"选择一个任务"选项组中单击"更改屏幕分辨率"超链接。

3 打开"显示 属性"对话框中的"设置"选项卡，在"颜色质量"下拉列表框中选择"最高（32位）"选项，单击 高级(V) 按钮，如图7-30所示。

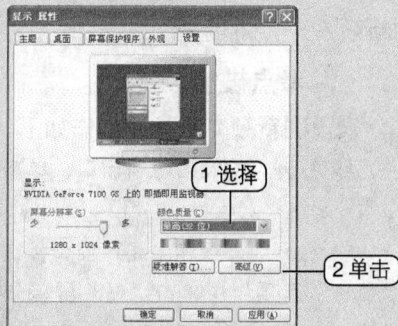

图7-30 设置颜色质量

4 打开相应的属性对话框，单击"常规"选项卡，在"兼容性"选项组中选中"应用新的显示设置而不重新启动计算机"单选项，然后单击"疑难解答"选项卡，拖动"硬件加速"选项组中的滑块到最右侧，取消选中"启动写入合并"复选框，依次单击 确定 按钮，如图7-31所示。

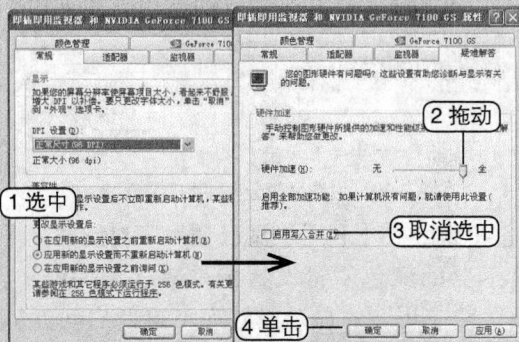

图7-31　设置高级属性

☀ 多学一招

在 Windows XP 中，可供选择的颜色质量方案与用户的显示适配器有关，通常显示适配器支持的颜色有4种，即16色、256色、增强色（16位）和真彩色（32位）。

考点8　设置刷新频率

🔍 考点分析

该考点容易出现考题，但操作比较简单。该考点的命题方式比较直接，如要求设置系统刷新频率为"60赫兹"。

💿 考点破解

设置刷新频率的具体操作如下。

1 打开"控制面板"窗口，单击"外观和主题"超链接。

2 打开"外观和主题"窗口，在"选择一个任务"选项组中单击"更改屏幕分辨率"超链接。

3 打开"显示 属性"对话框中的"设置"选项卡，单击 高级(V) 按钮，打开监视器的属性对话框，如图7-32所示。

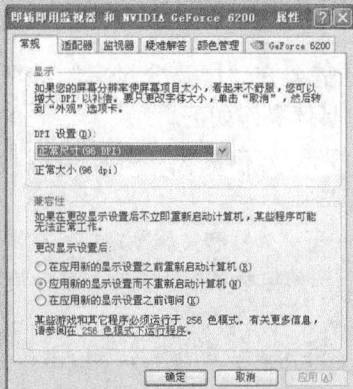

图7-32　"常规"选项卡

4 切换到"监视器"选项卡，在"屏幕刷新频率"下拉列表框中选择屏幕所支持的最高刷新频率，单击 确定 按钮，如图7-33所示。

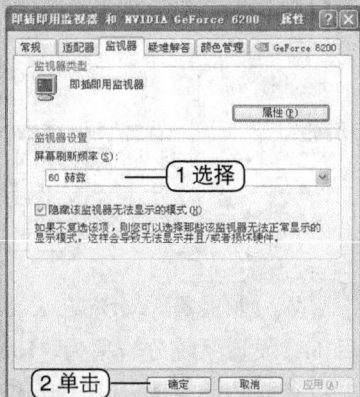

图7-33　设置屏幕刷新频率

📝 真题演练

【题目19】设置系统刷新频率为"60赫兹"。具体操作如下。

1 打开"控制面板"窗口，单击"外观和主题"超链接。

2 打开"外观和主题"窗口，在"选择一个任务"选项组中单击"更改屏幕分辨率"超链接。

3 打开"显示 属性"对话框中的"设置"选项卡,单击 [高级(V)] 按钮,打开监视器的属性对话框。

4 切换到"监视器"选项卡,在"监视器设置"选项组中的"屏幕刷新频率"下拉列表框中选择"60 赫兹"选项,单击 [确定] 按钮,如图 7-34 所示。

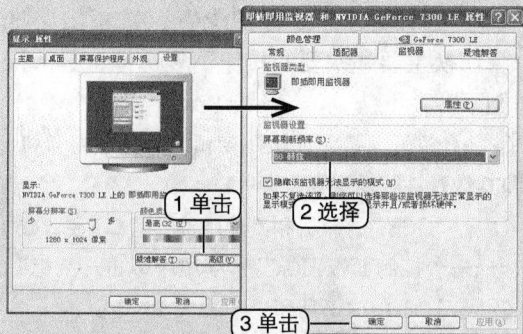

图 7-34　设置刷新频率

【题目 20】利用"显示 属性"对话框,将显示器的颜色质量设置为"最高(32 位)",将显示器的 DPI 设置为"正常尺寸(96OPI)",并将"屏幕刷新频率"设置为"70 赫兹"(按题目顺序操作)。

本题需要设置颜色质量和屏幕的刷新频率,具体操作如下。

1 打开"控制面板"窗口,单击"外观和主题"超链接。

2 打开"外观和主题"窗口,在"选择一个任务"选项组中单击"更改屏幕分辨率"超链接。

3 打开"显示 属性"对话框的"设置"选项卡,在"颜色质量"选项组的下拉列表框中选择"最高(32 位)"选项,单击 [高级(V)] 按钮。

4 打开相应的属性对话框的"常规"选项卡,在"DPI 设置"下拉列表框中选择"正常尺寸(96OPI)"选项,单击"监视器"选项卡,在"屏

幕刷新频率"下拉列表框中选择"70 赫兹"选项,然后单击 [确定] 按钮,如图 7-35 所示。

图 7-35　设置颜色质量和刷新频率

本节考点回顾与总结一览表

本节考点	操作方式总结
考点 3: 设置桌面主题	在"显示 属性"对话框的"主题"选项卡中进行设置
考点 4: 设置桌面背景	在"显示 属性"对话框的"桌面"选项卡中进行设置
考点 5: 设置屏幕保护程序	在"显示 属性"对话框的"屏幕保护程序"选项卡中进行设置
考点 6: 设置显示外观	在"显示 属性"对话框的"外观"选项卡中进行设置
考点 7: 设置分辨率和颜色质量	在"显示 属性"对话框的"设置"选项卡中进行设置
考点 8: 设置刷新频率	在"显示 属性"对话框的"设置"选项卡中单击 [高级(V)] 按钮,在"监视器"选项卡中进行设置

7.3 设置鼠标属性

考点9 设置鼠标按键

考点分析

该考点出现考题的概率较高，但操作比较简单。该考点的命题方式比较直接，如要求设置鼠标左键、右键的功能互换和设置单击锁定等。

考点破解

设置鼠标按键的方法为在"控制面板"窗口中单击"打印机和其他硬件"超链接，在打开的窗口中单击"鼠标"超链接，打开"鼠标 属性"对话框中的"鼠标键"选项卡，如图7-36所示。

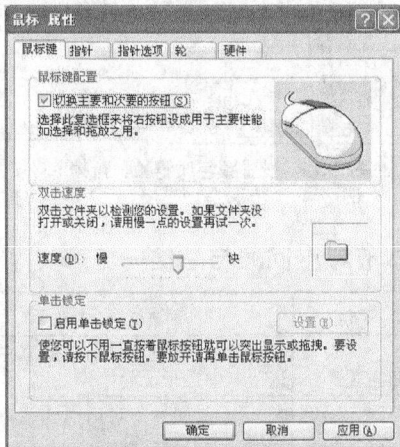

图7-36 "鼠标键"选项卡

在该选项卡中可进行以下3种设置。

◆ 设置鼠标左键和右键的功能互换：在"鼠标键配置"选项组中选中"切换主要和次要的按钮"复选框，可将鼠标的左键和右键的功能交换。

◆ 设置双击速度：在"双击速度"选项组中拖动"速度"滑块，可设置双击速度。

◆ 设置单击锁定：在"单击锁定"选项组中选中"启用单击锁定"复选框，即可在单击后使单击的内容随鼠标指针移动。

真题演练

【题目21】设置鼠标左键和右键的功能互换。

本题需要在"鼠标键配置"选项组中选中"切换主要和次要的按钮"复选框，具体操作如下。

1️⃣ 打开"控制面板"窗口，单击"打印机和其他硬件"超链接。

2️⃣ 打开"打印机和其他硬件"窗口，在"或选择一个控制面板图标"选项组中单击"鼠标"超链接，如图7-37所示。

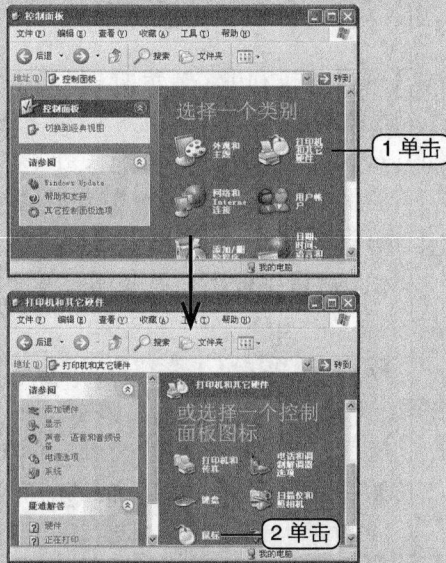

图7-37 选择操作

3️⃣ 打开"鼠标 属性"对话框中的"鼠标键"选项卡，在"鼠标键配置"选项组中选中"切换主要和次要的按钮"复选框。

4️⃣ 单击 确定 按钮完成设置。

【题目22】设置单击锁定。

本题需要在"单击锁定"选项组中选中"启用单击锁定"复选框，具体操作如下。

❶ 打开"控制面板"窗口，单击"打印机和其他硬件"超链接。

❷ 打开"打印机和其他硬件"窗口，在"或选择一个控制面板图标"选项组中单击"鼠标"超链接。

❸ 打开"鼠标 属性"对话框中的"鼠标键"选项卡，在"单击锁定"选项组中选中"启用单击锁定"复选框。

❹ 单击 确定 按钮完成设置，如图7-38所示。

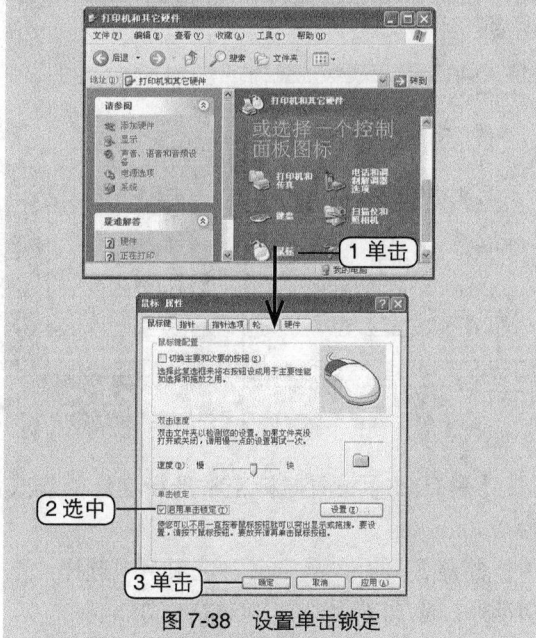

图7-38 设置单击锁定

【题目23】设置鼠标的双击速度。

本题需要在"双击速度"选项组中进行设置，具体操作如下。

❶ 打开"控制面板"窗口，单击"打印机和其他硬件"超链接。

❷ 打开"打印机和其他硬件"窗口，在"或选择一个控制面板图标"选项组中单击"鼠标"超链接。

❸ 打开"鼠标 属性"对话框的"鼠标键"选项卡，在"双击速度"选项组中拖动滑块到最右侧，单击 确定 按钮完成设置，如图7-39所示。

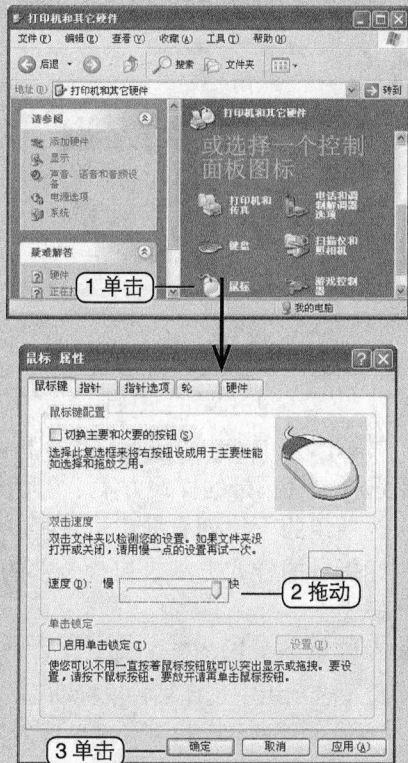

图7-39 设置鼠标的双击速度

考点10 设置鼠标指针样式

考点分析

该考点较易出现在考题中。命题方式主要有两种，一种是设置预设方案，如要求设置鼠标指针为"指挥家（系统方案）"方案；另一种是将鼠标指针设置为指定的样式，如要求设置鼠标正常选择动作的样式为"dinosaur"等。

考点破解

设置鼠标指针样式的方法为在"控制面板"窗口中单击"打印机和其他硬件"超链接，

在打开的窗口中单击"鼠标"超链接,打开"鼠标 属性"对话框,在对话框中切换到"指针"选项卡,如图 7-40 所示。

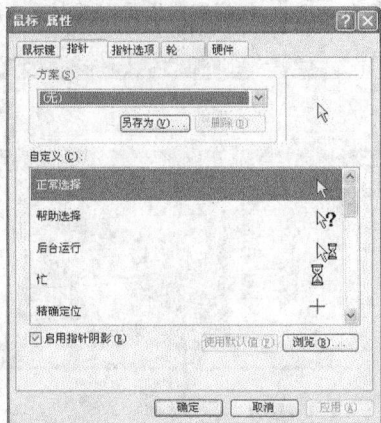

图 7-40 "指针"选项卡

在"指针"选项卡中可进行以下 3 种设置。

◆ 选择鼠标指针的样式方案:在"方案"选项组的下拉列表框中可选择一种鼠标指针的样式方案,包含全部的指针样式。

◆ 设置单个鼠标指针的样式:在"自定义"选项组中选择某种鼠标动作,单击 浏览(B)... 按钮,打开"浏览"对话框,在其中的列表框中选择一种样式。

◆ 设置鼠标指针阴影:选中"启用指针阴影"复选框即可为鼠标指针设置阴影。

多学一招

选择鼠标指针的样式方案后,也可在"自定义"选项组中选择某种鼠标动作,对方案中已经设定好的样式进行修改。

真题演练

【题目 24】设置鼠标指针为"指挥家(系统方案)"方案并启动指针阴影。

本题需要在"方案"选项组中的下拉列表框中选择"指挥家(系统方案)"选项,具体操作如下。

1️⃣ 打开"控制面板"窗口,单击"打印机和其他硬件"超链接。

2️⃣ 打开"打印机和其他硬件"窗口,在"或选择一个控制面板图标"选项组中单击"鼠标"超链接。

3️⃣ 打开"鼠标 属性"对话框,切换到"指针"选项卡,在"方案"选项组中的下拉列表框中选择"指挥家(系统方案)"选项,并选中"启用指针阴影"复选框。

4️⃣ 单击 确定 按钮完成设置,如图 7-41 所示。

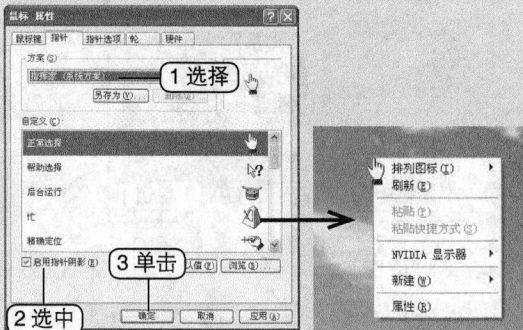

图 7-41 设置鼠标指针方案并启动指针阴影

【题目 25】设置鼠标正常选择动作的样式为"dinosaur"。

本题需要在"自定义"选项组中选择"正常选择"选项进行设置,具体操作如下。

1️⃣ 打开"控制面板"窗口,单击"打印机和其他硬件"超链接。

2️⃣ 打开"打印机和其他硬件"窗口,在"或选择一个控制面板图标"选项组中单击"鼠标"超链接。

3️⃣ 打开"鼠标 属性"对话框,切换到"指针"选项卡,在"自定义"选项组中选择"正常选择"

选项,单击 浏览(B)... 按钮,打开"浏览"对话框。

4️⃣ 在列表框中选择"dinosaur"选项,单击 打开(O) 按钮,返回"鼠标 属性"对话框,单击 确定 按钮完成设置,如图 7-42 所示。

图 7-42 设置鼠标正常选择动作的样式

☀ 多学一招

对方案中已经设定好的样式进行修改后可单击 另存为(V)... 按钮进行保存。

【题目26】在控制面板中设置鼠标方案为"恐龙(系统方案)",帮助选择动作的样式为"house.ani",并启用指针阴影。

本题需要设置的鼠标样式较多,其操作的思路与前面几题相似,具体操作如下。

1️⃣ 打开"控制面板"窗口,单击"打印机和其他硬件"超链接。

2️⃣ 打开"打印机和其他硬件"窗口,在"或

选择一个控制面板图标"选项组中单击"鼠标"超链接。

3️⃣ 打开"鼠标 属性"对话框,单击"指针"选项卡,在"方案"选项组的下拉列表中选择"恐龙(系统方案)"选项,然后在"自定义"选项组中选择"帮助选择"选项,单击 浏览(B)... 按钮,打开"浏览"对话框,在列表框中选择"house. ani"选项,单击 打开(O) 按钮。

4️⃣ 返回"鼠标 属性"对话框,选中"启用指针阴影"复选框,单击 确定 按钮完成设置,如图 7-43 所示。

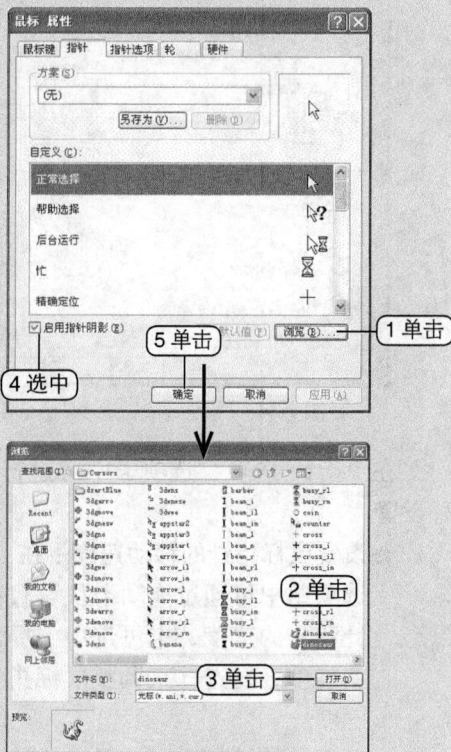

图 7-43 设置鼠标指针样式

考点11 设置鼠标特性

🔍 考点分析

该考点出现考题的概率较高,但操作比

较简单。该考点的命题方式比较直接，如要求设置鼠标指针的移动速度为快、显示鼠标指针的轨迹，并设置轨迹为"短"等。

考点破解

设置鼠标按键的方法为在"控制面板"窗口中单击"打印机和其他硬件"超链接，在打开的窗口中单击"鼠标"超链接，打开"鼠标 属性"对话框，切换到"指针选项"选项卡，如图 7-44 所示。

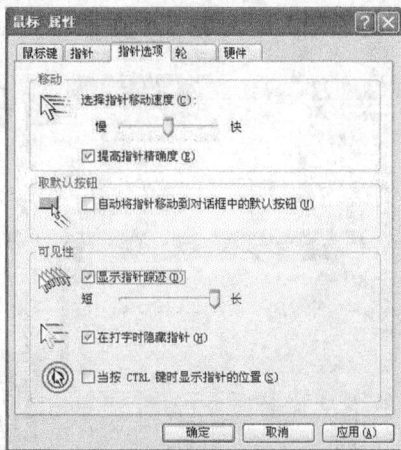

图 7-44 "指针选项"选项卡

在"指针 选项"选项卡中可进行以下 3 种设置。

◆ 设置鼠标指针的移动速度：在"移动"选项组中可通过拖动滑块设置鼠标指针移动的速度，也可选中"提高指针精确度"复选框来调整鼠标指针的精确度。

◆ 设置默认按钮：在"取默认按钮"选项组中选中"自动将指针移动到对话框中的默认按钮"复选框，可以设置鼠标指针自动指向默认按钮。

◆ 设置可见性：在"可见性"选项组中选中相应的复选框，可设置与鼠标指针可见性相关的选项。

真题演练

【题目 27】设置鼠标指针的移动速度为慢。

本题需要打开"鼠标 属性"对话框中的"指针选项"选项卡，具体操作如下。

1️⃣ 打开"控制面板"窗口，单击"打印机和其他硬件"超链接。

2️⃣ 打开"打印机和其他硬件"窗口，在"或选择一个控制面板图标"选项组中单击"鼠标"超链接。

3️⃣ 打开"鼠标 属性"对话框，切换到"指针选项"选项卡，在"移动"选项组中拖动滑块到最左侧位置。

4️⃣ 单击 确定 按钮完成设置，如图 7-45 所示。

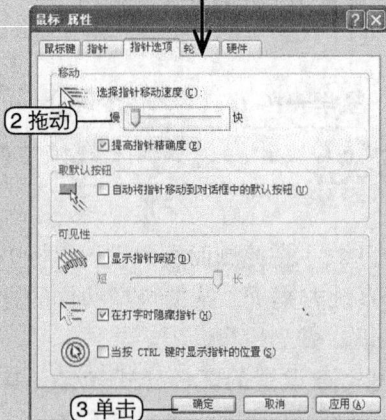

图 7-45 设置鼠标指针的移动速度为"慢"

【题目 28】显示鼠标指针的轨迹并设置轨迹为"短"。

① 打开"控制面板"窗口,单击"打印机和其他硬件"超链接。

② 打开"打印机和其他硬件"窗口,在"或选择一个控制面板图标"选项组中单击"鼠标"超链接。

③ 打开"鼠标 属性"对话框,切换到"指针选项"选项卡,在"可见性"选项组中选中"显示指针踪迹"复选框,并拖动其下面的滑块到最左侧位置。

④ 单击 确定 按钮完成设置,如图7-46所示。

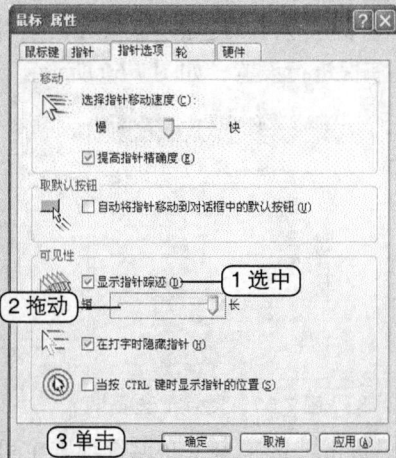

图7-46　显示鼠标指针的轨迹

本节考点回顾与总结一览表

本节考点	操作方式总结
考点9:设置鼠标按键	在"鼠标 属性"对话框的"鼠标键"选项卡中进行设置
考点10:设置鼠标指针样式	在"鼠标 属性"对话框的"指针"选项卡中进行设置
考点11:设置鼠标特性	在"鼠标 属性"对话框的"指针选项"选项卡中进行设置

7.4　设置区域和语言属性

考点12　查看默认的区域和语言属性

考点分析

该考点很少在考试中出现考题,其命题的方式通常也只有一种,即查看系统默认的区域和语言选项。

考点破解

查看默认的区域和语言属性的方法为在"控制面板"窗口中单击"日期、时间、语言和区域设置"超链接,在打开的窗口中单击"区域和语言选项"超链接或"更改数字、日期和时间的格式"超链接,在打开的"区域和语言选项"对话框中显示了默认的属性,如图7-47所示。

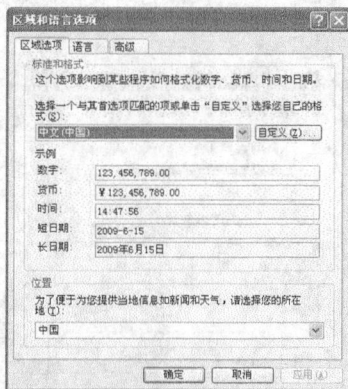

图7-47　默认属性

真题演练

【题目29】查看系统默认的区域和语言选项。

本题需要打开"区域和语言选项"对话框,具体操作如下。

① 打开"控制面板"窗口,单击"日期、时间、语言和区域设置"超链接。

2 打开"日期、时间、语言和区域设置"窗口，在"或选择一个控制面板图标"选项组中单击"区域和语言选项"超链接，如图7-48所示。

图 7-48　选择操作

3 打开"区域和语言选项"对话框中的"区域选项"选项卡，在其中即可看到系统的默认设置。

4 单击 确定 按钮完成操作，如图7-49所示。

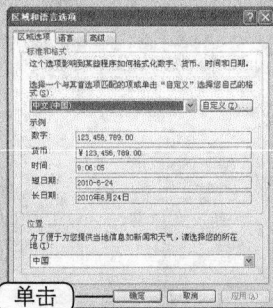

图 7-49　查看系统默认的区域和语言选项

考点13　自定义数字、货币、时间和日期属性

考点分析

该考点抽到考题的概率较高，但操作比较简单。该考点的命题方式通常要求考生设置某一项的属性，如设置小数点位数为"3"、设置货币符号为"$"、设置按照笔画对文件或文件夹进行排序等。

考点破解

自定义数字、货币、时间和日期属性的方法是在"区域和语言选项"对话框中的"区域选项"选项卡中单击 自定义(Z)... 按钮，在打开的"自定义区域选项"对话框中有如下5个选项卡，在其中可进行一些属性设置。

◆ "数字"选项卡：在该选项卡中可通过在对应的下拉列表框中选择相应的选项，从而对小数位数、小数点、数字分组符号、数字分组、负号、负数格式、零起始显示、列表分隔符、度量衡系统和数字替换等属性进行设置，如图7-50所示。

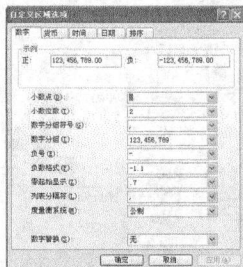

图 7-50　"数字"选项卡

◆ "货币"选项卡：在该选项卡中可通过在对应的下拉列表框中选择相应的选项，从而对货币符号、货币正数格式、货币负数格式、小数点、小数位数、数字分组符号和数字分组等属性进行设置，如图7-51所示。

图 7-51　"货币"选项卡

☀ **多学一招**

在"货币"选项卡中也有小数和分组等数字设置，其设置方法与"数字"选项卡中的相同。

◆ "时间"选项卡：在该选项卡中可通过在对应的下拉列表框中选择相应的选项，从而对时间格式、时间分隔符、AM符号和PM符号等属性进行设置，如图7-52所示。

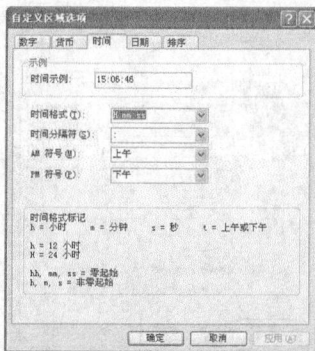

图7-52 "时间"选项卡

◆ "日期"选项卡：在该选项卡中可通过在对应的下拉列表框中选择相应的选项，从而对日历、短日期格式和长日期格式等属性进行设置，如图7-53所示。

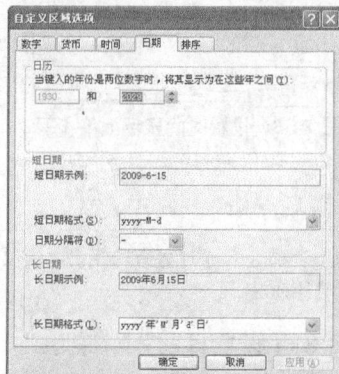

图7-53 "日期"选项卡

◆ "排序"选项卡：在该选项卡中可通过选择排序方法来改变程序排序字符、字词、文件和文件夹的方式。

📄 **真题演练**

【题目30】设置使数字显示时小数部分显示3位。

本题需要在"数字"选项卡中进行设置，具体操作如下。

1 打开"控制面板"窗口，单击"日期、时间、语言和区域设置"超链接。

2 打开"日期、时间、语言和区域设置"窗口，在"或选择一个控制面板图标"选项组中单击"区域和语言选项"超链接。

3 打开"区域和语言选项"对话框中的"区域选项"选项卡，单击 自定义(Z)... 按钮，打开"自定义区域选项"对话框中的"数字"选项卡。

4 在"小数位数"下拉列表框中选择"3"，单击 确定 按钮，返回"区域和语言选项"对话框。

5 单击 确定 按钮完成设置，如图7-54所示。

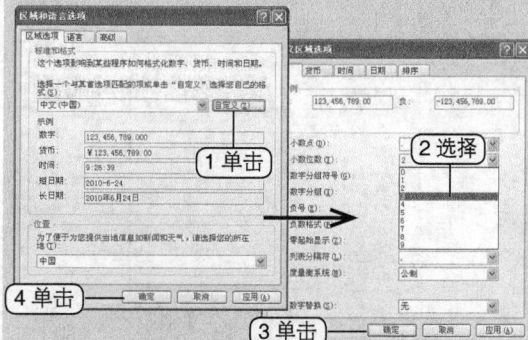

图7-54 设置使数字显示时小数部分显示3位

【题目31】设置货币符号为"$"。

本题需要在"货币"选项卡中进行设置，具体操作如下。

1 打开"控制面板"窗口，单击"日期、时间、语言和区域设置"超链接。

2 打开"日期、时间、语言和区域设置"窗口，在"或选择一个控制面板图标"选项组中单击"区域和语言选项"超链接。

3 打开"区域和语言选项"对话框中的"区域选项"选项卡，单击 自定义(Z)... 按钮，打开"自定义区域选项"对话框。

4 切换到"货币"选项卡，在"货币符号"下拉列表框中选择"$"选项，单击 确定 按钮，返回"区域和语言选项"对话框。

5 单击 确定 按钮完成设置，如图 7-55 所示。

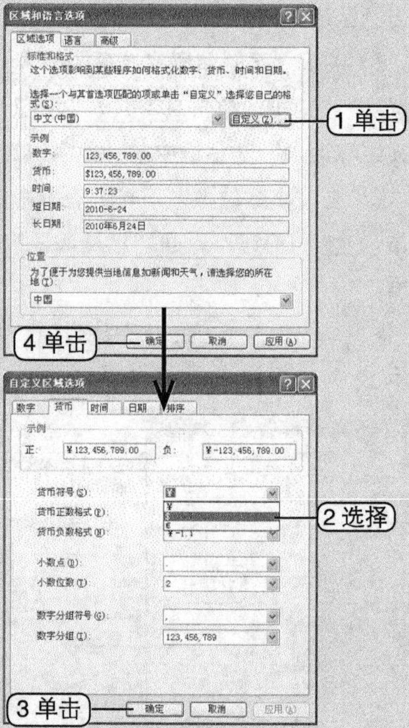

图 7-55　设置货币符号为"$"

【题目 32】 设置时间显示上午和下午。

本题需要在"时间"选项卡中进行设置，具体操作如下。

1 打开"控制面板"窗口，单击"日期、时间、语言和区域设置"超链接。

2 打开"日期、时间、语言和区域设置"窗口，在"或选择一个控制面板图标"选项组中

单击"区域和语言选项"超链接。

3 打开"区域和语言选项"对话框中的"区域选项"选项卡，单击 自定义(Z)... 按钮，打开"自定义区域选项"对话框。

4 切换到"时间"选项卡，在"时间格式"下拉列表框中选择"tt h:mm:ss"选项，单击 确定 按钮，返回"区域和语言选项"对话框。

5 单击 确定 按钮完成设置，如图 7-56 所示。

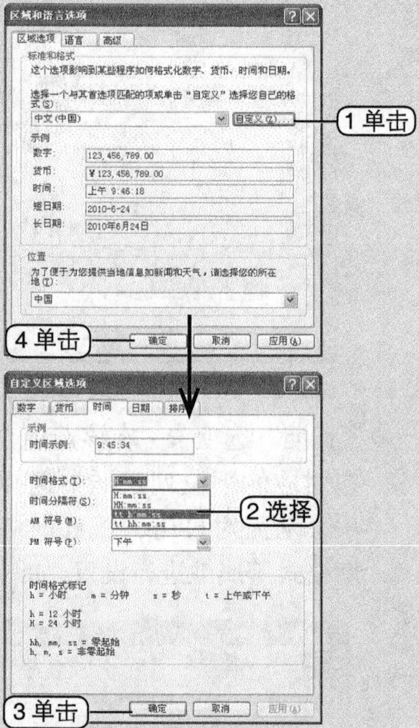

图 7-56　设置时间显示上午和下午

📖 **考场点拨**

在"时间"选项卡的"时间格式标记"选项组中有时间标记的详细说明。

【题目 33】 设置日期分隔符为"."。

本题需要在"日期"选项卡中进行设置，具体操作如下。

1 打开"控制面板"窗口，单击"日期、

时间、语言和区域设置"超链接。

❷ 打开"日期、时间、语言和区域设置"窗口，在"或选择一个控制面板图标"选项组中单击"区域和语言选项"超链接。

❸ 打开"区域和语言选项"对话框中的"区域选项"选项卡，单击 自定义(Z)... 按钮，打开"自定义区域选项"对话框。

❹ 切换到"日期"选项卡，在"日期分隔符"下拉列表框中选择"."选项，单击 确定 按钮，返回"区域和语言选项"对话框。

❺ 单击 确定 按钮完成设置，如图 7-57 所示。

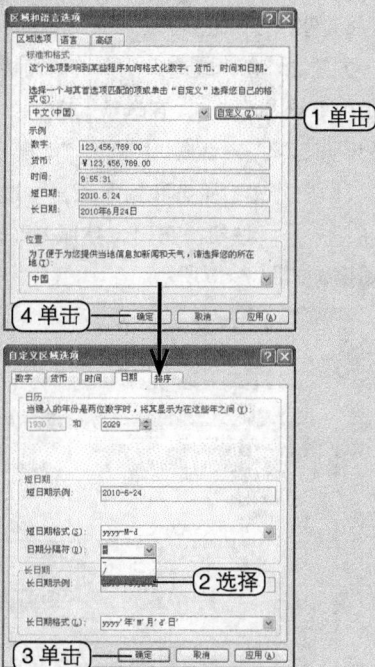

图 7-57 设置日期分隔符

【题目 34】设置使文件或者文件夹按照笔画排序。

本题需要在"排序"选项卡中进行设置，具体操作如下。

❶ 打开"控制面板"窗口，单击"日期、时间、语言和区域设置"超链接。

❷ 打开"日期、时间、语言和区域设置"窗口，在"或选择一个控制面板图标"选项组中单击"区域和语言选项"超链接。

❸ 打开"区域和语言选项"对话框中的"区域选项"选项卡，单击 自定义(Z)... 按钮，打开"自定义区域选项"对话框。

❹ 切换到"排序"选项卡，在"选择要用于这个语言的排序方法"下拉列表框中选择"笔画"选项，单击 确定 按钮，返回"区域和语言选项"对话框。

❺ 单击 确定 按钮完成设置，如图 7-58 所示。

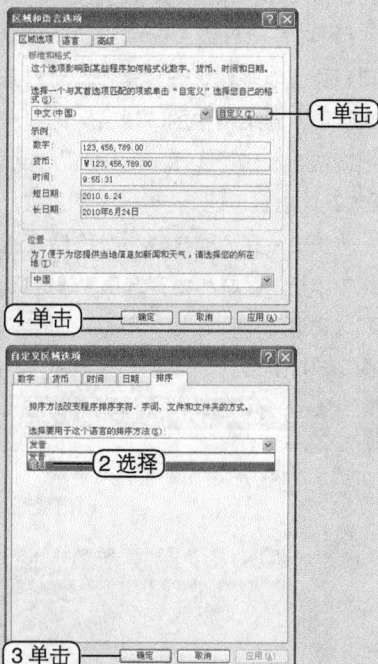

图 7-58 设置使文件或者文件夹按照笔画排序

误区提醒

通过"排序"选项卡对文件和文件夹的排序方式进行设置后，会导致整个操作系统中的所有文件和文件夹发生改变，所以进行该操作时一定要谨慎。

考点14 设置语言

🔍 考点分析

该考点较易出现在考题中。命题方式比较直接，如要求为系统安装其他语言或添加语言"西班牙语（乌拉圭）"等。

🐾 考点破解

设置语言主要有以下两种方法。

1. 安装其他语言

安装其他语言的具体操作如下。

1 打开"控制面板"窗口，单击"日期、时间、语言和区域设置"超链接。

2 打开"日期、时间、语言和区域设置"窗口，执行以下任意一种操作均可打开"区域和语言选项"对话框中的"语言"选项卡。

方法1：在"选择一个任务"选项组中单击"添加其他语言"超链接。

方法2：在"或选择一个控制面板图标"选项组中单击"区域和语言选项"超链接，打开"区域和语言选项"对话框，切换到"语言"选项卡，如图7-59所示。

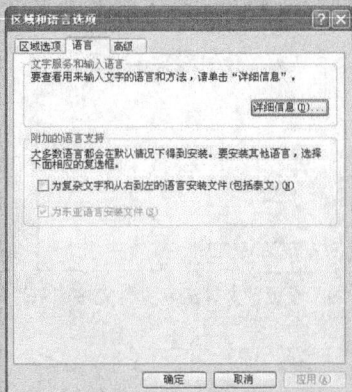

图7-59 "语言"选项卡

3 在"附加的语言支持"选项组中选中"为复杂文字和从右到左的语言安装文件（包括泰文）"复选框。

4 打开提示对话框，在其中单击 确定 按钮，返回"区域和语言选项"对话框，单击 确定 按钮即可安装泰文、格鲁吉亚文等语言。

2. 添加和删除输入语言、输入法

添加和删除输入语言、输入法的具体操作如下。

1 打开"控制面板"窗口，单击"日期、时间、语言和区域设置"超链接。

2 打开"日期、时间、语言和区域设置"窗口，执行以下任意一种操作均可打开"区域和语言选项"对话框中的"语言"选项卡。

方法1：在"选择一个任务"选项组中单击"添加其他语言"超链接。

方法2：在"或选择一个控制面板图标"选项组中单击"区域和语言选项"超链接，打开"区域和语言选项"对话框，切换到"语言"选项卡。

3 在"文字服务和输入语言"选项组中单击 详细信息(D)... 按钮，打开"文字服务和输入语言"对话框，如图7-60所示。

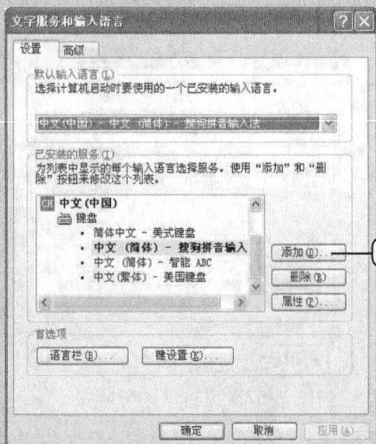

图7-60 "文字服务和输入语言"对话框

4 单击 添加(D)... 按钮，打开"添加输入语言"对话框，在"输入语言"下拉列表框中选择需要添加的语言，在"键盘布局/输入法"下拉列表框中选择一种输入法，如图7-61所示。

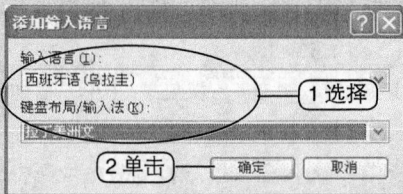

图 7-61 "添加输入语言"对话框

⑤ 设置完成后单击 [确定] 按钮返回"文字服务和输入语言"对话框，刚添加的输入法将显示在"已安装的服务"选项组的列表框中，如图 7-62 所示。

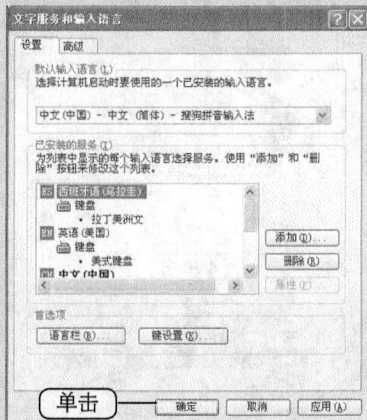

图 7-62 完成语言和输入法的添加

⑥ 若要删除输入法，则在"已安装的服务"选项组的列表框中选择一种输入法，然后单击 [删除(R)] 按钮，再单击 [确定] 按钮即可。

真题演练

【题目 35】为系统安装其他语言。

本题需要在"附加的语言支持"选项组中选中"为复杂文字和从右到左的语言安装文件（包括泰文）"复选框，具体操作如下。

① 打开"控制面板"窗口，单击"日期、时间、语言和区域设置"超链接。

② 打开"日期、时间、语言和区域设置"窗口，在"或选择一个控制面板图标"选项组中单击"区域和语言选项"超链接。

③ 打开"区域和语言选项"对话框，切换到"语言"选项卡，在"附加的语言支持"选项组中选中"为复杂文字和从右到左的语言安装文件（包括泰文）"复选框。

④ 打开提示对话框，单击 [确定] 按钮，返回"区域和语言选项"对话框，单击 [确定] 按钮，如图 7-63 所示。

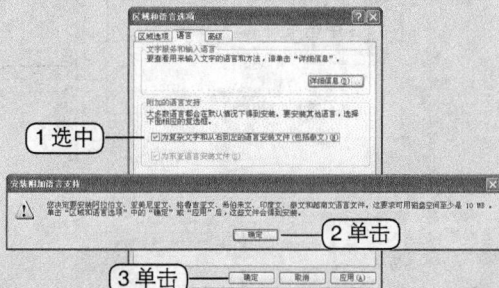

图 7-63 为系统安装其他语言

【题目 36】利用控制面板为系统添加语言"希腊文"，然后删除已经存在的"王码五笔型输入法 86 版"（按顺序操作）。

本题首先需要添加一种语言，然后删除另一种语言，具体操作如下。

① 打开"控制面板"窗口，单击"日期、时间、语言和区域设置"超链接，打开"日期、时间、语言和区域设置"窗口，在"或选择一个控制面板图标"选项组中单击"区域和语言选项"超链接。

② 打开"区域和语言选项"对话框，单击"语言"选项卡，在"文字服务和输入语言"选项组中单击 [详细信息(D)...] 按钮，打开"文字服务和输入语言"对话框，单击 [添加(D)...] 按钮，打开"添加输入语言"对话框。

③ 在"输入语言"下拉列表框中选择"希腊语"选项，单击 [确定] 按钮，返回"文字服务和输入语言"对话框。

④ 在"已安装的服务"选项组的列表框中选择"王码五笔型输入法 86 版"选项，单击

删除®按钮，再单击确定按钮，返回"区域和语言选项"对话框，单击确定按钮完成操作，如图7-64所示。

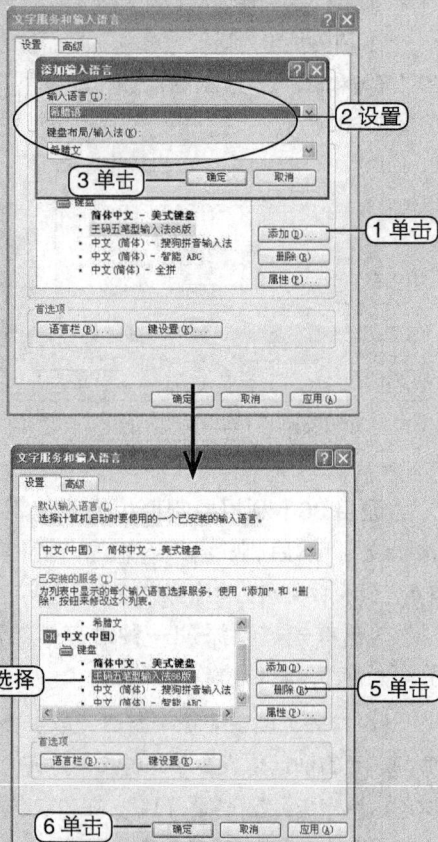

图7-64　添加与删除语言

【题目37】为系统安装语言"祖鲁语"。

本题需要在"添加输入语言"对话框中进行设置，具体操作如下。

❶ 打开"控制面板"窗口，单击"日期、时间、语言和区域设置"超链接。

❷ 打开"日期、时间、语言和区域设置"窗口，在"或选择一个控制面板图标"选项组中单击"区域和语言选项"超链接。

❸ 打开"区域和语言选项"对话框，切换到"语言"选项卡，在"文字服务和输入语言"选项组中单击详细信息①...按钮，打开"文字服务和输入语言"对话框。

❹ 单击添加①...按钮，打开"添加输入语言"对话框。

❺ 在"输入语言"下拉列表框中选择"祖鲁语"选项，单击确定按钮，返回"文字服务和输入语言"对话框。

❻ 单击确定按钮，返回"区域和语言选项"对话框，单击确定按钮完成操作，如图7-65所示。

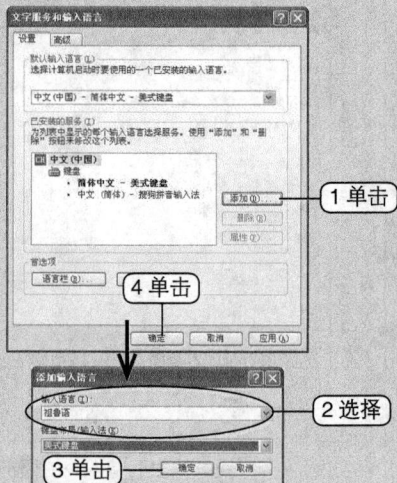

图7-65　为系统添加语言"祖鲁语"

【题目38】删除系统中的"祖鲁语"。

本题需要在"已安装的服务"选项组的列表框中选择"祖鲁语"选项，然后单击删除®按钮，具体操作如下。

❶ 打开"控制面板"窗口，单击"日期、时间、语言和区域设置"超链接。

❷ 打开"日期、时间、语言和区域设置"窗口，在"或选择一个控制面板图标"选项组中单击"区域和语言选项"超链接。

❸ 打开"区域和语言选项"对话框，切换到"语言"选项卡，在"文字服务和输入语言"选项组中单击详细信息①...按钮，打开"文字服务和输

入语言"对话框。

④ 在"已安装的服务"选项组的列表框中选择"祖鲁语"选项，单击 删除(R) 按钮，再单击 确定 按钮。

⑤ 返回"区域和语言选项"对话框，单击 确定 按钮完成操作，如图 7-66 所示。

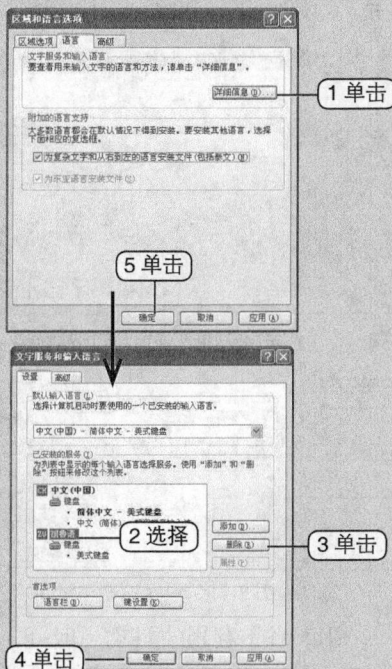

图 7-66　删除系统中的语言

本节考点回顾与总结一览表

本节考点	操作方式总结
考点 12：查看默认的区域和语言属性	单击【控制面板】→【日期、时间、语言和区域设置】→【区域和语言选项】超链接，在打开的"区域和语言选项"对话框中进行查看
考点 13：自定义数字、货币、时间和日期属性	在"区域和语言选项"对话框中单击 自定义 按钮，在对应的选项卡中进行设置
考点 14：设置语言	在"区域和语言选项"对话框中单击"语言"选项卡，再单击 详细信息(D) 按钮，打开"文字服务和输入语言"对话框，在其中可进行输入语言的添加和删除

7.5　设置当前日期和时间

考点15　设置日期和时间

考点分析

该考点出现考题的概率较高，命题方式一般为要求设置当前日期或当前时间，如要求设置当前日期为 2013 年 8 月 8 日，或设置当前时间为 12 点 30 分等。

考点破解

设置日期和时间的具体操作如下。

① 打开"控制面板"窗口，单击"日期、时间、语言和区域设置"超链接。

② 打开"日期、时间、语言和区域设置"窗口，执行以下任意一种操作均可打开"日期和时间 属性"对话框中的"时间和日期"选项卡，如图 7-67 所示。

方法 1：在"选择一个任务"选项组中单击"更改日期和时间"超链接。

方法 2：在"或选择一个控制面板图标"选项组中单击"日期和时间"超链接。

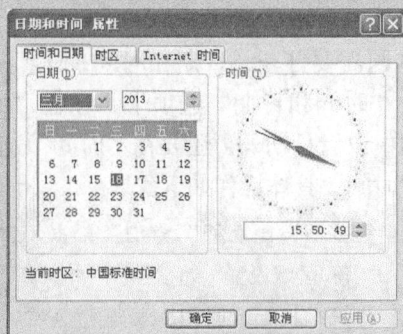

图 7-67　"日期和时间 属性"对话框

③ 在"日期"选项组中的月份下拉列表框中选择需设置的月份，单击"年份"数值框右侧的 ▲ 或 ▼ 按钮来增大或减小年份，或直接在数值框中输入年份，在下面的列表框中选择号数。

④ 单击"时间"选项组中的"时间"数值框右侧的 ▲ 或 ▼ 按钮设置当前时间，或直接在"时间"数值框中输入当前时间。

⑤ 设置完成后单击 确定 按钮。

📝 真题演练

【题目39】设置当前日期为2013年8月8日。

本题需要打开"日期和时间属性"对话框中的"时间和日期"选项卡，在"日期"选项组中进行设置，具体操作如下。

① 打开"控制面板"窗口，单击"日期、时间、语言和区域设置"超链接。

② 打开"日期、时间、语言和区域设置"窗口，在"或选择一个控制面板图标"选项组中单击"日期和时间"超链接，打开"日期和时间属性"对话框中的"时间和日期"选项卡。

③ 在"日期"选项组的"月份"下拉列表框中选择"八月"选项，单击"年份"数值框右侧的 ▼ 按钮，设置年份为"2013"，在下面的列表框中选择"8"。

④ 单击 确定 按钮完成设置。

【题目40】设置当前时间为2008年8月8日8点8分8秒。

本题需要打开"日期和时间 属性"对话框中的"时间和日期"选项卡，除在"日期"选项组中设置日期外，还要在"时间"选项组中设置时间，具体操作如下。

① 打开"控制面板"窗口，单击"日期、时间、语言和区域设置"超链接。

② 打开"日期、时间、语言和区域设置"窗口，在"或选择一个控制面板图标"选项组中单击"日期和时间"超链接，打开"日期和时间属性"对话框中的"时间和日期"选项卡。

③ 在"日期"选项组的"月份"下拉列表框中选择"八月"选项，单击"年份"数值框右侧的 ▼ 按钮，设置年份为"2008"，在下面的列表框中选择"8"。

④ 在"时间"选项组中的"时间"数值框中输入"8:08:08"。

⑤ 设置完成后单击 确定 按钮，如图7-68所示。

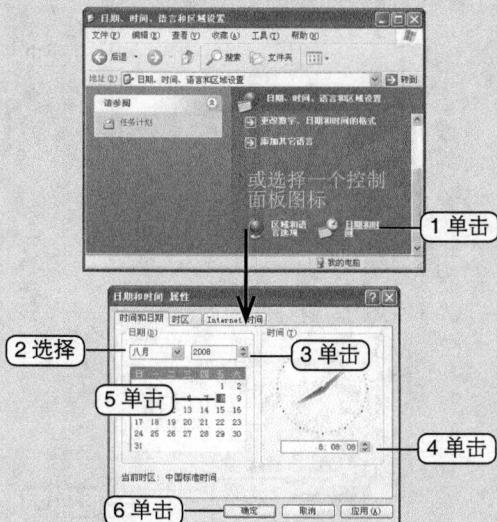

图7-68　设置日期和时间

【题目41】利用"日期、时间、语言和区域设置"窗口将系统时间的小时设置为上午10时。

本题的操作思路与"题目40"相似，具体操作如下。

① 打开"控制面板"窗口，单击"日期、时间、语言和区域设置"超链接。

② 打开"日期、时间、语言和区域设置"窗口，在"或选择一个控制面板图标"选项组中单击"日期和时间"超链接，打开"日期和时间属性"对话框的"时间和日期"选项卡。

③ 在"时间"选项组的"时间"数值框中输入"10:00:00"，设置完成后单击 确定 按钮，如图7-69所示。

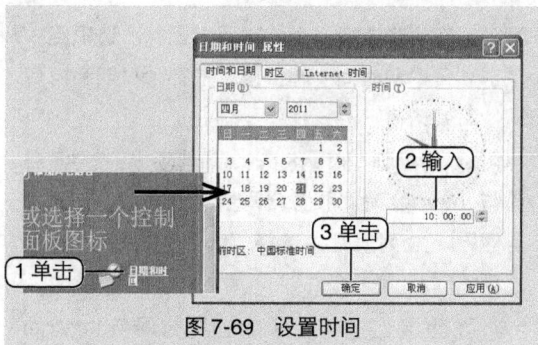

图 7-69　设置时间

考点16　设置时区

考点分析

该考点命题方式比较简单，如要求设置计算机时区为南非时间等。

考点破解

选择时区的具体操作如下。

1 打开"控制面板"窗口，单击"日期、时间、语言和区域设置"超链接。

2 打开"日期、时间、语言和区域设置"窗口，执行以下任意一种操作均可打开"日期和时间 属性"对话框。

方法 1：在"选择一个任务"选项组中单击"更改日期和时间"超链接。

方法 2：在"或选择一个控制面板图标"选项组中单击"日期和时间"超链接。

3 切换到"时区"选项卡，在其下拉列表框中选择需要的时区，如图 7-70 所示。

图 7-70　"时区"选项卡

4 设置完成后单击 确定 按钮。

真题演练

【题目 42】设置计算机时区为南非时间。

本题需要在"日期和时间 属性"对话框的"时区"选项卡的列表框中选择"（GMT+02：00）哈拉雷，比勒陀利亚"选项，具体操作如下。

1 打开"控制面板"窗口，单击"日期、时间、语言和区域设置"超链接。

2 打开"日期、时间、语言和区域设置"窗口，在"或选择一个控制面板图标"选项组中单击"日期和时间"超链接，打开"日期和时间 属性"对话框。

3 切换到"时区"选项卡，在其下拉列表框中选择"（GMT+02:00）哈拉雷，比勒陀利亚"选项。

4 单击 确定 按钮即可将计算机的时区设置为南非时间，如图 7-71 所示。

图 7-71　设置计算机时区为南非时间

考点17　设置与Internet时间同步

考点分析

该考点只需掌握在哪里设置，一般都不

会丢分。

🎯 考点破解

设置与Internet时间同步的具体操作如下。

1 打开"控制面板"窗口,单击"日期、时间、语言和区域设置"超链接。

2 打开"日期、时间、语言和区域设置"窗口,执行以下任意一种操作均可打开"日期和时间 属性"对话框。

方法1:在"选择一个任务"选项组中单击"更改日期和时间"超链接。

方法2:在"或选择一个控制面板图标"选项组中单击"日期和时间"超链接。

3 切换到"Internet 时间"选项卡,选中"自动与 Internet 时间服务器同步"复选框,在"服务器"下拉列表框中选择时间服务器,如图7-72 所示。

图7-72 "Internet 时间"选项卡

4 单击 立即更新(U) 按钮即可让时间与Internet 时间同步,单击 确定 按钮完成设置。

✏️ 真题演练

【题目43】设置与 Internet 时间同步。
具体操作如下。

1 打开"控制面板"窗口,单击"日期、时间、语言和区域设置"超链接。

2 打开"日期、时间、语言和区域设置"窗口,在"或选择一个控制面板图标"选项组中单击"日期和时间"超链接,打开"日期和时间属性"对话框。

3 切换到"Internet 时间"选项卡,选中"自动与 Internet 时间服务器同步"复选框,在"服务器"下拉列表框中选择"time.windows.com"选项。

4 单击 立即更新(U) 按钮,让时间与Internet 时间同步,单击 确定 按钮完成设置,如图7-73 所示。

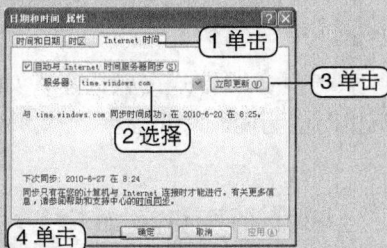

图 7-73 设置与 Internet 时间同步

本节考点回顾与总结一览表

本节考点	操作方式总结
考点15: 设置日期和时间	单击【控制面板】→【日期、时间、语言和区域设置】→【更改日期和时间】超链接,在打开"日期和时间 属性"对话框中进行设置
考点16: 设置时区	在"日期和时间 属性"对话框的"时区"选项卡中进行设置
考点17: 设置与 Internet 时间同步	在"日期和时间 属性"对话框的"Internet 时间"选项卡中进行设置

7.6 设置用户账户

考点18 添加新账户

🔍 考点分析

该考点容易出现在考题中,命题中一般会

指定新账户的名称,有时也会同时指定账户类型,考生要注意审题,如要求添加一个名为"测试"的受限用户。

考点破解

添加新账户的具体操作如下。

1 打开"控制面板"窗口,单击"用户账户"超链接,如图 7-74 所示。

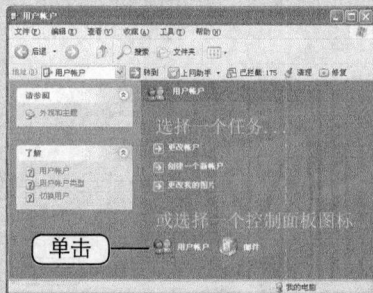

图 7-74 "控制面板"窗口

2 打开"用户账户"窗口,执行以下任意一种操作均可打开创建新用户的窗口。

方法 1:在"选择一个任务"选项组中单击"创建一个新账户"超链接。

方法 2:在"或选择一个控制面板图标"选项组中单击"用户账户"超链接,打开"用户账户"窗口,在"挑选一项任务"选项组中单击"创建一个新账户"超链接。

3 打开"为新账户起名"窗口,在"为新账户键入一个名称"文本框中输入名称,单击 下一步(N) > 按钮,如图 7-75 所示。

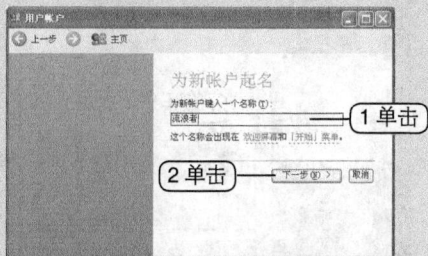

图 7-75 为新账户起名

4 打开"挑选一个账户类型"窗口,选中账户类型对应的单选项,单击 创建帐户(C) 按钮,如图 7-76 所示,返回到"用户账户"窗口,即可看到所创建的新账户。

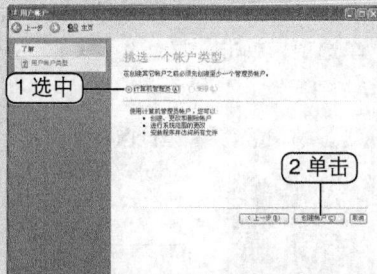

图 7-76 挑选账户类型

真题演练

【题目 44】添加一个名为"测试"的受限用户。

本题按创建向导操作即可,具体操作如下。

1 打开"控制面板"窗口,单击"用户账户"超链接。

2 打开"用户账户"窗口,在"或选择一个控制面板图标"选项组中单击"用户账户"超链接。

3 打开"用户账户"窗口,在"挑选一项任务"选项组中单击"创建一个新账户"超链接,如图 7-77 所示。

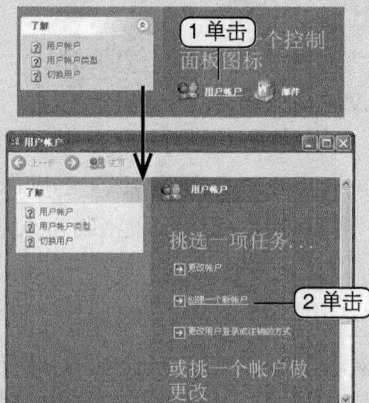

图 7-77 选择操作

④ 打开"为新账户起名"窗口，在"为新账户键入一个名称"文本框中输入"测试"，单击 下一步(N) > 按钮。

⑤ 打开"挑选一个账户类型"窗口，选中"受限"单选项，单击 创建帐户(C) 按钮。操作过程如图 7-78 所示。

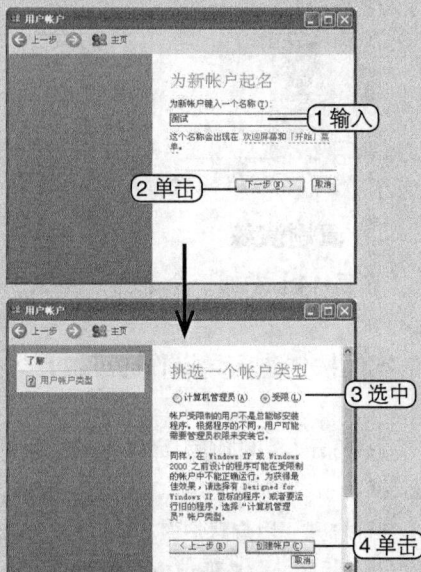

图 7-78　添加用户

考点19　修改已有账户的信息和进行权限管理

考点分析

该考点的命题一般只要求对其中一项操作进行设置，如要求为"测试"账户创建密码"123"，或者删除"测试"账户等。有时命题中也会同时考查两个或两个以上的操作，如要求创建"测试"账户，并设置密码为"123"等。

考点破解

该考点内容即管理用户账户，包括更改账户名称和类型，创建、更改和删除密码，更改图片及删除账户等操作，操作方法如下。

◆ 更改账户名称：在"用户账户"窗口中单击"更改名称"超链接，在打开的窗口的文本框中输入新的名称后单击 改变名称(C) 按钮。

◆ 创建密码：在打开的窗口的文本框中输入密码和密码提示后单击 创建密码(C) 按钮，如图 7-79 所示。

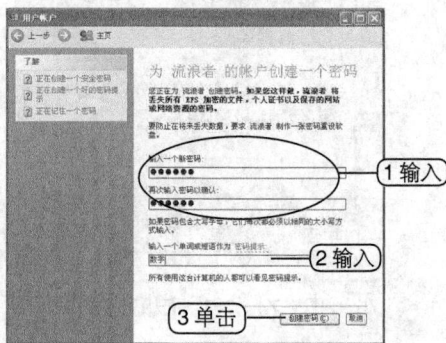

图 7-79　创建密码

◆ 更改密码：单击"更改密码"超链接，在打开的窗口的文本框中输入密码和密码提示后，单击 更改密码(C) 按钮。

◆ 删除密码：单击"删除密码"超链接，在打开的窗口中单击 删除密码(R) 按钮。

◆ 更改账户图片：单击"更改图片"超链接，在打开的窗口中选择所需的图片后单击 更改图片(C) 按钮，如图 7-80 所示。

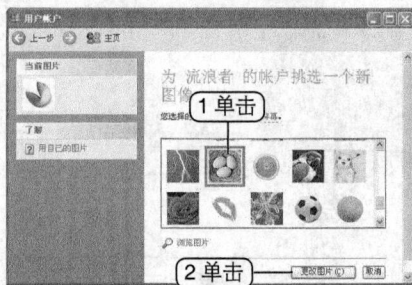

图 7-80　更改图片

◈ 删除账户：单击"删除账户"超链接，在打开的窗口中单击 删除文件(M) 按钮。

◈ 更改账户权限：单击"更改账户类型"超链接，在打开的窗口中可更改该账户的管理员或受限权限。

真题演练

【题目45】将"测试"账户的名称更改为"考试"。

本题需要在"测试"账户对应的"用户账户"窗口中单击"更改名称"超链接，具体操作如下。

1 打开"控制面板"窗口，单击"用户账户"超链接。

2 打开"用户账户"窗口，在"或选择一个控制面板图标"选项组中单击"用户账户"超链接。

3 打开"用户账户"窗口，在"或挑一个账户做更改"选项组中单击"测试"账户，如图7-81所示。

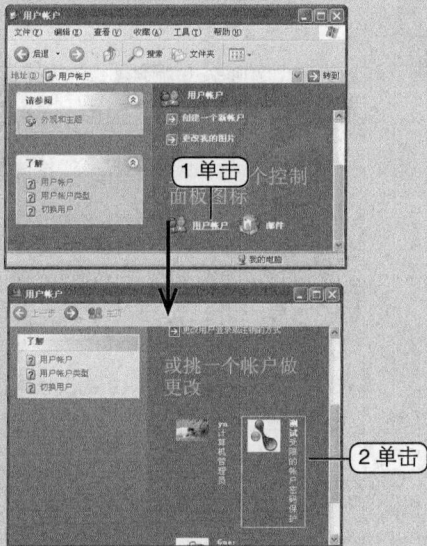

图 7-81　选择账户

4 打开"您想更改 测试 的账户的什么"窗口，单击"更改名称"超链接。

5 打开"为 测试 的账户提供一个新名称"窗口，在"为测试键入一个新名称"文本框中输入"考试"，单击 改变名称(C) 按钮，如图7-82所示。

图 7-82　更改名称

【题目46】将"测试"账户的账户类型更改为"计算机管理员"。

本题需要单击"更改账户类型"超链接，具体操作如下。

1 打开"控制面板"窗口，单击"用户账户"超链接。

2 打开"用户账户"窗口，在"或选择一个控制面板图标"选项组中单击"用户账户"超链接。

3 打开"用户账户"窗口，在"或挑一个账户做更改"选项组中单击"测试"账户。

4 打开"您想更改 测试 的账户的什么"窗口，单击"更改账户类型"超链接。

5 打开"为 测试 挑选一个新的账户类型"窗口，选中"计算机管理员"单选项，单击 更改帐户类型(C) 按钮，如图7-83所示。

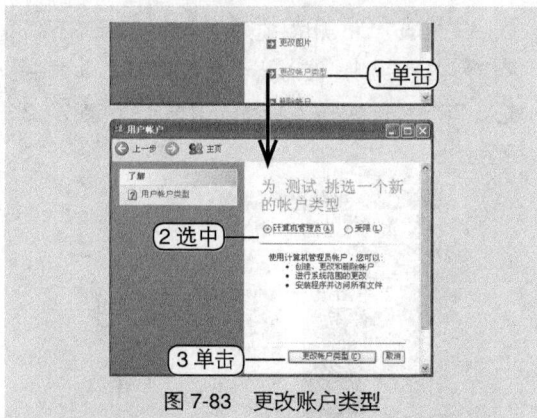

图 7-83　更改账户类型

【题目 47】更改"测试"账户的密码为"123"，密码提示为"who am i"。

本题需要单击"更改密码"超链接，具体操作如下。

1 打开"控制面板"窗口，单击"用户账户"超链接。

2 打开"用户账户"窗口，在"或选择一个控制面板图标"选项组中单击"用户账户"超链接。

3 打开"用户账户"窗口，在"或挑一个账户做更改"选项组中单击"测试"账户。

4 打开"您想更改 测试 的账户的什么"窗口，单击"更改密码"超链接，如图 7-84 所示。

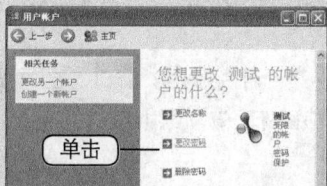

图 7-84　单击"更改密码"超链接

5 打开"更改测试的密码"窗口，在"输入一个新密码"文本框中输入"123"，在"再次输入密码以确认"文本框中输入"123"，在"输入一个单词或短语作为密码提示"文本框中输入"who am i"，单击 更改密码(C) 按钮，如图 7-85 所示。

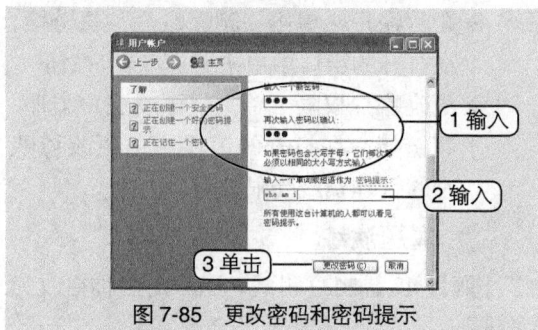

图 7-85　更改密码和密码提示

【题目 48】为"测试"账户删除密码。

本题需要单击"删除密码"超链接，具体操作如下。

1 打开"控制面板"窗口，单击"用户账户"超链接。

2 打开"用户账户"窗口，在"或选择一个控制面板图标"选项组中单击"用户账户"超链接。

3 打开"用户账户"窗口，在"或挑一个账户做更改"选项组中单击"测试"账户。

4 打开"您想更改 测试 的账户的什么"窗口，单击"删除密码"超链接。

5 打开"您确实要删除测试的密码吗"窗口，单击 删除密码(R) 按钮，如图 7-86 所示。

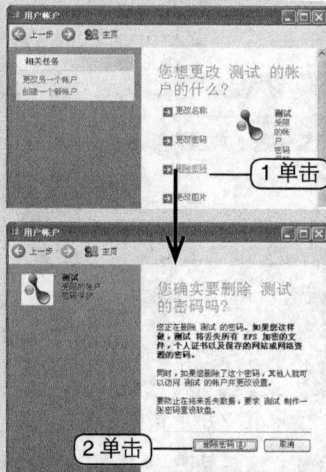

图 7-86　删除密码

【题目 49】设置"测试"账户的图片为"ball"。

本题需要单击"更改图片"超链接，具体操作如下。

1 打开"控制面板"窗口，单击"用户账户"超链接。

2 打开"用户账户"窗口，在"或选择一个控制面板图标"选项组中单击"用户账户"超链接。

3 打开"用户账户"窗口，在"或挑一个账户做更改"选项组中单击"测试"账户。

4 打开"您想更改 测试 的账户的什么"窗口，单击"更改图片"超链接。

5 打开"为 测试 的账户挑选一个新图像"窗口，在其中的列表框中选择"ball"图片，单击 更改图片(C) 按钮，如图 7-87 所示。

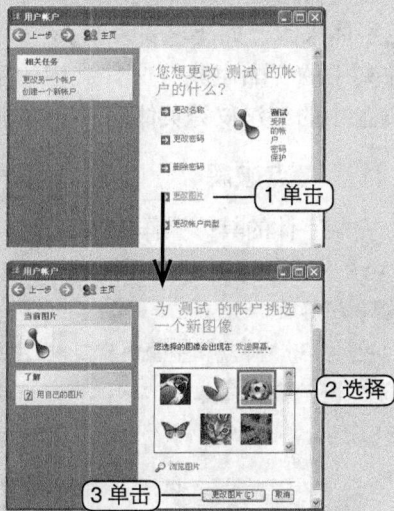

图 7-87　更改图片

【题目 50】删除"测试"账户。

本题需要单击"删除账户"超链接，具体操作如下。

1 打开"控制面板"窗口，单击"用户账户"超链接。

2 打开"用户账户"窗口，在"或选择一个控制面板图标"选项组中单击"用户账户"超链接。

3 打开"用户账户"窗口，在"或挑一个账户做更改"选项组中单击"测试"账户。

4 打开"您想更改 测试 的账户的什么"窗口，单击"删除账户"超链接。

5 打开"您想保留 测试 的文件吗"窗口，单击 删除文件(M) 按钮，打开"您确实要删除 测试 的账户吗"窗口，单击 删除帐户(Y) 按钮，如图 7-88 所示。

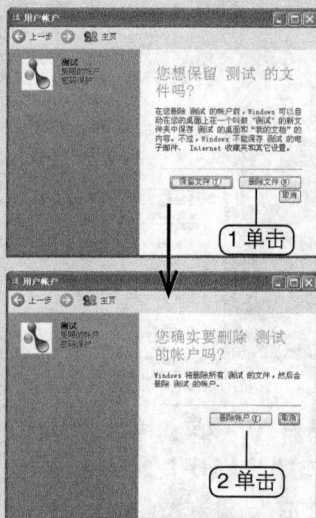

图 7-88　删除账户

【题目 51】为"流浪者"账户创建密码"123456"，密码提示为"数字"，并将 D 盘中的"测试"图片设置为账户图片。

本题考查了两个操作，具体如下。

1 打开"控制面板"窗口，单击"用户账户"超链接。

2 打开"用户账户"窗口，在"或选择一个控制面板图标"选项组中单击"用户账户"超链接。

3 打开"用户账户"窗口，在"或挑一个账户做更改"选项组中单击"流浪者"账户。

4 打开"您想更改 流浪者 的账户的什么"

窗口，单击"创建密码"超链接。

⑤ 打开"为 流浪者 的账户创建一个密码"窗口，在"输入一个新密码"文本框中输入"123456"，在"再次输入密码以确认"文本框中输入"123456"，在"输入一个单词或短语作为密码提示"文本框中输入"数字"，单击 创建密码(C) 按钮，如图 7-89 所示。

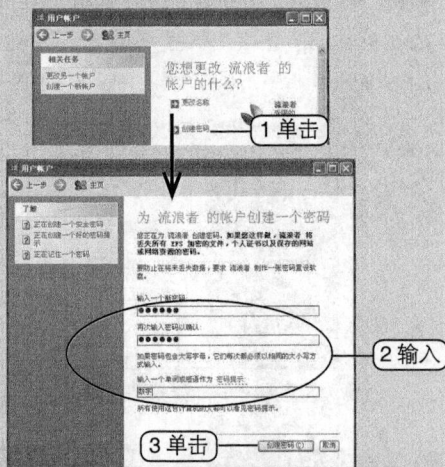

图 7-89　创建密码

⑥ 返回"您想更改流浪者的账户的什么"窗口，单击"更改图片"超链接。

⑦ 打开"为流浪者的账户挑选一个新图像"窗口，单击"浏览图片"超链接，打开"打开"对话框，在"查找范围"下拉列表框中选择 D 盘，在其下面的列表框中选择"测试"图片，单击 打开(O) 按钮，完成账户的设置，如图 7-90 所示。

图 7-90　更改图片

本节考点回顾与总结一览表

本节考点	操作方式总结
考点 18：添加新账户	单击【控制面板】→【用户账户】→【创建一个新账户】超链接，根据提示即可添加新账户
考点 19：修改已有账户信息和进行权限管理	单击【控制面板】→【用户账户】超链接，选择一个账户后，在打开的窗口中即可进行更改账户名称、创建密码、更改图片、更改账户类型、删除密码、更改账户权限等操作

7.7　安装与删除字体

考点20　安装字体

🔍 考点分析

该考点不容易抽到考题。命题时一般会指定字体来源，如要求安装 D 盘中的"字体"文件夹中的"酷字集"文件夹中的字体或安装 D 盘中的"汉仪秀英体简"字体等。

⚙ 考点破解

安装字体的具体操作如下。

① 打开"控制面板"窗口，单击"外观和主题"超链接。

② 打开"外观和主题"窗口，在左侧的"请参阅"任务窗格中单击"字体"超链接，如图 7-91 所示。

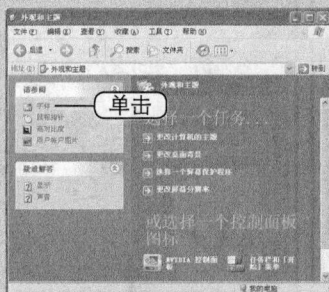

图 7-91　单击"字体"超链接

③ 打开"字体"窗口,选择【文件】→【安装新字体】命令,打开"添加字体"对话框。

④ 选择字体所在的驱动器和文件,然后在"字体列表"列表框中选中需要安装的字体,如果要全部安装,则单击 全选(S) 按钮,选定后单击 确定 按钮,系统自动开始安装字体,并打开安装进度对话框,如图 7-92 所示。

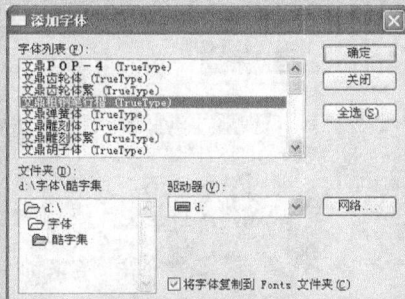

图 7-92　安装字体

多学一招

安装新字体时,若选择的字体已安装,则要先删除原有字体,然后才能安装相同名称的字体,也可将要安装的字体直接复制到 C:\WINDOWS\Fonts 目录中。

真题演练

【题目 52】安装 D 盘中的"字体"文件夹中的"酷字集"文件夹中的字体。

具体操作如下。

① 打开"控制面板"窗口,单击"外观和主题"超链接。

② 打开"外观和主题"窗口,在左侧的"请参阅"任务窗格中单击"字体"超链接,如图 7-93 所示。

图 7-93　选择操作

③ 打开"字体"窗口,选择【文件】→【安装新字体】命令,打开"添加字体"对话框。

④ 在"驱动器"下拉列表框中选择"d：Temporary"选项,在"文件夹"列表框中选择"字体"文件夹中的"酷字集"文件夹,单击 全选(S) 按钮,然后单击 确定 按钮,系统自动开始安装字体,如图 7-94 所示。

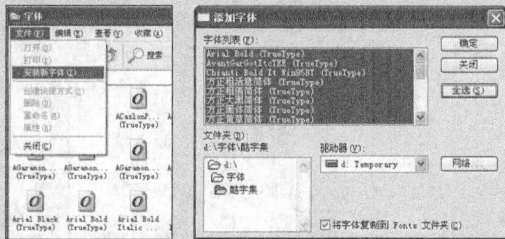

图 7-94　安装字体

【题目 53】安装 D 盘中的"汉仪秀英体简"字体。

具体操作如下。

① 打开"控制面板"窗口,单击"外观和主题"超链接。

② 打开"外观和主题"窗口,在左侧的"请参阅"任务窗格中单击"字体"超链接。

③ 打开"字体"窗口,选择【文件】→【安装新字体】命令,打开"添加字体"对话框。

④ 在"驱动器"下拉列表框中选择"d：Temporary"选项,在"字体列表"列表框中选择"汉仪秀英体简"字体,单击 确定 按钮,系统自动开始安装字体,如图 7-95 所示。

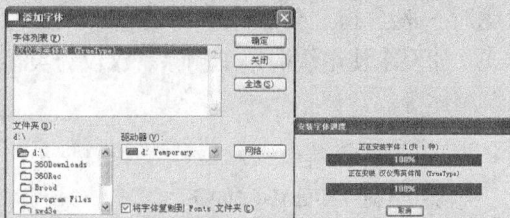

图 7-95　安装字体

【题目 54】在控制面板中打开字体中的"隶

书"并查看。

具体操作如下。

1 打开"控制面板"窗口,单击"外观和主题"超链接,打开"外观和主题"窗口,在左侧的"请参阅"任务窗格中单击"字体"超链接。

2 打开"字体"窗口,在其中选择"隶书"选项,双击将其打开,如图 7-96 所示。

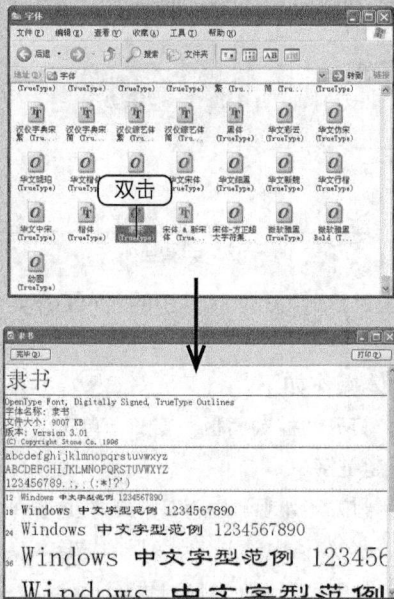

图 7-96　查看字体

考点21　删除字体

考点分析

该考点在考试中出现考题的概率较低。命题时一般会指定要删除字体的名称及删除方式,如要求使用快捷菜单删除"汉仪秀英体简"字体等。

考点破解

删除字体的具体操作如下。

1 打开"控制面板"窗口,单击"外观和主题"超链接。

2 打开"外观和主题"窗口,在左侧的"请参阅"任务窗格中单击"字体"超链接。

3 打开"字体"窗口,进行以下任意一种操作均可打开"Windows 字体文件夹"对话框。

方法 1:在要删除的字体文件上单击鼠标右键,在弹出的快捷菜单中选择"删除"命令,如图 7-97 所示。

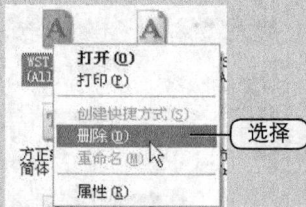

图 7-97　删除字体

方法 2:选择要删除的字体文件,按【Delete】键。

方法 3:选择要删除的字体文件,选择【文件】→【删除】命令。

4 单击 是(Y) 按钮,系统将删除该字体,如图 7-98 所示。

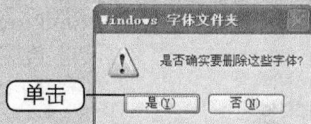

图 7-98　"Windows 字体文件夹"对话框

真题演练

【题目 55】使用快捷菜单删除"汉仪秀英体简"字体。

本题需要使用快捷菜单中的"删除"命令,具体操作如下。

1 打开"控制面板"窗口,单击"外观和主题"超链接。

2 打开"外观和主题"窗口,在左侧的"请参阅"任务窗格中单击"字体"超链接。

3 打开"字体"窗口,选择"汉仪秀英体简"字体,单击鼠标右键,在弹出的快捷菜单中选择"删除"命令。

④ 打开"Windows 字体文件夹"对话框，单击 是(Y) 按钮，系统将删除该字体，如图 7-99 所示。

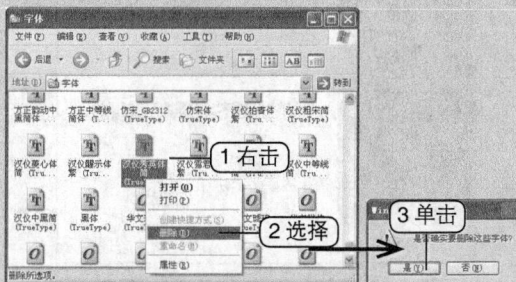

图 7-99　删除字体

【题目 56】利用"我的电脑"窗口删除字体"华文中宋"。

本题需要打开"我的电脑"窗口进行操作，具体操作如下。

① 在桌面上双击"我的电脑"图标，打开"我的电脑"窗口，双击"本地磁盘（C：）"图标，打开 C 盘窗口。

② 双击"WINDOWS"文件夹，在打开的文件夹中双击打开"Fonts"文件夹。

图 7-100　双击"Fonts"文件夹

③ 选择"华文中宋"选项，执行以下任一操作，均可打开提示对话框。

方法 1：单击鼠标右键，在弹出的快捷菜单中选择"删除"命令。

方法 2：按【Delete】键。

方法 3：选择【文件】→【删除】命令。

④ 单击 是(Y) 按钮，将删除该字体，如图 7-101 所示。

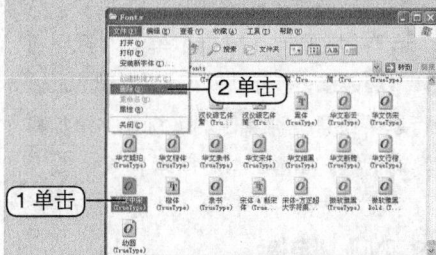

图 7-101　删除字体

本节考点回顾与总结一览表

本节考点	操作方式总结
考点 20：安装字体	在"外观和主题"窗口中单击"字体"超链接，在"字体"窗口中选择【文件】→【安装新字体】命令，在其中选择要安装的字体文件即可
考点 21：删除字体	方法 1：在字体文件上单击鼠标右键，在弹出的快捷菜单中选择"删除"命令 方法 2：选择字体文件，按【Delete】键 方法 3：选择字体文件，选择【文件】→【删除】命令

7.8 打印机的添加、设置与管理

考点22 添加打印机

考点分析

该考点由于操作步骤较多，因此在考试中出现考题的概率较低。如果出现这方面的考题，一般命题比较复杂，要求设置的参数较多，如要求为计算机添加联想 Legend LJ2210P 打印机，打印端口为 LPT1，设置为默认打印机，不共享这台打印机，在安装打印机驱动程序后不打印测试页。

考点破解

添加打印机的具体操作如下。

▌1▐ 关闭计算机，参照硬件说明书，将打印机正确地连接到计算机上。

▌2▐ 打开"控制面板"窗口，单击"打印机和其他硬件"超链接，打开"打印机和其他硬件"窗口，执行以下任意一种操作均可打开"添加打印机向导"对话框，如图7-102所示。

方法1：在"选择一个任务..."选项组中单击"添加打印机"超链接。

方法2：在"或选择一个控制面板图标"选项组中单击"打印机和传真"超链接，打开"打印机和传真"窗口，在窗口左侧的"打印机任务"任务窗格中单击"添加打印机"超链接。

方法3：在"或选择一个控制面板图标"选项组中单击"打印机和传真"超链接，打开"打印机和传真"窗口，选择【文件】→【添加打印机】命令。

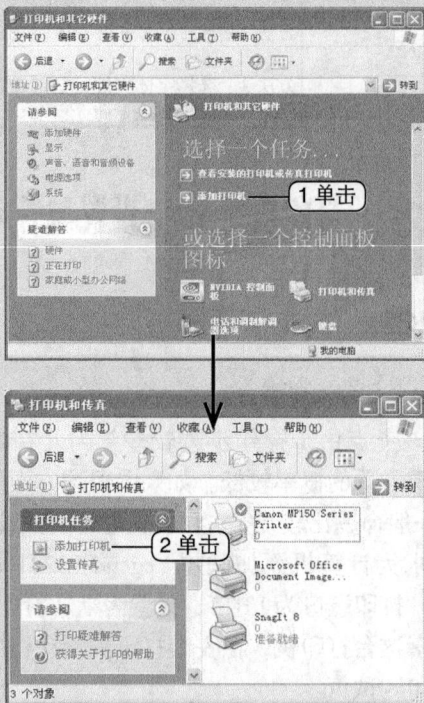

图7-102　添加打印机

▌3▐ 打开"添加打印机向导"对话框，单击

下一步(N) 按钮，如图7-103所示。

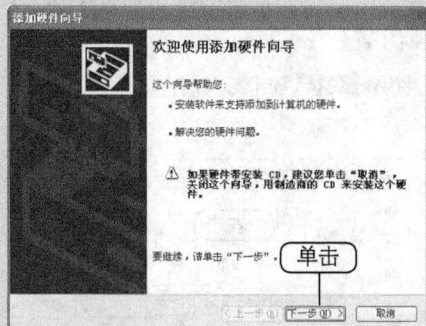

图7-103　"添加打印机向导"对话框1

▌4▐ 在打开的对话框中保持默认设置，单击 下一步(N) 按钮，如图7-104所示。

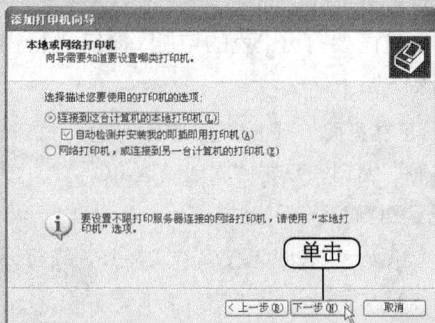

图7-104　"添加打印机向导"对话框2

▌5▐ 在打开的对话框中选择打印机的端口类型，单击 下一步(N) 按钮，如图7-105所示。

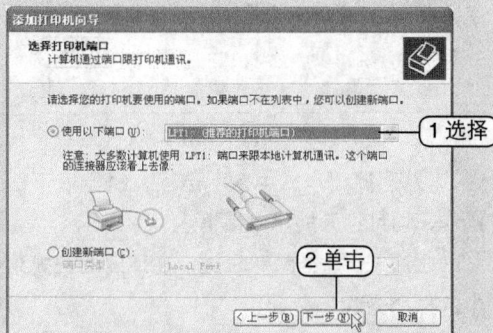

图7-105　"添加打印机向导"对话框3

▌6▐ 在打开的对话框中的"厂商"列表框中选择打印机的生产厂商，在"打印机"列表框

中选择打印机型号，单击 下一步(N) 按钮，如图
7-106 所示。

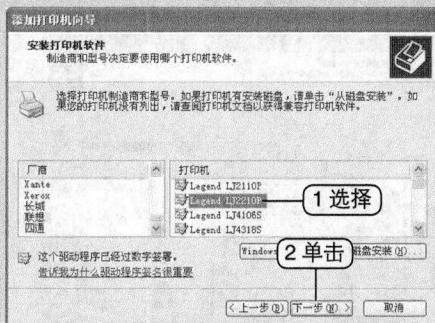

图 7-106 "添加打印机向导"对话框 4

❼ 在打开的对话框中为打印机重命名并选
择是否将其设置为默认打印机，单击 下一步(N) 按
钮，如图 7-107 所示。

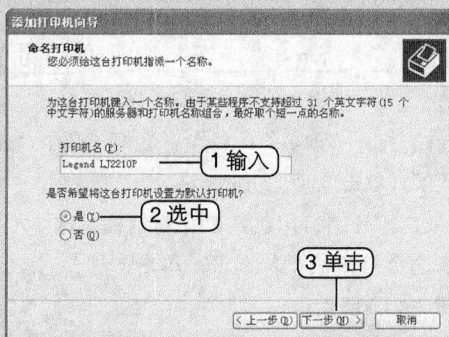

图 7-107 "添加打印机向导"对话框 5

❽ 在打开的对话框中设置是否共享该打印
机，单击 下一步(N) 按钮，如图 7-108 所示。

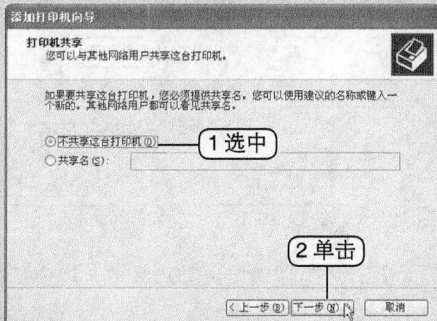

图 7-108 "添加打印机向导"对话框 6

❾ 在打开的对话框中设置是否在安装打印
机驱动程序后打印测试页，单击 下一步(N) 按钮。

❿ 在打开的对话框中单击 完成 按钮，
系统自动开始安装所需的驱动程序，安装完毕
即可使用该打印机打印文件，如图 7-109 所示。

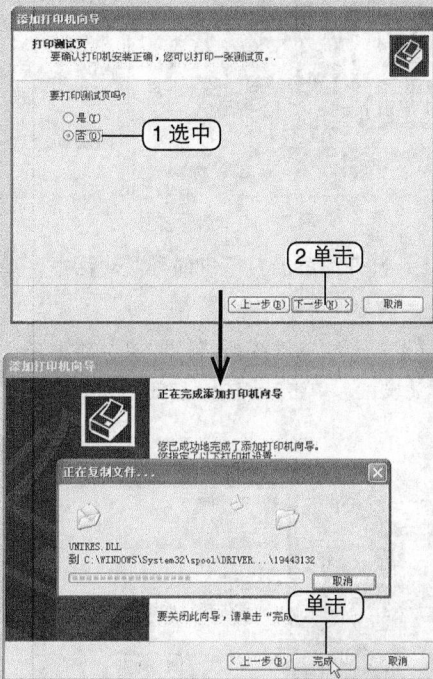

图 7-109 "添加打印机向导"对话框 7

📝 真题演练

【题目 57】为计算机添加联想 Legend
LJ2210P 打印机，打印端口为 LPT1，设置为
默认打印机，不共享这台打印机，在安装打印
机驱动程序后不打印测试页。

本题按照命题要求操作即可，具体操作
如下。

❶ 打开"控制面板"窗口，单击"打印机
和其他硬件"超链接，打开"打印机和其他硬件"
窗口，在"或选择一个控制面板图标"选项组中
单击"打印机和传真"超链接。

2 打开"打印机和传真"窗口，在窗口左侧的"打印机任务"任务窗格中单击"添加打印机"超链接，如图7-110所示。

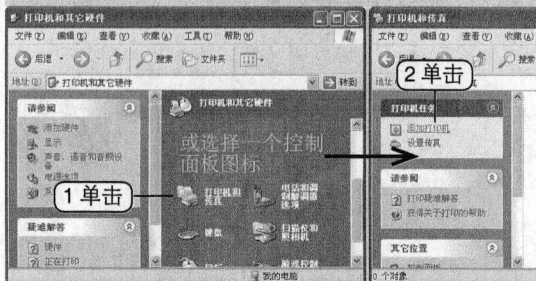

图7-110 选择操作

3 打开"添加打印机向导"对话框，单击 下一步(N) > 按钮。

4 打开"本地或网络打印机"对话框，保持默认设置，单击 下一步(N) > 按钮，如图7-111所示。

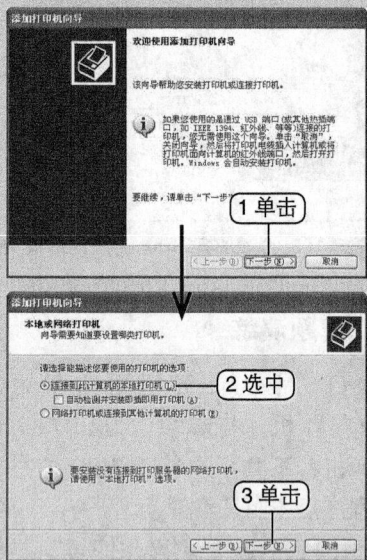

图7-111 打开添加打印机向导

5 打开"选择打印机端口"对话框，在"使用以下端口"列表框中选择"LPT1：(推荐的打印机端口)"选项，单击 下一步(N) > 按钮。

6 打开"安装打印机软件"对话框，在"厂

商"列表框中选择"联想"选项，在"打印机"列表框中选择"Legend LJ2210P"选项，单击 下一步(N) > 按钮，如图7-112所示。

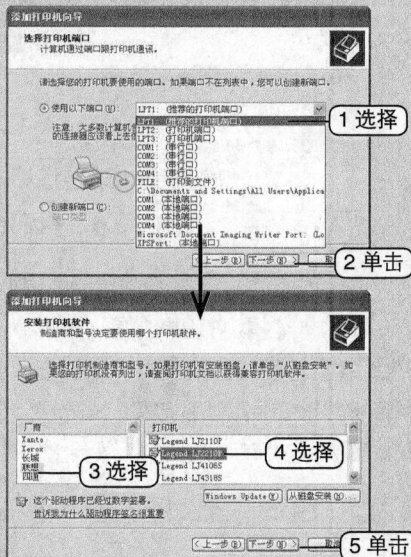

图7-112 设置打印机端口和厂商

7 打开"命名打印机"对话框，选中"是"单选项，单击 下一步(N) > 按钮。

8 打开"打印机共享"对话框，选中"不共享这台打印机"单选项，单击 下一步(N) > 按钮，如图7-113所示。

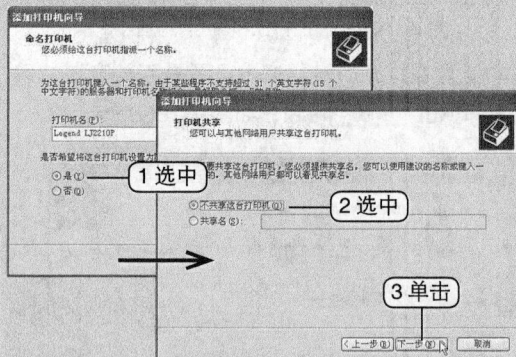

图7-113 设置默认和共享

9 打开"打印测试页"对话框，选中"否"单选项，单击 下一步(N) > 按钮。

10 打开"正在完成添加打印机向导"对

话框，单击 完成 按钮完成安装操作，如图
7-114 所示。

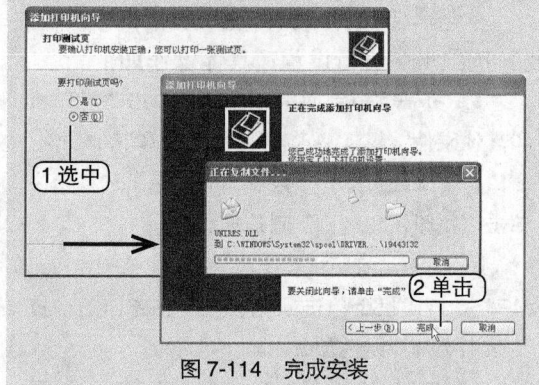

图 7-114　完成安装

考点23　设置打印机

📇 考点分析

该考点属于要求熟悉的考点，但在考试中
出现考题的概率较低。该考点的命题方式比较
简单，如要求设置联想 Legend LJ2210P 打印机
为默认打印机，或者设置打印机的首选项，设
置页尺寸为 "A4"，方向为 "纵向"，并对文档
进行双面打印等。

🌀 考点破解

设置打印机主要包括以下两种操作。

1. 将打印机设置为默认打印机

将打印机设置为默认打印机的方法是在
"打印机和传真"窗口中需要设置为默认打印
机的打印机图标上单击鼠标右键，在弹出的快
捷菜单中选择 "设为默认打印机" 命令，此时
该打印机图标上出现 ✅ 标记，表示已将此打印
机设置为默认打印机。

2. 设置打印首选项

打印机首选项的设置包括将常用的纸型、
墨盒和打印质量等设置为默认值，以免每次打
印前都要进行设置。设置方法为打开"控制面板"

窗口，单击 "打印机和其他硬件" 超链接，打
开 "打印机和其他硬件" 窗口，在 "或选择一
个控制面板图标"选项组中单击"打印机和传真"
超链接，在打开的 "打印机和传真" 窗口中将
出现打印机图标 🖨，在该图标上单击鼠标右键，
在弹出的快捷菜单中选择 "属性" 命令，打开
该打印机的属性对话框，单击 打印首选项(I)... 按钮，
即可在打开的打印机首选项对话框的相应选项
卡中进行设置，如图 7-115 所示。

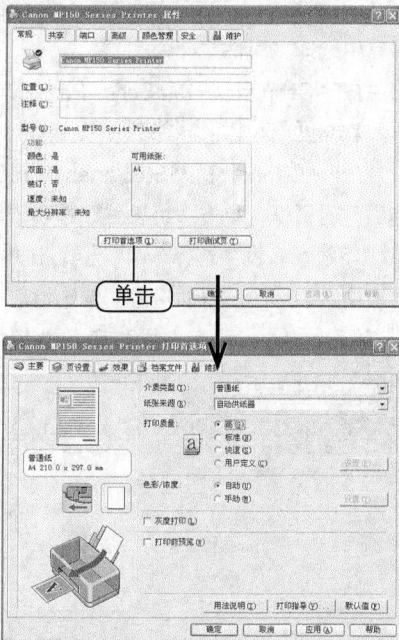

图 7-115　打开打印机首选项对话框

📖 考场点拨

需要注意的是，由于打印机型号不同，因此可能导
致其首选项对话框也不同。如果在考试中遇到这种
情况，只需在其首选项对话框中切换到不同的选项
卡，找到需要设置的项目并进行设置即可。

🖊 真题演练

【题目58】设置 Cannon MP150 打印机的

首选项，设置页尺寸为"A4"，方向为"纵向"，并对文档进行双面打印。

本题需要在打印机首选项对话框中的"页设置"选项卡中进行设置，具体操作如下。

1 打开"控制面板"窗口，单击"打印机和其他硬件"超链接，打开"打印机和其他硬件"窗口，在"或选择一个控制面板图标"选项组中单击"打印机和传真"超链接。

2 打开"打印机和传真"窗口，在Cannon MP150打印机图标上单击鼠标右键，在弹出的快捷菜单中选择"属性"命令。

3 打开"Cannon MP150 Series Printer 属性"对话框，单击 打印首选项(I)... 按钮。

4 打开"Cannon MP150 Series Printer 打印首选项"对话框，单击"页设置"选项卡，在"页尺寸"下拉列表框中选择"A4"选项，选中"纵向"单选项，再选中"双面打印"复选框。

5 单击 确定 按钮完成打印首选项的设置，如图7-116所示。

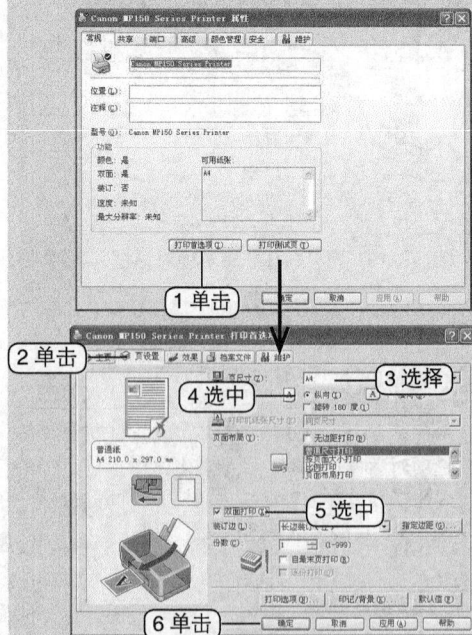

图7-116 设置"首选项"

【题目59】设置Cannon MP150打印机的打印质量为"高"。

本题需要在打印机首选项对话框中的"主要"选项卡中进行设置，具体操作如下。

1 打开"控制面板"窗口，单击"打印机和其他硬件"超链接，打开"打印机和其他硬件"窗口，在"或选择一个控制面板图标"选项组中单击"打印机和传真"超链接。

2 打开"打印机和传真"窗口，在Cannon MP150打印机上单击鼠标右键，在弹出的快捷菜单中选择"属性"命令。

3 打开"Cannon MP150 Series Printer 属性"对话框，单击 打印首选项(I)... 按钮。

4 打开"Cannon MP150 Series Printer 打印首选项"对话框，切换到"主要"选项卡，在"打印质量"选项组选中"高"单选项，单击 确定 按钮完成打印质量的设置，如图7-117所示。

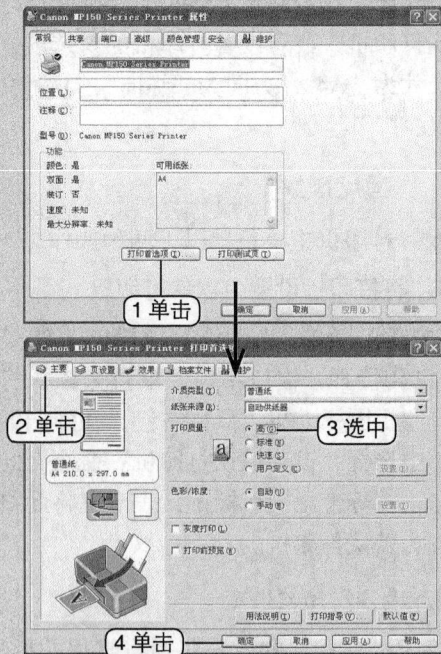

图7-117 设置"主要"选项卡

【题目60】设置联想 Legend LJ2210P 打印机为默认打印机。

本题按照命题要求操作即可，具体操作如下。

> ❶ 打开"控制面板"窗口，单击"打印机和其他硬件"超链接，打开"打印机和其他硬件"窗口，在"或选择一个控制面板图标"选项组中单击"打印机和传真"超链接。
>
> ❷ 打开"打印机和传真"窗口，在其中选择联想 Legend LJ2210P 打印机，然后在其图标上单击鼠标右键，在弹出的快捷菜单中选择"设为默认打印机"命令。

考点24　使用打印机管理器

🔍 考点分析

该考点很少在考试中出现考题，考生只需按照考题要求进行操作即可。

🎐 考点破解

使用打印机管理器可进行以下 3 种操作。

1. 查看打印

查看打印的方法为当文档开始打印后，在"打印机和传真"窗口中选择正在使用的打印机，选择【文件】→【打开】命令，打开该文件的打印窗口进行查看，如图 7-118 所示。

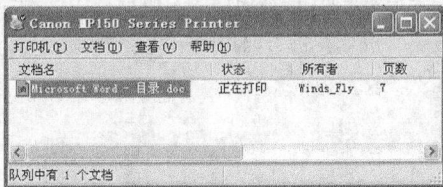

图 7-118　"Canon MP150 Series Printer"窗口

2. 取消打印

取消打印的方法为打开文件的打印窗口，在该打印任务上单击鼠标右键，在弹出的快捷菜单中选择"取消"命令，在打开的提示对话框中单击 是(Y) 按钮即可取消打印任务，如图 7-119 所示。

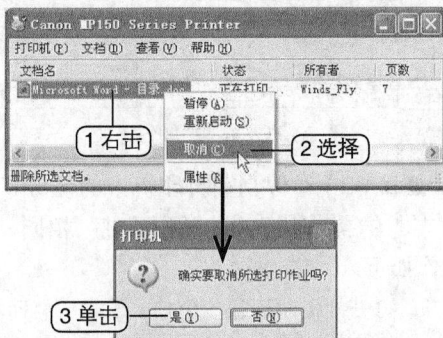

图 7-119　取消打印

3. 暂停或重新启动打印

暂停或重新启动打印的方法为打开文件的打印窗口，在该打印任务上单击鼠标右键，在弹出的快捷菜单中选择"暂停"命令或"重新启动"命令即可，如图 7-120 所示。

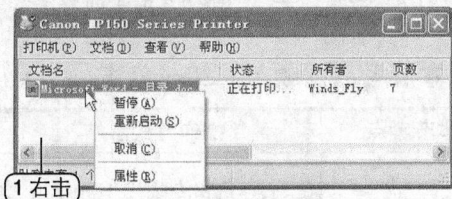

图 7-120　快捷菜单

📝 真题演练

【题目61】取消正在打印的"目录"文档。

> ❶ 打开"控制面板"窗口，单击"打印机和其他硬件"超链接，打开"打印机和其他硬件"窗口，在"或选择一个控制面板图标"选项组中单击"打印机和传真"超链接。
>
> ❷ 打开"打印机和传真"窗口，选择 Cannon MP150 打印机，选择【文件】→【打开】命令，打开该文件的打印窗口。
>
> ❸ 在"目录"打印任务上单击鼠标右键，在弹出的快捷菜单中选择"取消"命令。

4 在打开的提示对话框中单击 [是(Y)] 按钮即可取消打印任务，如图 7-121 所示。

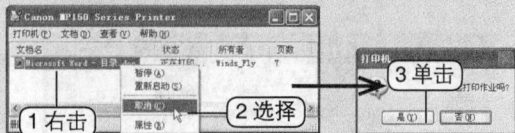

图 7-121　取消打印任务

【题目 62】暂停当前打印机中的任务。

本题的操作思路与"题目 61"相同，具体操作如下。

1 打开"控制面板"窗口，单击"打印机和其他硬件"超链接，打开"打印机和其他硬件"窗口，在"或选择一个控制面板图标"选项组中单击"打印机和传真"超链接。

2 打开"打印机和传真"窗口，选择 Cannon MP150 打印机，选择【文件】→【打开】命令，打开该文件的打印窗口。

3 在"目录"打印任务上单击鼠标右键，在弹出的快捷菜单中选择"暂停"命令即可。

本节考点回顾与总结一览表

本节考点	操作方式总结
考点 22： 添加打印机	在"打印机和传真"窗口中单击"添加打印机"超链接，根据打开的添加打印机向导进行添加
考点 23： 设置打印机	选择【开始】→【打印机和传真】命令，打开"打印机和传真"窗口，在打印机图标上单击鼠标右键，在弹出的快捷菜单中选择"属性"命令，单击 [打印首选项(I)] 按钮，在打开的对话框中进行设置
考点 24： 使用打印机管理器	选择正在使用的打印机，再选择【文件】→【打开】命令，在打开的对话框中进行查看、取消、暂停或重新启动打印任务

7.9　本地安全策略设置

设置本地安全策略包括账户策略、本地策略、本地组策略和微软管理控制。

考点25　账户策略

考点分析

账户策略的考点在考试中出现考题的概率较高，但考查的题目操作较简单，考生只需按考题要求进行操作即可。

考点破解

账户策略主要包括密码策略和账户锁定策略。进入账户策略设置环境的具体操作如下。

1 在"控制面板"窗口中单击"性能和维护"超链接，在打开的界面中单击"管理工具"超链接，打开"管理工具"窗口，如图 7-122 所示。

图 7-122　"管理工具"窗口

2 单击"本地安全策略"图标，打开"本地安全设置"窗口，在窗口的左侧窗格中选择"账户策略"选项，进入账户策略的设置环境，如图 7-123 所示。

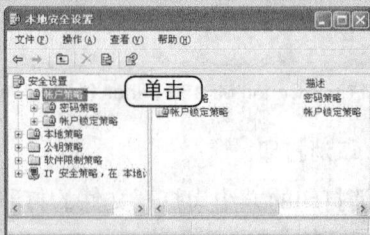

图 7-123　"本地安全设置"窗口

1. 密码策略

在"本地安全设置"窗口中，单击左侧窗格中的"密码策略"选项，将在窗口的右侧窗格中显示相关内容，在其中双击某策略，或右键单击某策略，在弹出的快捷菜单中选择"属性"命令，即可进入相应策略的属性设置界面，如图 7-124 所示。

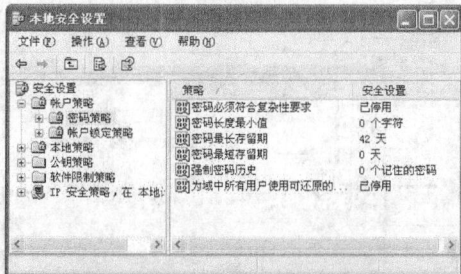

图 7-124 "密码策略"设置界面

其中各个选项的具体设置如下。

◆ "密码必须符合复杂性要求"设置：在打开如图 7-125 所示的"密码必须符合复杂性要求 属性"对话框中，用户可自行选择是否启用"密码必须符合复杂性要求"的策略，若启用该策略，设置密码时必须不含全部或部分用户账户名称；长度至少为 6 个字符，且须包含下列字符中的 3 种：英文大写字母（A~Z）、英文小写字母（a~z）、10 个基本数字（0~9）和非英文字母非数字符号（如 #、% 等）。

◆ "密码长度最小值"设置：在如图 7-126 所示的"密码长度最小值 属性"对话框中，用户可自行规定用户账户密码包含的最少字符数，密码长度最小值范围介于 0~14 之间，当设置字符数为 0 时，表示此用户可不设置密码。

图 7-125 "密码必须符合复杂性要求属性"对话框

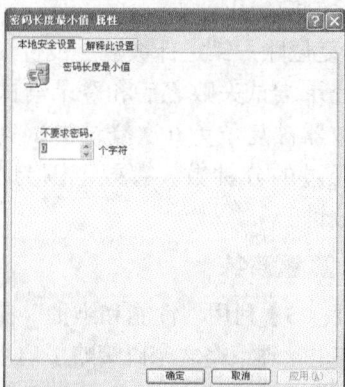

图 7-126 "密码长度最小值 属性"对话框

◆ "密码最长（或最短）存留期"设置：在"密码最长（或最短）存留期 属性"对话框中，用户可设置密码最长（或最短）存留期，用于指定用户在更改密码前，密码必须使用的期限。设置范围为 0~999，当设置的天数为 0 时，表示密码永远不会到期或允许立即更改。而密码的最短存留期必须小于密码最长存留期。

2. 账户锁定策略

账户锁定策略用于设置在什么情况下必须将账户锁定，相关设置介绍如下。

◆ "账户锁定阈值"设置：设定导致用户

账户被锁定时的无效登录尝试次数。锁定的账户必须经过系统管理员重设或账户的锁定时间到期，否则该账户将无法使用。用户可设置的无效登录尝试次数为0~999，若设置为0，表示账户永远不会被锁定。

◆ "账户锁定时间"设置：用于决定锁定的账户在自动解锁之前维持锁定的时间。用户可设置的锁定时间范围为0~99999分钟，若设置为0分钟，表示指定账户将被锁定至系统管理员解除锁定为止。

◆ "复位账户锁定计数器"设置：指确定登录尝试失败之后和登录尝试失败计数器被复位为0次登录尝试失败之前经过的分钟数。有效范围为1~99999分钟。

真题演练

【题目63】利用"性能和维护"窗口，设置本机安全管理策略之密码策略：启用"密码必须符合复杂性要求"，设置"密码最长存留期"为20天（按题目顺序操作）。

本题需要打开"本地安全设置"窗口进行设置，具体操作如下。

1 选择【开始】→【控制面板】命令，在打开的"控制面板"窗口中单击"性能和维护"超链接，在打开的界面中单击"管理工具"超链接，打开"管理工具"窗口，如图7-127所示。

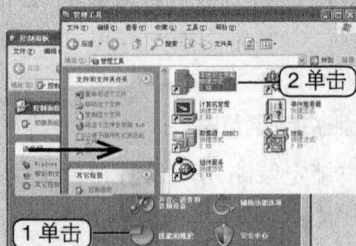

图7-127 打开"管理工具"窗口

2 在其中双击"本地安全策略"图标，打开"本地安全设置"窗口，在窗口的左侧窗格中选择"账户策略"选项，进入账户策略的设置环境。

3 单击其下的"密码策略"选项，在右侧将显示与之相关的内容，如图7-128所示。

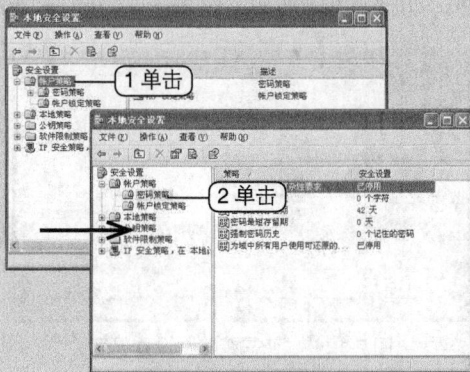

图7-128 显示"密码策略"内容

4 执行以下任一种操作打开"密码必须符合复杂性要求 属性"对话框，如图7-129所示。

方法1：在左侧的列表框中双击"密码必须符合复杂性要求"选项。

方法2：右击"密码必须符合复杂性要求"选项，在弹出的快捷菜单中选择"属性"命令。

方法3：选择"密码必须符合复杂性要求"选项，然后选择【操作】→【属性】命令。

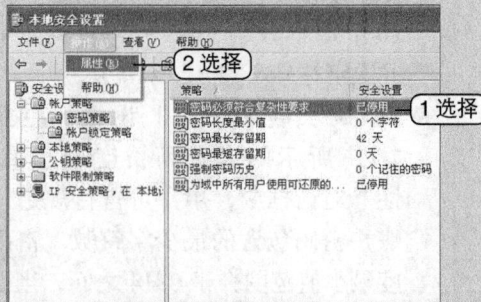

图7-129 选择命令

5 在其中选中"已启用"单选项，单击 确定 按钮，如图7-130所示。

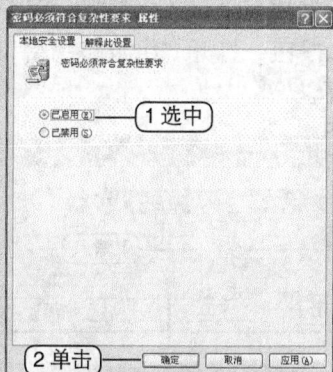

图 7-130　启用"密码必须符合复杂性要求"

6 返回"本地安全设置"窗口，执行以下任一种操作打开"密码最长存留期 属性"对话框。

方法 1：在左侧的列表框中双击"密码最长存留期"选项。

方法 2：右击"密码最长存留期"选项，在弹出的快捷菜单中选择"属性"命令。

方法 3：选择"密码最长存留期"选项，然后选择【操作】→【属性】命令。

7 在其中的"密码过期时间"数值框中输入"20"，单击 确定 按钮，如图 7-131 所示。

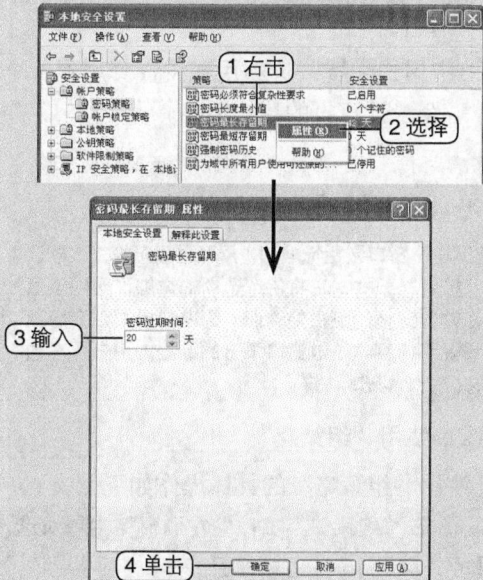

图 7-131　设置密码过期时间

考点26　本地策略

考点分析

本地策略出现考题的概率较高，考查的题目不会太难，考生只需按考题要求进行操作即可。

考点破解

在"本地安全设置"窗口中，双击"本地策略"选项，展开相应选项，本地策略包括审核策略、用户权利指派和安全选项3个子策略。

◆ 审核策略：确定是否将安全事件记录到计算机的安全日志中，同时也确定是否记录登录成功或登录失败等内容。

◆ 用户权利指派：确定哪些用户或组具有登录和使用计算机的权利或特权，如调试程序或关闭系统。

◆ 安全选项：启用或禁用计算机的安全设置，如 Administrator 和 Guest 的账户名和光盘的访问等。

真题演练

【题目64】在打开的"管理工具"窗口中设置限制 Guest 的登录权限。

本题需要打开"拒绝本地登录 属性"对话框进行设置，具体操作如下。

1 在"管理工具"窗口中双击"本地安全策略"图标，打开"本地安全策略"窗口。

2 在其中双击左侧窗格中的"本地策略"选项，将其展开，然后单击"用户权利指派"选项，在右侧的窗格中右键单击"拒绝本地登录"选项，在弹出的快捷菜单中选择"属性"命令，打开"拒绝本地登录 属性"对话框，如图 7-132 所示。

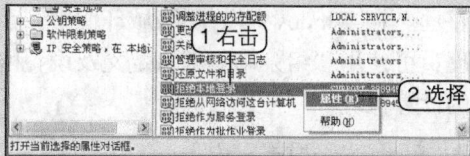

图 7-132　选择命令

3 在其中的列表框中选择"Guest"选项，单击 删除(R) 按钮，然后单击 确定 按钮，如图 7-133 所示。

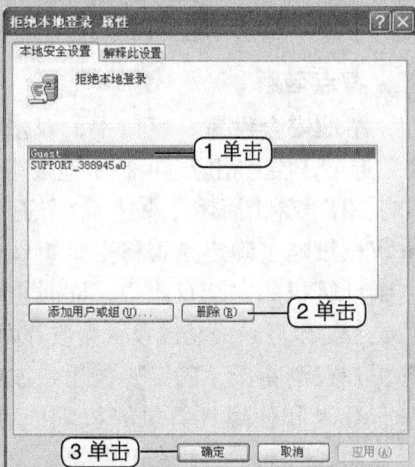

图 7-133 限制 Guest 的登录权限

考场点拨

"用户权利指派"中的其他策略设置过程，与"拒绝本地登录"的设置过程相同，这里不再赘述。

考点27 本地组策略设置

考点分析

本地组策略设置在考试中抽到考题的概率较高，考查的题目不会太难，考生只需按考题要求进行操作即可。

考点破解

组策略是 Windows XP 自带的优化程序，它将注册表中重要的配置功能分门别类地进行了整理。在 Windows XP 网络域环境中，系统管理员可使用"组策略"来自定义及设置网络上的计算机。

1. 打开"组策略"窗口

选择【开始】→【运行】命令，在打开的"运行"对话框中输入文件名"gpedit.msc"，单击 确定 按钮，打开"组策略"窗口，如图 7-134 所示。

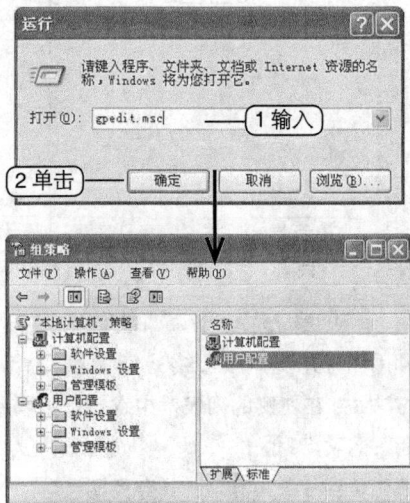

图 7-134 打开"组策略"窗口

"组策略"窗口中包括"计算机配置"和"用户配置"两个选项，各选项的作用如下。

◆ "计算机配置"选项主要用于设置应用到本地计算机的策略，而不管登录用户名。

◆ "用户配置"选项用于设置套用到每个登录计算机的用户策略。

多学一招

"组策略"窗口包括标准和扩展两种显示模式，默认为"扩展"模式，它将所选选项的详细说明内容显示在右侧窗格的空白处，而"标准"模式则会隐藏详细说明内容。通过窗口下方的标签，用户可在这两种模式之间进行切换。

2. 使用"组策略"

使用"组策略"的具体操作如下。

1 在"组策略"窗口的左侧窗格中依次选择【用户配置】→【管理模板】→【桌面】选项，如图 7-135 所示。

图 7-135　"组策略"的桌面设置

2 执行以下任一种操作打开"从桌面删除'回收站'图标 属性"对话框，如图 7-136 所示。

方法 1：在右侧的窗格中双击"从桌面删除'回收站'图标"选项。

方法 2：右键单击"从桌面删除'回收站'图标"选项，在弹出的快捷菜单中选择"属性"命令。

图 7-136　"从桌面删除'回收站'图标 属性"对话框

3 在其中选中需要的单选项，然后单击 确定 按钮确认设置。

📎 **真题演练**

【题目 65】在"组策略"窗口中隐藏桌面上"网上邻居"图标。

具体操作如下。

1 选择【开始】→【运行】命令，在打开的"运行"对话框中输入文件名"gpedit.msc"，单击 确定 按钮，打开"组策略"窗口。

2 在"组策略"窗口的左侧窗格中双击"用户配置"选项，将其展开，再单击"管理模板"选项，在右侧的窗格中双击"桌面"选项，打开相应的界面。

3 执行以下任一种操作打开"隐藏桌面上'网络邻居'图标 属性"对话框。

方法 1：在右侧的窗格中双击"隐藏桌面上'网络邻居'图标"选项。

方法 2：右键单击"隐藏桌面上'网络邻居'图标"选项，在弹出的快捷菜单中选择"属性"命令。

4 在其中选中"已禁用"单选项，单击 确定 按钮，如图 7-137 所示。

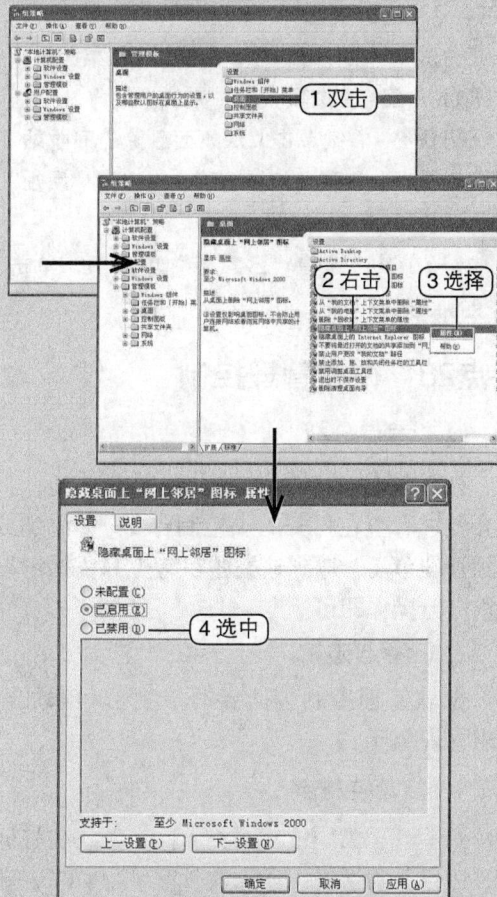
图 7-137　隐藏桌面上"网上邻居"图标

【题目66】利用"组策略"窗口，对本机组策略进行安全设置，禁用"从桌面删除'回收站'图标"。

本题的操作思路同"题目65"相同，具体操作如下。

1 选择【开始】→【运行】命令，在打开的"运行"对话框中输入文件名"gpedit.msc"，单击 确定 按钮，打开"组策略"窗口。

2 在"组策略"窗口的左侧窗格中双击"用户配置"选项，将其展开，再单击"管理模板"选项，在右侧的窗格中双击"桌面"选项，打开相应的界面。

3 执行以下任一种操作打开"从桌面删除'回收站'图标 属性"对话框。

方法1：在右侧的窗格中双击"从桌面删除'回收站'图标"选项。

方法2：右键单击"从桌面删除'回收站'图标"选项，在弹出的快捷菜单中选择"属性"命令。

4 在其中选中"已禁用"单选项，单击 确定 按钮。

考点28 微软管理控制

考点分析

微软管理控制的考题出现概率较高，一般会要求考生在打开的"控制台1"中添加或删除管理单元，遇到这类题目考生只需按考题要求进行操作即可。

考点破解

微软管理控制包括启动控制台和添加组策略管理单元。

1. 启动控制台

选择【开始】→【运行】命令，在打开的"运行"对话框中输入文件名"MMC"，单击 确定 按钮，打开"控制台1"窗口，如图7-138所示。

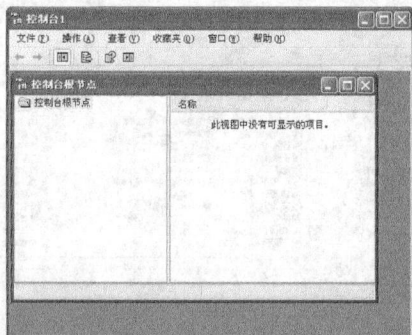

图7-138 "控制台1"窗口

2. 添加组策略管理单元

添加组策略管理单元主要有以下两种方法。

方法1：通过命令添加。

通过命令添加其组策略管理单元的具体操作如下。

1 在"控制台1"窗口中选择【文件】→【添加/删除管理单元】命令，或按【Ctrl+M】组合键打开"添加/删除管理单元"对话框，如图7-139所示，单击 添加(D)... 按钮。

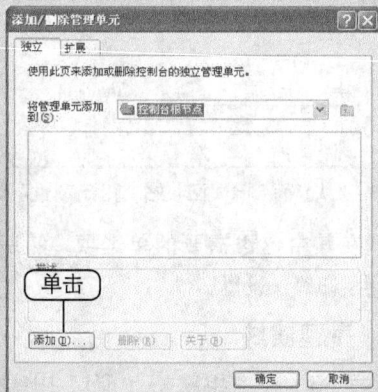

图7-139 "添加/删除管理单元"对话框

2 打开"添加独立管理单元"对话框，在"可用的独立管理单元"列表框中选择"组策略对象编辑器"选项，单击 添加(D)... 按钮，或双击该选项，打开"选择组策略对象"对话框。

❸ 在"组策略对象"文本框中选择需要该管理单元管理的计算机"本地计算机"，然后单击 完成 按钮，此时，在"添加 / 删除管理单元"对话框中的列表框中将出现新添加的管理单元，如图 7-140 所示。

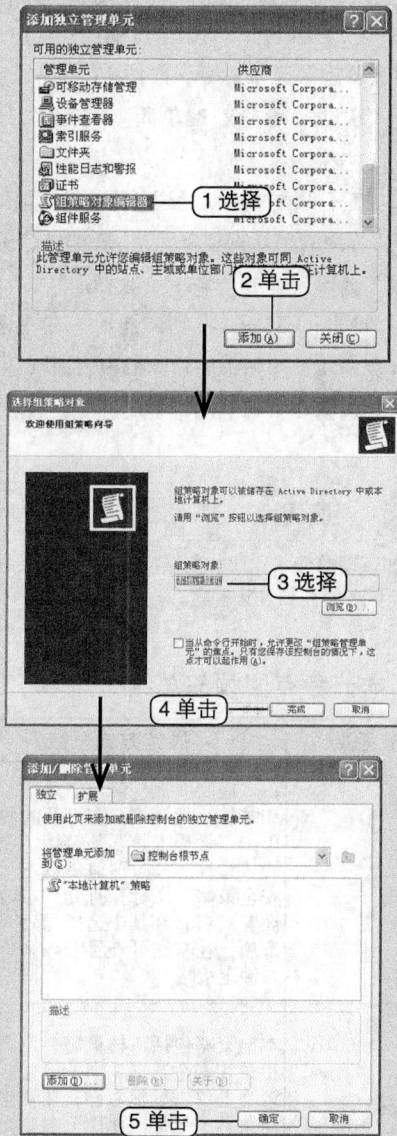

图 7-140　操作过程

❹ 在"添加 / 删除管理单元"对话框中单击 确定 按钮，返回到"控制台 1"窗口，如图 7-141 所示，选择【文件】→【保存】命令，可将自定义的控制台进行保存。

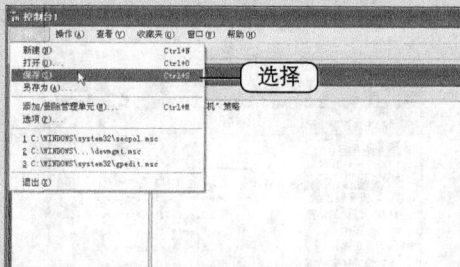

图 7-141　完成添加

方法 2：通过快捷键添加。

按【Ctrl+M】组合键打开"添加 / 删除管理单元"对话框，其后的操作与使用命令添加相同，这里不再赘述，添加完成后按【Ctrl+S】组合键进行保存。

📖 考场点拨

在完成将管理单元添加到控制台的操作后，可通过选择【开始】→【所有程序】→【管理工具】命令，在打开的子菜单中打开已保存的自定义控制台（扩展名为 .msc）。

📝 真题演练

【题目 67】利用控制面板设置本地安全策略，添加"IP 安全策略"管理单元。

本题需要在"本地安全设置"窗口进行设置，具体操作如下。

❶ 选择【开始】→【运行】命令，在打开的"运行"对话框中输入文件名"MMC"，单击 确定 按钮，打开"控制台 1"窗口。

❷ 在"控制台 1"窗口中选择【文件】→【添加 / 删除管理单元】命令，或按【Ctrl+M】组合键打开"添加 / 删除管理单元"对话框，单击 添加(D)... 按钮，如图 7-142 所示。

图 7-142　选择要添加的管理单元

3 打开"添加独立管理单元"对话框，在"可用的独立管理单元"列表框中选择"IP 安全策略管理"选项，单击 添加(D)... 按钮。

4 打开"选择计算机或域"对话框，选中"本地计算机"单选项，然后单击 完成 按钮返回"添加 / 删除独立管理单元"对话框，单击 关闭(C) 按钮，此时，在"添加 / 删除管理单元"对话框中的列表框中将出现新添加的管理单元，单击 确定 按钮，如图 7-143 所示。

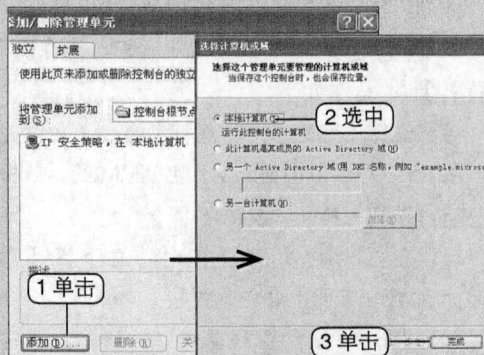

图 7-143　完成添加

【题目 68】利用"控制台 1"窗口，设置本地安全策略，添加"安全模板"管理单元。

本题的操作思路与"题目 67"相同，具体操作如下。

1 选择【开始】→【运行】命令，在打开的"运行"对话框中输入文件名"MMC"，单击 确定 按钮，打开"控制台 1"窗口。

2 在"控制台 1"窗口中选择【文件】→【添加 / 删除管理单元】命令，或按【Ctrl+M】组合键打开"添加 / 删除管理单元"对话框，单击 添加(D)... 按钮。

3 打开"添加独立管理单元"对话框，在其中的"可用的独立管理单元"列表框中选择"安全模板"选项，单击 添加(D)... 按钮。

4 单击 关闭(C) 按钮，此时，在"添加 / 删除管理单元"对话框的列表框中将出现新添加的"安全模板"管理单元，单击 确定 按钮。

误区提醒

在添加管理单元时，添加的选项不同，则操作也会有所不同，考生要注意答题。

本节考点回顾与总结一览表

本节考点	操作方式总结
考点 25：账户策略	在"控制面板"窗口中单击"性能和维护"超链接，在打开的界面中单击"管理工具"超链接，在打开的"管理工具"窗口中双击"本地安全策略"图标，打开"本地安全设置"窗口，在其中选择"账户策略"选项，在右侧可查看密码策略和账户锁定策略
考点 26：本地策略	本地策略包括审核策略、用户权利指派和安全选项 3 个子策略。在某策略上单击鼠标右键，在弹出的快捷菜单中选择"属性"命令，在打开的对话框中进行相应的设置

续表

本节考点	操作方式总结
考点27： 本地组策略设置	操作1：选择【开始】→【运行】命令，在打开的"运行"对话框中输入文件名"gpedit.msc"，按【Enter】键打开"组策略"窗口
	操作2：选择【用户配置】→【管理模板】→【桌面】命令，在打开的对话框中进行设置
考点28： 微软管理控制	操作1：选择【开始】→【运行】命令，在打开的"运行"对话框中输入文件名"MMC"，按【Enter】键打开"控制台1"窗口
	操作2：在"控制台1"窗口中选择【文件】→【添加/删除管理单元】命令或按【Ctrl+M】组合键添加管理单元

7.10 过关精练

以下试题在题库光盘中的对应位置：

各题练习环境为光盘:\同步练习\第7章\
各题解答演示见光盘:\试题精解\第7章\

第1题 使桌面上的图标显示为大图标。

第2题 请利用"外观和主题"窗口，设置Windows XP窗口的菜单和工具提示使用"滚动效果"。

第3题 请利用"打印机和传真"窗口，设置"打印机01"为脱机打印。

第4题 4月26日是CIH病毒发作的日子。假设今天是4月25日，请将系统的日期设置为4月27日，以避免明天病毒发作。

第5题 利用"显示 属性"对话框设置Window XP的窗口外观为"Windows经典样式"，色彩方案为"淡绿色"。

第6题 设置所有驱动器关闭系统还原功能。

第7题 在控制面板中将鼠标的"方案"改为"三维青铜色"，并显示鼠标的指针踪迹。

第8题 将当前计算机的计算机描述信息设置为"My Computer"。

第9题 通过"显示 属性"对话框，将桌面背景设置为"Autumn"，位置为"拉伸"。

第10题 通过控制面板，将系统当前日期设置为2013年10月1日。

第11题 通过控制面板，将日期格式设置为"yyyy—MM—dd"格式。

第12题 将屏幕保护程序设置为"三维文字"，其文字内容为"休息一下，马上回来"。

第13题 在打印机窗口中有多个打印机，把"P2015 Series pcl 5e"设置为默认打印机。

第14题 通过控制面板，创建一个新的计算机管理员账户，账户名为"teacher"。

第15题 通过控制面板，删除账户名为"teacher"的计算机管理员账户（同时删除该账户的文件）。

第16题 通过"开始"菜单打开"控制面板"窗口，然后切换到经典视图。

第17题 通过桌面将屏幕分辨率设置为1024×768像素。

第18题 设置Windows XP窗口的菜单和工具提示使用"滚动效果"。

第19题 通过"日期、时间、语言和区域设置"窗口，设置数字的"小数位数"为3位。

第20题 通过"打印机和传真"窗口，设置"HP LaserJet P2015"为脱机打印。

第21题 通过控制面板添加本地打印机，型号为"HP DeskJet 420"，其余均使用默认设置。

第22题 通过控制面板将F盘下"方正字体"文件夹中的字体添加到系统字体库中。

第23题 通过控制面板将当前Windows XP主题更改为"Windows经典"。

第 24 题 从控制面板开始，安装 Fireworks 中文版，该文件的安装程序命令行是 F:\Fireworks.exe。（要求直接填写命令行，做到单击"完成"按钮）。

第 25 题 通过控制面板，将"我的电脑"的图标更改为另一种图标（第 3 行第 3 个）。

第 26 题 通过控制面板，将鼠标的"右手习惯"改为"左手习惯"。

第 27 题 利用"显示 属性"对话框，设置窗口和按钮样式为 Windows 经典样式，字体大小为大。

第 28 题 利用"显示 属性"对话框，设置 Windows XP 的窗口和按钮色彩方案为"橄榄绿"，并且设置菜单和工具提示使用淡入淡出效果，取消菜单下显示的阴影效果。

第 29 题 通过控制面板设置将鼠标指针移动到对话框中时，自动移动到默认的按钮上，然后显示鼠标指针的轨迹，其轨迹为最短。

第 30 题 请利用"控制面板"将计算机的描述设置为"考试用机 01"。

第 31 题 在控制面板中设置 Windows 显示数字的"小数位数"为 4 位，度量衡系统为"美国"。

第 32 题 请利用"日期、时间、语言和区域设置"窗口，设置时间格式为"tt hh:mm:ss"，AM 符号为"上午"，PM 符号为"下午"。

第 33 题 将所有区域和语言的设置应用于当前用户账户和默认用户配置的文件。

第 34 题 请利用"性能和维护"窗口，设置本机安全管理策略之密码策略：设置"密码长度最小值"为 6 个字符，设置"密码最长存留期"为 30 天（请按题目顺序操作）。

第 35 题 将控制面板切换到经典视图，并打开"字体"窗口。

第 36 题 按相似性列出字体。

第 37 题 查看字体的详细信息，并且隐藏如粗体和斜体的变体。

第 38 题 将安装的"Microsoft Office Professional Edition 2003"程序进行修复。

第 39 题 卸载"Alexa Toolbar"程序，并要求卸载后不重启计算机。

第 40 题 通过"添加或删除程序"窗口添加新程序"foxmail"，该程序位于"G：\常用软件\foxmail"，其安装设置采取默认值。

第 41 题 添加 Windows 组件中的 Internet Explorer 程序。

第 42 题 查看本机安装的打印机或传真机。

第 43 题 设置第一台打印机的默认打印纸张为 A4。

第 44 题 安装系统提示的第一种红外线设备。

第 45 题 设置用户使用"欢迎屏幕"进行登录。

第 46 题 设置多用户间可快速切换用户，不用关闭计算机。

第 47 题 启用本台计算机的来宾账户。

第 48 题 通过"网上邻居"图标将"ShareDocs 在教师用机（大石头）上"文件映射到本台计算机中，其盘符为 X 盘。

第 49 题 查看工作组中有哪些计算机。

第 50 题 访问映射的网络驱动器 X 盘。

第 51 题 查看"教师用机（大石头）"共享了哪些文件，然后将"休闲游戏"映射为网络驱动器。

第 52 题 将映射好的网络驱动器"X"断开。

第 53 题 打开"网上邻居"的属性窗口，查看连接状态。

第 54 题 在控制面板中新建一个网络连接，并按默认设置。

第 55 题 启用当前窗口中的本地连接。

第 56 题 修复已创建的本地连接。

第 **8** 章 ·网络设置与使用·

Windows XP 提供了强大的网络功能，可以让用户之间的联络更加畅通无阻。本章共 13 个考点，主要考查本地连接的设置、家庭或小型办公网络的配置和如何与 Internet 进行连接，以及如何在可靠的环境中安全地使用网络等操作。本章考点的具体复习要求如下。

<table>
<tr><td rowspan="2">本章考点</td><td>

☑ **要求掌握的考点**

考点级别：★★★

☐ 查看本地连接
☐ 设置本地连接属性
☐ 映射网络资源
☐ 创建网络资源的快捷方式
☐ 建立拨号连接
☐ 建立 ADSL 连接
☐ 使用 Internet Explorer 访问 Internet

</td><td>

☐ 设置 Internet 选项属性
☐ Windows XP 的自动更新

☑ **要求熟悉的考点**

考点级别：★★

☐ 配置家庭或小型办公网络
☐ 共享文件夹和磁盘
☐ 使用 "网上邻居" 浏览网络资源
☐ Windows 防火墙的使用

</td></tr>
</table>

8.1 设置本地连接和配置连接

考点1 查看本地连接

🔍 **考点分析**

该考点出现考题的概率较大，但操作都比较简单，如要求先查看当前的本地连接状态，再禁用本地连接等。

🛠 **考点破解**

选择【开始】→【控制面板】命令，在分类视图中单击"网络和 Internet 连接"超链接，在打开的界面中单击 "网络连接" 超链接，打

开 "网络连接" 窗口，如图 8-1 所示。

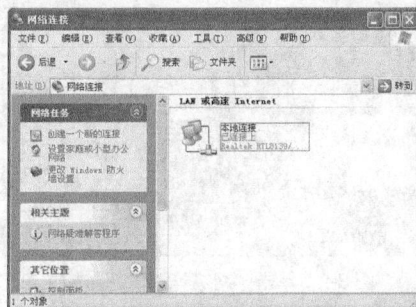

图 8-1 "网络连接" 窗口

通过 "本地连接" 图标可查看当前网络所处的状态，共有以下两种状态。

◆ 🖥 图标表示处于活动状态。

◆ 🖥图标表示处于非活动状态，连接被断开。

选择【文件】→【状态】命令，或者单击鼠标右键，在弹出的快捷菜单中选择"状态"命令，均可查看当前本地连接的详细活动状态，如速度和传输数据量等。

☀ 多学一招

选择【文件】→【禁用】(或【修复】)命令，或在本地连接的右键菜单中选择【停用】(或【修复】)命令，可禁止(或修复)本地连接。

📝 真题演练

【题目1】当前本地连接处于启用状态，利用命令查看本地连接状态，然后在打开的对话框中禁用本地连接。

本题在操作前，需要打开"本地连接"窗口。具体操作如下。

① 选择【开始】→【控制面板】命令，在分类视图中单击"网络和Internet连接"超链接，在打开的界面中单击"网络连接"超链接，如图8-2所示，打开"网络连接"窗口。

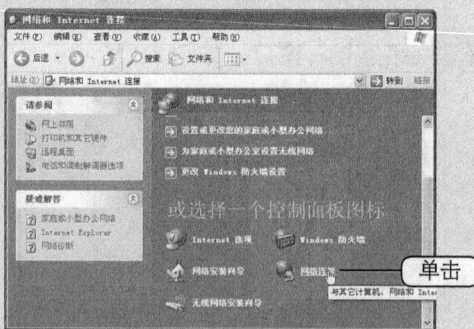

图8-2　单击"网络连接"超链接

② 选择"本地连接"图标，然后选择【文件】→【状态】命令，打开"本地连接 状态"对话框，单击 禁用(D) 按钮，再单击 关闭(C) 按钮关闭对话框，如图8-3所示。

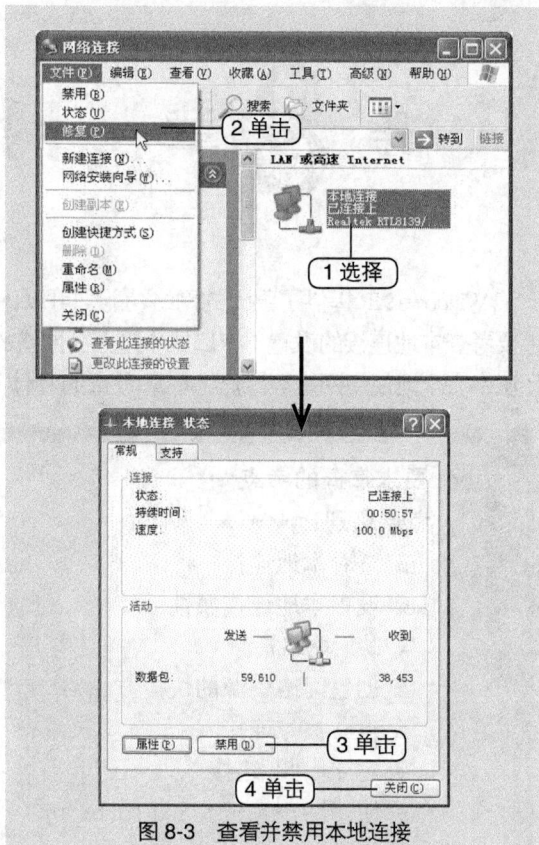

图8-3　查看并禁用本地连接

考点2　设置本地连接属性

🔍 考点分析

该考点属于基础知识点，需要考生重点掌握。该考点的操作一般都比较简单，不会出现太复杂的操作，如要求设置计算机的IP地址等。

🎯 考点破解

在设置本地连接的属性之前，需要打开"本地连接 属性"对话框。

方法1：选择【文件】→【属性】命令。

方法2：选择"本地连接"图标，在其上单击鼠标右键，在弹出的快捷菜单中选择"属性"命令。

在打开的"本地连接 属性"对话框中单

击"常规"选项卡，如图 8-4 所示。

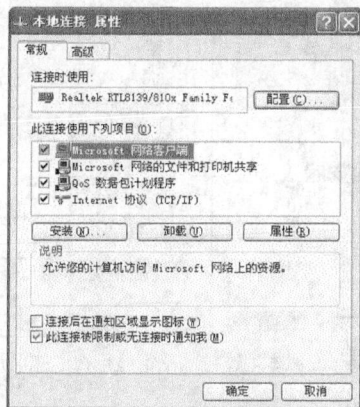

图 8-4　"常规"选项卡

在"常规"选项卡中可进行以下设置。

◆ "连接后在通知区域显示图标"复选框
用于设置是否在通知区域显示网络连
接图标；"此连接被限制或无连接时通
知我"复选框用于当连接被限制或无
连接时是否发出通知。

◆ 配置 TCP/IP 协议：在"此连接使用下
列项目"列表框中，选中"Internet 协
议（TCP/IP）"复选框，单击 属性(R)
按钮，将打开"Internet 协议（TCP/
IP）属性"对话框，若计算机所在的
网络能够自动分配 IP 地址，可选中"自
动获得 IP 地址"单选项；若网络中的
计算机必须手动设置静态 IP 地址，可
选中"使用下面的 IP 地址"单选项，
然后在各个文本框中输入由网络管理
员提供的地址便可。

🖊 真题演练

【题目 2】在当前打开的"本地连接"窗
口中，利用"本地连接 属性"对话框将计算
机的 IP 地址设置为 192.168.0.2。

本题考查的是设置计算机的 IP 地址操作，

需注意的是若考试中未打开"本地连接"窗口，
则需要考生自己打开。具体操作如下。

① 执行以下任一种操作打开"本地连接 属
性"对话框。

方法 1：选择"本地连接"图标，然后选择
【文件】→【属性】命令。

方法 2：选择"本地连接"图标，在其上单
击鼠标右键，在弹出的快捷菜单中选择"属性"
命令。

② 打开"本地连接 属性"对话框，在"此
连接使用下列项目"列表框中选择"Internet 协
议（TCP/IP）"项目，单击 属性(R) 按钮，打
开"Internet 协议（TCP/IP）属性"对话框，在
其中选中"使用下面的 IP 地址"单选项，在其
下的"IP 地址"文本框中输入"192.168.0.2"，
然后依次单击 确定 按钮，如图 8-5 所示。

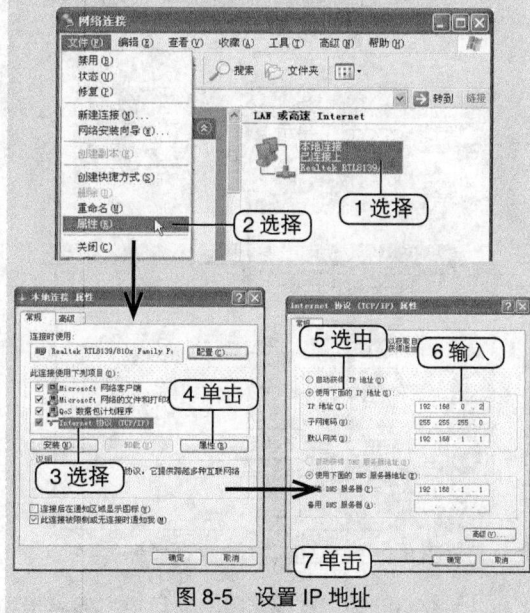

图 8-5　设置 IP 地址

【题目 3】在控制面板的经典视图下打开
"本地连接"窗口，然后使用鼠标右键打开其
属性对话框，将本地连接设置为连接后其图标
出现在任务栏的通知区域中。

本题指定使用控制面板的经典视图打开"本地连接"窗口，因此要注意控制面板的视图切换方式，具体操作如下。

1 选择【开始】→【控制面板】命令，在打开的"控制面板"窗口的左侧窗口中单击"切换到经典视图"超链接，将其视图切换为经典视图。

2 执行以下任一种操作打开"网络连接"窗口。

方法1：在控制面板的经典视图中选择"网络连接"选项，然后选择【文件】→【打开】命令，如图8-6所示。

方法2：在控制面板的经典视图中双击"网络连接"选项，打开"本地连接"窗口。

方法3：在控制面板的经典视图中右键单击"网络连接"选项，在弹出的快捷菜单中选择"打开"命令。

图 8-6 切换至经典视图并选择命令

3 在打开的"本地连接"窗口中右键单击"本地连接"图标，在弹出的快捷菜单中选择"属性"命令，打开"本地连接 属性"对话框，在其中选中"连接后在通知区域显示图标"复选框，单击 确定 按钮，如图8-7所示。

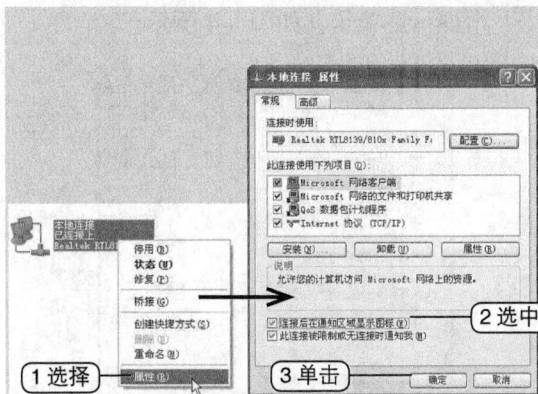

图 8-7 设置本地连接的图标显示在通知区域中

考点3 配置家庭或小型办公网络

考点分析

该考点是一个经常出现考题的知识点。考试的题目一般都比较长，但操作其实比较简单，如要求创建一个指定名称的小型网络，并指定网络的相关设置和名称等，对于这类考题，考生只需按要求设置便可。

考点破解

配置家庭或小型办公网络的具体操作如下。

1 选择【开始】→【控制面板】命令，在分类视图中单击"网络和Internet连接"超链接，再单击"网络安装向导"超链接，打开"网络安装向导"对话框，单击 下一步(N) 按钮，如图8-8所示。

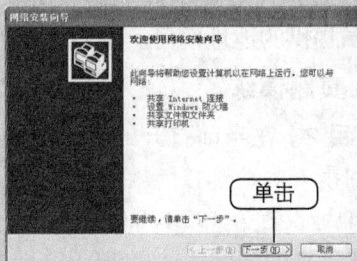

图 8-8 打开"网络安装向导"对话框

② 打开"继续之前…"对话框，单击"创建网络的清单"超链接可查看"帮助与支持中心"的相关信息，单击 下一步(N) > 按钮。

③ 打开"选择连接方法"对话框，在其中根据网络的实际情况，选择网络的连接方式，设置完成后单击 下一步(N) > 按钮，如图 8-9 所示。

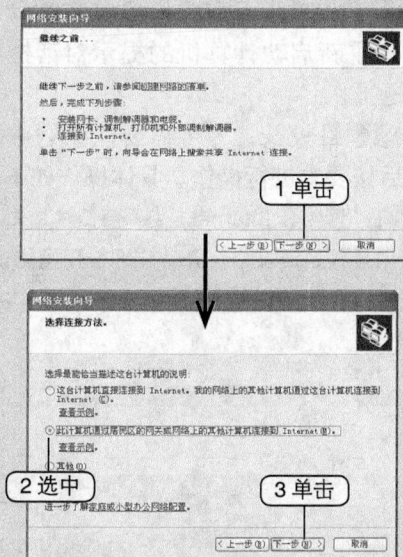

图 8-9　创建网络清单并选择连接方式

④ 打开"给这台计算机提供描述和名称。"对话框，在"计算机描述"文本框中输入对计算机的描述，在"计算机名"文本框中输入计算机的名称，单击 下一步(N) > 按钮，如图 8-10 所示。

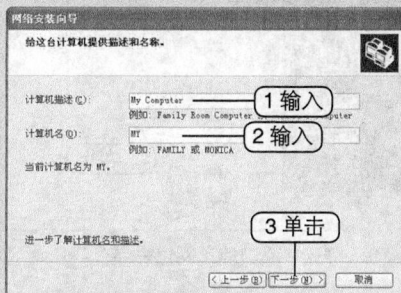

图 8-10　为计算机提供描述和名称

⑤ 打开"命名您的网络。"对话框，在"工作组名"文本框中输入该计算机将要加入的工作组名称，单击 下一步(N) > 按钮。

⑥ 打开"文件和打印机共享"对话框，在其中可设置是否启用文件和打印机，单击 下一步(N) > 按钮。

⑦ 打开"准备应用网络设置 …"对话框，在其中可查看之前设置的网络，单击 下一步(N) > 按钮，如图 8-11 所示。

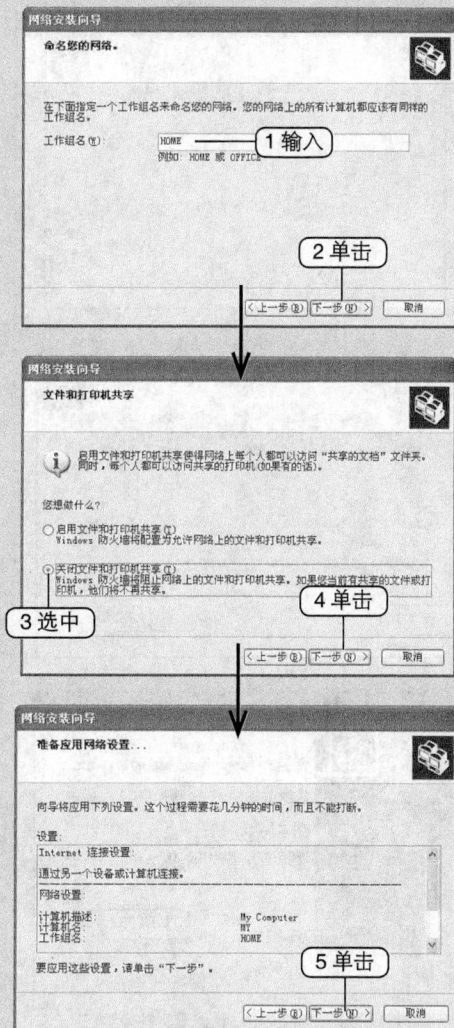

图 8-11　步骤 5~ 步骤 7 操作过程

⑧ 打开"请稍后 ..."对话框，此时，网络向导开始为计算机配置网络，配置完成后将打开"快完成了 ..."对话框，提示需要在网络上的所有计算机上执行该向导，设置后单击 下一步(N) > 按钮。

⑨ 打开"正在完成网络安装向导"对话框，单击 完成 按钮关闭该向导，如图 8-12 所示。系统将提示"必须重新启动计算机才能使新的设置生效"，用户可根据需要选择是否重启计算机。

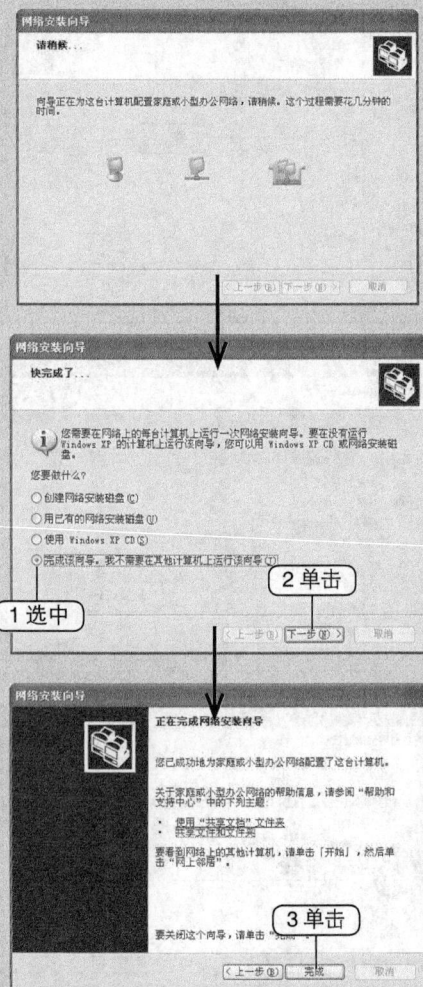

图 8-12 步骤 8~ 步骤 9 操作过程

真题演练

【题目 4】利用已经打开的"网络和 Internet 连接"窗口创建一个组名为"OFFICE"的小型网络，此计算机通过居民区的网关或网络上的其他计算机与 Internet 连接，不共享文件夹和网络打印机，计算机描述为"yy"，计算机名为"MY"，不需要创建安装磁盘（当出现要求重新启动计算机的提示对话框时即完成此题）。

本题题目较长，考生需要注意题中的要求，然后按要求进行操作。具体操作如下。

① 在"网络和 Internet 连接"窗口中单击"网络安装向导"超链接，打开"欢迎使用网络安装向导"对话框，单击 下一步(N) > 按钮，如图 8-13 所示。

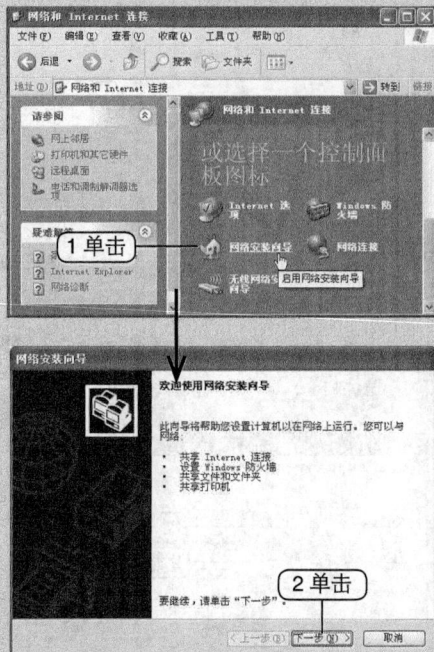

图 8-13 打开"欢迎使用网络安装向导"对话框

② 打开"继续之前 …"对话框，单击 下一步(N) > 按钮。

③ 打开"选择连接方法。"对话框，选中"此

计算机通过居民区的网关或网络上的其他计算机
与 Internet 连接"单选项，单击 下一步(N) > 按钮，
如图 8-14 所示。

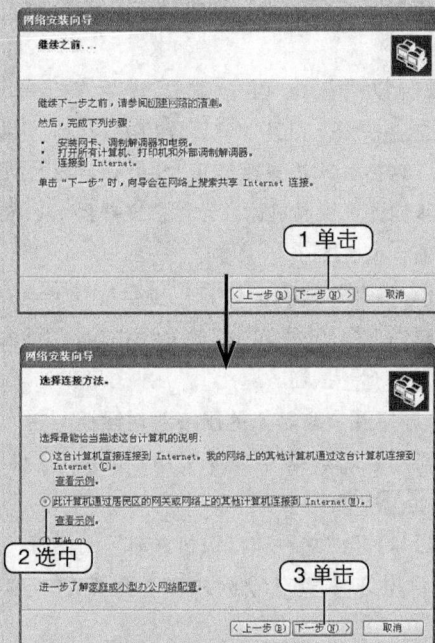

图 8-14　选择网络的连接方法

4 打开"给这台计算机提供描述和名称。"
对话框，在"计算机描述"文本框中输入"yy"，
在"计算机名"文本框中输入"MY"，单击
下一步(N) > 按钮，如图 8-15 所示。

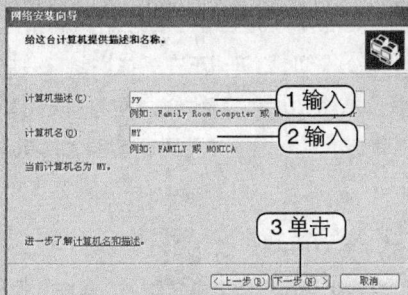

图 8-15　命名计算机

5 打开"命名您的网络。"对话框，在
"工作组名"文本框中输入"OFFICE"，单击

下一步(N) > 按钮，如图 8-16 所示。

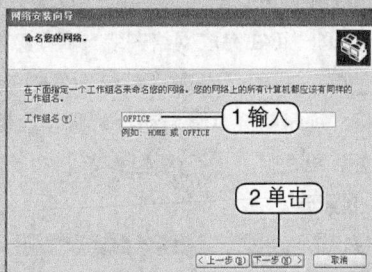

图 8-16　命名网络

6 打开"文件和打印机共享"对话框，选
中"关闭文件和打印机共享"单选项，单击
下一步(N) 按钮。

7 打开"准备应用网络设置"对话框，在
其中显示了向导将要应用的设置，单击 下一步(N) >
按钮，如图 8-17 所示。

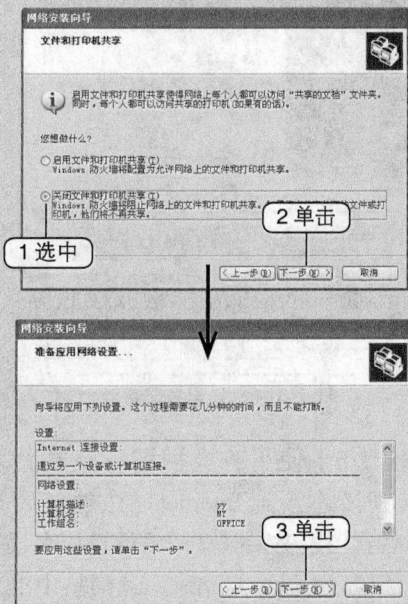

图 8-17　准备应用网络设置

8 打开"请稍后 ..."对话框，此时，网络
向导开始为计算机配置网络，配置完成后将打开
"快完成了 ..."对话框，选中"完成该向导。我

不需要在其他计算机上运行该向导"单选项，单击 下一步(N)> 按钮。

⑨ 打开"正在完成网络安装向导"对话框，单击 完成 按钮，出现"系统设置改变"提示对话框，提示需要重新启动计算机才能使新的设置生效，单击 是(Y) 按钮重新启动计算机，如图 8-18 所示。

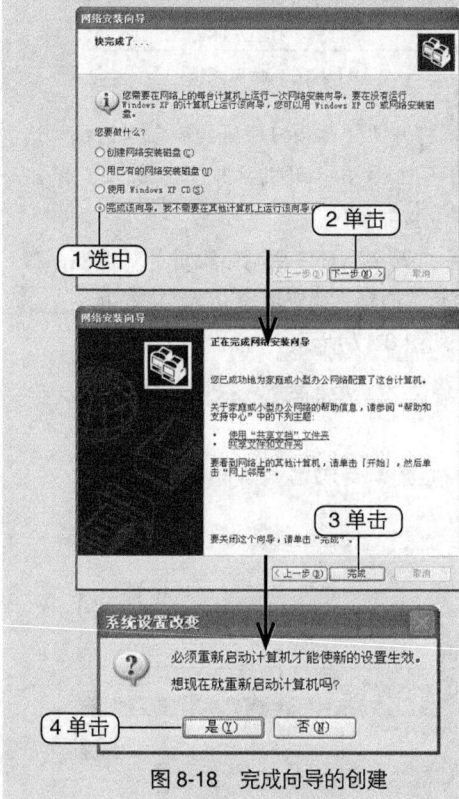

图 8-18　完成向导的创建

【题目 5】使用分类视图将正在使用的计算机直接连接到 Internet。在创建的过程中，不需要创建安装磁盘，将计算机名描述为"Jok"，组名为"my home"，且网络中的用户可以共享文件夹和网络打印机，不重新启动计算机。

本题的操作思路与"题目 4"相同，具体操作如下。

① 选择【开始】→【控制面板】命令，

打开"控制面板"分类视图，单击"网络和Internet 连接"超链接，在"网络和 Internet 连接"窗口中单击"网络安装向导"超链接，打开"欢迎使用网络安装向导"对话框，单击 下一步(N)> 按钮。

② 打开"继续之前"对话框，单击 下一步(N)> 按钮，打开"选择连接方法"对话框，选中"这台计算机直接连接 Internet。我的网络上的其他计算机通过这台计算机连接到 Internet"单选项，单击 下一步(N)> 按钮。

③ 打开"给这台计算机提供描述和名称"对话框，在"计算机描述"文本框中输入"Jok"，单击 下一步(N)> 按钮。

④ 打开"命名您的网络"对话框，在"工作组名"文本框中输入"my home"，单击 下一步(N)> 按钮。

⑤ 打开"文件和打印机共享"对话框，选中"启用文件和打印机共享"单选项，单击 下一步(N)> 按钮。

⑥ 打开"准备应用网络设置"对话框，在其中显示了向导将要应用的设置，单击 下一步(N)> 按钮。

⑦ 打开"请稍后 ..."对话框，此时，网络向导开始为计算机配置网络，配置完成后将打开"快完成了 ..."对话框，选中"完成该向导。我不需要在其他计算机上运行该向导"单选项，单击 下一步(N)> 按钮，打开"正在完成网络安装向导"对话框，单击 完成 按钮，在打开的提示对话框中单击 否(N) 按钮不重新启动计算机。

📖 考场点拨

创建网络在出题时一般会指定组名、连接方式、计算机描述名称和是否关闭文件和打印机共享等，考试场景中一般已打开了"网络安装向导"，考生只需在向导中选择要求的参数进行操作即可。

本节考点回顾与总结一览表

本节考点	操作方式总结
考点 1： 查看本地连接	在控制面板中单击【网络和 Internet 连接】→【网络连接】超链接，在打开的"网络连接"窗口进行查看
考点 2： 设置本地连接属性	方法 1：选择【文件】→【属性】命令 方法 2：单击鼠标右键，在弹出的快捷菜单中选择"属性"命令
考点 3： 配置家庭或小型办公网络	在控制面板中单击【网络和 Internet 连接】→【网络安装向导】超链接，在打开的"网络安装向导"中进行设置

8.2 共享网络资源

考点4 共享文件夹和磁盘

考点分析

共享网络资源是比较容易出现考题的考点。题目一般是要求将指定的文件夹或磁盘设置为网络共享，并会给出文件夹或磁盘在网络上的共享名称等。该考点出题较简单，但在考试时同样要注意认真审题。

考点破解

前面第 4 章中介绍了磁盘的共享设置，这里再简单讲解，共享文件夹和磁盘有以下两种方法。

方法 1：通过"属性"命令设置共享。

通过"属性"命令共享文件夹和磁盘的具体操作如下。

■ 选择要设置共享的文件夹或磁盘，执行以下任一种操作，打开文件夹或磁盘的属性对话框。

方法 1：在要设置共享的文件夹或磁盘上单击鼠标右键，在弹出的快捷菜单中选择"属性"命令。

方法 2：选择【文件】→【属性】命令。

② 单击"共享"选项卡，选中"在网络上共享这个文件夹"复选框。

③ 在"共享名"文本框中输入在网络上的共享名称，选中"允许网络用户更改我的文件"复选框，表示网络上其他用户可修改文件的内容。

④ 单击 确定 按钮，即可完成共享设置。

方法 2：通过"共享和安全"命令设置共享。

选择要设置共享的文件夹或磁盘，然后选择【文件】→【共享和安全】命令，或者单击鼠标右键，在弹出的快捷菜单中选择"共享和安全"命令，同样可打开对应的属性对话框进行网络共享设置。

真题演练

【题目 6】在当前打开的"我的电脑"窗口中将 D 盘根目录下的"考试试题"文件夹设置为与其他网络用户共享，共享名为"KAOSHI"（通过"共享和安全"命令操作）。

本题未指定用何种方法打开 D 盘，因此，考生可使用任意一种打开方式，具体操作如下。

■ 执行以下任一操作打开 D 盘。

方法 1：在"我的电脑"窗口中选择"本地磁盘（D：）"图标，再选择【文件】→【打开】命令。

方法 2：在"我的电脑"窗口中双击"本地磁盘（D：）"图标。

方法 3：在"我的电脑"窗口中右键单击"本地磁盘（D：）"图标，在弹出的快捷菜单中选择"打开"命令。

② 在打开的窗口中选择"考试试题"文件夹，执行以下任一种操作，打开该文件夹的属性对话框。

方法 1：选择【文件】→【共享和安全】命令。

方法 2：单击鼠标右键，在弹出的快捷菜单中选择"共享和安全"命令。

3 在打开的"考试试题 属性"对话框中单击"共享"选项卡，在"网络共享和安全"选项组中选中"在网络上共享这个文件夹"复选框，在"共享名"文本框中输入"KAOSHI"。

4 单击 确定 按钮，即可在网络上共享该文件夹，如图8-19所示。

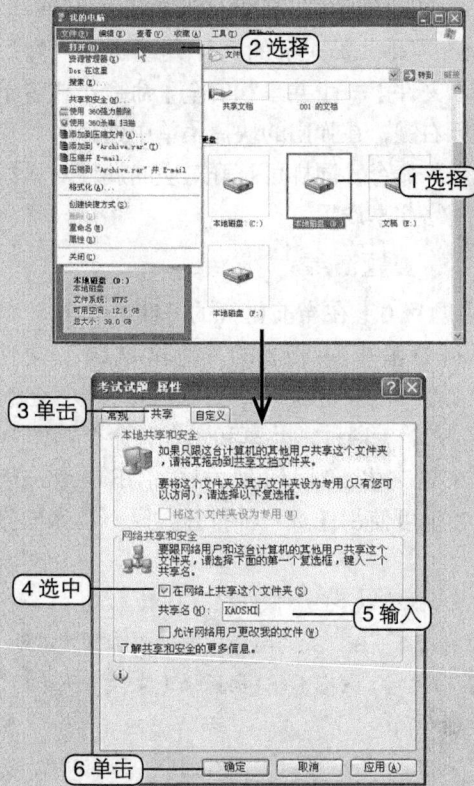

图 8-19　共享文件夹

【题目7】在当前打开的"我的电脑"窗口中将F盘设置为与其他网络用户共享，并允许网络用户可以更改我的文件，共享名为"资料"（使用右键菜单中的"属性"命令操作）。

本题的操作思路与"题目6"相同，具体操作如下。

1 在"我的电脑"窗口中选择"本地磁盘（F：）"图标，单击鼠标右键，在弹出的快捷菜单中选择"属性"命令。

2 在打开的"本地磁盘（F：）属性"对话框中单击"共享"选项卡，然后单击"如果您知道风险，但还要共享驱动器的根目录，请单击此处。"超链接。

3 在对话框中的"网络共享和安全"选项组下选中"在网络上共享这个文件夹"单选项，在"共享名"文本框中输入"资料"，再选中"允许网络用户更改我的文件"单选项，单击 确定 按钮，如图8-20所示。

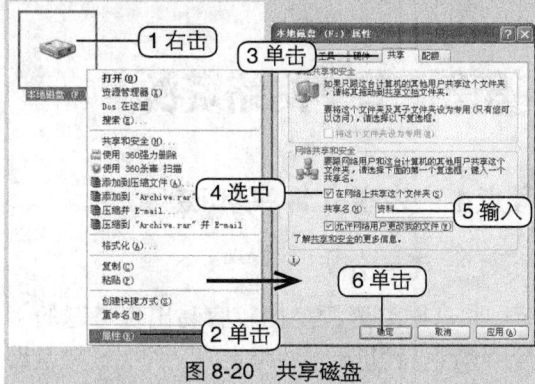

图 8-20　共享磁盘

考点5　使用"网上邻居"浏览网络资源

考点分析

使用"网上邻居"浏览网络资源属于需要熟悉的考点，在考试中出现考题的概率较大，因此考生要熟练掌握这方面的相关知识。需要考生注意的是，该考点有时也会与本章的其他网络设置的操作出现在同一考题中。

考点破解

使用"网上邻居"浏览网络资源的具体操作如下。

1 执行以下任一操作，打开"网上邻居"窗口，如图8-21所示，在其中显示了当前网络中的文件而不是本地文件。

方法1：打开"我的电脑"窗口，在窗口的左侧窗格中单击"网上邻居"超链接。

方法2：双击桌面上的"网上邻居"图标🖥。

方法3：选择【开始】→【网上邻居】命令。

② 在"网上邻居"窗口中，浏览局域网中其他计算机上的共享文件夹。

③ 双击要访问的共享文件夹，即可在新打开的窗口中查看共享资源。

图 8-21 "网上邻居"窗口

📝 真题演练

【题目8】在当前打开的"我的电脑"窗口中，通过"网上邻居"查看当前局域网中的"专题讲座"文件夹。

具体操作如下。

① 在"我的电脑"窗口中单击左侧窗格中的"网上邻居"超链接，如图8-22所示，打开"网上邻居"窗口。

图 8-22 "我的电脑"窗口

② 在其中找到"专题讲座"文件夹，双击

它即可查看文件夹中的内容，如图8-23所示。

图 8-23 使用"网上邻居"浏览网络文件夹

考点6 映射网络资源

🔍 考点分析

映射网络资源在考题中出现的概率较高，但并不会出现太难的考题，一般只要求将指定的文件夹或磁盘映射成网络驱动器等。在考试中抽到这样的题目时，只需按照题目要求进行操作即可。

💿 考点破解

映射网络资源有如下两种方法。

方法1：通过命令映射。

通过命令映射的具体操作如下。

① 打开"网上邻居"窗口，选择【工具】→【映射网络驱动器】命令，打开"映射网络驱动器"对话框。

② 在"驱动器"下拉列表框中，可为网络驱动器指定一个驱动器号。单击 浏览(B)... 按钮，打开"浏览文件夹"对话框，在其中选择需要映射的网络文件夹后，单击 确定 按钮。

③ 返回"映射网络驱动器"对话框，单击 完成 按钮完成网络资源的映射，如图8-24所示。

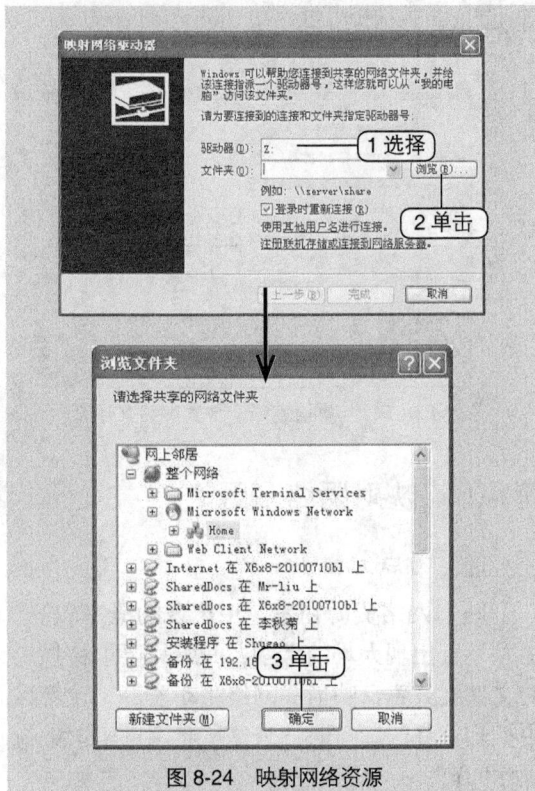
图 8-24　映射网络资源

方法 2：通过快捷菜单映射。

打开"网上邻居"窗口，双击需要使用的共享资源所在的计算机，在要映射为网络驱动器的共享文件夹或驱动器上单击鼠标右键，在弹出的快捷菜单中选择"映射网络驱动器"命令，打开"映射网络驱动器"对话框，然后进行相关设置即可。

真题演练

【题目 9】利用"开始"菜单打开"网上邻居"窗口，然后在其中将"安装程序"文件夹映射成网络驱动器，驱动器符号为 G。

本题只需将题中指定的磁盘映射成网络驱动器，具体操作如下。

❶ 选择【开始】→【网上邻居】命令，打开"网上邻居"窗口。

❷ 在"网上邻居"窗口中，选择【工具】→【映射网络驱动器】命令，打开"映射网络驱动器"对话框。

❸ 在"驱动器"下拉列表框中选择"G："选项，然后单击浏览(B)...按钮，如图 8-25 所示。

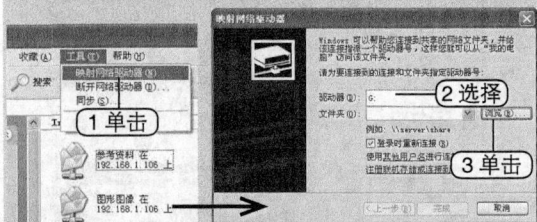
图 8-25　选中磁盘驱动器

❹ 在打开的"浏览文件夹"对话框中单击选择"安装程序 在 Shugao 上"文件夹，单击确定按钮。

❺ 返回到"映射网络驱动器"对话框中，单击完成按钮，如图 8-26 所示。

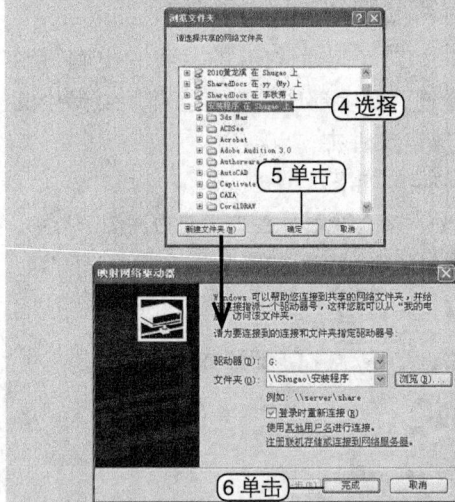
图 8-26　映射网络文件夹

多学一招

在"映射网络驱动器"对话框中，若选中"登录时重新连接"复选框，则下次登录时，系统会重新连接该网络驱动器，否则将自动断开连接。

考点7 创建网络资源的快捷方式

考点分析

创建网络资源的快捷方式在考试中出现的概率较高，但一般只会要求为网络上的某个驱动器或文件夹创建网络资源的快捷方式，以便能更加快速地访问常用的网络资源。

考点破解

创建网络资源的快捷方式的具体操作如下。

1 打开"网上邻居"窗口，在左侧的窗格中单击"添加一个网上邻居"超链接，打开"添加网上邻居向导"对话框，单击 下一步(N) > 按钮。

2 经过下载信息的对话框后，将打开"要在哪儿创建这个网上邻居？"对话框，选择服务提供商，然后单击 下一步(N) > 按钮，如图8-27所示。

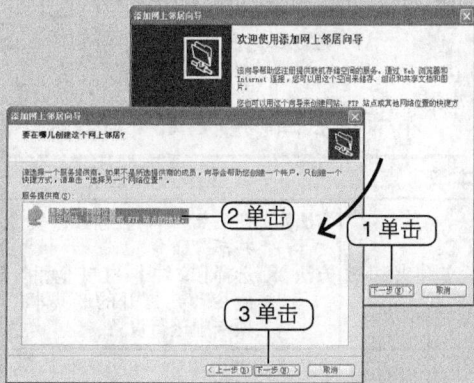

图8-27 选中服务提供商

3 打开"这个网上邻居的地址是什么？"对话框，单击 浏览(B)... 按钮，打开"浏览文件夹"对话框，在其中选择网上邻居的目标路径后，单击 确定 按钮返回之前的对话框，单击 下一步(N) > 按钮。

4 打开"这个网上邻居的名称是什么？"对话框，在其中输入网上邻居的名称，单击

下一步(N) > 按钮。

5 打开"正在完成添加网上邻居向导"对话框，单击 完成 按钮，如图8-28所示。此时，网络资源的快捷方式就出现在"网上邻居"窗口中。

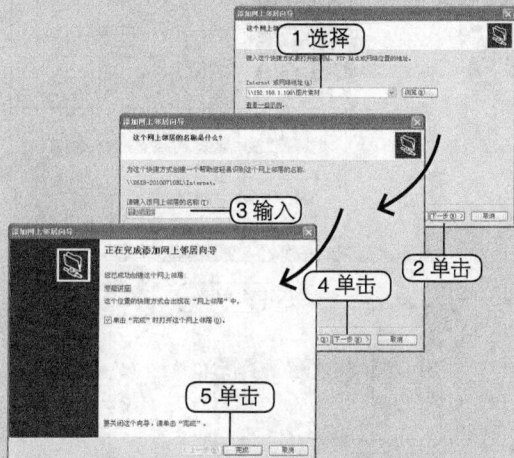

图8-28 创建网络资源快捷方式

真题演练

【题目10】在当前打开的"网上邻居"窗口中，为"图形图像 在 Shugao 上"文件夹创建网络资源快捷方式，名称为"图形图像专题"。

本题要求为指定的文件夹创建网络资源的快捷方式，具体操作如下。

1 在"网上邻居"窗口中，单击左侧任务窗格中的"添加一个网上邻居"超链接，打开"添加网上邻居向导"对话框，然后单击 下一步(N) > 按钮。

2 经过下载信息的对话框后，打开"要在哪儿创建这个网上邻居？"对话框，单击 下一步(N) > 按钮。

3 打开"这个网上邻居的地址是什么？"对话框，单击 浏览(B)... 按钮，打开"浏览文件夹"对话框，在其中选择"图形图像 在 Shugao 上"文件夹后，单击 确定 钮返回之前的对话框，

单击 下一步(N) > 按钮，如图 8-29 所示。

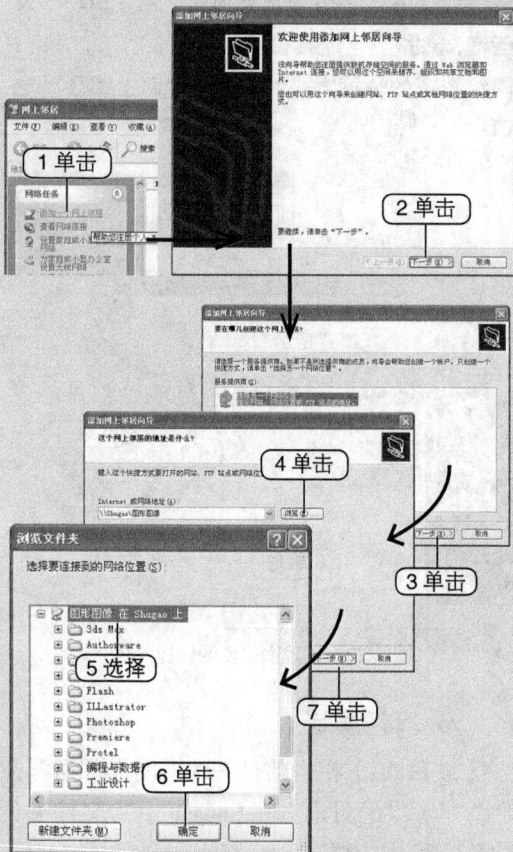

图 8-29　步骤 1~ 步骤 3 操作过程

4 打开"这个网上邻居的名称是什么？"
对话框，在其中输入网上邻居的名称"图形图像
专题"，单击 下一步(N) > 按钮，如图 8-30 所示。

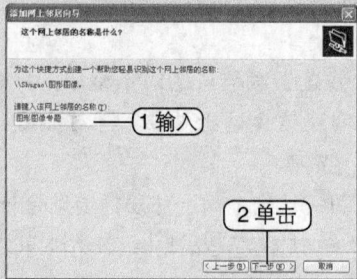

图 8-30　命名网上邻居

5 打开"正在完成添加网上邻居向导"对
话框，单击 完成 按钮，此时，网络资源的
快捷方式就出现在"网上邻居"窗口中，如图
8-31 所示。

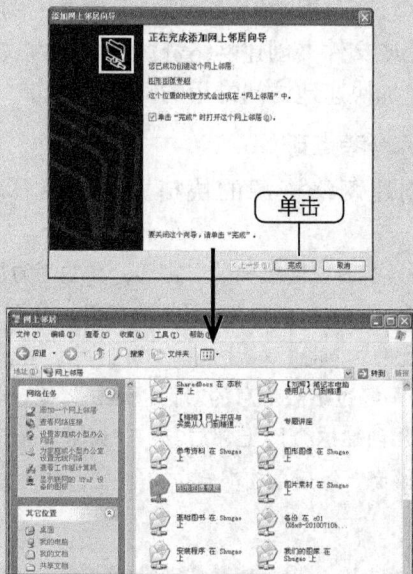

图 8-31　完成创建

本节考点回顾与总结一览表

本节考点	操作方式总结
考点 4： 共享文件夹和磁盘	方法 1：在右键菜单中选择"安全和共享"命令
	方法 2：选择【文件】→【安全和共享】命令，在打开的"共享"选项卡中进行设置
考点 5： 使用"网上邻居"浏览网络资源	方法 1：双击桌面上的"网上邻居"图标
	方法 2：在"我的电脑"窗口中单击"网上邻居"超链接
	方法 3：选择【开始】→【网上邻居】命令
考点 6： 映射网络资源	在"网上邻居"窗口中选择【工具】→【映射网络驱动器】命令，在打开的对话框中进行设置
考点 7： 创建网络资源的快捷方式	在"网上邻居"窗口中单击"添加一个网上邻居"超链接，在打开的"添加网上邻居向导"对话框中进行设置

8.3 连接Internet

考点8 建立拨号连接

考点分析

建立拨号连接考点是连接 Internet 的基础考点，在一套考题中出现的概率较大。考题通常会要求考生根据提供的信息建立拨号连接，但都比较简单，考生只需按照题目要求进行操作即可。

考点破解

建立拨号连接的具体操作如下。

1 选择【开始】→【控制面板】命令，在其中单击"网络和 Internet 连接"超链接，在打开的界面中单击"设置或更改您的 Internet 连接"超链接，打开"Internet 属性"对话框。

2 单击 建立连接(U)... 按钮，打开"新建连接向导"对话框，单击 下一步(N) > 按钮，打开"网络连接类型"对话框，在其中选择网络的连接类型，然后单击 下一步(N) > 按钮，如图 8-32 所示。

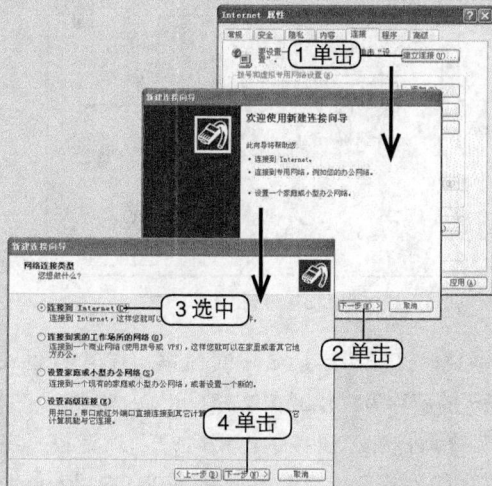

图 8-32 步骤 1~ 步骤 2 操作过程

3 打开"准备好"对话框，在其中设置怎样连接到 Internet，单击 下一步(N) > 按钮。

4 打开"Internet 连接"对话框，在其中选择要怎样连接到 Internet，然后单击 下一步(N) > 按钮。

5 打开"连接名"对话框，在其中输入 ISP 的名称，单击 下一步(N) > 按钮，如图 8-33 所示。

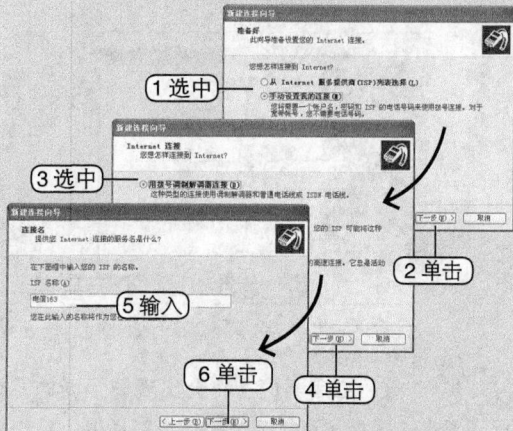

图 8-33 步骤 3~ 步骤 5 操作过程

6 打开"要拨的电话号码"对话框，在其中输入 IPS 的电话号码，单击 下一步(N) > 按钮，如图 8-34 所示。

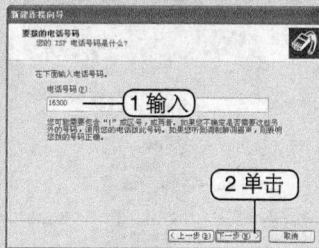

图 8-34 输入 IPS 电话

7 打开"Internet 账户信息"对话框，在其中输入 Internet 账户信息，并根据需要对其他选项进行设置，单击 下一步(N) > 按钮。

8 打开"正在完成新建连接向导"对话框，在其中可根据需要选中"在我的桌面上添加一个到此连接的快捷方式"复选框，单击 完成 按钮，如图 8-35 所示。

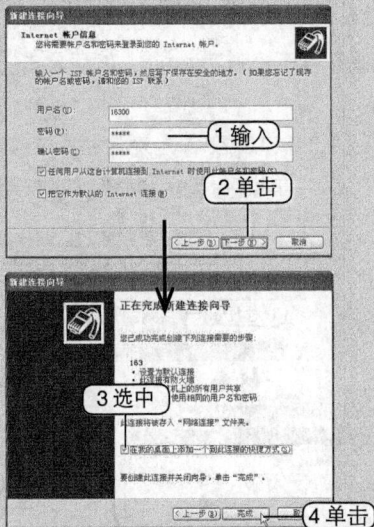

图 8-35　步骤 7~步骤 8 操作过程

9 连接建立后桌面上将会出现一个新的图标，双击该图标，可打开连接登录对话框，单击 拨号① 按钮，开始拨号连接。拨号连接成功后，即可开始浏览 Internet 上的资源，如图 8-36 所示。

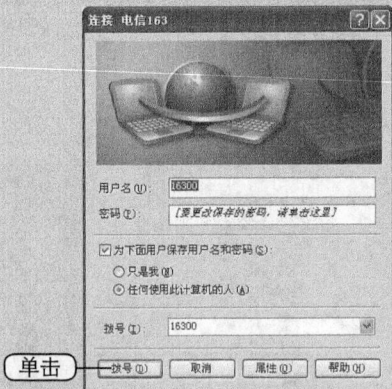

图 8-36　连接登录对话框

📝 真题演练

【题目 11】请利用网络和 Internet 连接建立一个拨号连接，名称为"123"，用户名为

"abc"，密码为"12345"，上网使用的电话号为"7654321"，创建完成的连接在桌面上显示快捷方式图标。

本题需要首先打开"Internet 属性"对话框，然后再进行操作，其操作过程与考点破解完全一致，具体如下。

1 选择【开始】→【控制面板】命令，在打开的"控制面板"分类视图中单击"网络和 Internet 连接"超链接，在打开的界面中单击"设置或更改您的 Internet 连接"超链接，打开"Internet 属性"对话框。

2 单击 建立连接(U)... 按钮，打开"新建连接向导"对话框，单击 下一步(N) > 按钮，打开"网络连接类型"对话框，在其中选中"连接到 Internet"单选项，然后单击 下一步(N) > 按钮。

3 打开"准备好"对话框，在其中选中"手动设置我的连接"单选项，单击 下一步(N) > 按钮。

4 打开"Internet 连接"对话框，在其中选中"用拨号调制解调器连接"单选项，然后单击 下一步(N) > 按钮，如图 8-37 所示。

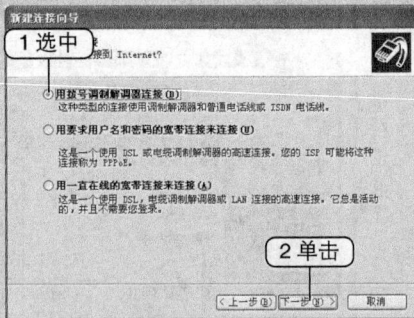

图 8-37　选择接入方式

5 打开"连接名"对话框，在其中输入 ISP 的名称为"123"，单击 下一步(N) > 按钮。

6 打开"要拨的电话号码"对话框，在其中输入 IPS 的电话号码为"7654321"，单击 下一步(N) > 按钮，如图 8-38 所示。

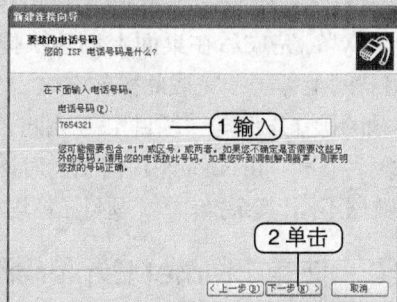

图 8-38　输入 ISP 电话号码

7 打开"Internet 账户信息"对话框，在"用户名"文本框中输入"abc"，在"密码"文本框中输入"12345"，在"确认密码"文本框中输入"12345"以确认输入的密码，单击 下一步(N) > 按钮。

8 打开"正在完成新建连接向导"对话框，选中"在我的桌面上添加一个到此连接的快捷方式"复选框，单击 完成 按钮。

【题目 12】在当前的"新建连接向导"对话框中建立拨号连接，名称为"ALL"，用户名为"zz"，密码为"98765"，电话号为"9876543"，不需要在桌面上显示快捷方式图标。

本题的操作思路与"题目 11"相同，具体操作如下。

1 在"新建连接向导"对话框中单击 下一步(N) > 按钮，打开"网络连接类型"对话框，在其中选中"连接到 Internet"单选项，然后单击 下一步(N) > 按钮。

2 打开"准备好"对话框，在其中选中"手动设置我的连接"单选项，单击 下一步(N) > 按钮。

3 打开"Internet 连接"对话框，在其中选中"用拨号调制解调器连接"单选项，然后单击 下一步(N) > 按钮。

4 打开"连接名"对话框，在其中输入 ISP 的名称为"ALL"，单击 下一步(N) > 按钮。

5 打开"要拨的电话号码"对话框，在

其中输入 IPS 的电话号码为"9876543"，单击 下一步(N) > 按钮。

6 打开"Internet 账户信息"对话框，在"用户名"文本框中输入"zz"，在"密码"文本框中输入"98765"，在"确认密码"文本框中输入"98765"确认输入的密码，单击 下一步(N) > 按钮。

7 打开"正在完成新建连接向导"对话框，取消选中"在我的桌面上添加一个到此连接的快捷方式"复选框，单击 完成 按钮。

考点9　建立ADSL连接

🔍 考点分析

该考点较易出现在考题中。考题一般会要求考生根据题中所提供的用户名和密码建立 ADSL 连接，考生只需按照题目要求进行操作即可。

🏸 考点破解

建立 ADSL 连接的方法与建立拨号连接的方法相同，只是在"Internet 连接"对话框中要选中"用要求用户名和密码的宽带连接来连接"单选项，在"Internet 账户信息"对话框中必须输入申请安装 ADSL 宽带时所获得的账户信息，其中的密码为初始密码，用户可对其进行更改。

📝 真题演练

【题目 13】建立一个使用 ADSL 上网的连接，名称为"abc"，用户名为"12345"，密码为"11111"。创建完成的该连接不在桌面上显示快捷图标（操作要求：不允许使用"网上邻居"进行操作，当出现"连接"对话框后即完成此题）。

本题考查的是以题中指定的信息建立 ADSL 连接，具体操作如下。

1 选择【开始】→【控制面板】命令，在打开的"控制面板"分类视图中单击"网络和Internet连接"超链接，在打开的界面中单击"设置或更改您的Internet连接"超链接，打开"Internet属性"对话框。

2 单击 建立连接(U)... 按钮，打开"新建连接向导"对话框，单击 下一步(N) > 按钮，打开"网络连接类型"对话框，在其中选中"连接到Internet"单选项，然后单击 下一步(N) > 按钮。

3 打开"准备好"对话框，在其中选中"手动设置我的连接"单选项，单击 下一步(N) > 按钮。

4 打开"Internet连接"对话框，在其中选中"用要求用户名和密码的宽带连接来连接"单选项，然后单击 下一步(N) > 按钮，如图8-39所示。

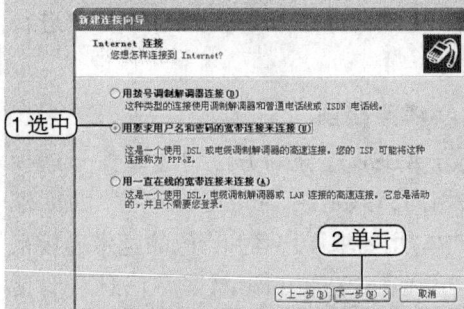

图 8-39 选择 ADSL 连接

5 打开"连接名"对话框，在其中输入ISP的名称为"abc"，单击 下一步(N) > 按钮。

6 打开"Internet账户信息"对话框，在"用户名"文本框中输入"12345"，在"密码"文本框中输入"11111"，在"确认密码"文本框中输入"11111"确认输入的密码，单击 下一步(N) > 按钮。

7 打开"正在完成新建连接向导"对话框，取消选中"在我的桌面上添加一个到此连接的快捷方式"复选框，单击 完成 按钮。

【题目14】建立一个使用ADSL上网的连接，用户名为"abc"，密码为"123456"，名称为"Ly"，完成后在桌面上创建快捷图标（不使用"网上邻居"完成此操作）。

本题的操作思路与"题目13"相同，只是在"连接名"和"Internet账户信息"对话框中输入的数据不同，其余操作与"题目13"均相同。

考点10　使用Internet Explorer访问Internet

考点分析

使用Internet Explorer访问Internet考点的命题比较简单，考生只需按照题中的要求进行操作即可。

考点破解

使用Internet Explorer访问Internet包括启动Internet Explorer、浏览网页、使用收藏夹和查看历史记录等内容。

1. 启动Internet Explorer

启动Internet Explorer有以下两种方法。

方法1：双击桌面上的IE快捷图标 。

方法2：选择【开始】→【所有程序】→【Internet Explorer】命令，即可启动Internet Explorer，如图8-40所示。

图 8-40 Internet Explorer 窗口

2. 浏览网页

在Internet Explorer窗口的地址栏中输入网站或网页的网址，如输入"http://www.

xinhuanet.com",单击 📧转到 按钮即可搜索出所需的网页,如图 8-41 所示,将鼠标指针移动到相关的文字上时,当指针变为 🖑 形状时单击该处,即可跳转到与之相关的网页中。

图 8-41 搜索网页

3. 使用收藏夹

在 Internet Explorer 窗口中,打开要添加到收藏夹的网页,然后选择【收藏】→【添加到收藏夹】命令,打开"添加到收藏夹"对话框,如图 8-42 所示,在其中的"名称"文本框中输入名称,单击 确定 按钮,即可将该网页添加到收藏夹。

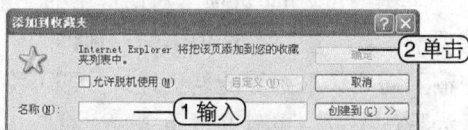

图 8-42 "添加到收藏夹"对话框

在 Internet Explorer 窗口中,单击工具栏中的 🌟收藏夹 按钮,打开"收藏夹"窗格,在其中选择要浏览的网页,即可打开相应的网页。

4. 查看历史记录

在 Internet Explorer 窗口中,单击工具栏上的"历史"按钮 🕔,打开"历史记录"窗格,在其中单击需要跳转到的网页地址,即可快速打开相应的网页。

📝 真题演练

【题目 15】使用"开始"菜单启动 Internet Explorer,然后打开百度的主页。

本题已指定使用"开始"菜单启动 Internet Explorer,然后浏览网页,具体操作如下。

1 选择【开始】→【所有程序】→【Internet Explorer】命令,即可启动 Internet Explorer。

2 在 Internet Explorer 窗口的地址栏中输入 "http://www.baidu.com",然后单击 📧转到 按钮或按【Enter】键,即可打开百度的主页,如图 8-43 所示。

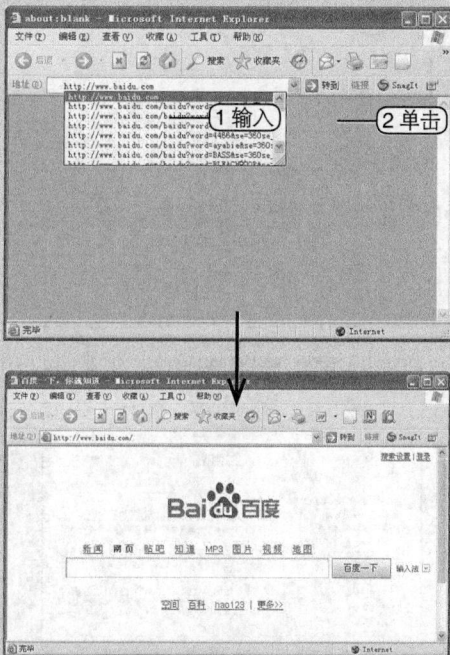

图 8-43 打开百度的主页

【题目 16】将上题中打开的百度主页添加到收藏夹,然后打开"历史记录"窗格,在其中浏览"百度搜索_电影网"网页。

本题主要考查收藏夹和历史记录的相关知识,具体操作如下。

1 在 Internet Explorer 窗口中,选择【收藏】→【添加到收藏夹】命令,打开"添加到收藏夹"对话框,在"名称"文本框中输入"baidu(www.

baidu.com)"，单击 确定 按钮，即可将该网页添加到收藏夹。

② 单击工具栏上的 ❷ 按钮，打开"历史记录"窗格，在其中单击"baidu(www.baidu. com)"文件夹，然后单击"百度搜索 _ 电影网"网页，如图 8-44 所示。

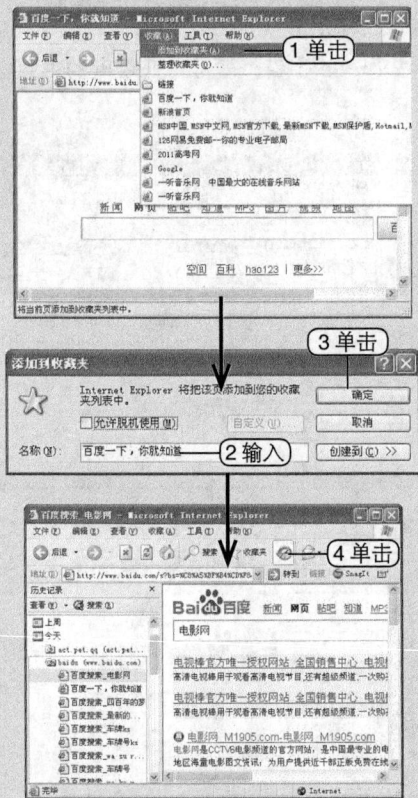

图 8-44　收藏并浏览网页

考点11　设置Internet选项属性

🔍 考点分析

该考点抽到考题的概率较大，偶尔在一套题中甚至会出现一道以上这方面的考题。题目一般会要求将制定的网页设置为主页，然后设置网页中的颜色、字体和语言等，对于这类考题，考生要注意题目要求，读懂题意，然后再进行操作。

🎯 考点破解

在设置 Internet 选项属性之前，需要先打开"Internet 选项"对话框，其方法有如下几种。

方法 1：在 Internet Explorer 窗口中，选择【工具】→【Internet 选项】命令。

方法 2：右键单击桌面上的 IE 快捷图标 ❷ ，在弹出的快捷菜单中选择"属性"命令。

方法 3：在"控制面板"窗口中单击"网络和 Internet 连接"超链接，在打开的界面中单击"设置或更改您的 Internet 连接"超链接。

"Internet 选项"对话框中有"常规"、"安全"、"隐私"、"内容"、"连接"、"程序"和"高级" 7 个选项卡，设置 Internet 选项属性主要是设置默认主页、设置 IE 临时文件、设置历史记录，设置网页的颜色、字体和语言，以及安全、隐私和高级选项等。

1. 设置默认主页

单击"Internet 选项"对话框中的"常规"选项卡，在"主页"选项组的"地址"文本框中输入需要频繁查看的网页地址，即可将其设置为默认主页。也可通过单击"主页"选项组中的 使用当前页(C) 按钮、使用默认页(D) 按钮和 使用空白页(B) 按钮设置默认主页。

2. 设置 IE 临时文件

在"Internet 选项"对话框的"Internet 临时文件"选项组中单击 删除文件(F)... 按钮，可将临时文件夹中的文件全部删除。单击 设置(S)... 按钮，可打开"设置"对话框，如图 8-45 所示，在其中可进行如下设置。

◆ 设置"检查所存网页的较新版本"的时间：如在每次访问此网页时检查，或每次启动 Internet Explorer 时检查。

◆ 设置 Internet 临时文件夹多占用的磁盘空间：拖动"使用的磁盘空间"滑块，可设置 Internet 临时文件夹所占用的磁盘空间，磁盘空间越大，存储的网页内容就越多。

◆ 改变临时文件夹的位置：单击 移动文件夹(M)... 按钮，在打开的"浏览文件夹"对话框中可以选择 Internet 临时文件夹的存储位置。

◆ 查看临时保存的网页：单击 查看文件(V)... 按钮，在打开的"Temporary Internet Files"对话框中可查看临时保存的网页内容和其他文件。

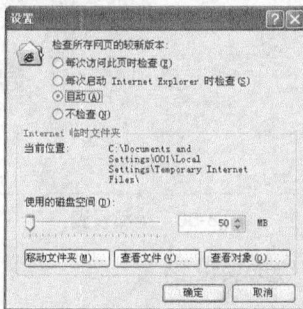

图 8-45 "设置"对话框

3. 查看历史记录

通过"常规"选项卡中的"历史记录"选项组，可重新设置网页保存在历史记录中的天数。也可单击 清除历史记录(H) 按钮清空所有的历史记录文件夹。

4. 设置网页的颜色、字体和语言

设置网页的颜色、字体和语言的具体操作如下。

1 在"常规"选项卡中单击 颜色(O)... 按钮，打开"颜色"对话框，如图 8-46 所示，在"颜色"选项组中可设置 Windows 的文字和背景颜色，在"链接"选项组中可设置访问过的和未访问过的网页超链接的颜色。

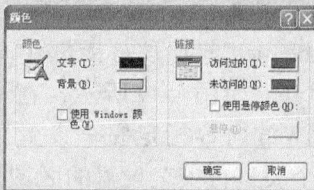

图 8-46 "颜色"对话框

2 单击 字体(N)... 按钮，打开"字体"对话框，如图 8-47 所示，在其中可设置纯文本字体和网页字体，单击 确定 按钮返回到"常规"选项卡中。

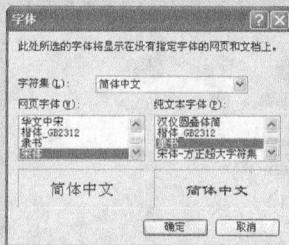

图 8-47 "字体"对话框

3 单击 语言(L)... 按钮，打开"语言首选项"对话框，单击 添加(A)... 按钮，打开"添加语言"对话框，在"语言"列表框中选择需要的语言，然后单击 确定 按钮，即可将该种语言编码添加到网页中，如图 8-48 所示。

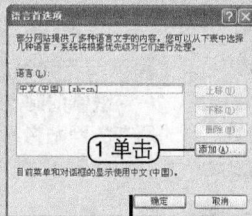

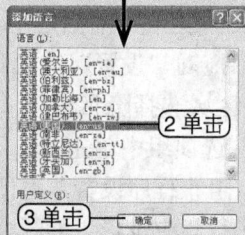

图 8-48 添加语言

5. 安全设置

在"Internet 选项"对话框中单击"安全"选项卡，如图 8-49 所示，在"请为不同区域的 Web 内容指定安全设置"列表框中选择一个要进行安全设置的区域，然后单击 自定义级别(C)... 按钮，打开"安全设置"对话框，在其中可根据需要进行设置。单击 默认级别(D) 按钮，可在"该区域的安全级别"选项组中对计算机默认的安全级别进行设置。

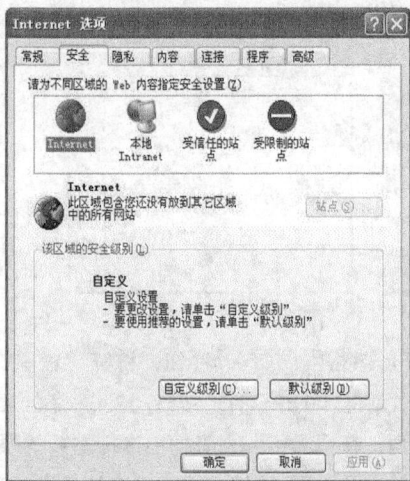

图 8-49 "安全"选项卡

多学一招

在"安全"选项卡中单击 站点(S)... 按钮，可为选中的"受信任的站点"或"受限制的站点"区域添加或删除网站，则区域中所有的网站将具有与所选区域相同的安全设置。

6. 隐私设置

在"Internet 选项"对话框中单击"隐私"选项卡，然后拖动"设置"选项组中的滑块，可为 Internet 区域选择隐私设置。在"弹出窗口阻止程序"选项组中单击 设置(E)... 按钮，打开"弹出窗口阻止程序设置"对话框，在其中可根据需要进行相应设置，如图 8-50 所示。

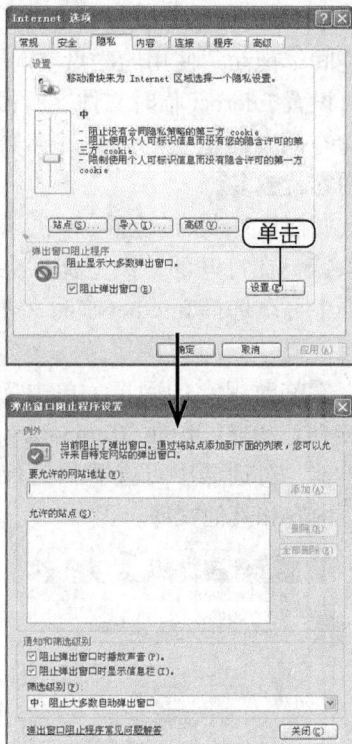

图 8-50 隐私设置

7. 高级选项设置

在"Internet 选项"对话框中单击"高级"选项卡，如图 8-51 所示，在其下的列表框中可根据需要选中各复选框，如是否在关闭浏览器时清空 Internet 临时文件夹、不将加密的页面存入硬盘等。若不再需要这些设置时，可单击 还原默认设置(R) 按钮恢复 IE 浏览器的默认设置。

图 8-51 "高级"选项卡

📝 真题演练

【题目 17】使用命令打开"Internet 选项"对话框，在其中将当前打开的百度网页设置为主页。

本题中要求以命令打开对话框，并设置主页，具体操作如下。

❶ 在打开的 IE 浏览器中选择【工具】→【Internet 选项】命令，打开"Internet 选项"对话框。

❷ 在"常规"选项卡的"主页"选项组中单击 使用当前页(C) 按钮，将当前的网页设置为主页，再单击 确定 按钮，如图 8-52 所示。

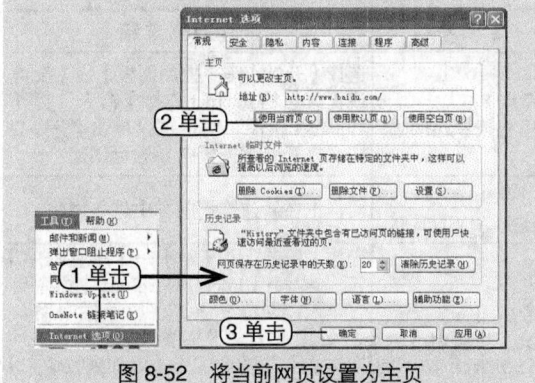

图 8-52　将当前网页设置为主页

【题目 18】删除 IE 浏览器中的全部临时文件，然后设置"检查所存网页的较新版本"的时间为每次启动 Internet Explorer 时检查。

本题主要考查的是 IE 浏览器临时文件的设置，具体操作如下。

❶ 在打开的 IE 浏览器中选择【工具】→【Internet 选项】命令，打开"Internet 选项"对话框。

❷ 在"常规"选项卡的"Internet 临时文件"选项组中单击 删除文件(F)... 按钮，打开"删除文件"对话框，单击 确定 按钮删除 IE 浏览器中产生的临时文件。

❸ 返回到"Internet 选项"对话框中单击

设置(E)... 按钮，打开"设置"对话框，在其中选中"每次启动 Internet Explorer 时检查"单选项，单击 确定 按钮返回"Internet 选项"对话框，再单击 确定 按钮，如图 8-53 所示。

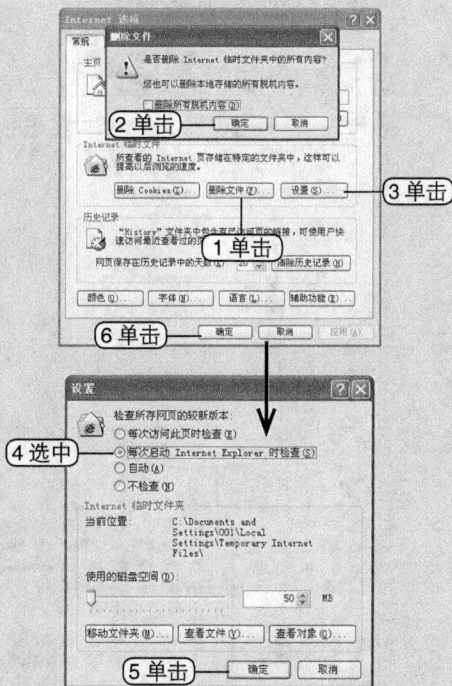

图 8-53　设置 IE 浏览器中的临时文件

【题目 19】设置 Internet Explorer 在浏览网页时，访问过的超链接显示为绿色（第 1 行第 4 列）、未访问过的超链接显示为红色（第 2 行第 1 列），且使用的悬停颜色为黄色（第 2 行第 1 列）。

本题主要考查的是设置浏览网页时网页中的颜色，具体操作如下。

❶ 在打开的 IE 浏览器中选择【工具】→【Internet 选项】命令，打开"Internet 选项"对话框。

❷ 单击"常规"选项卡中的 颜色(O)... 按钮，打开"颜色"对话框，单击"链接"选项组中的"访问过的"颜色按钮 ▬，打开"颜色"面板，

单击选择绿色色块，然后单击 确定 按钮。

3 返回到"颜色"对话框中，单击"链接"选项组中的"未访问过的"颜色按钮 ███，打开"颜色"面板，单击选择红色色块，然后单击 确定 按钮，如图8-54所示。

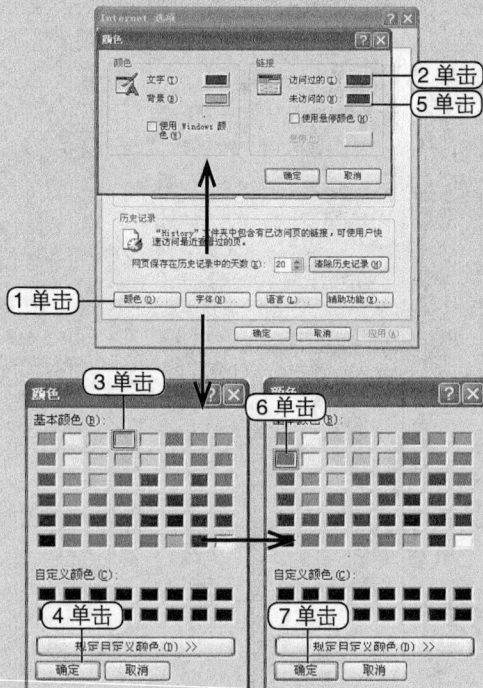
图 8-54　设置网页颜色

4 返回到"颜色"对话框中，选中"使用悬停颜色"复选框，单击"悬停"颜色按钮 ███，如图8-55所示。

图 8-55　设置悬停颜色

5 打开"颜色"面板，单击选择黄色色块，然后依次单击 确定 按钮，如图8-56所示。

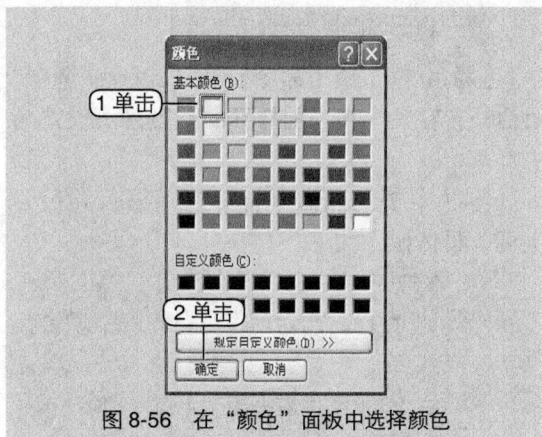
图 8-56　在"颜色"面板中选择颜色

本节考点回顾与总结一览表

本节考点	操作方式总结
考点8：建立拨号连接	选择【开始】→【控制面板】→【设置或更改您的Internet连接】命令，打开"Internet属性"对话框，单击 建立连接 按钮打开新建连接向导进行创建
考点9：建立ADSL连接	同样也在新建连接向导中进行创建
考点10：使用Internet Explorer访问Internet	操作1：选择【开始】→【所有程序】→【Internet Explorer】命令启动Internet，在地址栏中输入网址浏览网页 操作2：选中【收藏】→【添加到收藏夹】命令收藏网页 操作3：单击工具栏中的"历史"按钮查看历史记录
考点11：设置Internet选项属性	选中【工具】→【Internet选项】命令，打开"Internet选项"对话框，可在其7个选项卡中设置相关的属性

8.4　Windows安全中心

考点12　Windows防火墙的使用

考点分析

Windows防火墙出现考题的概率也较大，在考试中有时甚至会出现1道以上这方面的题。考试难度不会太大，如要求考生在启用防火墙后，对其进行配置等操作，考生应尽量得到此方面题目的分数。

🌀 **考点破解**

Windows 防火墙的使用包括启用防火墙、配置防火墙和使用安全日志。

打开"控制面板"窗口，在其中单击"安全中心"超链接，即可打开"Windows 安全中心"窗口。

1. 启用 Windows 防火墙

启用 Windows XP 自带防火墙的具体操作如下。

❶ 执行以下任一操作，打开"Windows 防火墙"对话框，如图 8-57 所示。

方法 1：在"Windows 安全中心"窗口中，单击"管理安全设置"选项栏中的"Windows 防火墙"超链接。

方法 2：在"控制面板"窗口中单击"网络和 Internet"超链接，在打开的界面中单击"Windows 防火墙"超链接。

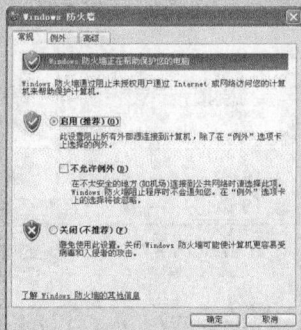

图 8-57 "防火墙"对话框

❷ 选中"启用（推荐）"单选项，单击 确定 按钮，即可启用 Windows 防火墙。

2. 配置防火墙

在"Windows 防火墙"对话框中，单击"例外"选项卡，如图 8-58 所示，在其中单击

击 添加程序(R)... 按钮，打开"添加程序"对话框，从中选择要添加的程序，单击 确定 按钮，保持其选择状态，然后单击 编辑(E)... 按钮，打开"编辑程序"对话框，单击 更改范围(C)... 按钮，在打开的"更改范围"对话框中进行设置，完成对选中程序使用范围的设置。

图 8-58 "例外"选项卡

3. 使用安全日志

在"Windows 防火墙"对话框中单击"高级"选项卡，在其中单击"安全日志记录"选项组中的 设置(S)... 按钮，打开"日志设置"对话框，在"记录选项"选项组中可设置安全日志需记录的内容，在"日志文件选项"选项组中可设置日志文件存储的位置和名称等。

📝 **真题演练**

【题目 20】通过 Windows 安全中心启用 Windows 防火墙。

具体操作如下。

❶ 选择【开始】→【控制面板】命令，在打开的"控制面板"分类视图中单击"安全中心"超链接，打开"Windows 安全中心"窗口。

❷ 单击"管理安全设置"选项组中的"Windows 防火墙"超链接，打开"Windows 防火墙"对话框，在"常规"选项卡中选中"启用

（推荐）"单选项，单击 确定 按钮，如图8-59
所示。

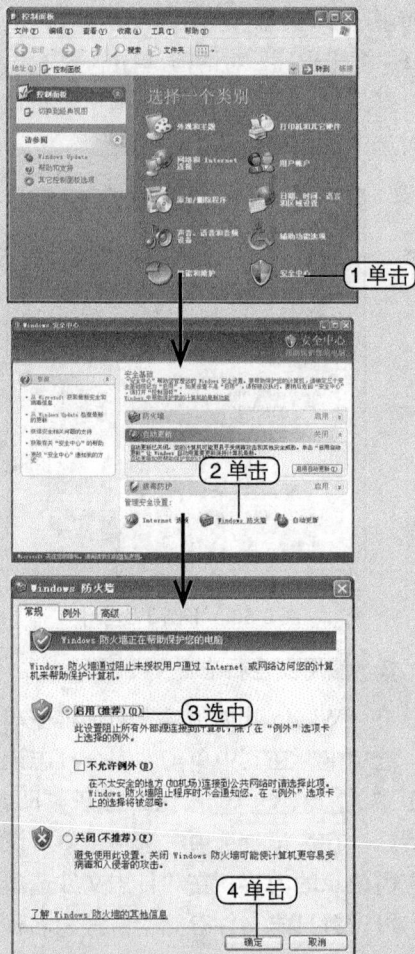

图8-59　启用Windows防火墙

【题目21】 利用控制面板中的分类视图
设置Windows防火墙记录"被丢弃的数据
包"、"成功的连接"，并限制日志文件的大小
为5056KB。

本题主要是考查Windows防火墙的设置，
具体操作如下。

1️⃣ 选择【开始】→【控制面板】命令，在
打开的"控制面板"分类视图中单击"安全中心"
超链接，打开"Windows安全中心"窗口。

2️⃣ 单击"管理安全设置"选项组中的
"Windows防火墙"超链接，打开"Windows防
火墙"对话框，单击"高级"选项卡，在"安全
日志记录"选项组中单击 设置(E)... 按钮，打开"日
志设置"对话框。

3️⃣ 选中"记录被丢弃的数据包"和"记
录成功的连接"复选框，在"大小限制"文本
框中输入"5056"，单击 确定 按钮返回到
"Windows防火墙"对话框，单击 确定 按钮，
如图8-60所示。

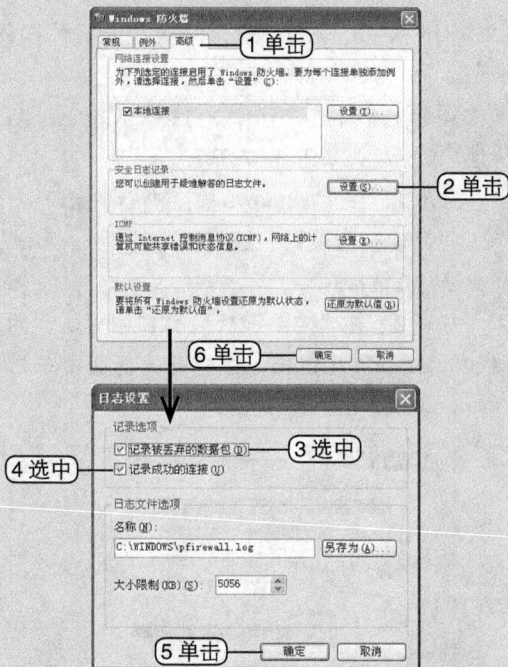

图8-60　设置Windows防火墙的安全日志记录

考点13　Windows XP的自动更新

📖 考点分析

Windows XP的自动更新考点出题的概率
较低。在考试中出现的考题一般都比较简单，
如要求怎样更新Windows XP操作系统等，考
生只需按照题目要求进行操作即可。

考点破解

在"Windows 安全中心"窗口中,单击"管理安全设置"选项组中的"自动更新"超链接,可打开"自动更新"对话框,如图 8-61 所示,其中包括"自动更新"、"下载更新,但是由我来决定什么时候安装"、"有可用下载时通知我,但是不要自动下载或安装更新",以及"关闭自动更新"3 个单选项,选中相应的单选项,计算机则会按照相应的设置进行更新。

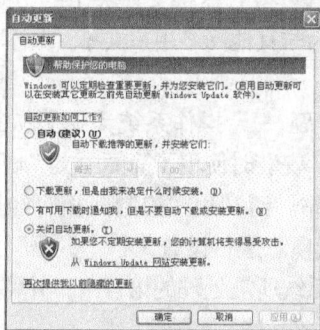

图 8-61 "自动更新"对话框

真题演练

【题目 22】在当前打开的"Windows 安全中心"窗口中,将 Windows 的自动更新设置为"下载更新,但是由我来决定什么时候安装"。

本题首先需要打开"自动更新"对话框,具体操作如下。

① 在"Windows 安全中心"窗口中,单击"管理安全设置"选项组中的"自动更新"超链接,打开"自动更新"对话框,如图 8-62 所示。

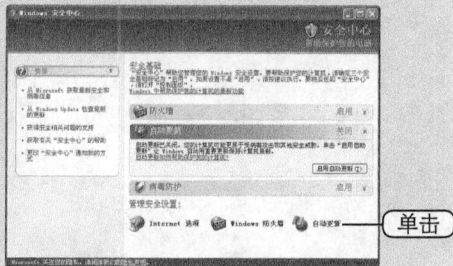

图 8-62 单击"自动更新"超链接

② 在打开的"自动更新"对话框中选中"下载更新,但是由我来决定什么时候安装"单选项,单击 确定 按钮,如图 8-63 所示。

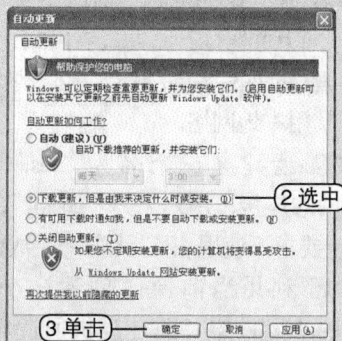

图 8-63 设置 Windows XP 的更新方式

本节考点回顾与总结一览表

本节考点	操作方式总结
考点 12:Windows 防火墙的使用	选择【控制面板】→【安全中心】命令,打开"Windows 安全中心"窗口,在其中单击"Windows 防火墙"超链接,在打开的对话框中进行设置
考点 13:Windows XP 的自动更新	在"Windows 安全中心"窗口中单击"自动更新"超链接,在打开的对话框中进行设置

8.5 过关精练

以下试题在题库光盘中的对应位置:

各题练习环境为光盘:\同步练习\第 8 章
各题解答演示见光盘:\试题精解\第 8 章

第 1 题 对"Internet 选项"进行设置,删除本机上所有的脱机内容,并使得每次启动 Internet Explorer 时访问的网页是"http://www.hao123.com"。

第 2 题 请将 E 盘根目录下的"backup"文

件夹设为网络共享，共享名为"备份文件"。

第3题 利用控制台设置本地安全策略，添加"IP安全策略"管理单元。

第4题 在"我的电脑"窗口中使用窗口信息区打开"网上邻居"窗口，并查看网络连接情况。

第5题 本地网络已经连接上，请查看连接状态，并禁用本地网络。

第6题 请建立一个名为"adsl"的使用ADSL上网的连接，用户名为"adsl01"，密码为"000000"（要求不使用"网上邻居"完成此操作）。

第7题 利用当前窗口创建一个组名为"TEST"的小型网络，此计算机通过居民区的网关或网络上的其他计算机与Internet连接，需要共享文件夹和网络打印机，计算机描述为"test01"，不创建安装磁盘（提示：出现要求重新启动计算机的对话框即完成此题）。

第8题 利用当前窗口创建一个组名为"TYKJ"的小型网络，此计算机通过居民区的网关或网络上的其他计算机与Internet连接，不共享文件夹和网络打印机，计算机描述为"c01"，不创建安装磁盘（提示：出现要求重新启动计算机的对话框即完成此题）。

第9题 创建一个使用ADSL上网的连接，名称为"adsl连接"，用户名为"abc123"，密码为"654321"，并在桌面上显示该连接的快捷方式图标（操作要求：不使用"网上邻居"，出现"连接"对话框后此题即完成）。

第10题 将E盘根文件夹下的"KSZL"文件夹设置为与其他网络用户共享，共享名为"考试资料"。

第11题 一台操作系统为中文Windows XP的计算机，安装时使用了简体中文，现在要浏览日文的网站。请利用"控制面板"经典视图对"Internet选项"进行设置，将"日语"添加到浏览网页时系统所需处理的语言中，并将系统对它处理的优先级设置为最高。